KB247391

(헤드 투 헤드)

실력 수학

오명식 저

▨ 참고서 + 문제집 ▨

◉ 이 책의 감수진

◀ 중 학 교 ▶

- 김 인 종 선생님 ………………………………… 서울 동성 중학교 교사
- 신 건 성 선생님 ………………………………… 서울 대청 중학교 교사
- 박 찬 면 선생님 ……………………………… 서울 도봉 여자 중학교 교사
- 이 함 재 선생님 ……………………………… 서울 사대 부속 중학교 교사
- 김 대 홍 선생님 ………………………………… 서울 신동 중학교 교사
- 한 치 웅 선생님 ………………………………… 서울 노원 중학교 교사
- 서 명 숙 선생님 ………………………………… 서울 양평 중학교 교사
- 최 정 기 선생님 ………………………………… 서울 방배 중학교 교사
- 문 선 희 선생님 ………………………………… 서울 잠실 중학교 교사
- 이 미 선 선생님 ………………………………… 서울 당곡 중학교 교사
- 김 동 구 선생님 ………………………………… 서울 대치 중학교 교사
- 이 원 흥 선생님 ………………………………… 서울 영동 중학교 교사
- 강 석 한 선생님 ………………………………… 서울 세륜 중학교 교사
- 최 승 옥 선생님 ………………………………… 서울 봉천 중학교 교사
- 오 규 택 선생님 ………………………………… 서울 광진 중학교 교사
- 조 상 욱 선생님 ……………………………… 서울 중앙 여자 중학교 교사

◀ 고 등 학 교 ▶

- 강 중 현 선생님 ……………………………… 서울 휘경 여자 고등학교 교사
- 김 문 환 선생님 ………………………………… 서울 구정 고등학교 교사
- 이 철 원 선생님 ………………………………… 서울 반포 고등학교 교사
- 박 복 현 선생님 …………………………………… 서울 고등학교 교사
- 김 병 무 선생님 ……………………………… 서울 경기 고등학교 교사
- 나 병 찬 선생님 …………………… 서울 이화 외국어 고등학교 교사
- 조 동 호 선생님 …………………… 서울 명지 여자 고등학교 교사
- 임 학 빈 선생님 ……………………… 서울 서라벌 고등학교 교사
- 오 복 현 선생님 ……………………… 서울 경희 고등학교 교사
- 오 영 규 선생님 ……………………… 일산 대진 고등학교 교사

수학은 국력입니다!

　　일찍이 나폴레옹은 「**수학은 국력!**」이라고 하였습니다. 이 말은 나라가 부강해지려면 수학이 발달해야 한다는 뜻입니다.

　　세계 역사를 살펴보아도, 세계를 지배했던 나라에서는 모두 수학이 발달했음을 알 수가 있습니다.

　　또한 2005년에 일어난 「중동 전쟁」에서 이라크의 100만 대군이 미군의 첨단 전자 무기 앞에서 초토화된 것도 따지고 보면 수학의 힘입니다.

　　왜냐하면, 이 무기들은 모두 수학적 사고와 계산을 토대로 해서 개발되었기 때문입니다.

　　그래서, 세계 각국에서는

수학 교육의 성패는 그 나라 교육의 성패

로 생각할 만큼 수학 공부에 열을 올리고 있습니다.

　　더구나 우리 나라처럼 자원이 빈약한 나라에서는 기술의 개발이 우리의 살 길이요, 기술의 개발은 수학이 근본이 되기 때문에 수학의 중요성은 더욱 절실한 것입니다.

　　이에 저자는 수학 교육에 바른 길을 제시하여

「우리 나라의 모든 중학생들을 수학의 천재로 기르자」

는 생각에서 이 책을 쓰게 되었습니다.

　　이 책과 만난 여러분에게 하느님의 은총이 항상 함께 하시기를 기도 드리겠습니다.

차례

　이 책에는 중학 수학의 기본 원리부터 최상위권 문제까지 수록하고 있으므로 그 내용이 매우 방대합니다.

　따라서, 이 책을 단기간에 끝낸다는 것은 매우 부담스러운 일입니다. 그러므로, 선생님께서 지도하는 학급의 수준에 맞추어 다음과 같이 강의하시면 효과적일 것입니다.

학급 석차 5위 이내의 우수반

　핵심 개념은 숙제로 부과하고, 나머지 부분만 중점적으로 강의하시면 됩니다.

보통 학생들로 구성된 실력 양성반

　실력굳히기의 Step-2 를 제외한 모든 내용을 강의하시면 됩니다.

1년을 앞서서 공부하는 중 1·2·3 예비반

　실력굳히기 문제는 다루지 않아도 됩니다. 그러나 예비반 학생들은 강의받은 내용을 복습할 기회가 별로 없으므로 같은 내용을 반복해서 암기시키고, 같은 문제를 여러번 (3회 이상)풀도록 해야 합니다.

1 대푯값

▶ 변량의 총합을 변량의 개수로 나눈 값이 **평균**이다.

$$(평균) = \frac{(변량)의\ 총합}{(변량)의\ 개수}$$

▶ 자료 전체의 특징을 하나의 수로 나타낸 값을 그 자료의 **대푯값**이라고 하며 대푯값에는 **평균, 최빈값, 중앙값**이 있다.

Study　**평균**(mean)

▶ 주어진 자료의 총합을 자료의 개수로 나눈 것이 그 자료의 **평균**이다.

보기 1. 다음 자료의 평균을 구하여라.

$$84,\ 79,\ 92,\ 75,\ 80$$

연구 $(평균) = \dfrac{(변량)의\ 총합}{(변량)의\ 개수} = \dfrac{84+79+92+75+80}{5} = \dfrac{410}{5} = 82$

보기 2. 다음 표에서 색칠한 부분은 어느 학교 학생들의 국어 성적이다. 평균을 구하여라.

계급(점)	도수	계급값	(계급값)×(도수)
이상　　미만 50 ~ 60	5	55	55×5=275
60 ~ 70	12	65	65×12=780
70 ~ 80	18	75	75×18=1350
80 ~ 90	17	85	85×17=1445
90 ~100	8	95	95×8=760
합계	60		4610

여기서, $\{(계급값) \times (도수)\}$의 총합은 4610

따라서, $(평균) = \dfrac{\{(계급값) \times (도수)\}의\ 총합}{(도수)의\ 총합} = \dfrac{4610}{60} ≒ \textbf{76.83(점)}$

<table>
<tr><td>핵심 개념</td><td>2. 최빈값</td></tr>
</table>

▶ 변량 중에서 가장 빈번하게 나타나는 수의 값을 **최빈값**이라고 한다.

Study 　　최빈값 (mode)

▶ 다음은 어느 신발가게에서 하루 동안 팔린 실내화의 싸이즈를 조사하여 나타낸 것이다.　　　　　　　　　　　　　　　(단위 : mm)

| 250 | 245 | 230 | 235 | 235 | 245 | 240 | 245 | 245 | 255 |

이 가게에서 가장 많이 팔린 실내화의 싸이즈는 245 mm이므로 이 가게에서는 245 mm 실내화를 가장 많이 준비하게 된다. 이와 같이 신발 가게에서는 가장 많이 팔리는 실내화의 싸이즈가 평균보다 유용한 자료로 쓰인다.

245 mm와 같이 변량 중에서 가장 많이 나타난 값을 **최빈값**이라고 한다.

보기 1. 다음은 어느 모둠 학생들의 맥박 수이다. 맥박 수의 최빈값을 구하여라. (단위 : 회)

　　　90,　92,　76,　92,　84,　96,　92,　72,　84,　92

연구 학생 10명 중 92회가 4명으로 가장 많다.

따라서, 맥박 수의 최빈값은 **92회**이다.

보기 2. 오른쪽은 어느 학교 우수반 학생 60명의 수학 성적이다. 수학 성적의 최빈값을 구하여라.

연구 이 도수분포표에서 최빈값은 도수가 25일 때의 변량 68~76이다.

이와 같이 변량이 이상~미만으로 나타날 때는 계급값 72점을 최빈값으로 한다.

따라서, 수학 성적의 최빈값은 **72점**이다.

점수(점) 이상 ~ 미만	사람 수
44 ~ 52	1
52 ~ 60	3
60 ~ 68	8
68 ~ 76	25
76 ~ 84	12
84 ~ 92	9
92 ~ 100	2
합계	60

핵심 개념	3. 중앙값

▶ 변량을 크기 순서로 나열하였을 때, 가운데에 위치한 값을 **중앙값**이라고 한다.

Study　　**중앙값**(median)

❶ 다음은 태운이네 모둠 학생 7명의 수학 성적이다.

84	72	96	63	92	100	76

이 점수를 낮은 것부터 나열하면 63, 72, 76, 84, 92, 96, 100이고, 이때 중앙에 위치한 값은 84이다.

이와 같이 변량을 크기 순서로 나열하였을 때 중앙에 위치한 값을 중앙값이라고 한다. 즉, 위 변량의 중앙값은 84이다.

Advice　위의 변량을 100, 96, 92, 84, 76, 72, 63과 같이 큰 것부터 차례로 나열하여도 중앙값은 84이다.

❷ 변량 2, 10, 4, 11, 9, 6을 작은 값부터 차례로 나열하면 2, 4, 6, 9, 10, 11이므로 중앙에 위치한 값은 6, 9(2개)이다.

이때 중앙값은 $\dfrac{6+9}{2}=7.5$이다.

Advice　변량의 개수가 홀수이면 중앙에 위치한 값이 1개이므로 이 값이 중앙값이다. 그러나 변량의 개수가 짝수인 경우에는 중앙에 위치한 값이 2개이므로 이 두 값의 평균이 중앙값이다.

보기　다음 변량의 중앙값을 구하여라.

(1) 1,　5,　3,　2,　4,　3,　1,　3,　4

(2) 40,　53,　39,　38,　34,　50,　54,　37

연구　(1) 변량을 작은 값부터 차례로 나열하면 1, 1, 2, 3, 3, 3, 4, 4, 5이고, 중앙에 위치한 값이 3이므로 중앙값은 **3**이다.

(2) 변량을 작은 값부터 차례로 나열하면 34, 37, 38, 39, 40, 50, 53, 54이고, 중앙에 위치한 값은 39, 40(2개)이므로 중앙값은 $\dfrac{39+40}{2}=$**39.5**이다.

필수예제 1

다음은 영미네 반 여학생 **13**명의 매달리기 기록과 남학생 **17**명의 윗몸일으키기 기록을 조사하여 나타낸 것이다. 각각의 중앙값을 구하여라.

(1) 매달리기 기록(단위 : 초)

17 9 14 12 13 16 10 15   20 12 18 15 11

(2) 윗몸일으키기 기록(단위 : 회)

48 40 43 49 52 15 17 41 28   37 41 56 57 42 55 38 36

[생각하기] 변량의 개수 n이 홀수일 때 중앙값은 다음과 같다.

변량을 크기 순서로 나열하였을 때 중앙값은 $\dfrac{n+1}{2}$ 번째 변량이다.

[모범해답]

(1) 기록을 작은 값부터 차례로 나열하면

9, 10, 11, 12, 12, 13, 14, 15, 15, 16, 17, 18, 20

변량의 개수가 13(홀수)이므로 중앙값은 $\dfrac{13+1}{2}=7$번째 변량이다.

따라서, 중앙값은 **14 초** ← [답]

(2) 기록을 큰 값부터 차례로 나열하면

57, 56, 55, 52, 49, 48, 43, 42, 41, 41, 40, 38, 37, 36, 28, 17, 15

변량의 개수가 17(홀수)이므로 중앙값은 $\dfrac{17+1}{2}=9$번째 변량이다.

따라서, 중앙값은 **41 회** ← [답]

[유제] 1 다음 자료의 중앙값을 각각 구하여라.

(1) 수학 성적 (단위 : 점)

96 90 93 91 90 75 86 70   63 88 91

(2) 맥박 수 (단위 : 회)

89 88 89 90 87 86 85 91   92 84 83 81 93 92 80

필수예제 2

다음 변량의 중앙값을 각각 구하여라.
(1) 하루 평균 인터넷 접속 시간 (단위 : 분)
   90, 77, 92, 98, 65, 73, 67, 125, 105, 110
(2) 헌혈한 사람의 나이 (단위 : 세)
   23, 44, 35, 41, 32, 20, 22, 19, 18, 46, 17, 26, 56, 28

생각하기 변량의 개수 n이 짝수일 때 중앙값은 다음과 같다.

변량을 크기 순서로 나열하였을 때 중앙값은 $\dfrac{n}{2}$번째와 $\left(\dfrac{n}{2}+1\right)$번째 변량의 평균이다.

모범해답

(1) 변량을 크기 순서로 나열하면

   65, 67, 73, 77, 90, 92, 98, 105, 110, 125

   변량의 개수가 10(짝수)이므로 중앙값은

   $\dfrac{10}{2}=5$번째와 $\dfrac{10}{2}+1=6$번째 변량의 평균이다.

   5번째 변량은 90이고, 6번째 변량은 92이므로

   중앙값은 $\dfrac{90+92}{2}=\mathbf{91(분)}$ ← **답**

(2) 변량을 크기 순서로 나열하면

   17, 18, 19, 20, 22, 23, 26, 28, 32, 35, 41, 44, 46, 56

   변량의 개수가 14(짝수)이므로 중앙값은

   $\dfrac{14}{2}=7$번째와 $\dfrac{14}{2}+1=8$번째 변량의 평균이다.

   7번째 변량은 26이고 8번째 변량은 28이므로

   중앙값은 $\dfrac{26+28}{2}=\mathbf{27(세)}$ ← **답**

유제 2 다음 변량의 중앙값을 각각 구하여라.
(1) 6, 2, 17, 3, 13, 25, 12, 38, 22, 15, 26, 14
(2) 30, 43, 32, 55, 62, 34, 45, 23, 67, 25, 39, 45, 28, 36, 50, 14

필수예제 3

변량 x_1, x_2, x_3, $\cdots$, x_n의 평균이 M일 때, 다음 자료의 평균을 구하여라. (단, c, d는 상수)
$$cx_1+d, \quad cx_2+d, \quad cx_3+d, \quad \cdots, \quad cx_n+d$$

생각하기 x_1, x_2, x_3, $\cdots$, x_n의 평균이 M이므로
$$M=\frac{x_1+x_2+x_3+\cdots+x_n}{n}$$
이다. 자료 cx_1+d, cx_2+d, cx_3+d, $\cdots$, cx_n+d에 대해서도 위와 같이 생각하라. 일반적으로

바이블 x_1, x_2, x_3, $\cdots$, x_n의 평균이 M이면
ax_1+b, ax_2+b, ax_3+b, $\cdots$, ax_n+b의 평균은 ➡ $aM+b$

모범해답

구하는 평균을 M′이라고 하면,
$$M'=\frac{(cx_1+d)+(cx_2+d)+(cx_3+d)+\cdots+(cx_n+d)}{n}$$
$$=\frac{cx_1+cx_2+cx_3+\cdots+cx_n+\overbrace{d+d+d+\cdots+d}^{n\,\text{개}}}{n}$$
$$=c\times\frac{x_1+x_2+x_3+\cdots+x_n}{n}+\frac{dn}{n}$$
$$=cM+d \ \leftarrow \ \boxed{\text{답}}$$

유제 3 다음 물음에 답하여라.

(1) 다섯 개의 수 a, b, c, d, e의 평균을 M이라고 할 때, 다음 자료의 평균을 구하여라.
$$a+5, \quad b+8, \quad c-2, \quad d+3, \quad e-4$$

(2) 변량 x_1, x_2, x_3, $\cdots$, x_n의 평균이 100일 때, 다음 자료의 평균을 구하여라.
$$\frac{1}{4}(x_1-12), \quad \frac{1}{4}(x_2-12), \quad \frac{1}{4}(x_3-12), \quad \cdots, \quad \frac{1}{4}(x_n-12)$$

연습 문제

● 학교 시험과 수준·경향을 일치시킨 기본적인 문제입니다.
● 한 문제 한 문제를 정복하여 이 단원의 내용을 총정리합시다.

1. 어느 가게의 하루 매출액이 각각 90만 원, 100만 원, 110만 원, 900만 원이었다. 이때 평균, 중앙값, 최빈값 중에서 이 가게의 매출액의 대푯값으로 적절한 것은 무엇인가 ?

2. 다음 변량의 중앙값을 a, 최빈값을 b라고 할 때, a, b 사이의 관계식을 구하여라.

90	89	90	88	89	91	92	94	91	93
85	90	92	88	90	94	87	93	90	91

3. 변량을 크기 순서로 나열하였더니 2, 4, x, 5, 7이었다.
이것의 평균과 중앙값이 같을 때, x의 값을 구하여라.

4. x, y, z, 7, 8, 8, 11, 13의 중앙값이 10, 최빈값이 11일 때, $x+y+z$의 값을 구하여라.

5. 변량 「4, 5, a」의 중앙값이 5이고, 변량 「11, 20, a」의 중앙값이 11일 때, 다음 중 a의 값이 될 수 없는 것은?
① 5　　　　② 7　　　　③ 9
④ 11　　　　⑤ 13

6. 두 자연수 x, y($x<y$)에 대하여 변량 「6, 7, x, y, 10」의 중앙값이 9이고, 변량 「13, x, y, 17」의 중앙값이 12일 때, $x+y$의 값을 구하여라.

2 산포도

1. **산포도** : 변량들이 흩어져 있는 정도를 하나의 수로 나타낸 값을 **산포도**라고 한다.
2. **편차** : 각 변량에서 평균을 뺀 값을 **편차**라고 한다.

$$(편차) = (변량) - (평균)$$

Study 편차

❶ (편차) = (변량) - (평균)이므로 평균보다 큰 변량의 편차는 양이 되고, 평균보다 작은 변량의 편차는 음이 된다.
❷ 편차의 절댓값이 큰 변량일수록 그 변량은 평균에서 멀리 떨어져 있다.
❸ 편차의 합은 항상 0이다.

보기 다음 자료에서 각 회의 편차를 구하여라.

횟수	1	2	3	4	5	6	7	8	9	10
성적	8	6	7	4	7	8	10	6	5	9

연구 (평균) = $(8+6+7+4+7+8+10+6+5+9) \div 10 = 7$
(편차) = (변량) - (평균)이므로 각 변량의 편차는

횟수	1	2	3	4	5	6	7	8	9	10
편차	1	-1	0	-3	0	1	3	-1	-2	2

Advice 산포도의 종류 : 표준편차, 평균편차, 사분편차, 범위가 있다.

1. **표준편차** : 분산의 양의 제곱근
2. **평균편차** : 각 변량의 편차의 절댓값의 평균이다.
3. **사분편차** : 전체 변량을 크기 순으로 늘어 놓을 때,

$\dfrac{1}{4}$번째의 변량을 Q_1, $\dfrac{3}{4}$번째의 변량을 Q_3라고 하면,

사분편차 Q는 $Q = (Q_1 + Q_3) \div 2$

4. **범위** : 변량 중 가장 큰 값과 가장 작은 값의 차

핵심 개념	2. 분산과 표준편차

▶ n개의 변량 $x_1,\ x_2,\ x_3,\ \cdots,\ x_n$의 평균이 M일 때,

1. 분산 : $S^2 = \dfrac{(x_1-M)^2+(x_2-M)^2+\cdots+(x_n-M)^2}{n}$

2. 표준편차 : $S=\sqrt{S^2}\ \cdots$ (분산의 양의 제곱근)

Study　　1° 분산과 표준편차

❶ 편차들의 합은 항상 0이다. 따라서, (−) 편차이든 (+) 편차이든 (+)로 만들기 위해서 편차를 제곱한다.

❷ 여기서 편차의 제곱의 평균이 분산이고, 분산에 $\sqrt{}$를 씌운 값이 표준편차이다.

❸ 표준편차가 작을수록 변량은 평균에 가깝게 분포되어 있다. (이때, 자료의 분포가 고르다고 한다.)

Study　　2° 표준편차를 구하는 순서

❶ 평균을 구한다.

❷ 편차를 구한다.

❸ (편차)²의 합을 구한다.

❹ (편차)²의 평균을 구한다. ⋯ (분산)

❺ 분산에 $\sqrt{}$를 씌운다. ⋯ (표준편차)

보기 다음 자료의 분산과 표준편차를 각각 구하여라.

$$5,\ 8,\ 6,\ 5,\ 4,\ 3,\ 8,\ 5,\ 10,\ 6$$

연구 우선 평균을 구하면,

$$(5+8+6+5+4+3+8+5+10+6)\div10=6$$

각 변량의 편차를 구하면,

$$-1,\ 2,\ 0,\ -1,\ -2,\ -3,\ 2,\ -1,\ 4,\ 0$$

편차의 제곱의 평균을 구하면,

분산 : $S^2=(1+4+0+1+4+9+4+1+16+0)\div10$

$$=40\div10=\mathbf{4}$$

분산의 양의 제곱근을 구하면,

표준편차 : $S=\sqrt{S^2}=\sqrt{4}=\mathbf{2}$

3. 도수분포표에서 분산과 표준편차 구하기

▶ 오른쪽 도수분포표에서 평균을 M이라 하면, 분산과 표준편차는

계급값	x_1	x_2	$\cdots$	x_n	합계
도수	f_1	f_2	$\cdots$	f_n	N

$$S^2 = \frac{(x_1-M)^2 f_1 + (x_2-M)^2 f_2 + \cdots + (x_n-M)^2 f_n}{N} \ \cdots \ (분산)$$

$$S = \sqrt{S^2} \ \cdots \ (표준편차)$$

Study   1° 다음 도수분포표에서 분산을 구해 보자.

계급값	5	6	7	8	9	합계
도수	1	2	4	2	1	10

먼저 평균을 구하고, (편차)^{2}에 각각의 도수를 곱하여 그 합을 10으로 나눈다.

계급값	도수	(계급값)×(도수)	편차	(편차)^2	(편차)^2×(도수)
5	1	$5 \times 1 = 5$	-2	4	$4 \times 1 = 4$
6	2	$6 \times 2 = 12$	-1	1	$1 \times 2 = 2$
7	4	$7 \times 4 = 28$	0	0	$0 \times 4 = 0$
8	2	$8 \times 2 = 16$	1	1	$1 \times 2 = 2$
9	1	$9 \times 1 = 9$	2	4	$4 \times 1 = 4$
합계	10	70			12

위의 표에서 평균은 $70 \div 10 = 7$, 분산은 $12 \div 10 = 1.2$

Study   2° 분산을 구하는 다른 공식

▶ 위의 도수분포표에서

$$S^2 = \frac{x_1^2 f_1 + x_2^2 f_2 + x_3^2 f_3 + \cdots + x_n^2 f_n}{N} - M^2$$

(분산) = (각 변량의 제곱의 평균) − (평균)^2

보기 위의 1°에서 분산을 구하여라.

연구 $S^2 = (5^2 \times 1 + 6^2 \times 2 + 7^2 \times 4 + 8^2 \times 2 + 9^2 \times 1) \div 10 - 7^2$

$$= 502 \div 10 - 49 = \mathbf{1.2}$$

필수예제 1

오른쪽 표는 어느 반 학생들의 영어 성적이다. 분산과 표준편차를 각각 구하여라.

계급(점)	도수
이상 ~ 미만	
40 ~ 50	3
50 ~ 60	4
60 ~ 70	10
70 ~ 80	22
80 ~ 90	15
90 ~100	6
합계	60

생각하기 다음 순서로 구한다.

① 평균을 구한다.　② 편차를 구하고, (편차)^{2}에 각 도수를 곱한다.

③ (편차)$^2 \times$ (도수)의 총합을 구한다.

④ ③의 값을 60으로 나누어 분산을 구한다.

모범해답

위의 과정을 표로 나타내면 다음과 같다.

계급값	도수	(계급값)×(도수)	편차	(편차)^2	(편차)$^2 \times$(도수)
45	3	135	−30	900	2700
55	4	220	−20	400	1600
65	10	650	−10	100	1000
75	22	1650	0	0	0
85	15	1275	10	100	1500
95	6	570	20	400	2400
합계	60	4500			9200

위의 표에서 평균은 $4500 \div 60 = 75$(점), 분산은 $S^2 = 9200 \div 60 ≒ \mathbf{153.3}$

표준편차는 $S = \sqrt{153.\overline{3}} ≒ \mathbf{12.4(점)}$

유제 1 다음 자료의 분산과 표준편차를 구하여라.

계급값(cm)	145	150	155	160	165	170	175	합계
도수	3	7	11	14	8	5	2	50

필수예제 2

다음 도수분포표에서 평균이 70, 표준편차가 8일 때, x, y의 값을 구하여라.

변량	50	60	70	80	90
도수	2	9	x	y	1

[생각하기] 평균 M과 분산 S^2에 대한 다음 정의를 이용한다.

변량	x_1	x_2	x_3	$\cdots$	x_n
도수	f_1	f_2	f_3	$\cdots$	f_n

$$M = \frac{x_1 f_1 + x_2 f_2 + x_3 f_3 + \cdots + x_n f_n}{f_1 + f_2 + f_3 + \cdots + f_n}$$

$$S^2 = \frac{(x_1 - M)^2 f_1 + (x_2 - M)^2 f_2 + (x_3 - M)^2 f_3 + \cdots + (x_n - M)^2 f_n}{f_1 + f_2 + f_3 + \cdots + f_n}$$

[모범해답]

총도수가 $x + y + 12$이고, 평균이 70이므로

$$\frac{100 + 540 + 70x + 80y + 90}{x + y + 12} = 70$$

$$70x + 80y + 730 = 70(12 + x + y)$$

$$10y = 110 \qquad \therefore \ y = 11$$

분산이 64이므로

$$\frac{(50-70)^2 \times 2 + (60-70)^2 \times 9 + (70-70)^2 \times x + (80-70)^2 \times 11 + (90-70)^2 \times 1}{x + 23}$$

$$= 64$$

$$800 + 900 + 1100 + 400 = 64(23 + x)$$

$$3200 = 64(23 + x), \quad 50 = 23 + x \qquad \therefore \ x = 27$$

답 $x = 27$, $y = 11$

[유제] 2 다음 도수분포표에서 평균이 76일 때, 표준편차를 구하여라.

변량	55	65	75	85	95
도수	2	8	x	15	1

필수예제 3

오른쪽 도수분포표에서 평균을 M이라고 하면, 분산 S^2은

계급값	x_1	x_2	$\cdots$	x_n	합계
도수	f_1	f_2	$\cdots$	f_n	N

$$S^2 = \frac{x_1^2 f_1 + x_2^2 f_2 + \cdots + x_n^2 f_n}{N} - M^2$$

임을 증명하여라.

[생각하기] 분산을 구하는 공식

$$S^2 = \frac{(x_1 - M)^2 f_1 + (x_2 - M)^2 f_2 + \cdots + (x_n - M)^2 f_n}{N}$$

에서 우변의 분자를 전개하여 x의 이차항, 일차항, 상수항으로 분류한다. 한편,

$$\frac{x_1 f_1 + x_2 f_2 + \cdots + x_n f_n}{N} = M, \quad f_1 + f_2 + \cdots + f_n = N$$

[모범해답]

$$\begin{aligned}
S^2 &= \frac{(x_1 - M)^2 f_1 + (x_2 - M)^2 f_2 + \cdots + (x_n - M)^2 f_n}{N} \\
&= \frac{(x_1^2 - 2Mx_1 + M^2) f_1 + (x_2^2 - 2Mx_2 + M^2) f_2 + \cdots + (x_n^2 - 2Mx_n + M^2) f_n}{N} \\
&= \frac{1}{N}\{ (x_1^2 f_1 + x_2^2 f_2 + \cdots + x_n^2 f_n) - 2M(x_1 f_1 + x_2 f_2 + \cdots + x_n f_n) \\
&\qquad\qquad\qquad\qquad\qquad\qquad\qquad\qquad + M^2(f_1 + f_2 + \cdots + f_n) \} \\
&= \frac{x_1^2 f_1 + x_2^2 f_2 + \cdots + x_n^2 f_n}{N} - 2M \times \frac{x_1 f_1 + x_2 f_2 + \cdots + x_n f_n}{N} \\
&\qquad\qquad\qquad\qquad\qquad\qquad\qquad + M^2 \times \frac{f_1 + f_2 + \cdots + f_n}{N} \\
&= \frac{x_1^2 f_1 + x_2^2 f_2 + \cdots + x_n^2 f_n}{N} - M^2
\end{aligned}$$

[유제] 3 위의 공식을 써서 다음 자료의 분산을 구하여라.

계급값	3	4	5	6	8	10	합계
도수	1	1	3	2	2	1	10

필수예제 4

변량 x_1, x_2, $\cdots$, x_n의 도수가 각각 f_1, f_2, $\cdots$, f_n이라 한다. 이 변량의 표준편차를 S라 할 때, 다음 변량의 표준편차를 각각 구하여라.

(1) x_1+a, x_2+a, $\cdots$, x_n+a (2) bx_1, bx_2, $\cdots$, bx_n

[생각하기] 변량 x_1, x_2, $\cdots$, x_n의 도수가 각각 f_1, f_2, $\cdots$, f_n일 때, 평균 m, 분산 S^2은

$$m=\frac{x_1f_1+x_2f_2+\cdots+x_nf_n}{f_1+f_2+\cdots+f_n}$$

$$S^2=\frac{(x_1-m)^2f_1+(x_2-m)^2f_2+\cdots+(x_n-m)^2f_n}{f_1+f_2+\cdots+f_n}$$

[모범해답]

변량 x_1, x_2, $\cdots$, x_n의 평균을 m이라 한다.

(1) 변량 x_1+a, x_2+a, $\cdots$, x_n+a의 평균을 m', 표준편차를 S'라 하면 $m'=m+a$이므로

$$S'^2=\frac{(x_1+a-m')^2f_1+(x_2+a-m')^2f_2+\cdots+(x_n+a-m')^2f_n}{f_1+f_2+\cdots+f_n}$$

$$=\frac{(x_1+a-m-a)^2f_1+\cdots+(x_n+a-m-a)^2f_n}{f_1+\cdots+f_n} \qquad \Longleftarrow m'=m+a$$

$$=\frac{(x_1-m)^2f_1+\cdots+(x_n-m)^2f_n}{f_1+\cdots+f_n}=S^2 \qquad \therefore \ S'=S \ \leftarrow 답$$

(2) 변량 bx_1, bx_2, $\cdots$, bx_n의 평균을 m', 표준편차를 S'라 하면 $m'=bm$이므로

$$S'^2=\frac{(bx_1-m')^2f_1+(bx_2-m')^2f_2+\cdots+(bx_n-m')^2f_n}{f_1+f_2+\cdots+f_n}$$

$$=\frac{(bx_1-bm)^2f_1+(bx_2-bm)^2f_2+\cdots+(bx_n-bm)^2f_n}{f_1+f_2+\cdots+f_n} \qquad \Longleftarrow m'=bm$$

$$=b^2\times\frac{(x_1-m)^2f_1+(x_2-m)^2f_2+\cdots+(x_n-m)^2f_n}{f_1+f_2+\cdots+f_n}=b^2S^2$$

$$\therefore \ S'=|b|S \ \leftarrow 답$$

[유제] 4 변량 x_1, x_2, x_3, $\cdots$, x_n의 표준편차가 3일 때, 다음 변량의 표준편차를 각각 구하여라.

(1) x_1+5, x_2+5, x_3+5, $\cdots$, x_n+5 (2) $2x_1$, $2x_2$, $2x_3$, $\cdots$, $2x_n$

연습 문제

1. K군의 5회에 걸친 수학 성적의 편차가 다음과 같을 때, 표준편차를 구하여라.

$$-1, \quad 2, \quad 0, \quad -2, \quad 1$$

2. 다음은 다섯 학생의 수학 성적이다. 표준편차를 구하여라.

$$75, \quad 77, \quad 73, \quad 79, \quad 81$$

3. 다음 표는 다섯 사람의 수학 성적을 C를 기준으로 하여 과부족을 나타낸 것이다. 표준편차를 구하여라.

사람	A	B	C	D	E
과부족	-1	4	0	2	-5

4. 다음 도수분포표에서 분산을 구하여라.

계급값	5	6	7	8	9	계
도수	1	2	4	2	1	10

5. 오른쪽 표는 5명의 수학 성적의 편차를 조사한 것이다. E의 편차 x와 5명의 수학 성적의 표준편차 y를 구하여라.

학생	A	B	C	D	E
편차	-3	2	1	-2	x

6. 세 양수 1, 4, x의 표준편차가 $\sqrt{2}$이다. 세 수의 평균을 구하여라.

7. 오른쪽 표는 A, B 두 반의 평균과 표준편차이다. 어느 반의 성적이 더 고른가?

	평균	표준편차
A반 성적	75	7.2
B반 성적	75	10.5

8. $x_1, \ x_2, \ x_3, \ \cdots, \ x_n$의 평균이 13, 표준편차가 5이다. 변량 $2x_1{}^2, \ 2x_2{}^2, \ 2x_3{}^2, \ \cdots, \ 2x_n{}^2$의 평균을 구하여라.

종합 문제 표준

1. 4개의 변량이 있다. 이 변량에 대하여 중앙값은 49이고, 3개의 변량이 「43, 52, 53」일 때, 나머지 변량을 구하여라.

2. 변량을 크기 순서로 나열하였더니 「4, 6, 7, 9, x」였다. 이것의 평균과 중앙값이 같을 때, x의 값을 구하여라.

3. 4개의 변량 a, b, c, d의 평균을 M이라고 할 때, 표준편차를 구하여라.

4. 오른쪽 그림은 A, B 두 반의 성적의 도수분포의 그래프이다. A, B 두 반의 평균을 각각 m, m', 표준편차를 가각 S, S′이라 할 때, 평균과 표준편차의 크기를 각각 비교하여라.

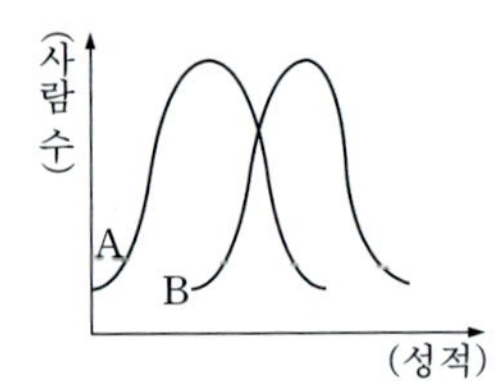

5. 오른쪽 표는 3학년 다섯 반 학생들의 키를 나타낸 것이다. 다섯 반 중 키가 가장 고른 반은 어느 반인가 ?

반	1	2	3	4	5
평균	167	165	162	166	164
표준편차	8.3	5.1	7.6	6.5	11

6. 오른쪽 도수분포표에서 평균이 6일 때, 표준편차를 구하여라.

변량	4	5	6	7	8
도수	3	n	3	4	4

<table>
<tr><td>● 한 문제에 여러 가지 내용이 복합
된 높은 수준의 문제입니다.</td><td>종합 문제</td><td>발전</td><td>● 이 문제를 정복하면 모든 시험에서
우등의 성적을 거둘 것입니다.</td></tr>
</table>

1. $x_1+x_2+x_3+\cdots+x_{10}=10$, $x_1{}^2+x_2{}^2+x_3{}^2+\cdots+x_{10}{}^2=170$일 때, 변량 x_1, x_2, x_3, $\cdots$, x_{10}의 평균과 분산을 각각 구하여라.

2. 변량 x_1, x_2, x_3, $\cdots$, x_n의 도수가 각각 f_1, f_2, f_3, $\cdots$, f_n이다. 도수는 변하지 않고 변량이 모두 $p\%\,(p>0)$씩 증가하면, 평균과 표준편차는 어떻게 되는가?

3. 변량 x_1, x_2, x_3, $\cdots$, x_n에 대한 도수가 각각 f_1, f_2, f_3, $\cdots$, f_n이다. 이들 변량의 평균이 20, 표준편차가 4이다. 이때 다음 변량의 평균과 표준편차를 구하여라.

$$\frac{1}{2}x_1+3,\ \frac{1}{2}x_2+3,\ \frac{1}{2}x_3+3,\ \cdots,\ \frac{1}{2}x_n+3$$

4. 오른쪽 표는 6명의 평균 90에 대한 편차를 나타낸 것이다. 분산을 구하여라.

사람	A	B	C	D	E	F
편차	-3	x	-7	$3x$	-5	7

5. 5개의 변량 「4, x, y, 5, 6」의 평균이 6이고 분산이 4.4일 때, xy의 값을 구하여라.

6. 오른쪽 도수분포표에서 평균이 8, 분산이 1.2일 때, $x+y$의 값을 구하여라.

점수	6	7	8	9	10
학생 수	2	x	y	4	1

1. 다음의 표준편차를 순서대로 a, b, c라고 할 때, a, b, c의 대소를 써라.

   A : 1부터 50까지의 자연수

   B : 51부터 100까지의 자연수

   C : 1부터 100까지의 짝수

2. a, b, c, d, e의 평균은 6이고, 분산은 12이다. $f=15$, $g=18$일 때, 7개의 수 a, b, c, d, e, f, g의 평균과 분산을 구하여라.

3. 5개의 정수 -3, -2, x, y, y의 평균이 1, 표준편차가 $\sqrt{11.6}$이다. x, y의 값을 구하여라.

4. 남자 3명, 여자 2명의 평균은 각각 60점, 75점이며 표준편차는 각각 6점, 5점이다. 5명 전원의 평균과 표준편차를 구하여라.

5. 어떤 시험의 결과 남자 30명, 여자 20명의 평균은 같았으나 표준편차는 남자가 5점, 여자가 4점이었다. 남녀 50명의 표준편차를 구하여라.

6. 10개의 자료가 있다. 6개의 평균과 분산은 각각 3, 9이고, 나머지 4개의 평균과 분산은 각각 8, 14이다. 다음 물음에 답하여라.

   (1) 10개의 평균을 구하여라.

   (2) 10개의 분산을 구하여라.

1 피타고라스의 정리

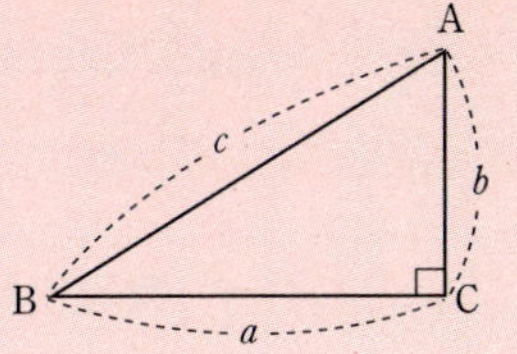

▶ 직각삼각형에서 직각을 낀 두 변의 길이의 제곱의 합은 빗변의 길이의 제곱과 같다.

즉, $\triangle ABC$에서 $\angle C = 90°$이면

$$c^2 = a^2 + b^2$$

Study 피타고라스의 정리

▶ 직각삼각형에서 두 변의 길이를 알면 피타고라스의 정리를 이용하여 나머지 변의 길이를 알 수 있다. 즉, 위의 그림에서

$$a = \sqrt{c^2 - b^2}, \quad b = \sqrt{c^2 - a^2}, \quad c = \sqrt{a^2 + b^2}$$

보기 다음 그림에서 x의 값을 구하여라.

(1)   (2)   (3)

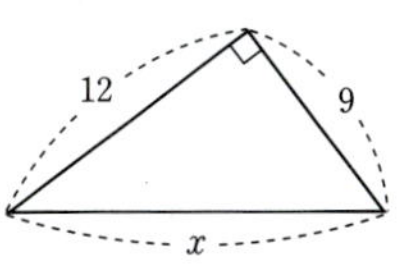 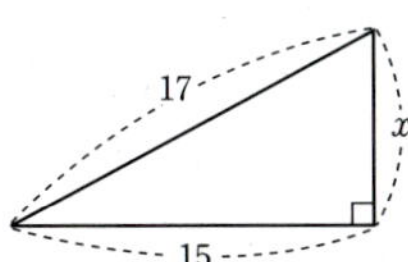 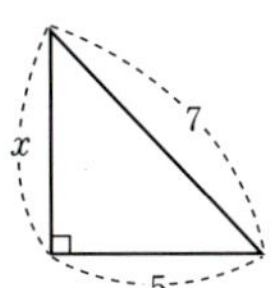

연구 직각을 낀 두 변의 길이가 각각 a, b이고 빗변의 길이가 c이면 $c^2 = a^2 + b^2$임을 이용한다.

(1) $x^2 = 9^2 + 12^2$에서 $x^2 = 225$ $\therefore$ $\boldsymbol{x = 15}$

(2) $17^2 = 15^2 + x^2$에서 $x^2 = 17^2 - 15^2 = 64$ $\therefore$ $\boldsymbol{x = 8}$

(3) $7^2 = x^2 + 5^2$에서 $x^2 = 7^2 - 5^2 = 24$ $\therefore$ $\boldsymbol{x = 2\sqrt{6}}$

 2. 특별한 직각삼각형의 세 변의 길이의 비

1. $\overline{AB} : \overline{BC} : \overline{CA} = \sqrt{2} : 1 : 1$ 2. $\overline{AB} : \overline{BC} : \overline{CA} = 2 : 1 : \sqrt{3}$

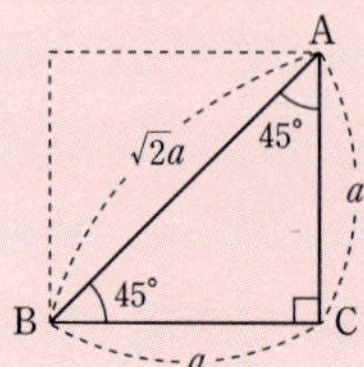 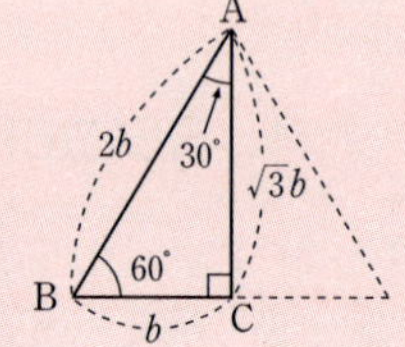

Study   1° 직각이등변삼각형의 세 변의 길이

▶ <그림>과 같이 ∠C=90°이고, ∠C를 낀 두
변의 길이가 모두 1인 직각삼각형 ABC에서
$\angle ABC = \angle CAB = 45°$
피타고라스의 정리로부터
$$\overline{AB}^2 = \overline{BC}^2 + \overline{CA}^2 = 1^2 + 1^2 = 2$$
$$\therefore \overline{AB} = \sqrt{2}$$
따라서, $\overline{AB} : \overline{BC} : \overline{CA} = \sqrt{2} : 1 : 1$

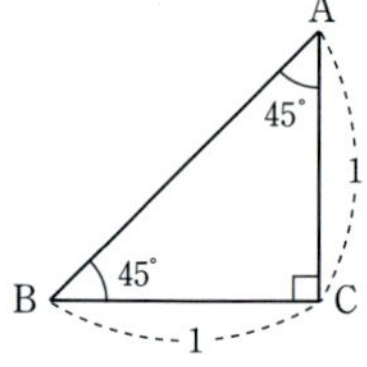

Study   2° 세 내각이 30°, 60°, 90°인 삼각형

▶ <그림>과 같이 한 변의 길이가 2인 정삼각
형 ABC의 꼭짓점 A에서 밑변 BC에 내린 수
선의 발을 D라고 하면, △ABD에서
$\angle BAD = 30°$, $\angle ABD = 60°$, $\overline{BD} = 1$
피타고라스의 정리로부터 $\overline{AB}^2 = \overline{AD}^2 + \overline{BD}^2$
$$\overline{AD}^2 = \overline{AB}^2 - \overline{BD}^2 = 2^2 - 1^2 = 3 \qquad \therefore \overline{AD} = \sqrt{3}$$
따라서, $\overline{AB} : \overline{BD} : \overline{DA} = 2 : 1 : \sqrt{3}$

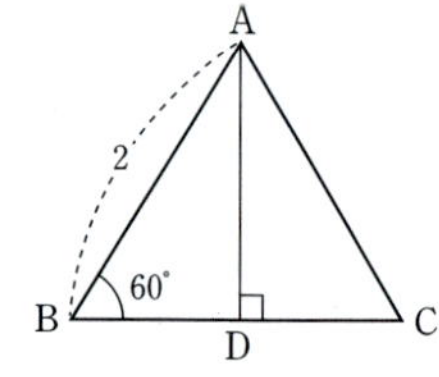

보기 오른쪽 그림의 직각삼각형에서 x, y의
값을 구하여라.

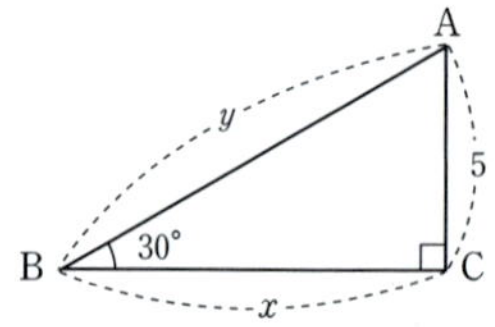

연구 $\overline{AB} : \overline{BC} : \overline{AC} = 2 : \sqrt{3} : 1$이므로
$$2 : \sqrt{3} : 1 = y : x : 5$$
따라서, $\boldsymbol{x = 5\sqrt{3}}$, $\boldsymbol{y = 10}$

필수예제 1

∠C＝90°인 직각삼각형 ABC가 있다. △ABC의 세 변 AB, BC, CA를 각각 한 변으로 하는 정사각형을 그린 다음, 피타고라스의 정리

$$\overline{AB}^2=\overline{AC}^2+\overline{BC}^2$$

이 성립함을 증명하여라.

생각하기 두 정사각형 ACGF, CBKJ의 넓이의 합이 정사각형 ADEB의 넓이와 같음을 이용한다.

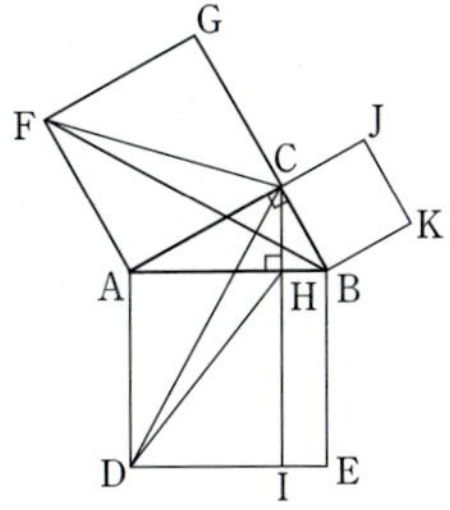

모범해답

꼭짓점 C에서 $\overline{AB}$에 내린 수선의 발을 H, 그 연장선과 $\overline{DE}$가 만나는 점을 I라고 하자.

$$\square ACGF=2\triangle AFC \ \cdots\cdots \text{㉠}$$

밑변의 길이와 높이가 각각 같으므로,

$$\triangle AFC=\triangle AFB \ \cdots\cdots \text{㉡}$$

두 변의 길이와 그 끼인각의 크기가 같으므로,

$$\triangle AFB\equiv\triangle ACD \ \cdots\cdots \text{㉢}$$

밑변의 길이와 높이가 각각 같으므로,

$$\triangle ACD=\triangle AHD \ \cdots\cdots \text{㉣}$$

또한, $\square ADIH=2\triangle AHD \ \cdots\cdots \text{㉤}$

㉠, ㉡, ㉢, ㉣, ㉤으로부터 $\square ACGF=\square ADIH \ \cdots\cdots \text{㉥}$

같은 방법으로 $\square CBKJ=\square HIEB \ \cdots\cdots \text{㉦}$

㉥＋㉦에서 $\quad \square ACGF+\square CBKJ=\square ADEB$

$$\therefore \ \overline{AC}^2+\overline{BC}^2=\overline{AB}^2$$

유제 1 〈필수예제〉1에서 $\overline{AC}=8\,\text{cm}$, $\overline{BC}=6\,\text{cm}$일 때, 다음 도형의 넓이를 구하여라.

(1) △ADH　　　　(2) △CEB　　　　(3) □ADEB

필수예제 2

∠C=90°인 삼각형 ABC와 합동인 삼각형을 오른쪽 그림과 같이 맞추어 변 AB를 한 변으로 하는 정사각형을 만들고, 피타고라스의 정리를 증명하여라.

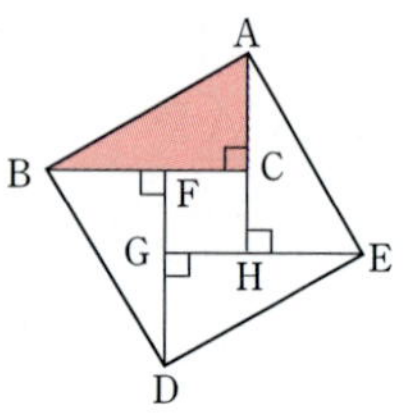

[생각하기] <그림>에서 □FGHC는 한 변의 길이가 $a-b$인 정사각형이다. 또한,

□ABDE=□FGHC+△ABC
          +△BDF+△DEG+△EAH

이다.

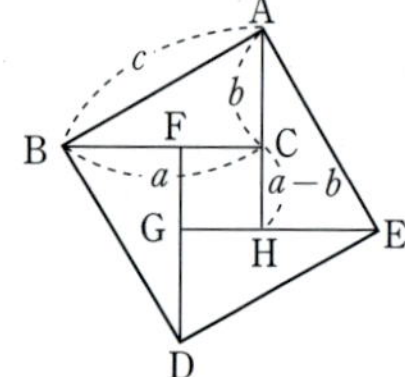

[모범해답]

□ABDE=□FGHC+△ABC+△BDF+△DEG+△EAH ······㉠

$\overline{AB}=c$, $\overline{BC}=a$, $\overline{CA}=b$(단, $a>b$)라고 하면, □FGHC는 한 변의 길이가 $a-b$인 정사각형이다.

(i) □ABDE의 넓이는 c^2

(ii) □FGHC의 넓이는 $(a-b)^2$

(iii) 둘레의 네 개의 직각삼각형은 서로 합동이고 그 넓이는 모두 $\dfrac{1}{2}ab$

이것을 ㉠에 대입하면,

$$c^2=(a-b)^2+4\times\frac{1}{2}ab=a^2-2ab+b^2+2ab=a^2+b^2$$

$$\therefore \ a^2+b^2=c^2$$

[유제] 2 〈필수예제〉2에서 $\overline{AB}=5\ \text{cm}$, $\overline{AC}=2\ \text{cm}$일 때, □FGHC의 넓이를 구하여라.

필수예제 3

직각삼각형 ABC에서 두 변 CA, CB를 연장하여 $a+b$를 한 변으로 하는 정사각형을 만들고, 피타고라스의 정리를 증명하여라.

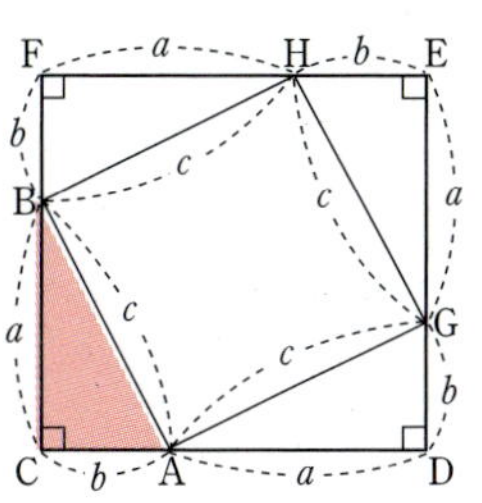

생각하기 △ABC≡△BHF≡△HGE≡△GAD

임을 이용하여 □AGHB가 정사각형이 됨을 유도한다.

또한, □FCDE＝4×△ABC＋□AGHB

모범해답

△ABC≡△BHF≡△HGE≡△GAD （SAS 합동）

△ABC≡△BHF이므로

∠ABH＝180°－（∠ABC＋∠HBF）　◀　∠HBF＝∠BAC

$\qquad$＝180°－（∠ABC＋∠BAC）

$\qquad$＝180°－90°＝90°

같은 방법으로 ∠BAG＝∠AGH＝∠GHB＝90°

또, △ABC≡△BHF≡△HGE≡△GAD이므로

$$\overline{AB}=\overline{BH}=\overline{HG}=\overline{GA}=c$$

따라서, □AGHB는 한 변의 길이가 c인 정사각형이다.

□FCDE＝4×△ABC＋□AGHB

$$(a+b)^2=4\times\frac{1}{2}ab+c^2,\ \ a^2+2ab+b^2=2ab+c^2$$

$$\therefore\ a^2+b^2=c^2$$

유제 3 〈그림〉의 정사각형 ABCD에서 $\overline{AE}=\overline{BF}=\overline{CG}=\overline{DH}=5\,\text{cm}$이고 □HEFG의 넓이가 $34\,\text{cm}^2$일 때, □ABCD의 넓이를 구하여라.

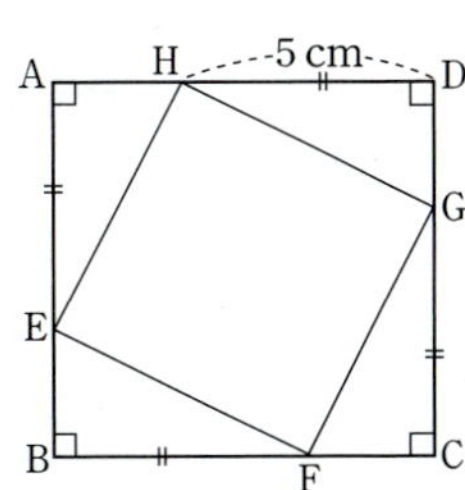

필수예제 4

<그림>의 △ABC에서 ∠A=90°, $\overline{AD}\perp\overline{BC}$이다. 피타고라스의 정리를 증명하여라.

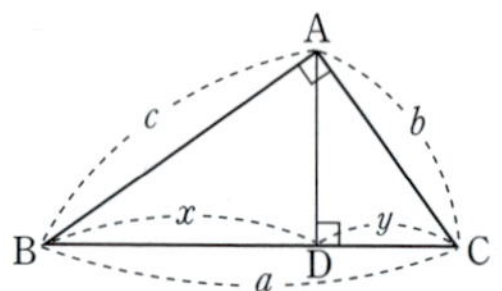

생각하기 △ABC ∽ △DAC임을 이용하여 a, b, y 사이의 관계식을 이끌어 낸다. 또, △ABC ∽ △DBA임을 이용하여 a, c, x 사이의 관계식을 이끌이 낸다.

모범해답

△ABC와 △DAC에서

$\left.\begin{array}{l}\angle BAC=\angle ADC=90° \\ \angle B=\angle CAD\end{array}\right\}$ 이므로 △ABC ∽ △DAC (AA 닮음)

$\therefore\ a:b=b:y \qquad \therefore\ b^2=ay \cdots\cdots ㉠$

또, △ABC와 △DBA에서

$\left.\begin{array}{l}\angle BAC=\angle ADB=90° \\ \angle B는\ 공통\end{array}\right\}$ 이므로 △ABC ∽ △DBA (AA 닮음)

$\therefore\ c:a=x:c \qquad \therefore\ c^2=ax \cdots\cdots ㉡$

㉠＋㉡에서

$$b^2+c^2=ay+ax=a(y+x)=a\cdot a=a^2 \qquad \therefore\ b^2+c^2=a^2$$

Advice 직각삼각형 ABC에서 ∠BAC=90° $\overline{AD}\perp\overline{BC}$일 때 다음이 성립한다.

① $b^2=ay$ ② $c^2=ax$ ③ $h^2=xy$
④ $bc=ah$ ⑤ $a^2=b^2+c^2$

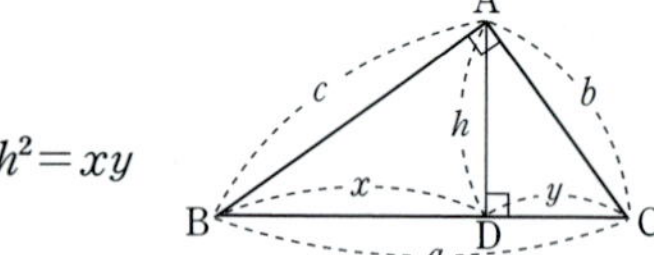

유제 4 △ABC에서 x의 값을 구하여라.

(1)

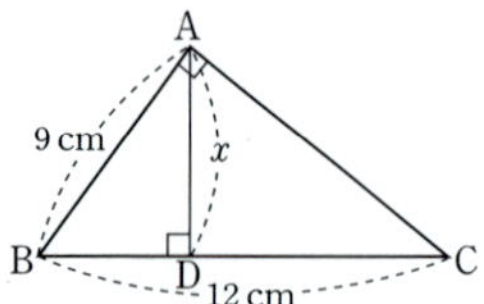

(2)

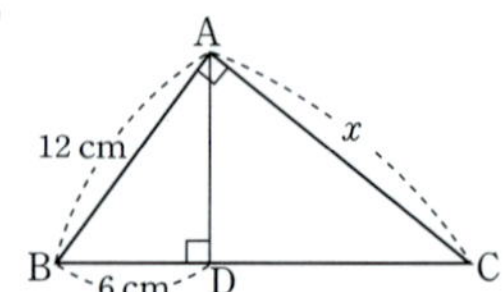

연습 문제

1. <그림>에서 $\triangle ABC$는 $\angle BAC = 90°$인 직각삼각형이다. $\overline{AL} \perp \overline{BC}$, $\overline{AM} \perp \overline{ED}$, $\overline{AB} = 13\ \text{cm}$, $\overline{AC} = 6\ \text{cm}$이고, $\square BEDC$는 정사각형일 때, 다음 도형의 넓이를 구하여라.

(1) $\triangle ABE$　　　　　(2) $\triangle ACD$

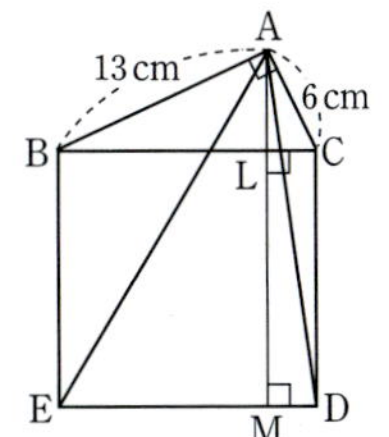

2. 다음 그림에서 x, y의 값을 구하여라.

(1)

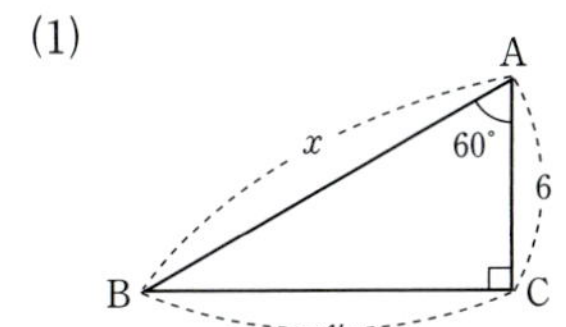

(2)

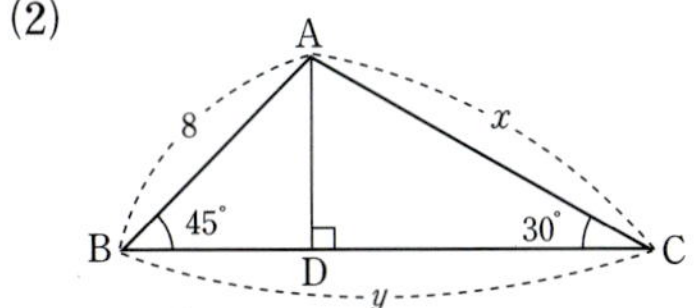

3. $\angle BAC = 90°$인 직각삼각형 ABC의 세 변 BC, CA, AB를 각각 한 변으로 하는 정사각형의 넓이를 각각 S_1, S_2, S_3이라고 하자. $\overline{AB} : \overline{AC} = 2 : 3$이면 $S_1 : S_2 : S_3$은 얼마인가?

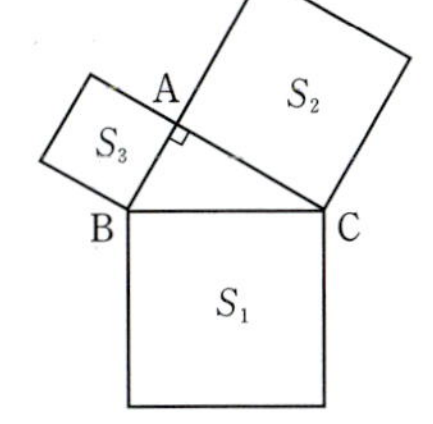

4. 정사각형 ABCD의 각 변 위에 꼭짓점을 가지는 정사각형 PQRS가 있다. $\overline{AB}$의 길이가 $12\ \text{cm}$이고, $\square PQRS$의 넓이가 $\square ABCD$의 넓이의 $\dfrac{3}{5}$이 되는 것은 $\overline{AP}$의 길이가 얼마일 때인가?
(단, P는 $\overline{AD}$ 위의 점, Q는 $\overline{AB}$ 위의 점)

5. <그림>에서 $\angle BAC = 90°$이고 $\overline{AD} \perp \overline{BC}$, $\overline{AB} = 10$, $\overline{BD} = 6$이다. $\overline{AC}$의 길이를 구하여라.

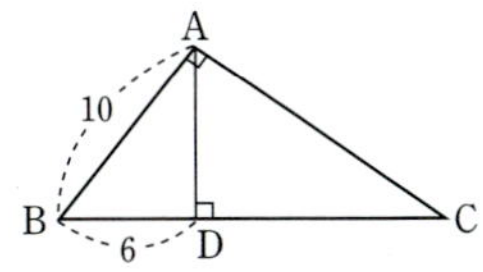

2 피타고라스의 정리와 도형

필수예제 1

□ABCD에서 $\overline{AC}\perp\overline{BD}$이면
$$\overline{AB}^2+\overline{CD}^2=\overline{BC}^2+\overline{DA}^2$$
임을 증명하여라.

생각하기 <그림>과 같이 두 대각선 AC, BD의 교점을 O라고 하면, △OAB, △OBC, △OCD, △ODA는 직각삼각형이므로 피타고라스의 정리를 이용할 수 있다.

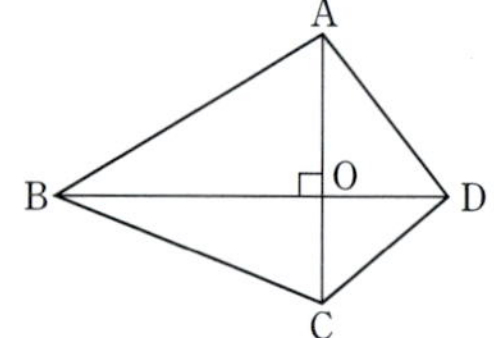

모범해답

대각선 AC, BD의 교점을 O라고 하면,
△OAB에서 $\overline{AB}^2=\overline{OA}^2+\overline{OB}^2$ ······㉠
△OBC에서 $\overline{BC}^2=\overline{OB}^2+\overline{OC}^2$ ······㉡
△OCD에서 $\overline{CD}^2=\overline{OC}^2+\overline{OD}^2$ ······㉢
△OAD에서 $\overline{DA}^2=\overline{OA}^2+\overline{OD}^2$ ······㉣
㉠+㉢하면,
$$\overline{AB}^2+\overline{CD}^2=\overline{OA}^2+\overline{OB}^2+\overline{OC}^2+\overline{OD}^2 \text{ ······㉤}$$
㉡+㉣하면,
$$\overline{BC}^2+\overline{DA}^2=\overline{OB}^2+\overline{OC}^2+\overline{OD}^2+\overline{OA}^2 \text{ ······㉥}$$
㉤, ㉥에서 $\overline{AB}^2+\overline{CD}^2=\overline{BC}^2+\overline{DA}^2$

유제 1 <그림>의 □ABCD에서 $\overline{AC}\perp\overline{BD}$이다. $\overline{AB}=6$, $\overline{BC}=7$, $\overline{CD}=4$일 때, x의 값을 구하여라.

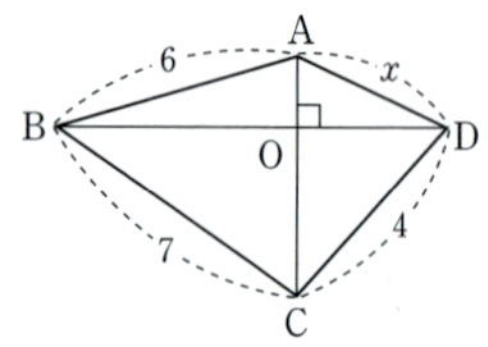

필수예제 2

<그림>과 같이 직사각형 ABCD의 내부에 한 점 P를 잡을 때,
$$\overline{AP}^2+\overline{CP}^2=\overline{BP}^2+\overline{DP}^2$$
임을 증명하여라.

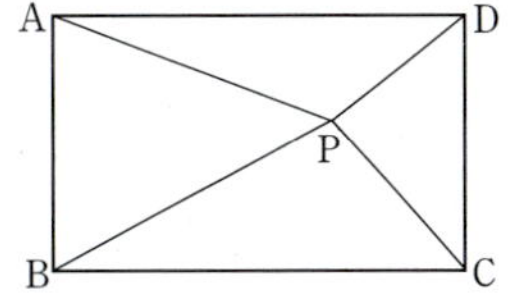

생각하기 점 P를 지나 $\overline{AB}$, $\overline{AD}$에 평행한 직선을 긋고 피타고라스의 정리를 적용한다.

모범해답

점 P를 지나 $\overline{AB}$에 평행한 직선이 두 변 AD, BC와 만나는 점을 각각 H, F라 하고, 점 P를 지나 $\overline{AD}$에 평행한 직선이 두 변 AB, DC와 만나는 점을 각각 E, G라 하면

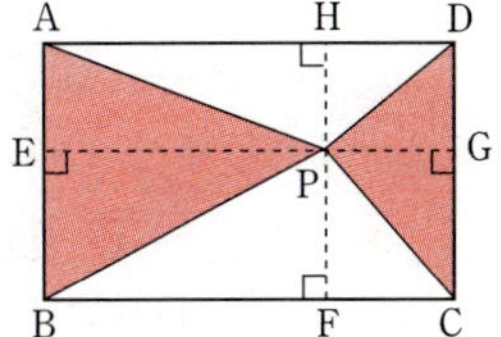

$$\begin{cases}\overline{AP}^2=\overline{AE}^2+\overline{PE}^2\\\overline{CP}^2=\overline{CG}^2+\overline{PG}^2\end{cases}$$

$$\begin{cases}\overline{BP}^2=\overline{BE}^2+\overline{PE}^2\\\overline{DP}^2=\overline{DG}^2+\overline{PG}^2\end{cases}$$

$$\therefore \overline{AP}^2+\overline{CP}^2=\overline{AE}^2+\overline{PE}^2+\overline{CG}^2+\overline{PG}^2 \quad \cdots\cdots \text{㉠}$$

$$\overline{BP}^2+\overline{DP}^2=\overline{BE}^2+\overline{PE}^2+\overline{DG}^2+\overline{PG}^2 \quad \cdots\cdots \text{㉡}$$

㉠, ㉡에서 $\overline{AE}^2=\overline{DG}^2$, $\overline{CG}^2=\overline{BE}^2$이므로
$$\overline{AP}^2+\overline{CP}^2=\overline{BP}^2+\overline{DP}^2$$

유제 2 직사각형 ABCD의 내부에 한 점 P가 있다. $\overline{PA}=5\,\mathrm{cm}$, $\overline{PB}=4\,\mathrm{cm}$, $\overline{PC}=3\,\mathrm{cm}$일 때, $\overline{PD}$의 길이를 구하여라.

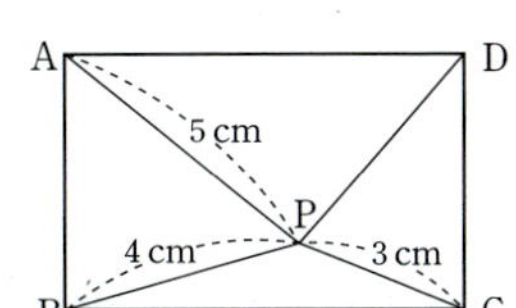

필수예제 3

∠A$=90°$인 직각삼각형 ABC에서 점 D, E가 각각 변 AB, AC 위에 있을 때, 다음이 성립함을 증명하여라.

$$\overline{BE}^2 + \overline{CD}^2 = \overline{DE}^2 + \overline{BC}^2$$

생각하기 위의 그림에는 직각삼각형이 4개 있다.

따라서, △ABE와 △ACD, △ABC와 △ADE를 짝을 지어 피타고라스의 정리를 적용해 본다.

모범해답

△ABE에서 $\overline{BE}^2 = \overline{AB}^2 + \overline{AE}^2$

△ACD에서 $\overline{CD}^2 = \overline{AC}^2 + \overline{AD}^2$

∴ $\overline{BE}^2 + \overline{CD}^2 = \overline{AB}^2 + \overline{AC}^2 + \overline{AD}^2 + \overline{AE}^2$ …… ㉠

△ADE에서 $\overline{DE}^2 = \overline{AD}^2 + \overline{AE}^2$

△ABC에서 $\overline{BC}^2 = \overline{AB}^2 + \overline{AC}^2$

∴ $\overline{DE}^2 + \overline{BC}^2 = \overline{AB}^2 + \overline{AC}^2 + \overline{AD}^2 + \overline{AE}^2$ …… ㉡

㉠, ㉡에서 $\overline{BE}^2 + \overline{CD}^2 = \overline{DE}^2 + \overline{BC}^2$

유제 3 ∠A$=90°$인 직각삼각형 ABC에서 $\overline{DE}=5\,cm$, $\overline{BE}=6\,cm$, $\overline{DC}=8\,cm$일 때, $\overline{BC}$의 길이를 구하여라.

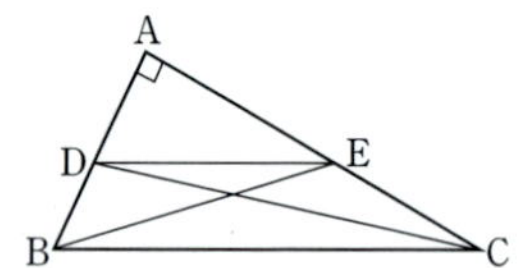

유제 4 직각삼각형 ABC의 직각을 낀 두 변 AB, AC 위에 중점 D, E를 잡을 때, $\overline{DE}=4$이면 $\overline{BE}^2 + \overline{CD}^2$의 값은 얼마인가?

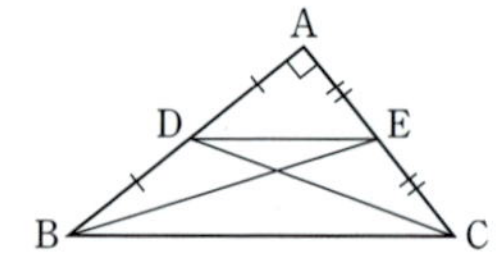

필수예제 4

$\angle A = 90°$인 직각삼각형 ABC의 세 변을 지름으로 하는 반원에서 색칠한 부분의 넓이는 $\triangle ABC\left(=\dfrac{1}{2}bc\right)$임을 밝혀라.

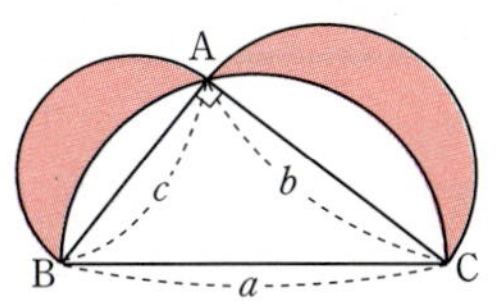

생각하기 $\angle A = 90°$인 직각삼각형 ABC에서 $\overline{AB}=c$, $\overline{BC}=a$, $\overline{AC}=b$라고 하면,

$$P=\frac{1}{2}\pi\left(\frac{a}{2}\right)^2=\frac{\pi}{8}a^2, \quad Q=\frac{1}{2}\pi\left(\frac{b}{2}\right)^2=\frac{\pi}{8}b^2$$

$$R=\frac{1}{2}\pi\left(\frac{c}{2}\right)^2=\frac{\pi}{8}c^2$$

$\triangle ABC$에서 $a^2=b^2+c^2$이므로

$$P=\frac{\pi}{8}a^2=\frac{\pi}{8}(b^2+c^2)=\frac{\pi}{8}b^2+\frac{\pi}{8}c^2=Q+R \qquad \therefore \ P=Q+R$$

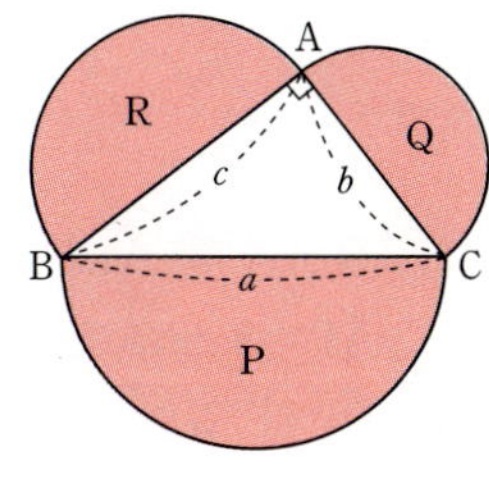

모범해답

$\overline{BC}$, $\overline{CA}$, $\overline{AB}$를 지름으로 하는 반원의 넓이를 차례로 P, Q, R라고 하면 색칠한 부분의 넓이는

$$R+Q+\triangle ABC-P=\{(R+Q)-P\}+\triangle ABC \quad \Leftarrow \ P=Q+R$$
$$=\triangle ABC=\frac{1}{2}bc$$

유제 5 $\angle A = 90°$인 $\triangle ABC$에서 $\overline{BC}=20\,\text{cm}$이다. $\triangle ABC$의 각 변을 지름으로 하는 세 반원의 넓이를 각각 P, Q, R라 할 때, $P+Q+R$의 값을 구하여라.

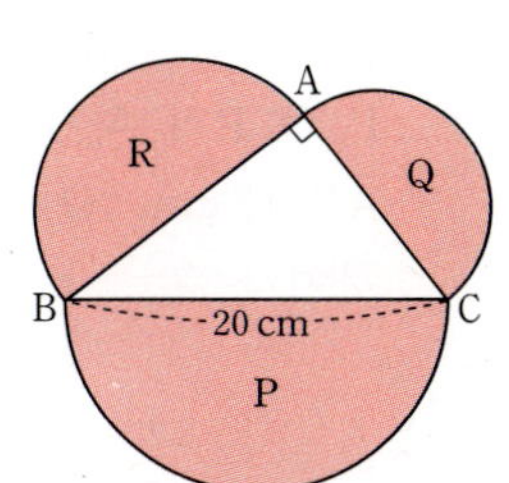

유제 6 $\angle A = 90°$인 $\triangle ABC$에서 $\overline{AB}=6\,\text{cm}$, $\overline{BC}=10\,\text{cm}$이다. $\triangle ABC$의 각 변을 지름으로 하는 반원을 그렸을 때, 색칠한 부분의 넓이를 구하여라.

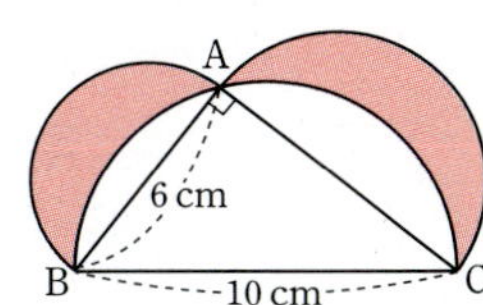

연습 문제

1. $\overline{AD} /\!/ \overline{BC}$인 등변사다리꼴 ABCD에서 $\overline{AD}=\sqrt{17}$, $\overline{AB}=7$이다. 두 대각선이 직교할 때, $\overline{BC}$의 길이를 구하여라.

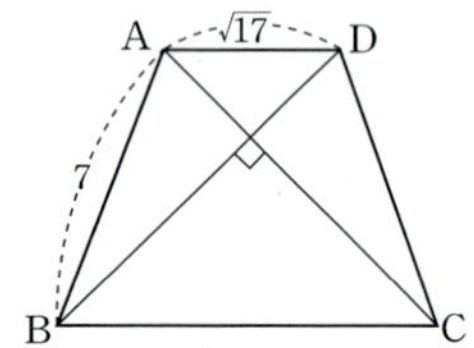

2. 직사각형 ABCD의 내부의 한 점 P에 대하여 $\overline{AP}=3\,cm$, $\overline{BP}=5\,cm$, $\overline{CP}=6\,cm$일 때, $\overline{DP}$의 길이를 구하여라.

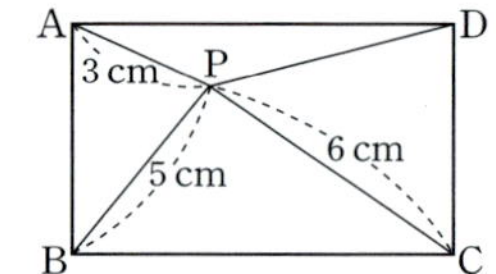

3. $\angle A=90°$인 △ABC에서 점 D, E가 각각 변 AB, AC 위에 있고 $\overline{BE}=8\,cm$, $\overline{CD}=6\,cm$이다. $\overline{BC}=9\,cm$일 때, $\overline{DE}$의 길이를 구하여라.

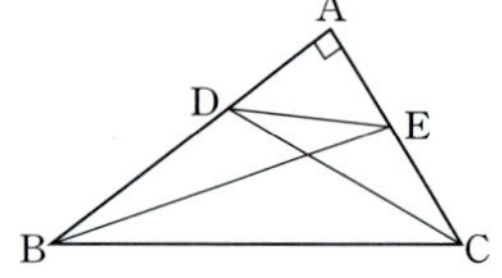

4. $\angle A=90°$인 △ABC에서 세 변 AB, AC, BC를 각각 지름으로 하는 반원의 넓이를 각각 P, Q, R라 하자.
$\overline{AB}=8\,cm$, $Q=25\pi\,cm^2$일 때, R의 값을 구하여라.

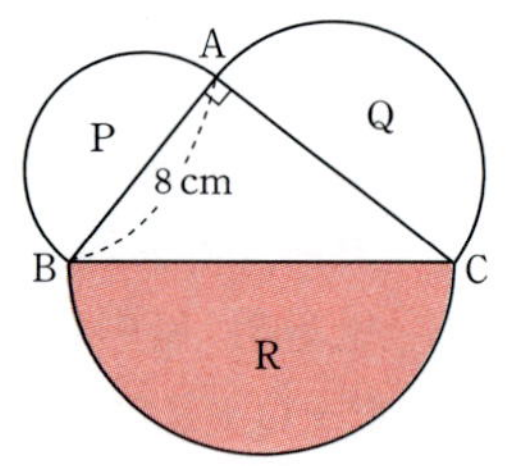

5. $\angle A$가 직각인 직각삼각형 ABC에서 $\overline{AB}=8$, $\overline{AC}=6$이다. $\overline{AB}$, $\overline{AC}$를 각각 지름으로 하는 반원을 그릴 때, 색칠한 부분의 넓이의 합을 구하여라.

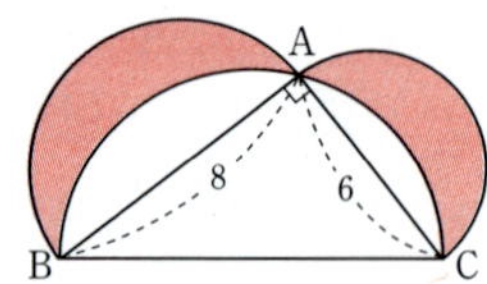

3 삼각형의 변과 각의 크기

<table>
<tr><td>핵심 개념</td><td>1. 피타고라스의 정리의 역</td></tr>
</table>

▶ $\triangle ABC$의 세 변 a, b, c 사이에
$$a^2 + b^2 = c^2$$
인 관계가 성립하면 $\triangle ABC$는 $\angle C$가 직각인 직각삼각형이다.

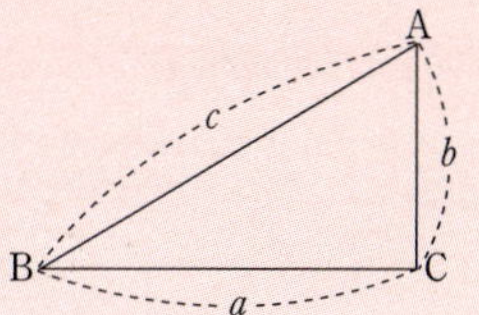

Study　위 그림의 $\triangle ABC$에서 $a^2 + b^2 = c^2$ ……㉠이면 $\angle C = 90°$가 됨을 밝혀 보자.

▶ 오른쪽 그림과 같이 $\angle C' = 90°$, $\overline{B'C'} = a$, $\overline{A'C'} = b$가 되게 $\triangle A'B'C'$을 만들고 $\overline{A'B'} = x$라고 하면, 피타고라스의 정리로부터

$$a^2 + b^2 = x^2 \quad \cdots\cdots ㉡$$

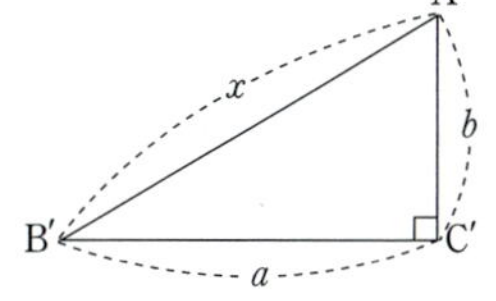

㉠, ㉡에서 $x^2 = c^2$　　$\therefore x = c$ ($\because x > 0$)

따라서, $\triangle ABC$와 $\triangle A'B'C'$은 세 변의 길이가 각각 같게 되므로,

$$\triangle ABC \equiv \triangle A'B'C' \quad \therefore \angle C = \angle C' = 90°$$

즉, $a^2 + b^2 = c^2$이면 $\angle C = 90°$이다.

보기 세 변의 길이가 각각 다음과 같은 삼각형 중에서 직각삼각형인 것은 어느 것인가?

(1) 6, 7, 4　　　　　　　　　　(2) $\sqrt{15}$, 7, 8

(3) $2\sqrt{2}$, $2\sqrt{2}$, 4　　　　　　(4) 7, 17, 11

(5) 9, 7, 6

연구 $\triangle ABC$의 세 변 a, b, c 사이에 c가 최대 변일 때 $a^2 + b^2 = c^2$이면, $\triangle ABC$는 c를 빗변으로 하는 직각삼각형이다.

(1) $7^2 \neq 6^2 + 4^2$　　　　　　(2) $8^2 = (\sqrt{15})^2 + 7^2$

(3) $4^2 = (2\sqrt{2})^2 + (2\sqrt{2})^2$　　(4) $17^2 \neq 7^2 + 11^2$

(5) $9^2 \neq 7^2 + 6^2$　　　　　　　　　　　　　　　**답** (2), (3)

<table><tr><td>핵심 개념</td><td>2. 삼각형의 변과 각의 크기 사이의 관계</td></tr></table>

▶ $\triangle ABC$에서 $\angle A$가 최대 각일 때

① $\angle A < 90° \Longleftrightarrow a^2 < b^2 + c^2$ (예각삼각형)

② $\angle A = 90° \Longleftrightarrow a^2 = b^2 + c^2$ (직각삼각형)

③ $\angle A > 90° \Longleftrightarrow a^2 > b^2 + c^2$ (둔각삼각형)

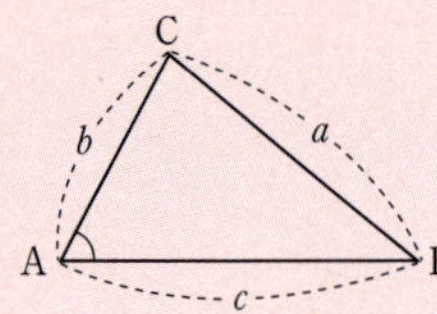 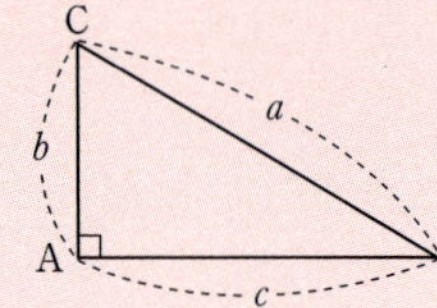 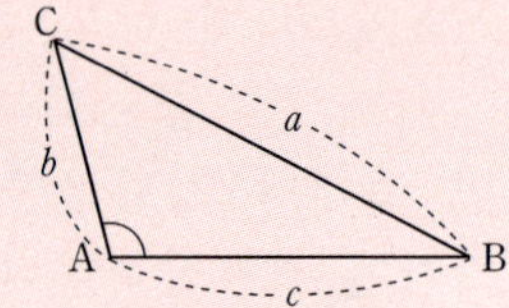

Study 1° $\angle A$가 예각일 때

꼭짓점 C에서 변 AB에 수선 CH를 긋는다.

직각삼각형 BCH에서

$\overline{BC}^2 = \overline{BH}^2 + \overline{CH}^2 = (c-x)^2 + y^2$

$\therefore a^2 = c^2 - 2cx + x^2 + y^2 \cdots\cdots$ ㉠

또, 직각삼각형 CAH에서

$b^2 = x^2 + y^2 \qquad\qquad \cdots\cdots$ ㉡

㉠, ㉡에서 $a^2 = c^2 - 2cx + b^2$

$cx > 0$이므로, $c^2 - 2cx + b^2 < c^2 + b^2 \qquad \therefore a^2 < b^2 + c^2$

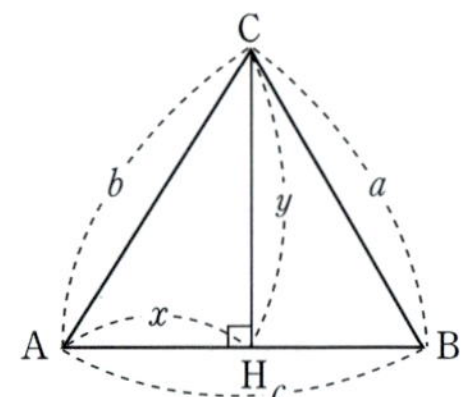

Study 2° $\angle A$가 둔각일 때

꼭짓점 C에서 변 AB의 연장선에 수선 CH를 긋는다. 직각삼각형 BCH에서

$\overline{BC}^2 = \overline{BH}^2 + \overline{CH}^2 = (c+x)^2 + y^2$

$\therefore a^2 = c^2 + 2cx + x^2 + y^2 \cdots\cdots$ ㉠

또, 직각삼각형 CAH에서

$b^2 = x^2 + y^2 \qquad\qquad \cdots\cdots$ ㉡

㉠, ㉡에서 $a^2 = c^2 + 2cx + b^2$

$cx > 0$이므로, $c^2 + 2cx + b^2 > b^2 + c^2 \qquad \therefore a^2 > b^2 + c^2$

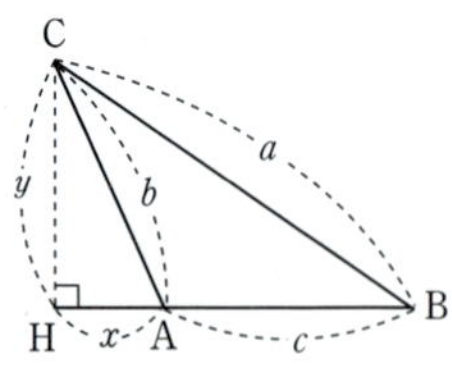

보기 세 변의 길이가 다음과 같은 삼각형은 어떤 삼각형이 되는가?
  (1) 4 cm, 6 cm, 9 cm
  (2) 8 cm, 15 cm, 17 cm
  (3) 3 cm, 3 cm, 5 cm
  (4) 8 cm, 7 cm, 10 cm

연구 $\triangle ABC$에서 가장 큰 각을 $\angle A$라고 할 때, $\angle A$의 대변의 제곱 a^2
과 b^2+c^2의 대소를 비교한다.
  (1) 가장 긴 변의 길이는 9 cm이고, $9^2>4^2+6^2$
    따라서, **둔각삼각형**이다.
  (2) 가장 긴 변의 길이는 17 cm이고, $17^2=8^2+15^2$
    따라서, **직각삼각형**이다.
  (3) 가장 긴 변의 길이는 5 cm이고, $5^2>3^2+3^2$
    따라서, **둔각삼각형**이다.
  (4) 가장 긴 변의 길이는 10 cm이고, $10^2<8^2+7^2$
    따라서, **예각삼각형**이다.

Study　　**3° 피타고라스의 수**

▶ 직각삼각형의 세 변이 될 수 있는 세 자연수를 피타고라스의 수라고
한다.
이를테면, $(3, 4, 5)$, $(5, 12, 13)$, $(6, 8, 10)$, $(8, 15, 17)$, $\cdots$
등은 피타고라스의 수이다.

보기 삼각형의 세 변의 길이가 각각 $a=m^2+1$, $b=2m$, $c=m^2-1$인
삼각형은 직각삼각형임을 증명하여라. (단, $m>1$)

연구 $a^2=(m^2+1)^2=m^4+2m^2+1$ …… ㉠
$b^2=(2m)^2=4m^2$ …… ㉡
$c^2=(m^2-1)^2=m^4-2m^2+1$ …… ㉢
㉡, ㉢에서 $b^2+c^2=4m^2+m^4-2m^2+1$
$$=m^4+2m^2+1 \ \text{……}\ ㉣$$
㉠, ㉣에서 $a^2=b^2+c^2$
따라서, 이 삼각형은 빗변의 길이가 a인 **직각삼각형**이다.

Advice $a=m^2+1$, $b=2m$, $c=m^2-1$에 $m=2, 3, 4, \cdots$를 대입하면,
피타고라스의 수 $(a, b, c)=(5, 4, 3)$, $(10, 6, 8)$,
$(17, 8, 15)$, $\cdots$를 얻을 수 있다.

필수예제 1

다음을 구하여라.

(1) 세 변의 길이가 5, 12, a인 삼각형이 둔각삼각형이 되기 위한 a의 값의 범위 (단, a가 최대 변)

(2) 세 변의 길이가 x, $x+1$, $x+2$인 삼각형이 직각삼각형이 되기 위한 x의 값

생각하기 △ABC의 세 변이 a, b, c이고 최대 변이 a일 때,

△ABC가 둔각삼각형이 되기 위한 조건은 —— $a^2 > b^2 + c^2$

△ABC가 직각삼각형이 되기 위한 조건은 —— $a^2 = b^2 + c^2$

임을 이용한다. 또한, a, b, c가 삼각형의 세 변이 되려면

바이블 가장 긴 변의 길이는 다른 두 변의 길이의 합보다 작다

는 것을 잊어서는 안된다.

모범해답

(1) a가 최대 변이므로, 둔각삼각형이 되기 위해서는

$a^2 > 5^2 + 12^2$, $a^2 > 169$ ∴ $a > 13$ …… ㉠

한편, 5, 12, a가 삼각형의 세 변이 되기 위해서는

$5 + 12 > a$ ∴ $a < 17$ …… ㉡

㉠, ㉡에서 $13 < a < 17$ ← **답**

(2) $x+2$가 최대 변이므로, 직각삼각형이 되기 위해서는

$(x+2)^2 = x^2 + (x+1)^2$

$x^2 + 4x + 4 = x^2 + x^2 + 2x + 1$, $x^2 - 2x - 3 = 0$

$(x-3)(x+1) = 0$ ∴ $x = 3$ ($\because x > 0$) ← **답**

유제 1 다음을 구하여라.

(1) 세 변의 길이가 6, 8, a인 삼각형이 둔각삼각형이 되기 위한 a의 값의 범위(단, a가 최대 변이다.)

(2) 세 변의 길이가 3, 4, a인 삼각형이 예각삼각형이 되기 위한 a의 값의 범위(단, a가 최대 변이다.)

필수예제 2

<그림>과 같이 $\overline{AB}=9$, $\overline{AD}=15$인 직사각형이 있다. 꼭짓점 **A**를 지나는 직선 **AP**를 접어 꼭짓점 **D**가 변 **BC** 위의 점 **Q**에 겹치게 할 때, 다음을 구하여라.

(1) $\overline{BQ}$ (2) $\overline{PQ}$ (3) $\overline{AP}$

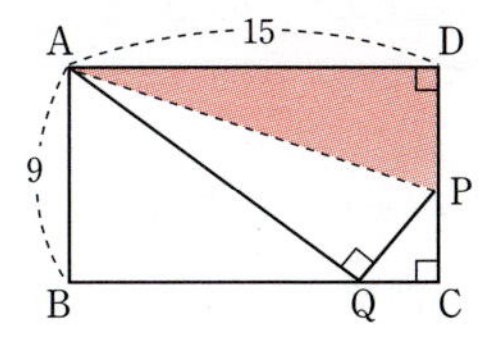

생각하기 $\triangle ADP$를 접어서 $\triangle AQP$에 포개었으므로 $\triangle ADP \equiv \triangle AQP$이다. 따라서,
$$\overline{AD}=\overline{AQ}=15, \quad \overline{DP}=\overline{QP}$$
임을 알 수 있다.

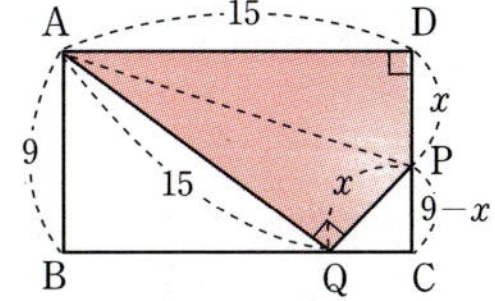

모범해답

(1) $\triangle ABQ$에서 $\overline{AB}=9$, $\overline{AQ}=15$이므로,
$$\overline{BQ}^2=15^2-9^2=144 \qquad \therefore \ \overline{BQ}=12 \ \leftarrow \text{답}$$

(2) $\overline{DP}=x$라고 하면, $\overline{PQ}=\overline{PD}=x$, $\overline{PC}=9-x$, $\overline{QC}=3$
따라서, $\triangle PQC$에서
$$x^2=3^2+(9-x)^2, \quad x^2=9+81-18x+x^2$$
$$18x=90 \qquad \therefore \ x=5 \ \leftarrow \text{답}$$

(3) $\triangle APQ$에서 $\overline{AQ}=15$, $\overline{PQ}=5$이므로,
$$\overline{AP}^2=\overline{AQ}^2+\overline{PQ}^2=15^2+5^2=250$$
$$\therefore \ \overline{AP}=\sqrt{250}=5\sqrt{10} \ \leftarrow \text{답}$$

유제 2 <그림>에서 정사각형 **ABCD**는 한 변의 길이가 6 cm이다. 변 **BC** 위에 한 점 **E**를 잡고 $\angle EAD$의 이등분선이 $\overline{CD}$, $\overline{BC}$의 연장선과 만나는 점을 각각 **F, G**라 할 때, $\overline{CG}=3$ cm이면 $\overline{AE}$의 길이는 얼마가 되는가?

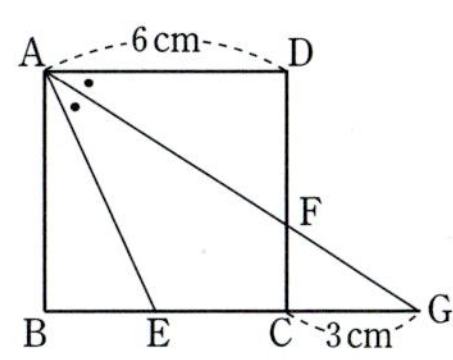

연습 문제

● 학교 시험과 수준·경향을 일치시킨 기본적인 문제입니다.
● 한 문제 한 문제를 정복하여 이 단원의 내용을 총정리합시다.

1. 세 변의 길이가 다음과 같은 삼각형은 예각삼각형, 직각삼각형, 둔각삼각형 중에서 어느 것에 해당되는가?

(1) 2, 3, 4

(2) 4, 5, 7

(3) 6, 15, 17

(4) $\sqrt{5}$, $\sqrt{5}$, 3

(5) $\sqrt{6}$, $2\sqrt{2}$, 3

(6) $4\sqrt{2}$, $3\sqrt{2}$, $5\sqrt{2}$

2. 예각삼각형 ABC의 세 변의 길이가 5, 8, x일 때, x의 값의 범위를 구하여라. (단, $x>8$)

3. 세 변의 길이가 4 cm, 5 cm, a cm인 삼각형이 둔각삼각형일 때, a의 값의 범위를 구하여라. (단, $a>5$)

4. 삼각형의 세 변의 길이가 $2m$, m^2+1, m^2-1인 삼각형은 어떤 삼각형인가? (단, $m>1$)

5. △ABC에서 $\overline{AB}=6$ cm, $\overline{AC}=4$ cm이고, $90°<\angle C<180°$일 때, x의 값의 범위를 구하여라.

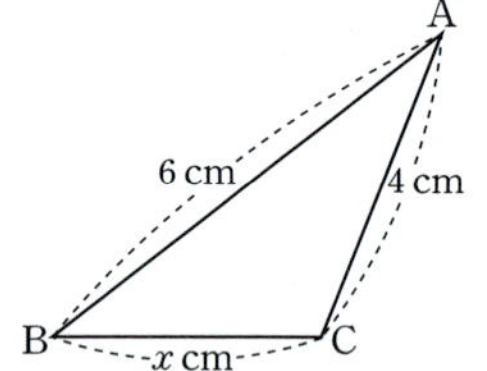

6. $\overline{AB}=8$ cm, $\overline{AD}=10$ cm인 직사각형 ABCD에서 꼭짓점 A를 지나는 선분 AQ를 접는 선으로 하여 꼭짓점 D가 $\overline{BC}$ 위의 점 P에 오도록 접었을 때, $\overline{PQ}$의 길이를 구하여라.

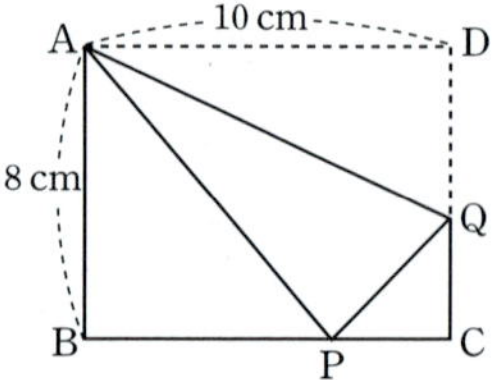

1. 다음 그림에서 x의 값을 구하여라.

(1) 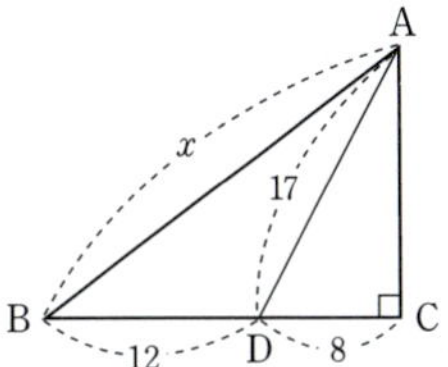

(2) 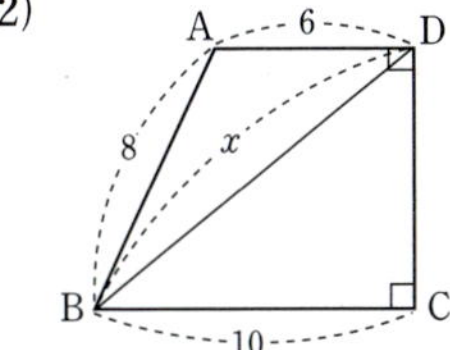

2. <그림>에서 $\overline{AB}=\overline{BB_1}=1$,
$\angle B=\angle AB_1B_2=\angle AB_2B_3=\angle AB_3B_4$
$\quad=\angle AB_4B_5=90°$,
$\overline{BB_1}=\overline{B_1B_2}=\overline{B_2B_3}=\overline{B_3B_4}=\overline{B_4B_5}$이다.
$\overline{AB_5}$의 길이를 구하여라.

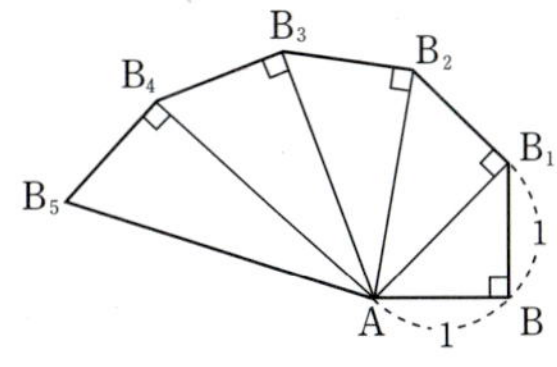

3. <그림>은 점 O를 중심으로 하고, $\overline{OA}$, $\overline{OB}$, $\overline{OC}$, … 를 반지름으로 하는 원의 일부를 그린 것이다. $\overline{OE}$, $\overline{OF}$의 길이를 구하여라.

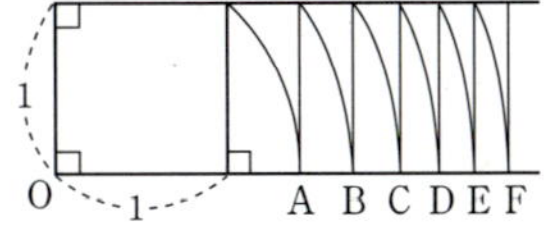

4. 두 정사각형 **A**, **B**가 있다. 다음 넓이를 가지는 정사각형을 작도하여라.

(1) A+B (2) A−B

(3) 2B (4) $\dfrac{1}{2}$A

5. 길이가 a, b인 두 선분이 있다. 다음 도형을 작도하여라.

(1) 길이가 $\sqrt{a^2+b^2}$인 선분 (2) 길이가 $\sqrt{3}a$인 선분

6. <그림>에서 세 점 A, B, D는 한 직선 위에 있고 $\overline{AC}=\overline{BD}$, $\overline{AB}=\overline{DE}$이다. $\overline{AC}=8\,\text{cm}$, $\overline{AB}=6\,\text{cm}$일 때, $\triangle CBE$의 넓이를 구하여라.

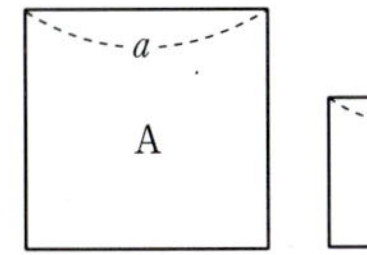

7. $\angle BAC = 90°$인 삼각형 ABC에서 $\overline{AB} = 4$, $\overline{HC} = 6$이다. $\overline{AH} \perp \overline{BC}$일 때, $\overline{AC}$의 길이를 구하여라.

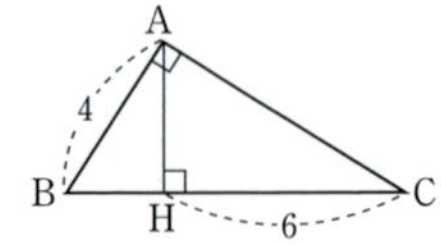

8. <그림>에서 $\overline{AD} = 4\sqrt{3}$ cm이다. $\overline{AC} = \overline{BC} = \overline{BD}$, $\angle ACB = \angle ABD = 90°$일 때, $\overline{AC}$의 길이를 구하여라.

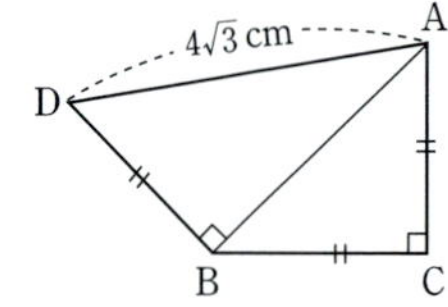

9. <그림>의 정사각형 ABCD에서 $\overline{BC} = 8$ cm, $\overline{BE} = 10$ cm이다. $\triangle ABF$의 넓이를 구하여라.

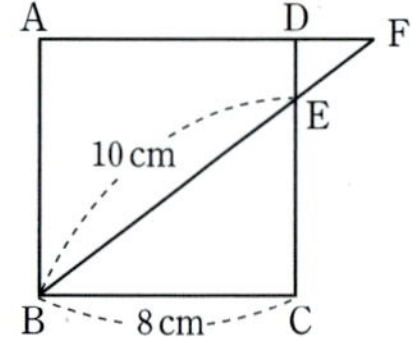

10. <그림>의 직각삼각형 ABC에서 $\overline{AC} = 6$ cm, $\overline{BC} = 6\sqrt{3}$ cm이다. 점 G는 $\triangle ABC$의 무게중심일 때, $\overline{CG}$의 길이를 구하여라.

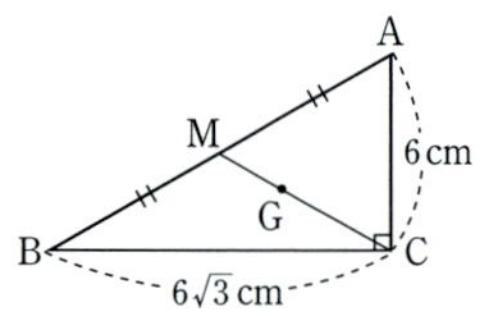

11. 원점에서 직선 $4x + 5y = 20$에 내린 수선의 길이를 구하여라.

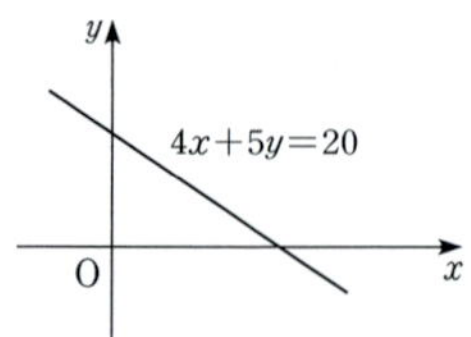

1. 오른쪽 삼각형 ABC에서 $\angle BAC = 90°$, $\overline{BM} = \overline{CM}$, $\overline{AG} \perp \overline{BC}$, $\overline{GH} \perp \overline{AM}$이고 $\overline{BG} = 8\,cm$, $\overline{CG} = 2\,cm$이다. $\overline{AH}$의 길이를 구하여라.

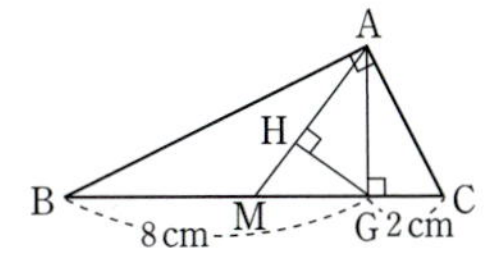

2. $\angle C = 90°$인 $\triangle ABC$에서 $\overline{BC} = 16\,cm$이다. $\overline{BC}$의 중점을 M, $\overline{MC}$의 중점을 N이라 하면 $\angle BAM = \angle NAM$이다. 이때 $\overline{AC}$의 길이를 구하여라.

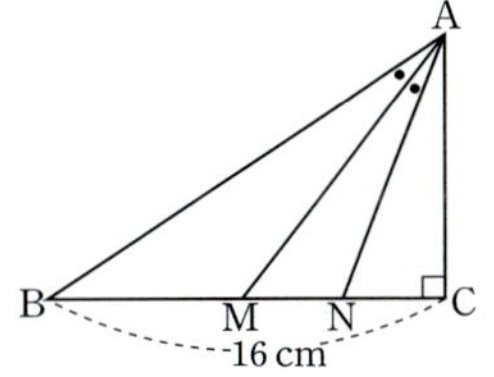

3. <그림>과 같이 반지름의 길이가 20 cm인 사분원이 있다. $\overline{OB}$의 중점 Q를 지나 $\overline{AO} /\!/ \overline{PQ}$ 되게 점 P를 잡을 때, 색칠한 부분의 넓이를 구하여라.

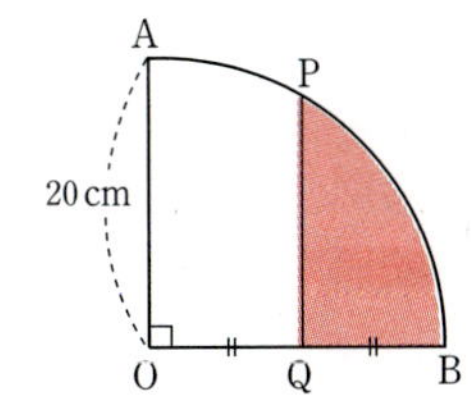

4. 반지름의 길이가 10인 사분원 안에 꼭들어 맞는 원 P가 있다. 원 P의 반지름의 길이를 구하여라.

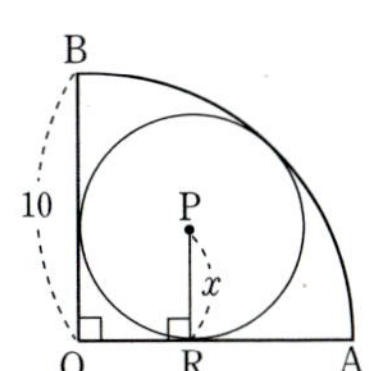

5. $\angle A = 90°$인 직각삼각형 ABC에서 $\angle A$의 이등분선이 $\overline{BC}$와 만나는 점을 D라고 한다. $\overline{AB} = 15\,cm$, $\overline{AC} = 8\,cm$일 때, $\overline{BD}$의 길이를 구하여라.

6. <그림>과 같이 $\overline{AB} = \overline{BC} = 16\,cm$인 직각이등변 삼각형의 종이를 접어서 꼭짓점 A가 $\overline{BC}$의 중점 D에 오게 할 때, $\overline{BE}$의 길이를 구하여라.

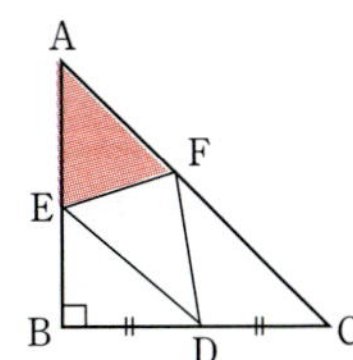

7. 삼각형 ABC는 $\overline{AB}=\overline{AC}=10\,\text{cm}$이고 $\overline{BC}=12\,\text{cm}$인 이등변삼각형이다. $\triangle ABC$의 내심을 I라고 할 때, $\overline{BI}$의 길이를 구하여라.

8. <그림>과 같이 정삼각형 ABC의 내부에 점 P를 $\overline{AP}^2=\overline{BP}^2+\overline{CP}^2$이 되게 잡고, 점 Q를

$$\angle ABP=\angle CBQ,\quad \overline{BP}=\overline{BQ}$$

가 되도록 잡을 때, $\angle BQP+\angle CPQ$의 크기를 구하여라.

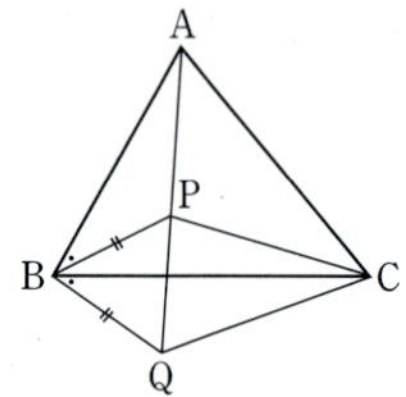

9. 한 변의 길이가 4인 정삼각형 ABC에서 점 P가 변 BC 위를 움직일 때, $\overline{AP}^2+\overline{BP}^2$의 최솟값을 구하여라.

10. <그림>과 같이 한 변의 길이가 5인 정사각형 ABCD에 내접하고 한 꼭짓점을 A로 하는 정삼각형 AEF를 그릴 때, $\overline{BE}$의 길이 x를 구하여라. (단, x에 관한 방정식과 풀이 과정을 나타내고, 근호는 그대로 둘 것)

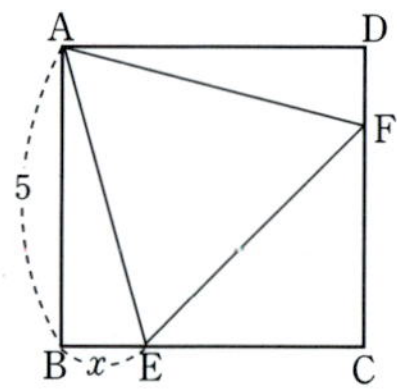

11. 삼각형의 세 변의 길이 1, a, b가

$$ab(a-b)-a^2+b^2+a-b=0$$

인 관계식을 만족시킬 때, 이 삼각형의 넓이를 a를 사용하여 나타내어라. (단, $a\neq 1$, $b\neq 1$)

12. $\overline{AB}=8$, $\overline{AC}=6$인 $\triangle ABC$가 예각삼각형일 때, 변 BC의 길이의 범위를 구하여라.

1. <그림>에서 $\overline{AH} \perp \overline{BC}$, $\overline{BM} = \overline{CM}$이다. $\overline{AB} = 7$ cm, $\overline{AC} = 5$ cm, $\overline{BC} = 6$ cm일 때, $\overline{AM}$의 길이를 구하여라.

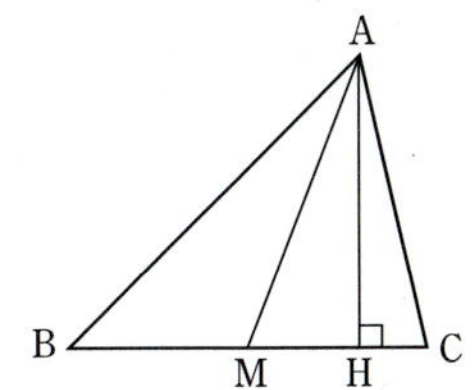

2. 반지름의 길이가 R, r인 두 개의 동심원이 있다. (단, $R > r$) 반지름의 길이가 R인 원에 내접하고, r인 원에 외접하는 네 개의 원이 그림과 같이 접하고 있을 때, $R = 1 + \sqrt{2}$이면 r의 값은 얼마인가?

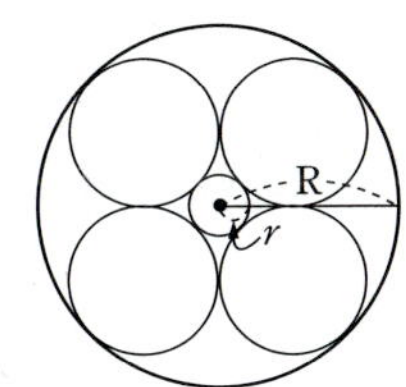

3. 오른쪽 그림과 같이 가로, 세로의 길이가 각각 5 cm, 4 cm인 직사각형이 있다. $\overline{BP}$를 접는 선으로 하여 꼭짓점 C가 변 AD 위의 점 Q에 오도록 접을 때, $\overline{PH}$의 길이를 구하여라.

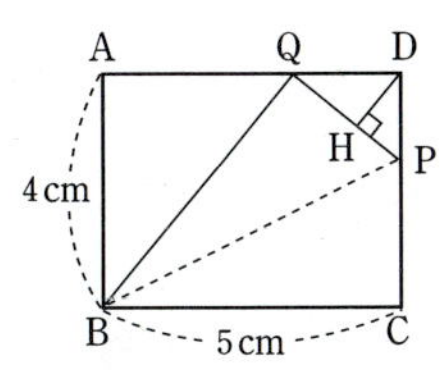

4. 한 변의 길이가 10 cm인 정사각형이 있다. 점 P, Q가 동시에 꼭짓점 A를 출발하여 정사각형의 변 위에서 점 P는 꼭짓점 B를 지나 꼭짓점 C까지, 점 Q는 꼭짓점 D를 지나 꼭짓점 C까지 매초 1 cm의 속도로 움직인다. △APQ가 정삼각형이 되는 것은 몇 초 후인가?

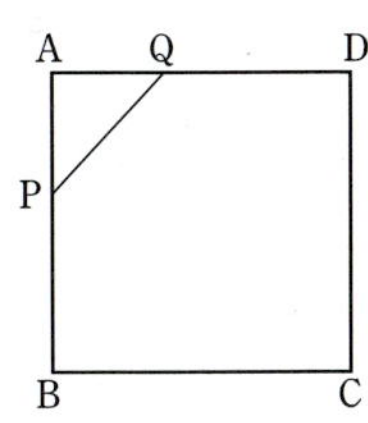

■ <그림>에서 $\overline{AB} = \overline{AC} = 5$, $\overline{BC} = 6$, $\overline{CD} \perp \overline{AB}$, $\overline{AH} \perp \overline{BC}$, $\overline{DE} \perp \overline{BC}$이다. (**5~6**)

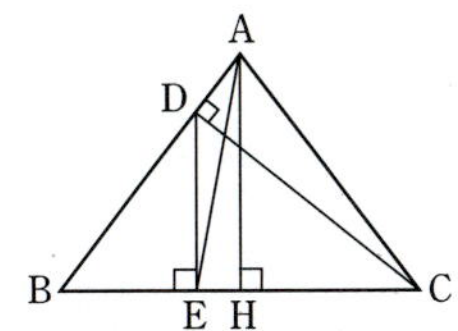

5. $\overline{CD}$, $\overline{DE}$의 길이를 구하여라.

6. $\overline{AB}^2$과 $\overline{DE}^2 + \overline{AE}^2$의 크기를 비교하여라.

7. <그림>과 같이 폭이 같은 종이테이프를 선분 AB에서 접었다. 폭의 길이가 a이고, 선분 AB의 길이가 $2a$일 때 $\triangle ABC$의 넓이를 구하여라.

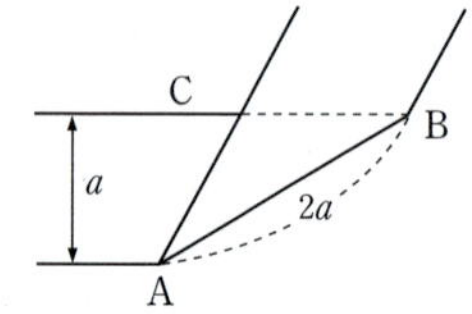

8. 좌표평면 위에 세 점 $O(0,\ 0)$, $A(3,\ 4)$, $B(3,\ 0)$이 있다. 점 O를 지나는 직선이 $\angle AOB$를 이등분할 때, 그 직선이 점 $(a,\ 3)$을 지난다. a의 값을 구하여라.

9. <그림>과 같이 $\angle XOY = 45°$인 $\angle XOY$ 안에 꼭짓점 O에서 거리가 6인 점 A가 있다. A에서 출발하여 $\overrightarrow{OY}$ 위의 한 점 P, $\overrightarrow{OX}$ 위의 한 점 Q를 차례로 지나 점 A로 돌아오는 가장 짧은 거리를 구하여라.

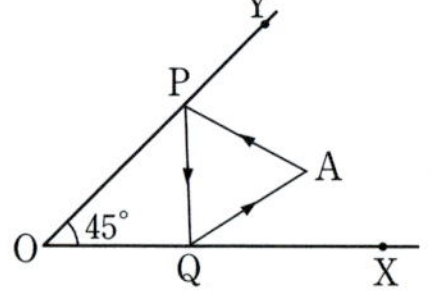

10. 한 변의 길이가 $10\,\text{cm}$인 정사각형과 정삼각형 2개가 오른쪽 그림과 같이 있을 때, 색칠한 부분의 넓이를 구하여라.

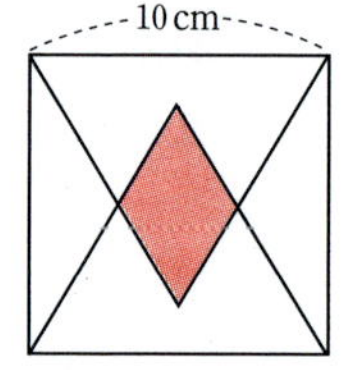

11. <그림>과 같이 가로, 세로 각각 $1\,\text{cm}$ 간격으로 25개의 점이 정사각형 모양으로 나열되어 있다. 이때, 이들 점 중에서 4개의 점을 꼭짓점으로 하는 정사각형 중 넓이가 $5\,\text{cm}^2$인 것의 개수를 구하여라.

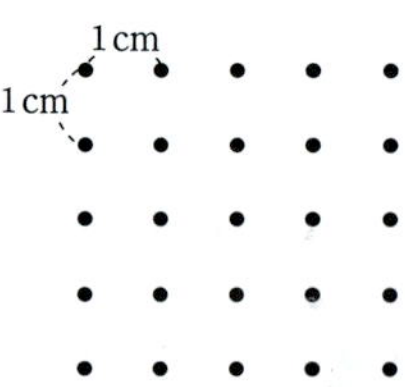

12. 길이가 $3\,\text{cm}$, $4\,\text{cm}$, $5\,\text{cm}$, $6\,\text{cm}$, $7\,\text{cm}$인 막대 중 3개를 골라 삼각형을 만들려고 한다. 만들 수 있는 예각삼각형의 개수를 a, 둔각삼각형의 개수를 b라고 할 때, $a+b$의 값을 구하여라.

1 평면도형에의 활용

1. 직사각형의 대각선의 길이

1. **직사각형의 대각선의 길이** : 가로, 세로의 길이가 각각 a, b인 직사각형의 대각선의 길이 l은 $$l = \sqrt{a^2 + b^2}$$
2. **정사각형의 대각선의 길이** : 한 변의 길이가 a인 정사각형의 대각선의 길이 l은 $$l = \sqrt{2}\,a$$

Study **1° 직사각형의 대각선의 길이**

▶ <그림>에서 △DBC는 직각삼각형이므로 피타고라스의 정리를 쓰면,
$$l^2 = a^2 + b^2 \qquad \therefore \ l = \pm\sqrt{a^2 + b^2}$$
$l > 0$이므로, $l = \sqrt{a^2 + b^2}$

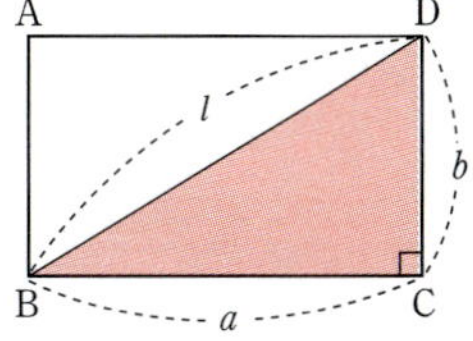

보기 가로, 세로의 길이가 각각 6 cm, 8 cm 인 직사각형의 대각선의 길이를 구하여라.

연구 가로, 세로의 길이가 a, b인 직사각형의 대각선의 길이는 $\sqrt{a^2 + b^2}$이고 $a = 6$, $b = 8$이므로,
$$\sqrt{a^2 + b^2} = \sqrt{6^2 + 8^2} = \sqrt{100} = \mathbf{10 \ (cm)}$$

Study **2° 정사각형의 대각선의 길이**

▶ <그림>에서 △DBC는 직각삼각형이므로 피타고라스의 정리를 쓰면,
$$l^2 = a^2 + a^2 = 2a^2 \qquad \therefore \ l = \pm\sqrt{2}\,a$$
$l > 0$이므로, $l = \sqrt{2}\,a$

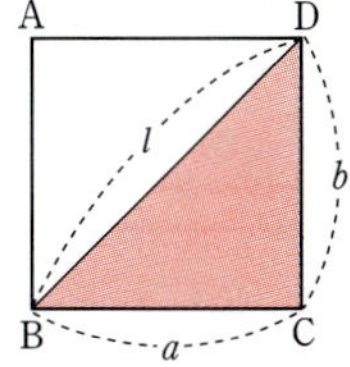

보기 한 변의 길이가 10 cm인 정사각형의 대각선의 길이는 $\sqrt{2}\,a = \sqrt{2} \times 10 = \mathbf{10\sqrt{2} \ (cm)}$

핵심 개념 | 2. 정삼각형의 높이와 넓이

▶ 한 변의 길이가 a인 정삼각형의 높이와 넓이는

$$\text{높이} : \frac{\sqrt{3}}{2}a, \quad \text{넓이} : \frac{\sqrt{3}}{4}a^2$$

Study　1° 정삼각형의 높이

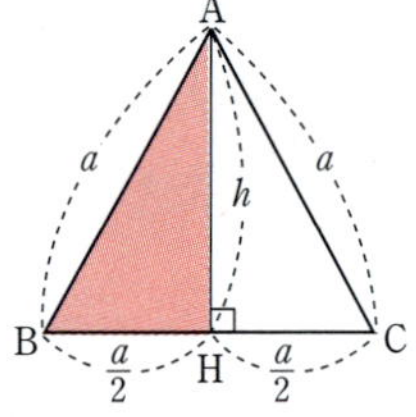

▶ 꼭짓점 A에서 밑변 BC에 내린 수선의 발을 H라고 하면,

$$\overline{BH}=\overline{CH}=\frac{a}{2}$$

△ABH에서 $\overline{AH}=h$라고 하면,

$$h^2+\left(\frac{a}{2}\right)^2=a^2 \qquad \therefore\ h^2=a^2-\frac{a^2}{4}=\frac{3}{4}a^2$$

그런데 $h>0$이므로, $h=\dfrac{\sqrt{3}}{2}a$

Study　2° 정삼각형의 넓이

▶ 위의 △ABC에서 삼각형의 넓이 S는

$$S=\frac{1}{2}ah=\frac{1}{2}a\times\frac{\sqrt{3}}{2}a=\frac{\sqrt{3}}{4}a^2$$

보기 1. 한 변의 길이가 6 cm인 정삼각형의 높이와 넓이를 구하여라.

연구 한 변의 길이가 a인 정삼각형의 높이와 넓이는 각각

$$\frac{\sqrt{3}}{2}a, \ \frac{\sqrt{3}}{4}a^2 \text{이고 } a=6\text{이므로,}$$

높이 : $\dfrac{\sqrt{3}}{2}a=\dfrac{\sqrt{3}}{2}\times6=\mathbf{3\sqrt{3}}$ **(cm)**

넓이 : $\dfrac{\sqrt{3}}{4}a^2=\dfrac{\sqrt{3}}{4}\times6^2=\dfrac{\sqrt{3}}{4}\times36=\mathbf{9\sqrt{3}}$ **(cm²)**

보기 2. 넓이가 $100\sqrt{3}$ cm²인 정삼각형의 한 변의 길이를 구하여라.

연구 정삼각형의 한 변의 길이를 a라고 하면,

$$\frac{\sqrt{3}}{4}a^2=100\sqrt{3}\text{에서 } a^2=400 \qquad \therefore\ \mathbf{a=20\ cm}$$

핵심 개념 **3. 두 점 사이의 거리**

1. **한 점과 원점 사이의 거리** : 점 $A(x,\ y)$와 원점 O 사이의 거리는
$$\overline{OA} = \sqrt{x^2 + y^2}$$

2. **두 점 사이의 거리** : 두 점 $A(x_1,\ y_1)$, $B(x_2,\ y_2)$ 사이의 거리는
$$\overline{AB} = \sqrt{(x_2 - x_1)^2 + (y_2 - y_1)^2}$$

Study   1° 한 점과 원점 사이의 거리

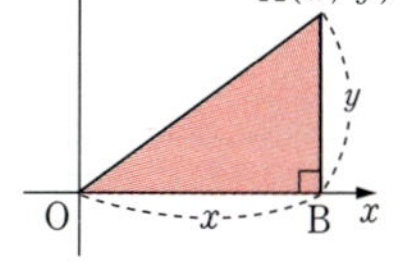

▶ <그림>에서 △AOB는 직각삼각형이므로 피타고라스의 정리를 쓰면,
$$\overline{OA}^2 = x^2 + y^2 \qquad \therefore \ \overline{OA} = \pm\sqrt{x^2 + y^2}$$

$\overline{OA} > 0$이므로, $\overline{OA} = \sqrt{x^2 + y^2}$

보기 좌표평면 위에서 점 $A(2,\ 5)$와 원점 사이의 거리를 구하여라.

연구 원점과 점 $(x,\ y)$ 사이의 거리는 $\sqrt{x^2 + y^2}$이다.

$x = 2$, $y = 5$이므로, $\overline{OA} = \sqrt{2^2 + 5^2} = \sqrt{29}$

Study   2° 두 점 사이의 거리

▶ <그림>에서
$$\overline{AC} = x_2 - x_1, \quad \overline{BC} = y_2 - y_1$$
이고, △ABC는 직각삼각형이므로,
$$\overline{AB}^2 = \overline{AC}^2 + \overline{BC}^2$$
$$= (x_2 - x_1)^2 + (y_2 - y_1)^2$$
$$\therefore \ \overline{AB} = \pm\sqrt{(x_2 - x_1)^2 + (y_2 - y_1)^2}$$

$\overline{AB} > 0$이므로, $\overline{AB} = \sqrt{(x_2 - x_1)^2 + (y_2 - y_1)^2}$

보기 좌표평면에서 다음 두 점 사이의 거리를 구하여라.

    (1) $A(3,\ 0)$, $B(0,\ 2)$ (2) $A(1,\ 3)$, $B(-2,\ 6)$

연구 두 점 $(x_1,\ y_1)$, $(x_2,\ y_2)$ 사이의 거리는 $\sqrt{(x_2 - x_1)^2 + (y_2 - y_1)^2}$ 이다.

    (1) $x_1 = 3$, $y_1 = 0$, $x_2 = 0$, $y_2 = 2$이므로,
$$\overline{AB} = \sqrt{(0-3)^2 + (2-0)^2} = \sqrt{9+4} = \sqrt{13}$$

    (2) $x_1 = 1$, $y_1 = 3$, $x_2 = -2$, $y_2 = 6$이므로,
$$\overline{AB} = \sqrt{(-2-1)^2 + (6-3)^2} = \sqrt{9+9} = \sqrt{18} = 3\sqrt{2}$$

필수예제 1

<그림>과 같은 정삼각형 ABC에서 M, N은 각각 $\overline{BC}$, $\overline{AC}$의 중점이다. $\overline{AG}=\sqrt{3}$일 때, △ABC의 넓이를 구하여라.

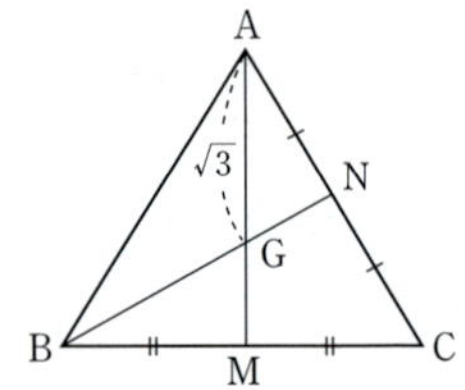

생각하기 △ABC의 두 중선의 교점이 G이므로, 점 G는 △ABC의 무게중심이다. 따라서, $\overline{AG} : \overline{GM}=2 : 1$이다. 또한,

바이블 한 변의 길이가 a인 정삼각형의 높이와 넓이는

$$\text{높이} : \frac{\sqrt{3}}{2}a, \quad \text{넓이} : \frac{\sqrt{3}}{4}a^2$$

임을 활용한다.

모범해답

점 G가 △ABC의 무게중심이므로,

$$\overline{AG}=\frac{2}{3}\overline{AM} \quad \therefore \sqrt{3}=\frac{2}{3}\overline{AM} \quad \therefore \overline{AM}=\frac{3\sqrt{3}}{2} \ \cdots\cdots \ \text{㉠}$$

그런데 △ABC는 정삼각형이므로, $\overline{AM}$은 △ABC의 높이가 된다.

△ABC의 한 변의 길이를 a라고 하면, 높이는 $\frac{\sqrt{3}}{2}a$이고 이것은 ㉠과 일치하므로,

$$\frac{\sqrt{3}}{2}a=\frac{3\sqrt{3}}{2} \quad \therefore a=3$$

따라서, △ABC의 넓이는 $\frac{\sqrt{3}}{4}a^2=\frac{9\sqrt{3}}{4}$ ← **답**

유제 1 한 변의 길이가 6 cm인 정삼각형에서 한 변의 길이가 4 cm인 정삼각형을 뺀 나머지 부분과 넓이가 같은 정삼각형의 한 변의 길이를 구하여라.

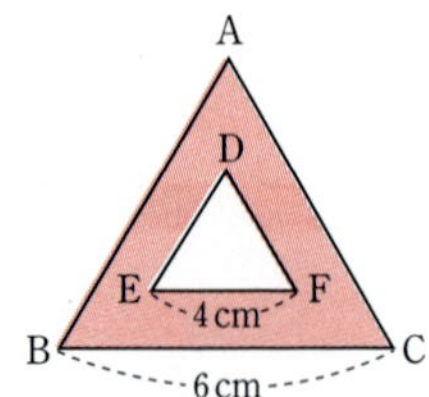

필수예제 2

세 변의 길이가 4 cm, 5 cm, 6 cm인 △ABC의 넓이를 구하여라.

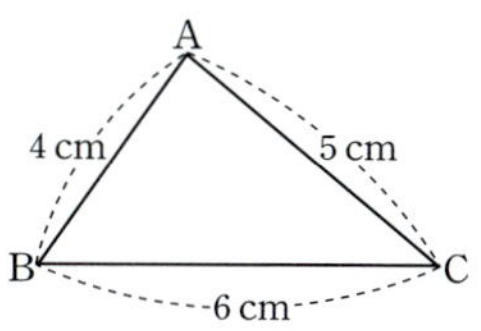

생각하기 △ABC의 꼭짓점 A에서 변 BC에 내린 수선의 발을 H라고 하면

△ABH에서 $\overline{AH}^2 = \overline{AB}^2 - \overline{BH}^2$

△ACH에서 $\overline{AH}^2 = \overline{AC}^2 - \overline{CH}^2$

$\therefore \overline{AB}^2 - \overline{BH}^2 = \overline{AC}^2 - \overline{CH}^2$

모범해답

△ABC의 꼭짓점 A에서 변 BC에 내린 수선의 발을 H라 하고, $\overline{BH} = x$ cm라 하면

$\overline{CH} = (6-x)$ cm

△ABH에서 $\overline{AH}^2 = 4^2 - x^2$ ...... ㉠

△ACH에서 $\overline{AH}^2 = 5^2 - (6-x)^2$ ...... ㉡

㉠, ㉡에서 $4^2 - x^2 = 5^2 - (6-x)^2$

이것을 전개하여 정리하면 $12x = 27$ $\therefore x = \dfrac{27}{12} = \dfrac{9}{4}$

㉠에서 $\overline{AH}^2 = 4^2 - \left(\dfrac{9}{4}\right)^2 = 16 - \dfrac{81}{16} = \dfrac{175}{16}$

$\overline{AH} > 0$이므로 $\overline{AH} = \sqrt{\dfrac{175}{16}} = \dfrac{5\sqrt{7}}{4}$ (cm)

$\therefore \triangle ABC = \dfrac{1}{2} \times 6 \times \dfrac{5\sqrt{7}}{4} = \dfrac{15\sqrt{7}}{4}$ **(cm²)** ← 답

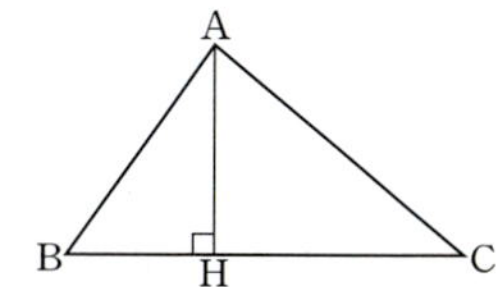

유제 2 세 변의 길이가 13 cm, 14 cm, 15 cm인 △ABC의 넓이를 구하여라.

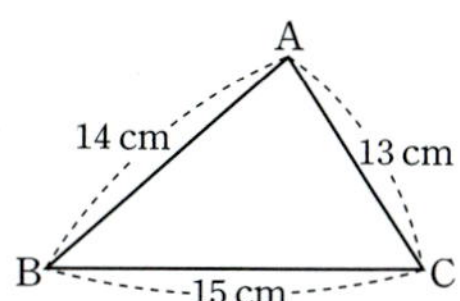

필수예제 3

한 변의 길이가 **2 cm**인 정사각형이 있다. $\overline{CD}$의 중점을 **M**이라고 할 때, $\overline{AM}$을 접는 선으로 하여 꼭짓점 **D**가 점 **E**의 위치에 오게 하였다. 다음에 답하여라.

(1) $\overline{DE}$의 길이를 구하여라.

(2) $\overline{DE} : \overline{EC}$를 구하여라.

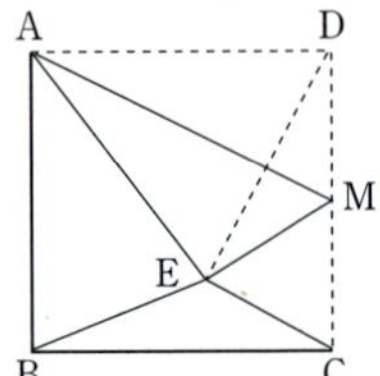

생각하기 (1) $\overline{AM}$을 접는 선으로 하여 꼭짓점 **D**가 점 **E**에 겹치면 $\overline{AM}$은 $\overline{DE}$의 수직이등분선이 된다.

(2) $\triangle DEC$에서 $\overline{MD}=\overline{ME}=\overline{MC}$이므로, 점 **M**은 $\triangle DEC$의 외심이 된다. 또한 외심이 빗변 위에 있으므로 $\triangle DEC$는 직각삼각형이 된다.

모범해답

(1) $\triangle AMD$에서 $\overline{AM}^2=2^2+1^2=5$ $\therefore\ \overline{AM}=\sqrt{5}$ cm

$\overline{AM}$과 $\overline{DE}$의 교점을 **H**라고 하면,

$\triangle AMD$의 넓이에서

$$\overline{AM}\times\overline{DH}=\overline{AD}\times\overline{DM}=2$$

$$\therefore\ \overline{DH}=\frac{2}{\overline{AM}}=\frac{2}{\sqrt{5}}=\frac{2\sqrt{5}}{5}\ (\text{cm})$$

$$\therefore\ \overline{DE}=2\overline{DH}=\frac{4\sqrt{5}}{5}\ (\text{cm})\ \leftarrow\ \boxed{\text{답}}$$

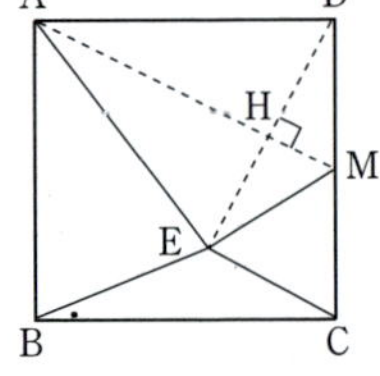

(2) $\overline{MD}=\overline{ME}=\overline{MC}$이므로 점 **M**은 $\triangle DEC$의 외심이다. 또한 점 **M**은 $\triangle DEC$의 빗변의 중점이므로 $\angle DEC=90°$

$$\overline{EC}^2=\overline{DC}^2-\overline{DE}^2=4-\frac{16}{5}=\frac{4}{5},\ \ \overline{EC}=\frac{2\sqrt{5}}{5}\ \text{cm}$$

$$\therefore\ \overline{DE} : \overline{EC}=2 : 1\ \leftarrow\ \boxed{\text{답}}$$

유제 3 위의 [필수예제 3]에서 $\triangle EBC$의 넓이를 구하여라.

필수예제 4

포물선 $y=x^2$과 직선 $y=2x+3$의 교점을 <그림>과 같이 각각 A, B라고 할 때, △AOB는 어떤 삼각형이 되는가?

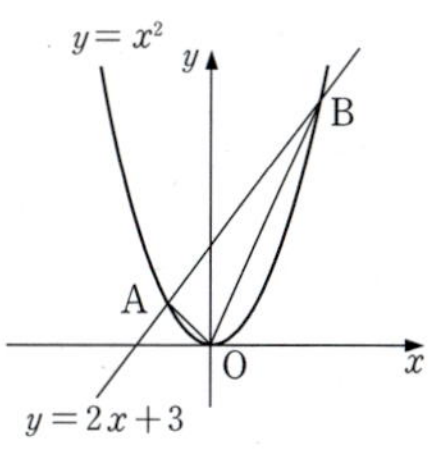

생각하기 두 점 A, B의 좌표를 구한 다음, △AOB의 세 변의 길이를 구한다.

바이블 원점 O와 점 $A(x, y)$ 사이의 거리는 $\overline{OA}=\sqrt{x^2+y^2}$
두 점 $A(x_1, y_1)$, $B(x_2, y_2)$ 사이의 거리는
$\overline{AB}=\sqrt{(x_2-x_1)^2+(y_2-y_1)^2}$

또한, 세 변의 길이가 a, b, c인 삼각형 ABC에서 a가 최대 변일 때

바이블 $a^2>b^2+c^2 \iff$ △ABC는 둔각삼각형
$a^2=b^2+c^2 \iff$ △ABC는 직각삼각형
$a^2<b^2+c^2 \iff$ △ABC는 예각삼각형

모범해답

$y=x^2 \cdots \bigcirc, \qquad y=2x+3 \cdots \bigcirc$
에서 $x^2=2x+3$, $x^2-2x-3=0 \qquad \therefore (x-3)(x+1)=0$
따라서, $x=-1$ 또는 $x=3$
$\qquad x=-1$이면 $\bigcirc$에서 $y=(-1)^2=1 \qquad \therefore A(-1, 1)$
$\qquad x=3$이면 $\bigcirc$에서 $y=3^2=9 \qquad \therefore B(3, 9)$
$\overline{OA}=\sqrt{(-1)^2+1^2}=\sqrt{1+1}=\sqrt{2}$
$\overline{OB}=\sqrt{3^2+9^2}=\sqrt{9+81}=\sqrt{90}$
$\overline{AB}=\sqrt{(-1-3)^2+(1-9)^2}=\sqrt{16+64}=\sqrt{80}$
여기서, $\overline{OB}^2>\overline{OA}^2+\overline{AB}^2$이므로 △AOB는 **둔각삼각형**이다. ← 답

유제 4 세 점 $A(1, -2)$, $B(2, 5)$, $C(-1, 3)$을 꼭짓점으로 하는 삼각형은 어떤 삼각형인가?

연습 문제

- 학교 시험과 수준·경향을 일치시킨 기본적인 문제입니다.
- 한 문제 한 문제를 정복하여 이 단원의 내용을 총정리합시다.

1. 대각선의 길이가 $8\sqrt{2}$ cm인 정사각형의 한 변의 길이를 구하여라.

2. <그림>과 같이 정사각형의 네 귀를 잘라내어 한 변의 길이가 2 cm인 정팔각형을 만들었다. 처음 정사각형의 한 변의 길이를 구하여라.

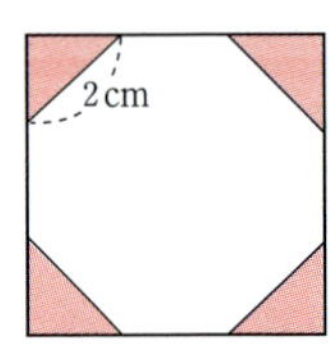

3. 지름이 40 cm인 원 안에 가장 큰 정사각형을 그릴 때, 정사각형의 한 변의 길이를 구하여라.

4. 가로, 세로의 길이가 각각 8 cm, 6 cm인 직사각형 ABCD의 꼭짓점 A, C에서 대각선 BD에 내린 수선의 발을 각각 H, I라고 할 때, $\overline{\mathrm{HI}}$의 길이를 구하여라.

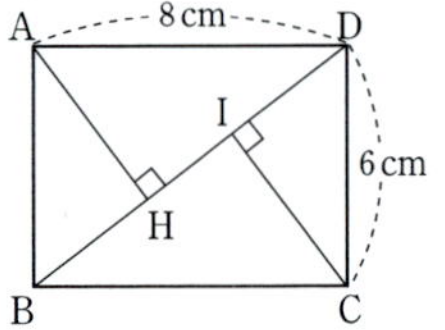

5. 높이가 9 cm인 정삼각형의 넓이를 구하여라.

■ 다음 도형의 넓이를 구하여라. (**6~7**)

6.

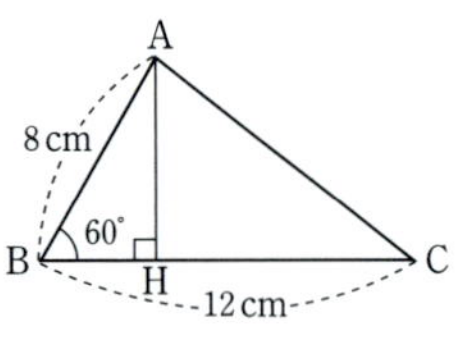

7.

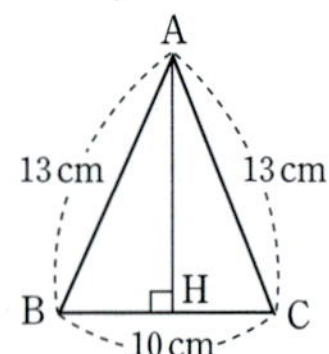

■ 다음 도형에서 x의 값을 구하여라. (**8~9**)

8.

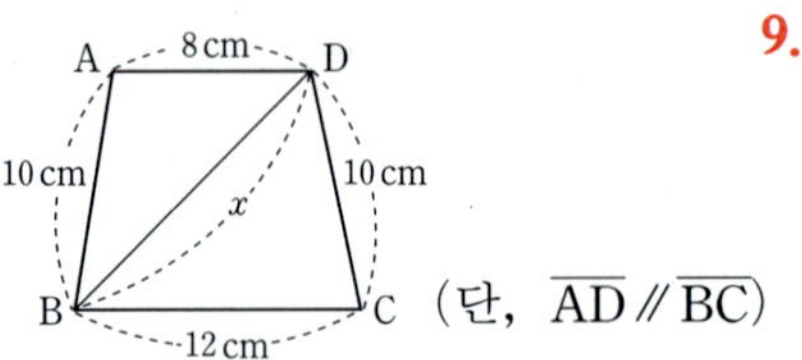

$($ 단, $\overline{\mathrm{AD}} /\!/ \overline{\mathrm{BC}})$

9.

10. <그림>과 같이 세로의 길이가 10 cm인 직사각형 안에 세 개의 정삼각형이 내접하고 있다. 이 직사각형의 가로의 길이를 구하여라.

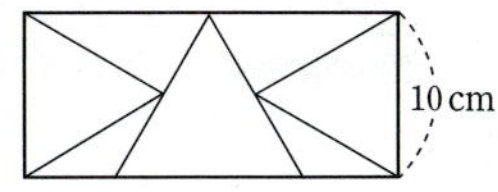

11. <그림>에서 $\overline{AD}$는 $\angle EAC$의 이등분선이다. 다음에 답하여라.
(1) $\overline{DC}$의 길이를 구하여라.
(2) $\triangle ADE$의 넓이를 구하여라.

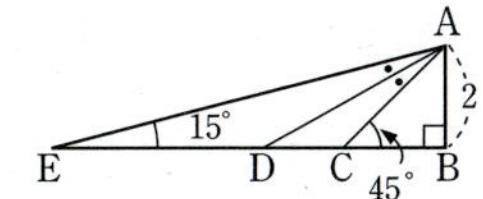

12. <그림>에서 $\overleftrightarrow{PT}$는 원 O의 접선이다. 원 O의 반지름의 길이가 12 cm이고 $\angle OPT=30°$일 때, 색칠한 부분의 넓이를 구하여라.

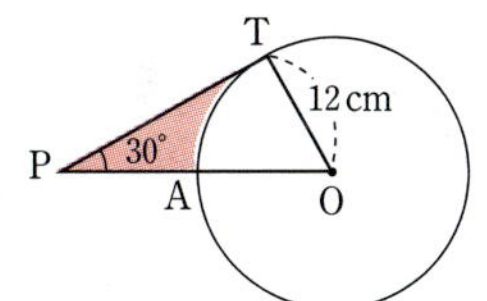

13. $\angle C=90°$인 $\triangle ABC$에서 $\overline{AC}=6$ cm, $\overline{BC}=8$ cm이다. $\overline{AB}$의 중점을 M, $\overline{AB}\perp\overline{CD}$라고 할 때, $\triangle CMD$의 넓이를 구하여라.

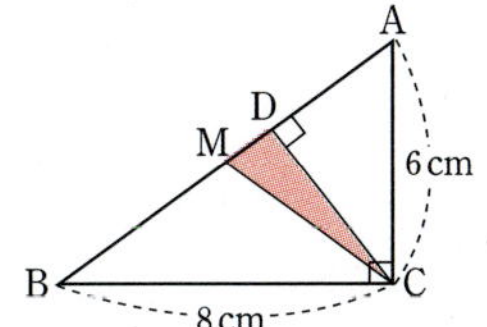

14. $\angle A=90°$인 $\triangle ABC$에서 $\overline{AB} : \overline{AC}=1 : 2$이다. 꼭짓점 A에서 $\overline{BC}$에 내린 수선 AD의 길이가 $\sqrt{5}$일 때, $\overline{AB}$의 길이를 구하여라.

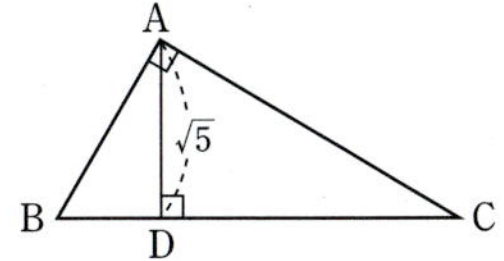

15. 네 점 $A(-2, 2)$, $B(2, 3)$, $C(0, x)$, $D(1, 2)$가 있다. $\overline{AB}=\overline{CD}$가 되도록 x의 값을 정하여라.

16. 좌표평면 위에 두 점 $P(7, 4)$, $Q(2, 6)$이 있다. 빛이 점 P에서 출발하여 x축, y축을 거쳐서 점 Q에 이를 때, 점 P에서 점 Q까지의 경과 거리를 구하여라.

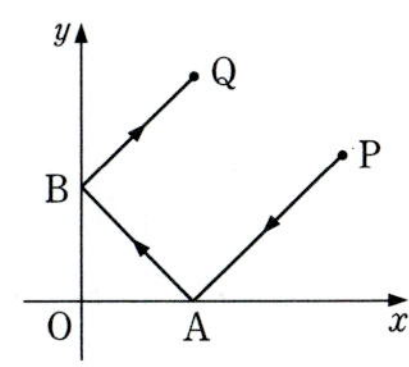

2 입체도형에의 활용

핵심 개념 | 1. 직육면체의 대각선의 길이

1. **직육면체의 대각선의 길이** : 세 모서리의 길이가 각각 a, b, c 인 직육면체의 대각선의 길이 l은 $l=\sqrt{a^2+b^2+c^2}$

2. **정육면체의 대각선의 길이** : 한 모서리의 길이가 a인 정육면체 의 대각선의 길이 l은 $l=\sqrt{3}\,a$

Study   **1° 직육면체의 대각선의 길이**

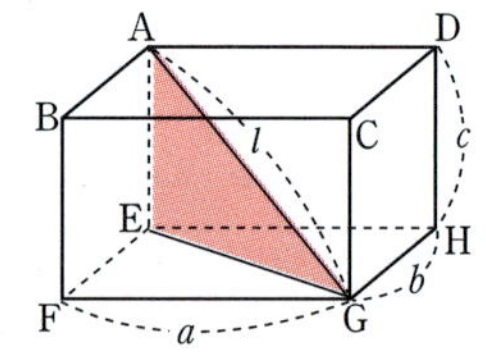

▶ △EFG는 직각삼각형이므로,
$$\overline{EG}^2=\overline{EF}^2+\overline{FG}^2=a^2+b^2$$
또, △AEG는 직각삼각형이므로,
$$l^2=\overline{EG}^2+\overline{AE}^2=a^2+b^2+c^2$$
$l>0$이므로, $l=\sqrt{a^2+b^2+c^2}$

보기 세 모서리의 길이가 각각 3, 4, 5인 직육면체의 대각선의 길이를 구하여라.

연구 $l=\sqrt{a^2+b^2+c^2}$에서 $a=3$, $b=4$, $c=5$이므로,
$$l=\sqrt{3^2+4^2+5^2}=\sqrt{9+16+25}=\sqrt{50}=5\sqrt{2}$$

Study   **2° 정육면체의 대각선의 길이**

▶ 한 모서리의 길이가 a인 정육면체의 대각선의 길이 l은
$$l=\sqrt{a^2+a^2+a^2}=\sqrt{3a^2}=\sqrt{3}\,a$$

보기 1. 한 모서리의 길이가 5 cm인 정육면체의 대각선의 길이를 구하여라.

연구 $l=\sqrt{3}\,a$에서 $a=5$이므로, $l=\sqrt{3}\times5=5\sqrt{3}$ **(cm)**

보기 2. 대각선의 길이가 24 cm인 정육면체의 한 모서리의 길이를 구하여라.

연구 구하는 모서리의 길이를 a라고 하면, $\sqrt{3}\,a=24$ $\therefore$ $a=8\sqrt{3}$ **cm**

핵심 개념 **2. 정사면체의 높이와 부피**

▶ 한 모서리의 길이가 a인 정사면체의 높이와 부피는

$$\text{높이}: \frac{\sqrt{6}}{3}a, \quad \text{부피}: \frac{\sqrt{2}}{12}a^3$$

Study　1° 정사면체의 높이

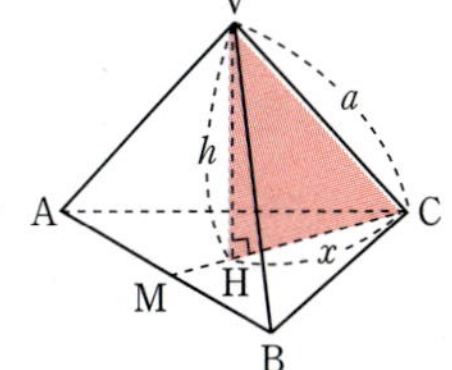

❶ 정사면체의 꼭짓점 V에서 밑면 ABC에 수선 VH를 그으면, 점 H는 △ABC의 무게중심이 된다.

❷ $\overline{VH}=h$, $\overline{CH}=x$라고 하면, △VCH는 직각삼각형이므로, $h^2=a^2-x^2$ …… ㉠

한 변의 길이가 a인 정삼각형의 높이는 $\dfrac{\sqrt{3}}{2}a$

이므로 $\overline{CM}=\dfrac{\sqrt{3}}{2}a$

무게중심의 성질에서 $x=\dfrac{2}{3}\overline{CM}=\dfrac{2}{3}\times\dfrac{\sqrt{3}}{2}a=\dfrac{\sqrt{3}}{3}a$ …… ㉡

㉡을 ㉠에 대입하면, $h^2=a^2-\left(\dfrac{\sqrt{3}}{3}a\right)^2=\dfrac{2}{3}a^2$

그런데 $h>0$이므로, $h=\sqrt{\dfrac{2}{3}}a=\dfrac{\sqrt{6}}{3}a$

Study　2° 정사면체의 부피

▶ 위에서 정사면체의 부피를 V라고 하면, $V=\dfrac{1}{3}Sh$

한 변의 길이가 a인 정삼각형의 넓이는 $\dfrac{\sqrt{3}}{4}a^2$이므로,

$$S=\frac{\sqrt{3}}{4}a^2 \qquad \therefore V=\frac{1}{3}\times\frac{\sqrt{3}}{4}a^2\times\frac{\sqrt{6}}{3}a=\frac{\sqrt{2}}{12}a^3$$

보기 　한 모서리의 길이가 $6\,\text{cm}$인 정사면체의 높이와 부피를 구하여라.

연구 　$h=\dfrac{\sqrt{6}}{3}\times6=2\sqrt{6}\ (\text{cm}), \quad V=\dfrac{\sqrt{2}}{12}\times6^3=18\sqrt{2}\ (\text{cm}^3)$

핵심 개념 | 3. 원뿔의 높이와 부피

▶ 밑면의 반지름의 길이가 r, 모선의 길이가 l인 원뿔의 높이 h와 부피 V는

$$h=\sqrt{l^2-r^2}, \quad V=\frac{1}{3}\pi r^2 h$$

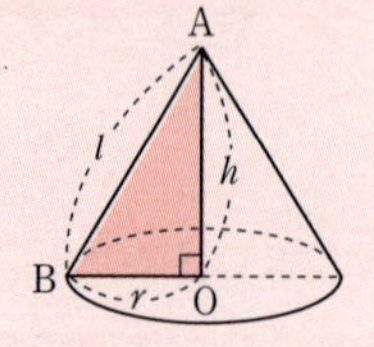

Study 원뿔의 높이와 부피

위의 그림에서 $\triangle AOB$는 직각삼각형이므로,
$$l^2=r^2+h^2 \qquad \therefore \ h^2=l^2-r^2$$
그런데 $h>0$이므로, $h=\sqrt{l^2-r^2}$

원뿔의 부피를 V라고 하면, $V=\frac{1}{3}\pi r^2 h=\frac{1}{3}\pi r^2\sqrt{l^2-r^2}$

보기 1. 밑면의 반지름의 길이가 6 cm이고, 모선의 길이가 12 cm인 원뿔의 높이 h와 부피 V를 구하여라.

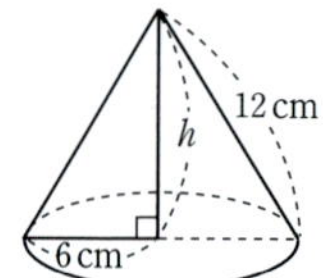

연구 $h=\sqrt{12^2-6^2}=\sqrt{108}=\mathbf{6\sqrt{3}}$ **(cm)**

$$V=\frac{1}{3}\pi r^2 h=\frac{1}{3}\times\pi\times 36\times 6\sqrt{3}=\mathbf{72\sqrt{3}\pi}\ \mathbf{(cm^3)}$$

보기 2. <그림>과 같은 전개도로 원뿔을 만들 때, 다음을 구하여라.
(1) 원뿔의 높이
(2) 원뿔의 부피

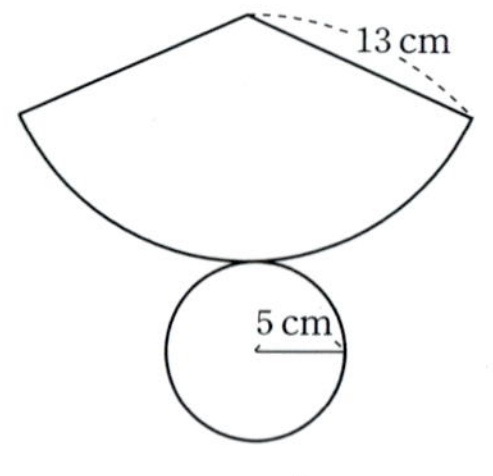

연구 전개도로 원뿔을 만들면 오른쪽 그림과 같다.
(1) 원뿔의 높이를 h라 하면
$$h=\sqrt{13^2-5^2}=\mathbf{12}\ \mathbf{(cm)}$$
(2) $\frac{1}{3}\times\pi\times 5^2\times 12=\mathbf{100\pi}\ \mathbf{(cm^3)}$

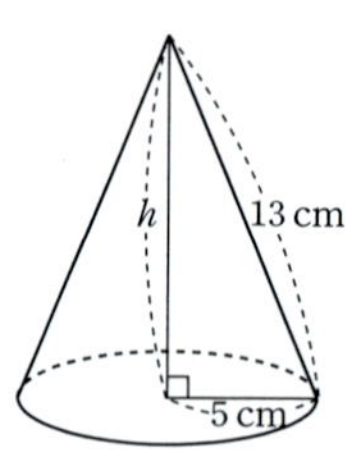

핵심 개념	4. 입체도형에서 최단 거리

▶ 입체도형의 겉면 위의 한 점에서 그 겉면을 지나 겉면 위의 다른 한 점에 이르는 최단 거리는 그 전개도에서 두 점을 잇는 선분의 길이와 같다.

Study 여러 가지 입체도형의 전개도와 최단 거리

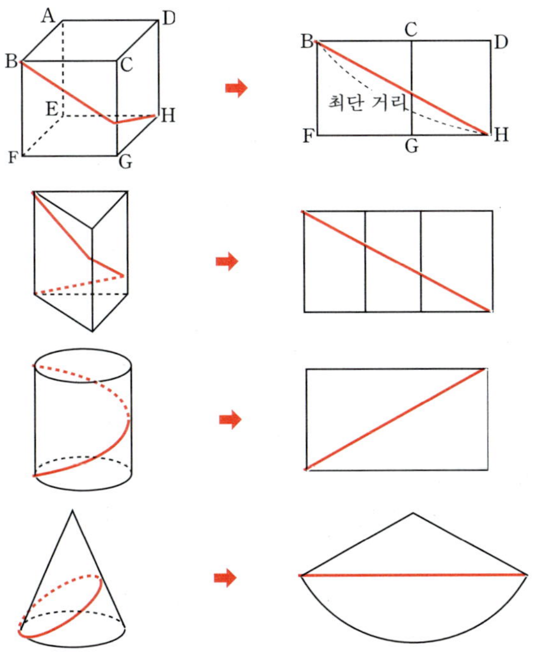

보기 <그림>과 같은 직육면체에서 꼭짓점 B와 꼭짓점 H를 잇는 최단 거리를 구하여라.

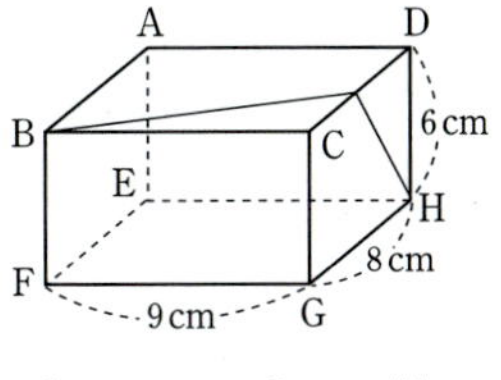

연구 면 CGHD를 펴서 면 ABCD와 동일한 평면이 되게 하였을 때, 선분 BH의 길이가 최단 거리가 된다.

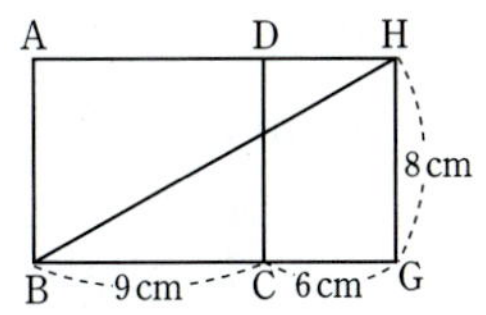

$$\overline{BH} = \sqrt{15^2 + 8^2} = \sqrt{289} = 17 \text{ (cm)}$$

필수예제 1

<그림>과 같은 정육면체 ABCD−EFGH 에서 대각선 AG의 길이가 $6\sqrt{3}$이다. 세 점 A, F, C를 지나는 평면으로 자를 때, $\triangle$AFC의 넓이를 구하여라.

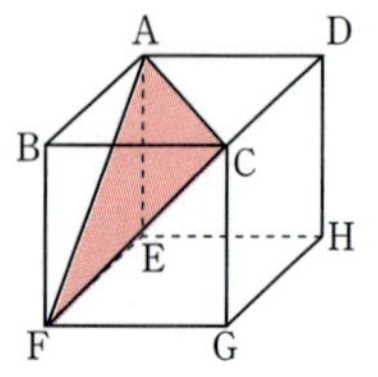

생각하기 한 모서리의 길이가 a인 정육면체의 대각선의 길이는 $\sqrt{3}a$임을 이용해서 a의 값을 구한다.

또한, 한 변의 길이가 a인 정삼각형의 넓이는 $\dfrac{\sqrt{3}}{4}a^2$임을 이용해서 $\triangle$AFC의 넓이를 구한다.

모범해답

주어진 정육면체의 한 모서리의 길이를 a라고 하면,
$$\overline{AG}=\sqrt{3}a \ \cdots\cdots \ \textcircled{\scriptsize ㄱ}$$
또한, 문제의 조건에서 $\overline{AG}=6\sqrt{3} \ \cdots\cdots \ \textcircled{\scriptsize ㄴ}$

$\textcircled{\scriptsize ㄱ}$, $\textcircled{\scriptsize ㄴ}$에서 $\sqrt{3}a=6\sqrt{3}$ $\quad \therefore \ a=6$

즉, 주어진 정육면체의 한 모서리의 길이는 6이다.
$$\overline{AF}^2=\overline{AB}^2+\overline{BF}^2=6^2+6^2=72 \qquad \therefore \ \overline{AF}=6\sqrt{2}$$
$$\overline{CF}^2=\overline{FG}^2+\overline{CG}^2=6^2+6^2=72 \qquad \therefore \ \overline{CF}=6\sqrt{2}$$
$$\overline{AC}^2=\overline{AB}^2+\overline{BC}^2=6^2+6^2=72 \qquad \therefore \ \overline{AC}=6\sqrt{2}$$

따라서, $\triangle$AFC는 한 변의 길이가 $6\sqrt{2}$인 정삼각형이다.
$$\therefore \ \triangle AFC=\dfrac{\sqrt{3}}{4}\times(6\sqrt{2})^2=18\sqrt{3} \ \leftarrow \ \boxed{답}$$

유제 1 세 모서리의 길이가 각각 10 cm, 8 cm, 6 cm인 직육면체가 있다. 꼭짓점 A에서 대각선 DF에 내린 수선의 발을 I라고 할 때, $\overline{AI}$의 길이를 구하여라.

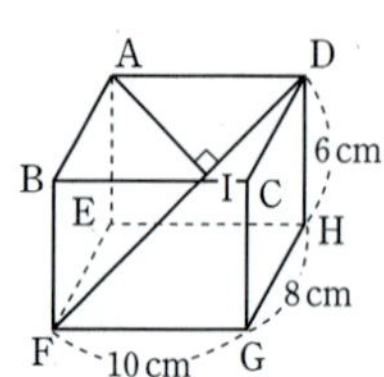

필수예제 2

<그림>과 같은 정사각뿔 **O−ABCD**에 대하여 다음을 구하여라.

(1) 옆면의 넓이 S

(2) 부피 V

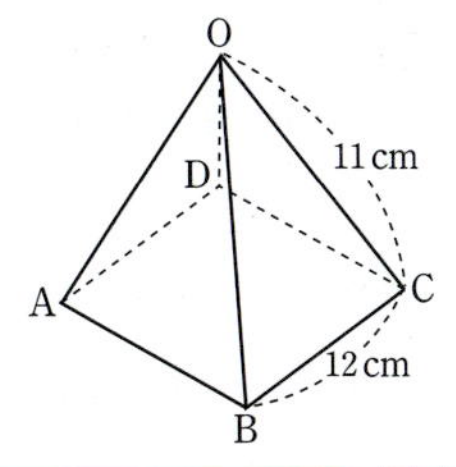

생각하기 정각뿔의 옆면은 모두 합동인 이등변삼각형으로 둘러 싸여 있다. 또한, 정사각뿔의 꼭짓점에서 밑면에 수선을 내리면 수선의 발은 밑면의 대각선의 교점과 일치한다.

모범해답

(1) △OAB는 이등변삼각형이므로, 꼭짓점 O에서 $\overline{AB}$에 수선을 내리면, 수선의 발 P는 $\overline{AB}$의 중점이 된다.

$$\overline{OP}^2=\overline{OA}^2-\overline{AP}^2=11^2-6^2=85$$

$$\therefore \ \overline{OP}=\sqrt{85} \ \text{cm}$$

$$\therefore \ \triangle OAB=12\times\sqrt{85}\div2=6\sqrt{85} \ (\text{cm}^2)$$

따라서, 옆면의 넓이 S는

$$S=6\sqrt{85}\times4=\mathbf{24\sqrt{85}} \ \textbf{(cm}^2\textbf{)} \ \leftarrow \ \boxed{답}$$

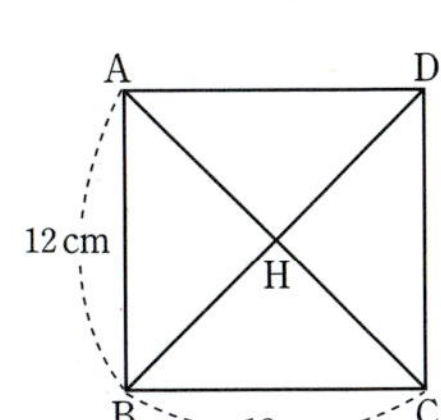

(2) 밑면의 대각선의 교점을 H라고 하면,

$$\overline{AH}=\frac{1}{2}\overline{AC}=\frac{1}{2}\times12\sqrt{2}=6\sqrt{2} \ (\text{cm})$$

△OAH는 직각삼각형이므로,

$$\overline{OH}^2=\overline{OA}^2-\overline{AH}^2=11^2-(6\sqrt{2})^2=49$$

$$\therefore \ \overline{OH}=7 \ \text{cm}$$

$$\therefore \ V=\frac{1}{3}\times(12\times12)\times7=\mathbf{336} \ \textbf{(cm}^3\textbf{)} \ \leftarrow \ \boxed{답}$$

유제 2 각 모서리의 길이가 모두 8 cm인 정사각뿔에서 $\overline{VC}$, $\overline{VD}$의 중점을 각각 P, Q라고 할 때, 사다리꼴 ABPQ의 넓이를 구하여라.

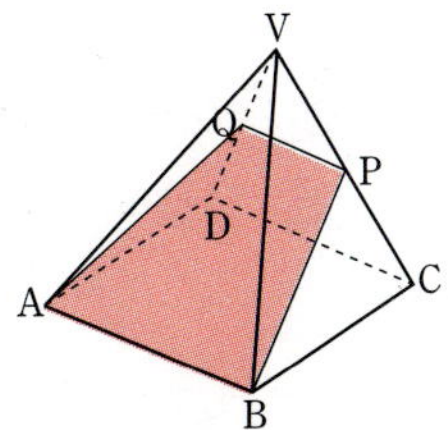

필수예제 3

반지름의 길이가 9 cm, 중심각의 크기가 240°인 부채꼴로 원뿔 모양의 그릇을 만들었다. <그림>과 같이 이 그릇에 위에서 3 cm 깊이까지 물을 넣을 때, 수면의 원의 반지름의 길이를 구하여라.

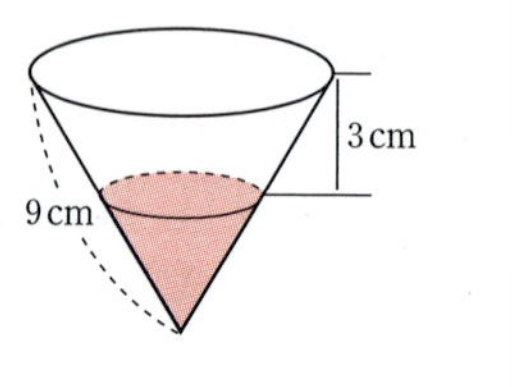

생각하기 다음 그림과 같이 부채꼴의 반지름은 원뿔의 모선이 되고, 부채꼴의 호는 원뿔의 밑면의 원의 둘레가 된다.

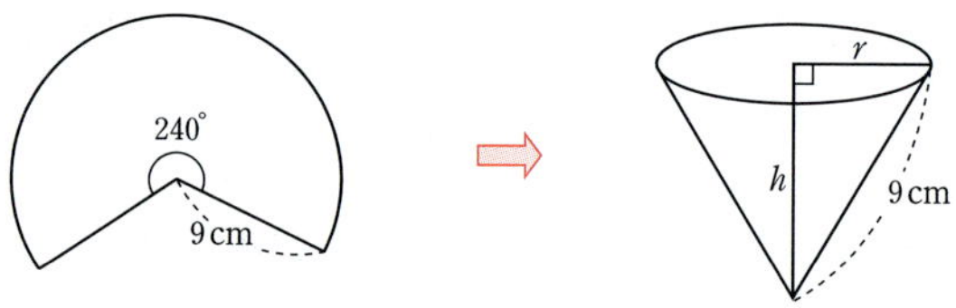

모범해답

부채꼴의 호의 길이를 l이라 하면, $l = 18\pi \times \dfrac{240}{360} = 12\pi$ (cm)

이것이 원뿔의 밑면의 둘레의 길이이므로 밑면의 반지름의 길이를 r라 하면,

$$2\pi r = 12\pi \qquad \therefore\ r = 6\,\text{cm}$$

원뿔의 높이를 h라고 하면,

$$h^2 = 9^2 - 6^2 = 45 \qquad \therefore\ h = 3\sqrt{5}\,\text{cm}$$

수면의 원의 반지름의 길이를 r'이라 하면, <그림>에서

$$(3\sqrt{5} - 3) : 3\sqrt{5} = r' : 6$$

$$3\sqrt{5}\,r' = 6(3\sqrt{5} - 3) = 18\sqrt{5} - 18$$

$$\therefore\ r' = \left(6 - \dfrac{6}{\sqrt{5}}\right)\text{cm} \ \leftarrow \ \boxed{답}$$

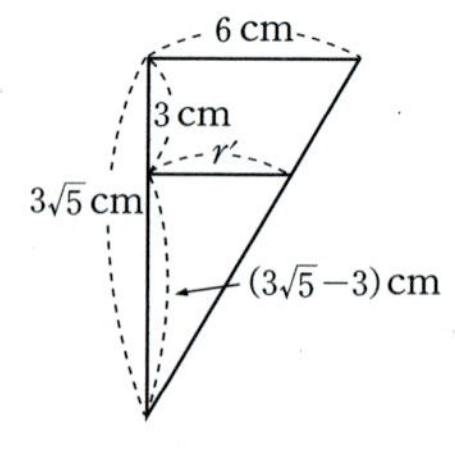

유제 3 반지름의 길이가 6 cm, 중심각의 크기가 240°인 부채꼴로 만든 원뿔의 높이를 구하여라.

필수예제 4

한 모서리의 길이가 8 cm인 정사면체의 꼭짓점 A에서 겉면을 따라 $\overline{OC}$를 지나 꼭짓점 B에 이르는 최단 거리를 구하여라.

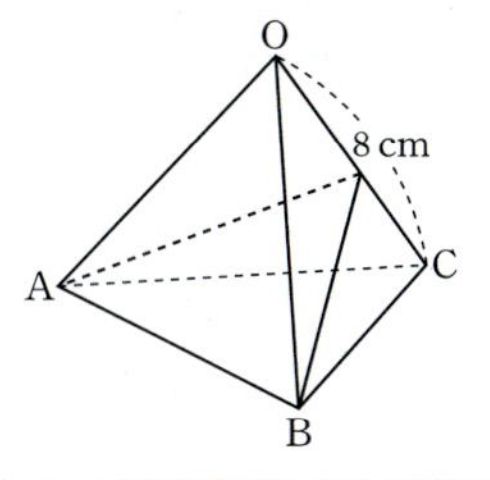

생각하기 선이 지나간 면을 펼쳐보자.

선은 면 OAC와 면 OBC를 지나므로 두 면을 펼치면 오른쪽 그림과 같고, $\overline{AB}$의 길이가 최단 거리가 된다. 또한 △OAC와 △OBC는 정삼각형이므로 사각형 OACB는 마름모이다.

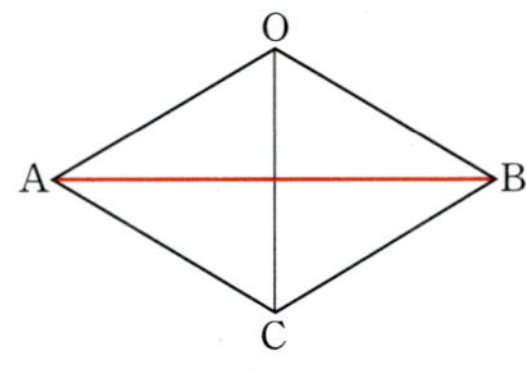

모범해답

선이 지나간 면을 펼치면 오른쪽 그림과 같은 마름모가 되고, 마름모 OACB의 대각선 AB의 길이가 최단 거리이다.
$\overline{AB} \perp \overline{OC}$이고, △OBC는 정삼각형이므로

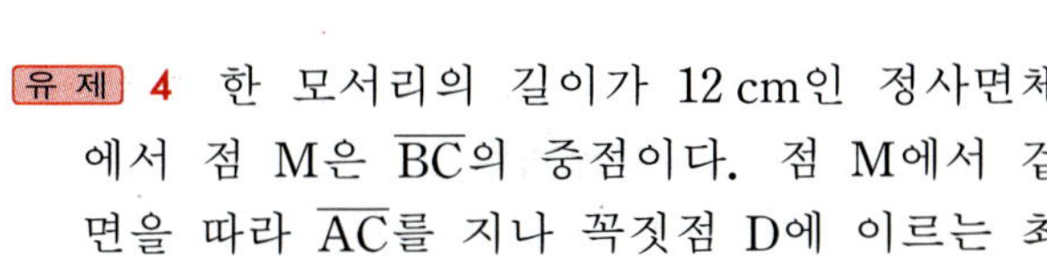

$$\overline{BH} = \frac{\sqrt{3}}{2}\,\overline{OB} = 4\sqrt{3}\ (\text{cm}) \qquad \therefore\ \overline{AB} = 2\,\overline{BH} = 8\sqrt{3}\ \textbf{(cm)} \leftarrow \boxed{\text{답}}$$

유제 4 한 모서리의 길이가 12 cm인 정사면체에서 점 M은 $\overline{BC}$의 중점이다. 점 M에서 겉면을 따라 $\overline{AC}$를 지나 꼭짓점 D에 이르는 최단 거리를 구하여라.

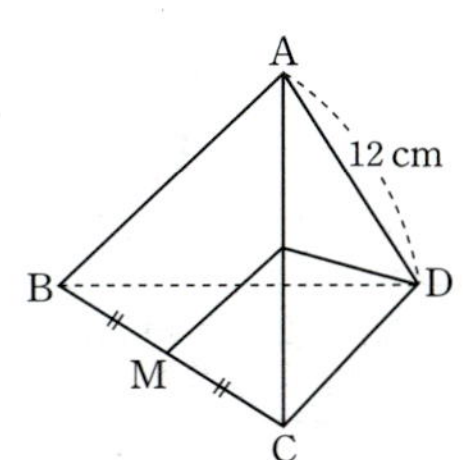

유제 5 <그림>과 같이 밑면의 반지름의 길이가 6 cm, 높이가 10π cm인 원기둥이 있다. 점 A에서 출발하여 원기둥의 겉면을 따라 두 바퀴 돌아서 점 B에 이르는 최단 거리를 구하여라.

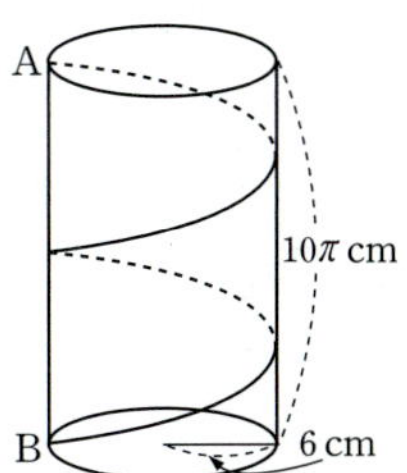

연습 문제

1. <그림>은 밑면은 한 변의 길이가 4 cm인 정삼각형이고, 높이는 3 cm인 삼각기둥이다. 세 점 C, D, E를 지나는 평면으로 자를 때, 단면의 넓이를 구하여라.

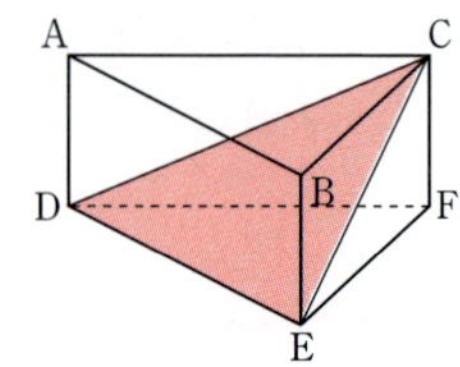

2. 한 모서리의 길이가 10 cm인 정육면체에서 모서리 BF, DH의 중점을 각각 M, N이라고 할 때, □AMGN의 넓이를 구하여라.

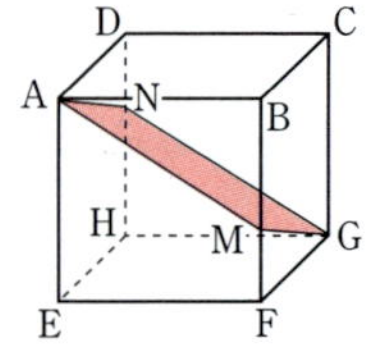

3. 한 변의 길이가 **10 cm**인 정사각형에서 각 변을 밑변으로 하고 높이가 **3 cm**인 이등변삼각형을 잘라 내어 정사각뿔을 만들었다. 다음을 구하여라.
   (1) 정사각뿔의 높이   (2) 정사각뿔의 부피

4. 한 모서리의 길이가 20 cm인 정육면체의 각 모서리의 중점을 연결해서 정육각형을 만들었다. 이 정육각형의 넓이를 구하여라.

5. 한 모서리의 길이가 2 cm인 정사면체 A−BCD에서 $\overline{AB}$, $\overline{CD}$의 중점을 각각 M, N이라고 할 때, $\overline{MN}$의 길이를 구하여라.

6. 높이가 **12 cm**인 정사면체가 있다. 다음을 구하여라.
   (1) 한 모서리의 길이   (2) 이 도형의 부피

7. <그림>의 사다리꼴 ABCD를 직선 l을 축으로 1회전할 때 생기는 입체도형의 부피를 구하여라.

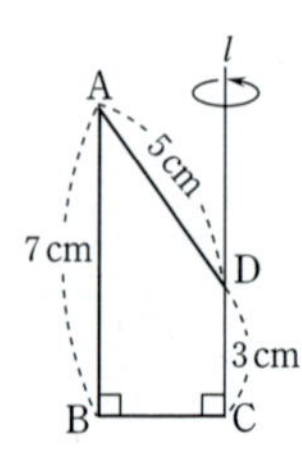

8. 밑면의 반지름의 길이가 3 cm, 모선의 길이가 12 cm 인 원뿔이 있다. 그림과 같이 점 A에서 점 B까지 끈 으로 연결하여 팽팽하게 당길 때, 끈의 최단 길이를 구하여라.

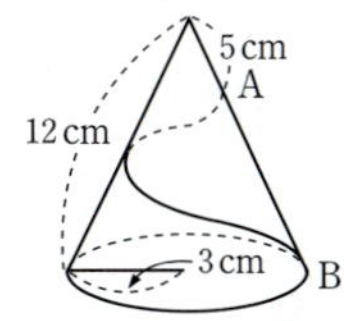

9. 밑면의 반지름의 길이가 2 cm, 높이가 $4\sqrt{2}$ cm인 원뿔이 있다. 밑면의 둘레의 한 점 B에서 옆면을 지나 다시 점 B로 돌아오는 최단 거리를 구하여 라.

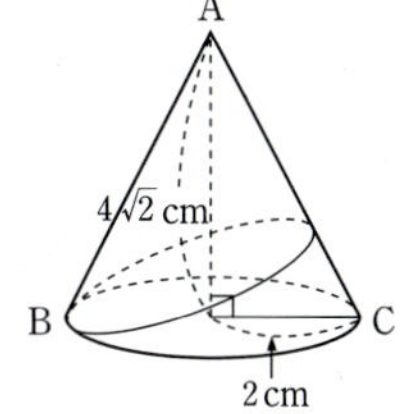

10. 밑면이 직각삼각형인 삼각기둥이 있다. 꼭짓점 **A** 에서 출발해서 두 점 **P, Q**를 거쳐 꼭짓점 **D**까지 갈 때,
(1) 가장 짧은 거리를 구하여라.
(2) 이때 $\overline{BP} : \overline{PE}$를 구하여라.

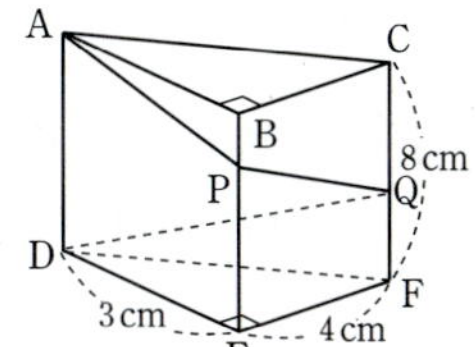

11. 한 모서리의 길이가 4 cm인 정사면체 A−BCD가 있다. 꼭짓점 A에서 $\overline{BC}$에 내린 수선의 발을 E라고 할 때, 점 E에서 $\overline{AC}$를 거쳐서 점 D에 이르는 최단 거리를 구하여라.

12. 밑면의 반지름의 길이가 6 cm, 모선의 길이가 18 cm 인 원뿔에 꼭 맞는 구가 있다. 이 구의 반지름의 길 이를 구하여라.

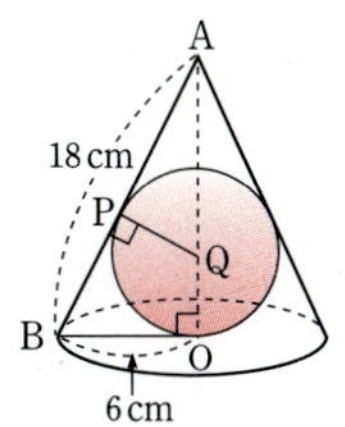

13. 반지름의 길이가 8 cm인 구에 높이가 10 cm인 원뿔을 내접시켰다. 이 원뿔의 부피를 구하여라.

■ 다음 그림에서 x, y의 값을 구하여라. (1~2)

1.

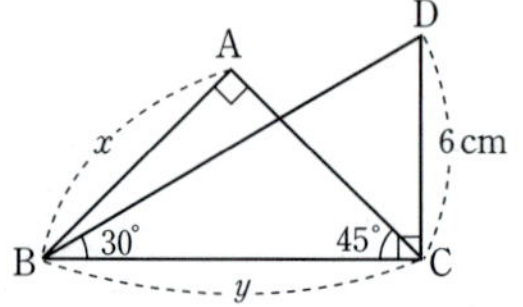

2.

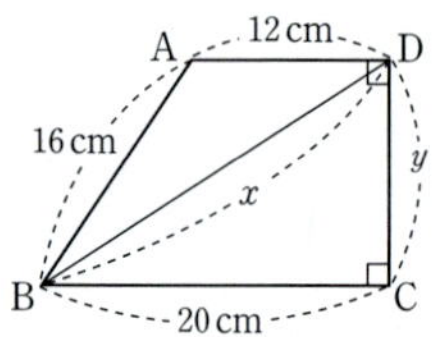

3. 포물선 $y=x^2+3x+2$와 직선 $y=4x+22$의 두 교점을 A, B라고 할 때, $\overline{AB}$의 길이를 구하여라.

4. 한 변의 길이가 x인 정삼각형과 $5-x$인 정삼각형의 넓이의 합을 y라고 할 때, y의 최솟값을 구하여라.

5. 좌표평면 위에 세 점 O$(0, 0)$, A(x, y), B$(3, 2)$가 주어져 있다. 이때, $\sqrt{x^2+y^2}+\sqrt{(x-3)^2+(y-2)^2}$의 최솟값을 구하여라.

6. 한 모서리의 길이가 8 cm인 정사면체 A−BCD가 있다. $\overline{AM}=\overline{DM}$일 때, △MBC의 넓이를 구하여라.

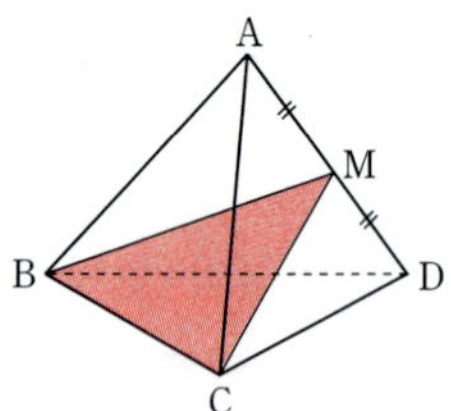

7. <그림>과 같은 직육면체가 있다. 면 AEHD, ABCD, BFGC의 위를 지나 꼭짓점 E와 꼭짓점 G를 잇는 가장 짧은 실 EPQG의 길이를 구하여라.
(단, $\overline{EF}=10$, $\overline{FG}=15$, $\overline{GC}=5$이다.)

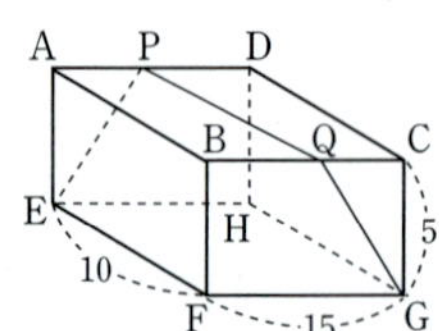

8. 높이가 6 cm인 직원기둥이 있다. 그림과 같이 점 A에서 점 B까지 최단 거리로 실을 두 바퀴 감았더니 실의 길이가 10 cm이었다. 이 원기둥의 밑면의 둘레의 길이는 몇 cm인가?

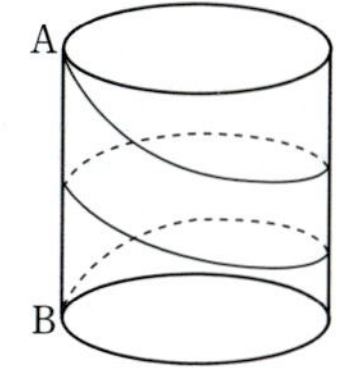

9. 반지름의 길이 $\overline{BO}$가 5인 구에 <그림>과 같이 높이 $\overline{AH}$가 8인 원뿔이 내접하고 있을 때, 이 원뿔의 옆넓이를 구하여라.

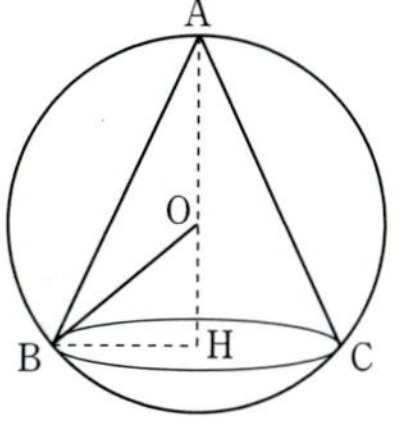

■ <그림>은 한 모서리의 길이가 2인 정육면체이고 점 M은 $\overline{AC}$와 $\overline{BD}$의 교점이다. (**10~11**)

10. 사각형 AEGM의 넓이를 구하여라.

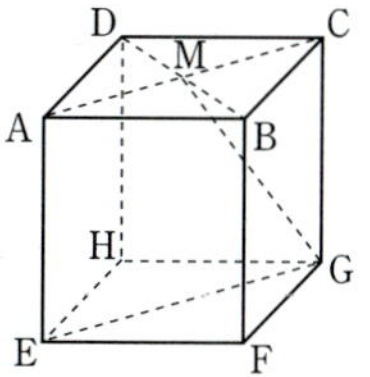

11. 사각형 AEGM을 $\overline{AE}$를 축으로 하여 1회전시킬 때 생기는 회전체의 부피를 구하여라.

12. <그림>과 같이 한 모서리의 길이가 4인 정육면체에서 $\overline{AE}$, $\overline{FG}$, $\overline{CD}$의 중점을 각각 P, Q, R 라고 할 때, $\triangle PQR$의 넓이를 구하여라.

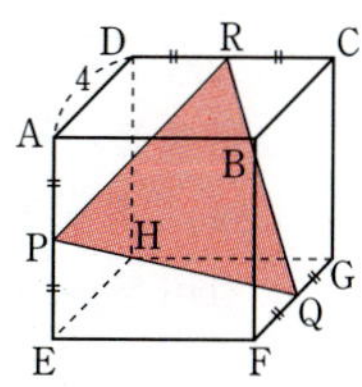

종합 문제 **발전**

● 한 문제에 여러 가지 내용이 복합된 높은 수준의 문제입니다.

● 이 문제를 정복하면 모든 시험에서 우등의 성적을 거둘 것입니다.

1. <그림>에서 △ABC는 한 변의 길이가 1인 정삼각형이다. △ABC의 무게중심 G를 지나 $\overline{BC}$에 평행한 직선이 $\overline{AB}$와 만나는 점을 D, 점 G에서 $\overline{DM}$에 내린 수선의 발을 H라고 할 때, $\overline{GH}$의 길이를 구하여라.

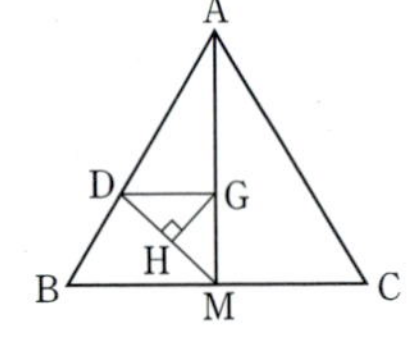

2. <그림>과 같이, 한 변의 길이가 a인 정사각형에 내접하는 부채꼴을 그리고, 다시 이 부채꼴에 내접하는 정사각형을 그린다. 이 과정을 5번 계속할 때, 색칠한 부분의 넓이의 합을 구하여라.

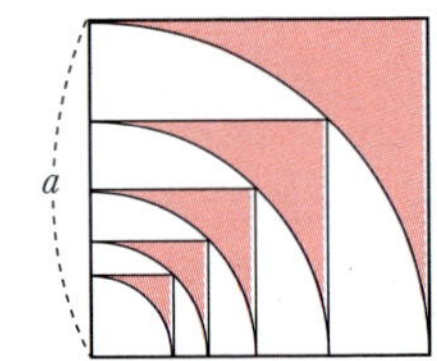

3. <그림>과 같이 세 변의 길이가 7, $4\sqrt{2}$, 5인 △ABC의 넓이를 구하여라.

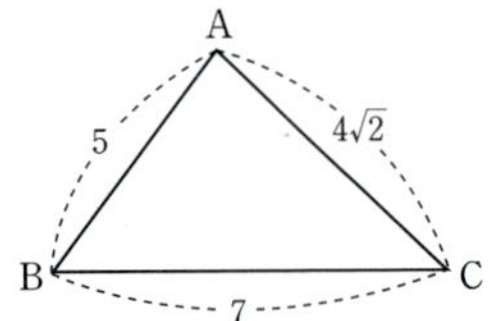

4. 한 모서리의 길이가 12 cm인 정육면체의 변 HD를 두 배로 연장해서 점 O를 잡고, $\overline{OE}$와 $\overline{AD}$, $\overline{OG}$와 $\overline{CD}$의 교점을 각각 P, Q라고 할 때, 사각형 PEGQ의 넓이를 구하여라.

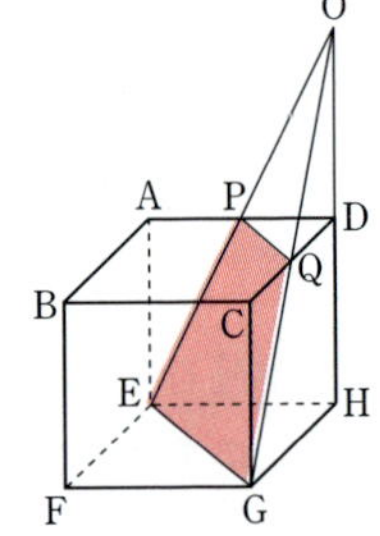

5. 한 모서리의 길이가 12 cm인 정사면체 A−BCD가 있다. 두 점 E, F는 각각 $\overline{AC}$, $\overline{AD}$를 2 : 1로 내분하는 점일 때, △BEF의 넓이를 구하여라.

6. <그림>과 같이 한 모서리의 길이가 6 cm인 정육면체를 꼭짓점 A, C, F를 지나는 평면으로 자를 때, 꼭짓점 B에서 평면 ACF에 내린 수선 BI의 길이를 구하여라.

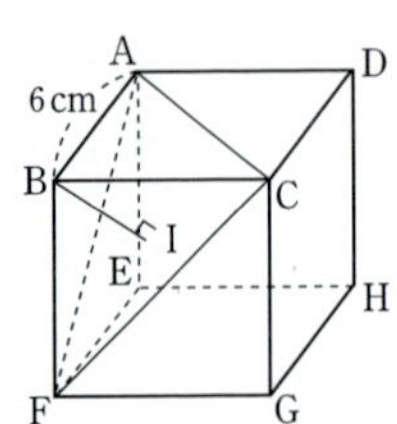

7. <그림>과 같이 밑면의 반지름 $\overline{OP'}$의 길이가 3 cm이고, 높이 $\overline{PP'}$의 길이가 12π cm인 원기둥이 있다. 밑면의 둘레 위에 $\angle P'OQ = 60°$되게 점 Q를 잡고, 점 P에서 점 Q까지 먼 쪽으로 실을 감을 때, 가장 짧은 실의 길이를 구하여라.

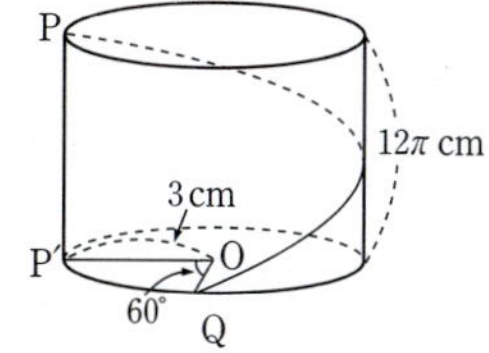

8. <그림>과 같이 점 O를 꼭짓점, $\overline{OA}$를 모선으로 하는 원뿔을 밑면에 평행인 평면으로 잘라서 만든 원뿔대가 있다. 이 원뿔대의 윗면과 모선 OA와의 교점을 B라 하자. 실을 점 A에서 $\overline{AB}$의 중점 M까지 가장 짧게 한 바퀴 감았을 때, 윗면의 원둘레 위의 점과 실 위의 점 사이의 거리 중 가장 짧은 거리를 구하여라.
(단, $\overline{AB} = 20$ cm, 원뿔대의 윗면의 반지름의 길이는 5 cm, 밑면의 반지름의 길이는 10 cm)

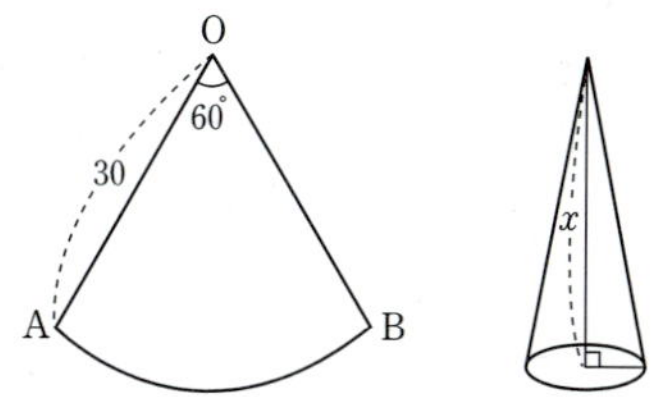

9. <그림>과 같이 반지름의 길이가 30, 중심각의 크기가 60°인 부채꼴로 만든 원뿔의 높이를 구하여라.
(단, 점 A와 점 B를 붙인다.)

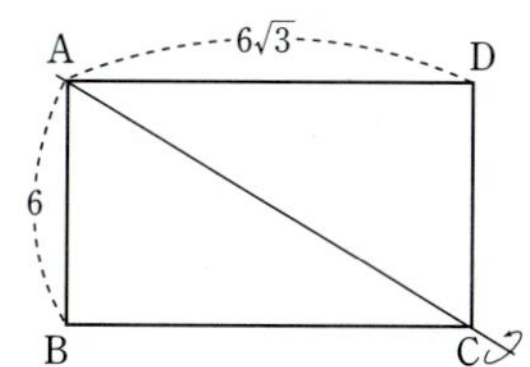

10. <그림>과 같이 $\overline{AB} = 6$, $\overline{AD} = 6\sqrt{3}$인 직사각형 ABCD에서 대각선 AC를 회전축으로 하여 360° 회전시켰을 때 생기는 입체의 부피를 구하여라.

1. $\angle A=90°$인 직각이등변삼각형 ABC가 있다. 꼭짓점 A에서 변 BC와 만나도록 직선 l을 긋고, 꼭짓점 B, C에서 직선 l에 내린 수선의 발을 각각 D, E라고 한다. $\overline{BD}=2$, $\overline{CE}=1$일 때, $\overline{BE}$의 길이를 구하여라.

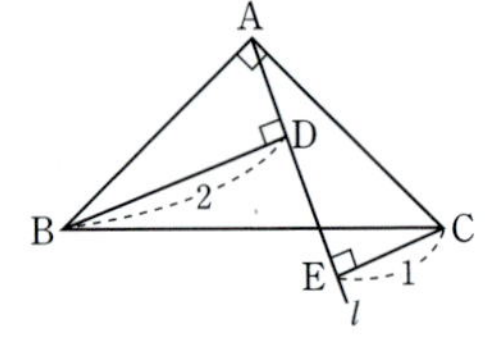

2. 다음 그림에서 $\overline{AB}=\overline{BC}=\overline{CA}=\overline{DB}=\overline{CE}=2$이고 $\angle ACE=90°$이다. x의 값을 구하여라.

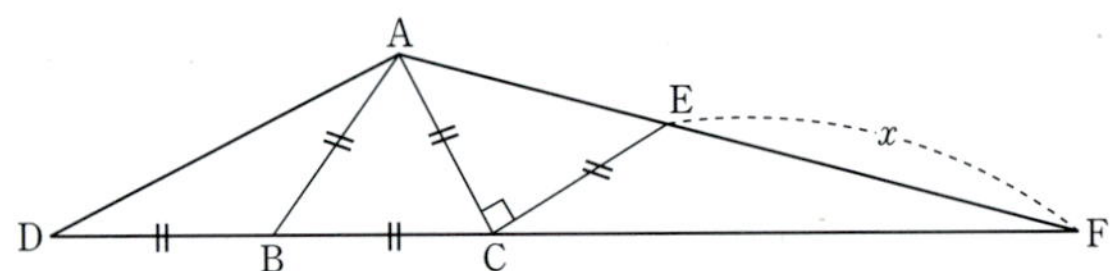

3. <그림>은 한 변의 길이가 1인 정사각형 안에 반지름의 길이가 1인 사분원을 그려 넣은 것이다. 색칠한 부분의 넓이를 구하여라.

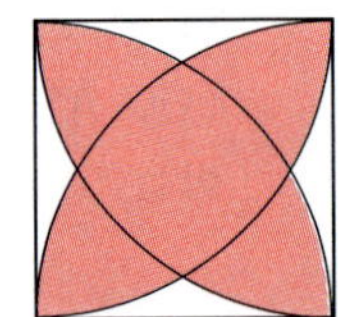

4. <그림>과 같이 한 변의 길이가 2인 정사각형 ABCD에서 변 BC, CD의 중점을 각각 E, F라 하고, $\overline{DE}$와 $\overline{AF}$, $\overline{AC}$의 교점을 각각 G, H라 할 때, 사각형 CFGH의 넓이를 구하여라.

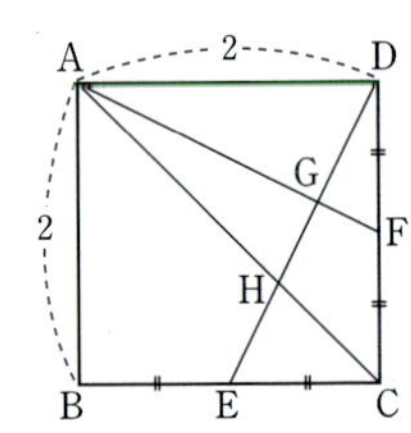

5. 포물선 $y=x^2$ … ㉠과 두 직선 $y=x+2$ … ㉡, $y=x+6$ … ㉢이 있다. 그림과 같이 ㉠과 ㉡의 교점 A, B 및 ㉠과 ㉢의 교점 C, D들로 이루어진 사다리꼴 CABD의 넓이를 구하여라.

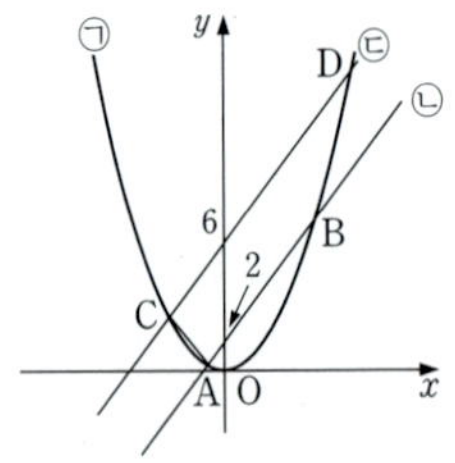

6. 한 모서리의 길이가 a인 정사면체에 내접하는 구의 반지름의 길이를 구하여라.

7. <그림>과 같이 4개의 옆면이 $\overline{AE}=\overline{EF}=a$, $\angle EAB=60°$인 등변사다리꼴 ABFE 모양이고, 밑면과 윗면의 모양이 정사각형인 사각뿔대의 부피를 구하여라.

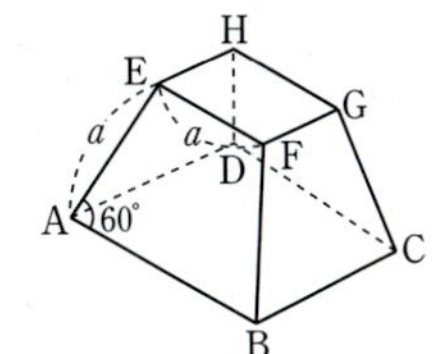

8. 한 모서리의 길이가 4인 정사면체 A−BCD가 있다. 꼭짓점 A로부터 거리가 1, 2, 2인 점을 각각 E, F, G라고 할 때, 사면체 A−EFG를 잘라낸 입체도형 EFG−DBC의 부피를 구하여라. (단, $\overline{AE}$는 △EFG에 수직이다.)

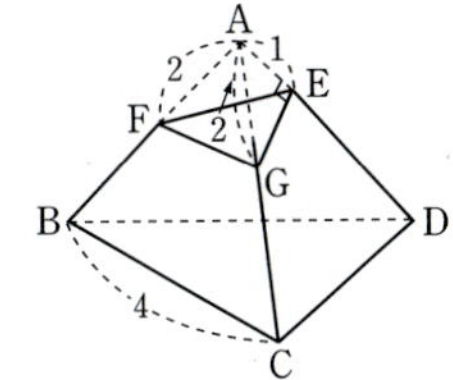

9. 가로, 세로의 길이 및 높이가 각각 30 cm, 20 cm, 10 cm인 직육면체의 상자를 <그림>과 같이 묶으려 할 때, 필요한 최소한의 끈의 길이를 구하여라. (단, 매듭을 묶는 데 필요한 최소한의 끈의 길이는 10 cm이다.)

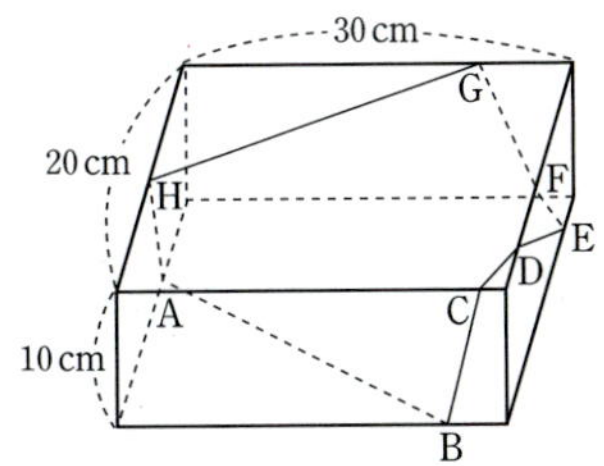

10. <그림>은 밑면의 반지름의 길이가 5 cm, 모선의 길이가 15 cm인 직원뿔을 꼭짓점과 밑면의 중심을 지나는 평면으로 잘라 한쪽 부분을 나타낸 것이다. 이 입체도형의 겉넓이를 구하여라. (단, 점 O는 밑면의 중심이고, 원주율은 π로 한다.)

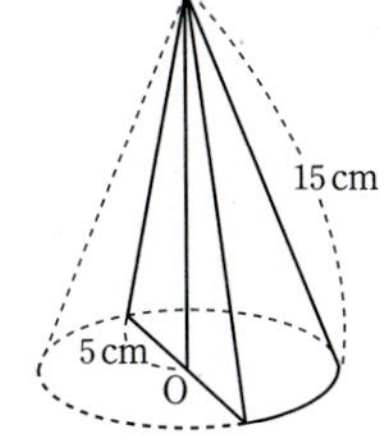

11. <그림>과 같이 원뿔의 전개도는 옆면인 부채꼴과 밑면인 원으로 이루어진다. 부채꼴 OAB의 넓이가 $\frac{4}{3}\pi$ cm²이고 밑면인 원의 둘레의 길이가 $\frac{4}{3}\pi$ cm라 할 때, 이 원뿔의 부피 V를 구하여라. (단, 원주율은 π, 근호는 그대로 둘 것)

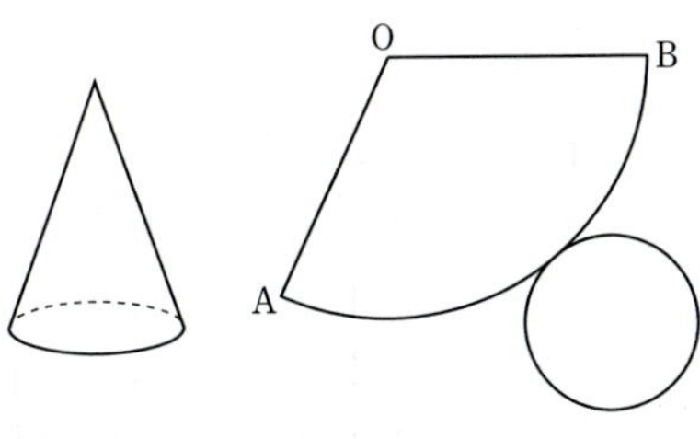

1 삼각비의 뜻

핵심 개념	1. 삼각비의 정의

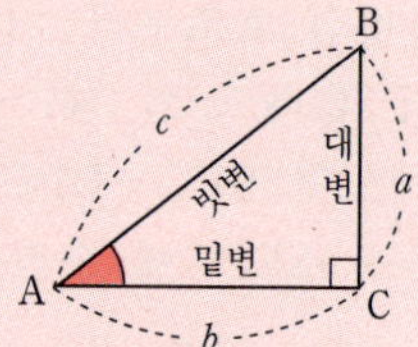

▶ $\angle C = 90°$인 직각삼각형에서

$$\sin A = \frac{a}{c} = \frac{(\text{대변의 길이})}{(\text{빗변의 길이})}$$

$$\cos A = \frac{b}{c} = \frac{(\text{밑변의 길이})}{(\text{빗변의 길이})}$$

$$\tan A = \frac{a}{b} = \frac{(\text{대변의 길이})}{(\text{밑변의 길이})}$$

Study　❶ <그림>에서

$\triangle ABC \backsim \triangle AB_1C_1 \backsim \triangle AB_2C_2$이므로,

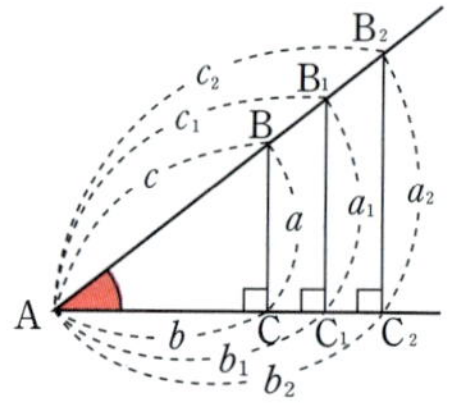

$$\boxed{\frac{a}{c}} = \frac{a_1}{c_1} = \frac{a_2}{c_2} \quad \cdots\cdots ㉠$$

$$\boxed{\frac{b}{c}} = \frac{b_1}{c_1} = \frac{b_2}{c_2} \quad \cdots\cdots ㉡$$

$$\boxed{\frac{a}{b}} = \frac{a_1}{b_1} = \frac{a_2}{b_2} \quad \cdots\cdots ㉢$$

가 성립한다.

❷ $\angle A$의 크기가 일정하면 위의 ㉠, ㉡, ㉢의 값은 직각삼각형의 크기에 관계없이 일정하다. 여기서,

㉠의 비의 값을 $\angle A$의 **사인**이라고 하며 $\longrightarrow$ **sin A**

㉡의 비의 값을 $\angle A$의 **코사인**이라고 하며 $\longrightarrow$ **cos A**

㉢의 비의 값을 $\angle A$의 **탄젠트**라고 하며 $\longrightarrow$ **tan A**

와 같이 나타낸다.

❸ 이때, $\sin A$, $\cos A$, $\tan A$를 ∠A의 삼각비라고 한다. 또한 위의 삼각비에서 sin, cos, tan 는 각각 sine, cosine, tangent의 약자이고 A 는 ∠A의 크기를 나타낸다.

Advice $\sin A$, $\cos A$, $\tan A$는 다음과 같이 암기하면 편리하다.

sin A	cos A	tan A
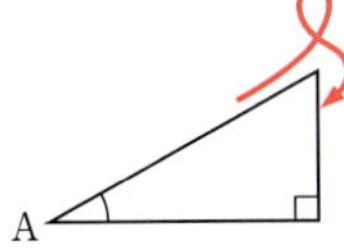	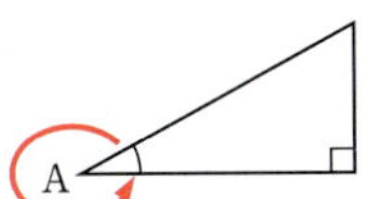	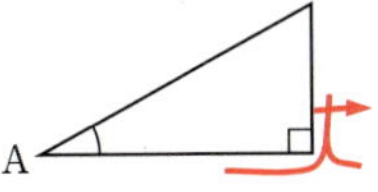

보기 **1.** 오른쪽 직각삼각형에서 다음 값을 구하여라.

(1) $\sin A$ (2) $\cos A$

(3) $\tan A$ (4) $\cos C$

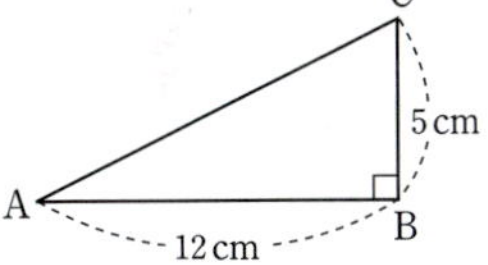

연구 피타고라스의 정리에 의하여

$$\overline{AC} = \sqrt{12^2 + 5^2} = \sqrt{169} = 13\,(\text{cm})$$

(1) $\sin A = \dfrac{\overline{BC}}{\overline{AC}} = \dfrac{5}{13}$ (2) $\cos A = \dfrac{\overline{AB}}{\overline{AC}} = \dfrac{12}{13}$

(3) $\tan A = \dfrac{\overline{BC}}{\overline{AB}} = \dfrac{5}{12}$ (4) $\cos C = \dfrac{\overline{BC}}{\overline{AC}} = \dfrac{5}{13}$

보기 **2.** <그림>에서 ∠A, ∠B의 삼각비를 구하여라.

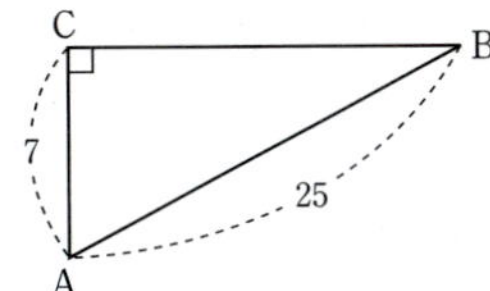

연구 피타고라스의 정리에 의하여

$$\overline{BC} = \sqrt{25^2 - 7^2} = \sqrt{576} = 24$$

$$\sin A = \frac{\overline{BC}}{\overline{AB}} = \frac{24}{25}, \quad \cos A = \frac{\overline{AC}}{\overline{AB}} = \frac{7}{25}, \quad \tan A = \frac{\overline{BC}}{\overline{AC}} = \frac{24}{7}$$

$$\sin B = \frac{\overline{AC}}{\overline{AB}} = \frac{7}{25}, \quad \cos B = \frac{\overline{BC}}{\overline{AB}} = \frac{24}{25}, \quad \tan B = \frac{\overline{AC}}{\overline{BC}} = \frac{7}{24}$$

필수예제 1

<그림>의 △ABC에서
$\overline{AC}=3$, $\overline{BC}=2$, $\angle C=90°$이다.
다음 식의 값을 구하여라.

$$(\sin A+\cos A)(\tan A-1)$$

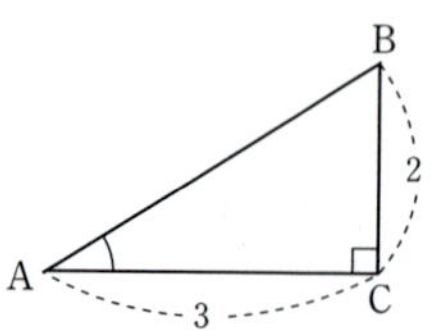

생각하기 피타고라스의 정리를 이용하여 $\overline{AB}$의 길이를 구하고, $\angle A$의 삼각비를 주어진 식에 대입한다.

모범해답

$$\overline{AB}^2=\overline{AC}^2+\overline{BC}^2=3^2+2^2=13 \qquad \therefore \ \overline{AB}=\sqrt{13}$$

또한, $\sin A=\dfrac{\overline{BC}}{\overline{AB}}=\dfrac{2}{\sqrt{13}}=\dfrac{2\sqrt{13}}{13}$, $\cos A=\dfrac{\overline{AC}}{\overline{AB}}=\dfrac{3}{\sqrt{13}}=\dfrac{3\sqrt{13}}{13}$

$$\tan A=\dfrac{\overline{BC}}{\overline{AC}}=\dfrac{2}{3}$$

$$\therefore \ 준식=\left(\dfrac{2\sqrt{13}}{13}+\dfrac{3\sqrt{13}}{13}\right)\left(\dfrac{2}{3}-1\right)$$

$$=\dfrac{5\sqrt{13}}{13}\times\left(-\dfrac{1}{3}\right)=-\dfrac{5\sqrt{13}}{39} \ \leftarrow \ 답$$

유제 1 $\angle C=90°$인 직각삼각형 ABC가 있다.
$\overline{AB}=3$, $\overline{BC}=2$라고 할 때, 다음 식의 값을
구하여라.

$$(\sin B-\cos B)(\tan A+1)$$

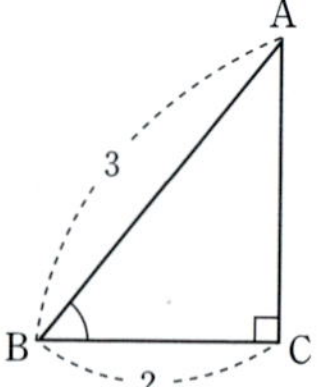

유제 2 <그림>을 보고 다음 삼각비의 값을 구
하여라.

(1) $\sin x$

(2) $\cos x$

(3) $\tan x$

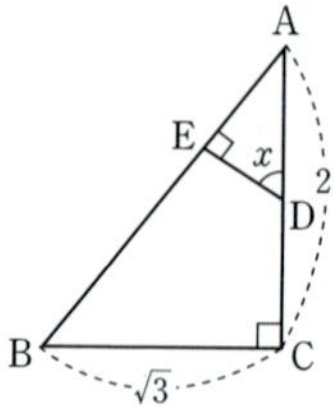

연습 문제

1. <그림>에서 ∠A, ∠B의 삼각비를 구하여라.

(1)   (2)   (3)

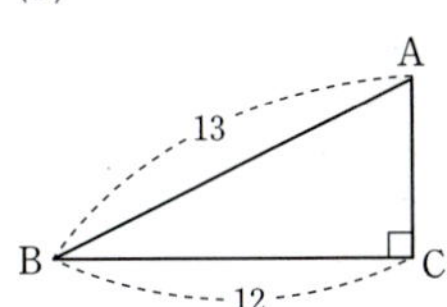 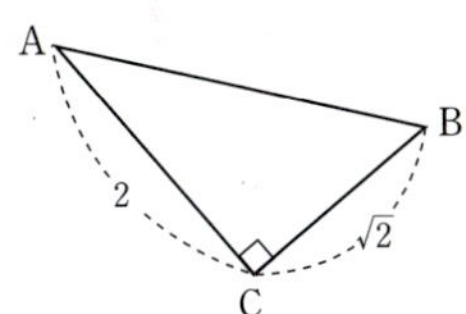 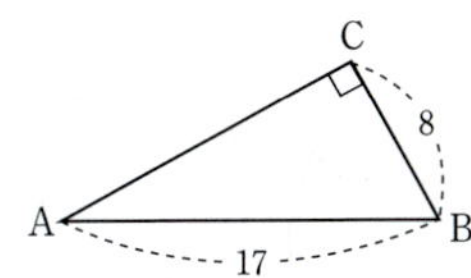

2. <그림>의 △ABC에서 ∠A, ∠B는 모두 예각이다.

이때, $\dfrac{\sin A}{\sin B}$의 값을 구하여라.

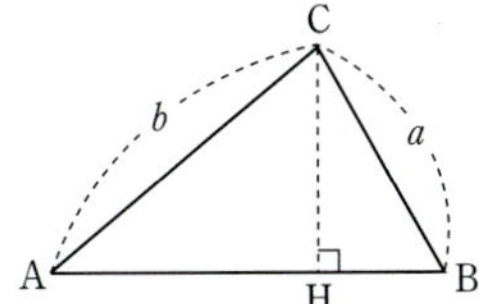

3. <그림>에서 ∠BAC=90°, $\overline{AH} \perp \overline{BC}$이다. $\overline{AB}$=5 cm, $\overline{BC}$=7 cm, ∠CAH=x라고 할 때, $\tan x$의 값을 구하여라.

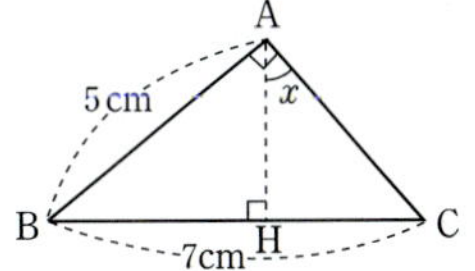

4. <그림>의 직사각형 ABCD에서 $\overline{AB}$=6 cm, $\overline{BC}$=8 cm, ∠ABD=x 일 때, x에 대한 삼각비를 구하여라.

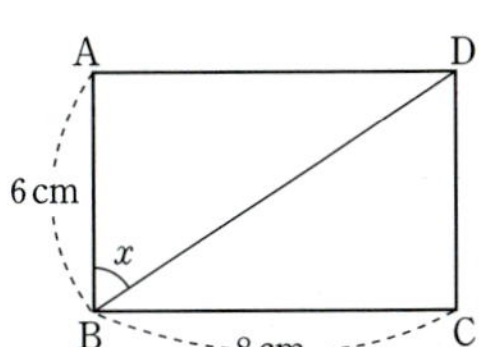

5. <그림>을 이용하여 다음 식의 값을 구하여라.

(1) $\sin 15°$ (2) $\cos 15°$

(3) $\tan 15°$ (4) $\sin 75°$

(5) $\cos 75°$ (6) $\tan 75°$

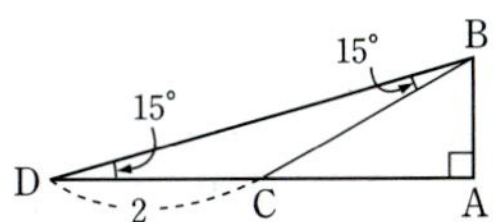

2 삼각비의 값

<table>
<tr><td>핵심 개념</td><td colspan="4">1. 30°, 45°, 60°의 삼각비의 값</td></tr>
</table>

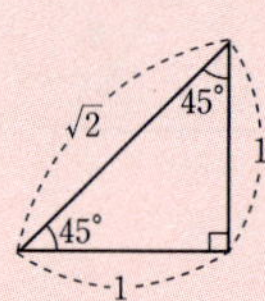 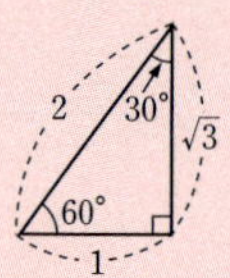

삼각비＼A	30°	45°	60°
sin A	$1/2$	$1/\sqrt{2}$	$\sqrt{3}/2$
cos A	$\sqrt{3}/2$	$1/\sqrt{2}$	$1/2$
tan A	$1/\sqrt{3}$	1	$\sqrt{3}$

Study　1° 45°에 대한 삼각비의 값

▶ 한 변의 길이가 1인 정사각형에서 대각선을 그으면 한 각의 크기가 45°인 직각삼각형을 얻는다.

피타고라스의 정리에 의하여

$$\overline{AB}=\sqrt{1^2+1^2}=\sqrt{2}$$

따라서, 삼각비의 정의에 의하여

$$\sin 45°=\frac{\overline{BC}}{\overline{AB}}=\frac{1}{\sqrt{2}}, \quad \cos 45°=\frac{\overline{AC}}{\overline{AB}}=\frac{1}{\sqrt{2}},$$

$$\tan 45°=\frac{\overline{BC}}{\overline{AC}}=1$$

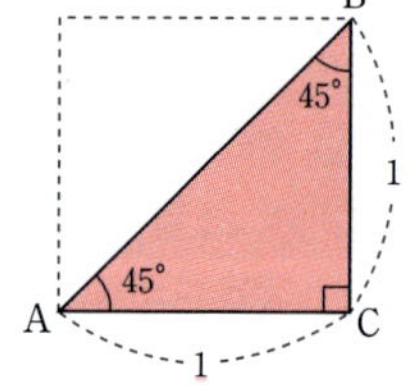

보기 ＜그림＞에서 x, y의 값을 구하여라.

연구 $\cos 45°=\dfrac{\overline{AC}}{\overline{AB}}=\dfrac{x}{4}=\dfrac{1}{\sqrt{2}}$

$\sqrt{2}x=4$에서 $\boldsymbol{x=2\sqrt{2}}$

$\sin 45°=\dfrac{\overline{BC}}{\overline{AB}}=\dfrac{y}{4}=\dfrac{1}{\sqrt{2}}$

$\sqrt{2}y=4$에서 $\boldsymbol{y=2\sqrt{2}}$

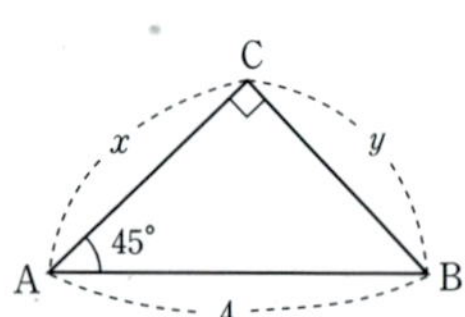

Study　　**2° 30°와 60°에 대한 삼각비의 값**

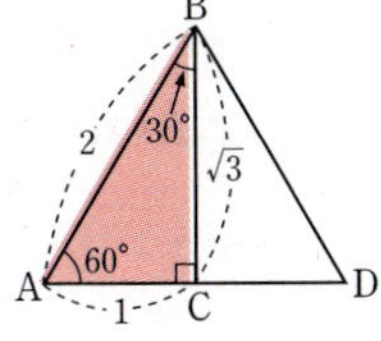

▶ 한 변의 길이가 2인 정삼각형 BAD의 꼭짓점 B에서 밑변 AD에 내린 수선의 발을 C라 하면,

$$\angle A = 60°, \quad \angle ABC = 30°,$$
$$\angle ACB = 90°, \quad \overline{AC} = 1$$

피타고라스의 정리에 의하여

$$\overline{BC} = \sqrt{2^2 - 1^2} = \sqrt{3}$$

따라서, 다음을 얻는다.

$$\sin 30° = \frac{1}{2}, \quad \cos 30° = \frac{\sqrt{3}}{2}, \quad \tan 30° = \frac{1}{\sqrt{3}},$$

$$\sin 60° = \frac{\sqrt{3}}{2}, \quad \cos 60° = \frac{1}{2}, \quad \tan 60° = \sqrt{3}$$

보기 1. <그림>에서 x, y의 값을 구하여라.

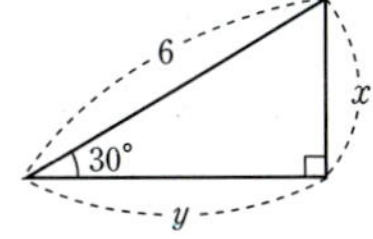

연구 $\sin 30° = \dfrac{x}{6}$ 에서

$$x = 6 \times \sin 30° = 6 \times \frac{1}{2} = \mathbf{3}$$

$\cos 30° = \dfrac{y}{6}$ 에서

$$y = 6 \times \cos 30° = 6 \times \frac{\sqrt{3}}{2} = \mathbf{3\sqrt{3}}$$

보기 2. 다음 식의 값을 구하여라.

(1) $\sin 30° + \cos 30°$

(2) $\tan 45° - \cos 60°$

(3) $\sin 60° \times \tan 30°$

연구 (1) 준식 $= \dfrac{1}{2} + \dfrac{\sqrt{3}}{2} = \mathbf{\dfrac{1 + \sqrt{3}}{2}}$

(2) 준식 $= 1 - \dfrac{1}{2} = \mathbf{\dfrac{1}{2}}$

(3) 준식 $= \dfrac{\sqrt{3}}{2} \times \dfrac{1}{\sqrt{3}} = \mathbf{\dfrac{1}{2}}$

 2. 예각의 삼각비의 값

▶ 반지름의 길이가 1인 사분원에서
∠AOB의 크기를 x라고 하면,

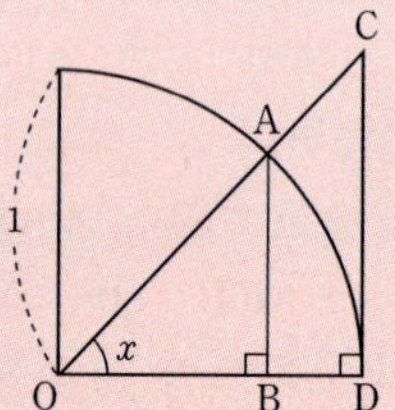

$$\sin x = \frac{\overline{AB}}{\overline{OA}} = \frac{\overline{AB}}{1} = \overline{AB}$$

$$\cos x = \frac{\overline{OB}}{\overline{OA}} = \frac{\overline{OB}}{1} = \overline{OB}$$

$$\tan x = \frac{\overline{CD}}{\overline{OD}} = \frac{\overline{CD}}{1} = \overline{CD}$$

Study　1° 50°에 대한 삼각비의 값을 구해 보자.

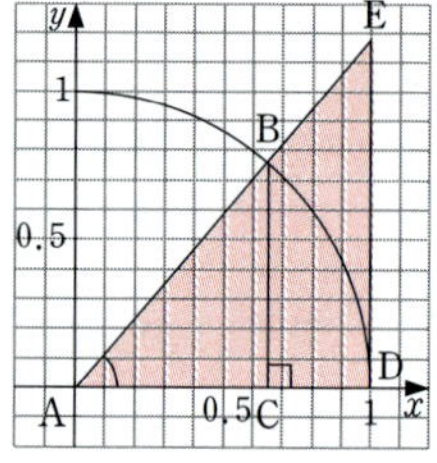

▶ 점 A를 중심으로 해서 반지름의 길이가
1인 사분원을 그린다.
사분원 위에 ∠A=50°가 되게 점 B를 잡
고, 점 B에서 x축에 내린 수선의 발을 C
라고 하면, △BAC에서 $\overline{AB}=1$이므로,

$$\sin 50° = \frac{\overline{BC}}{\overline{AB}} = \frac{\overline{BC}}{1} = \overline{BC} ≒ 0.77$$

$$\cos 50° = \frac{\overline{AC}}{\overline{AB}} = \frac{\overline{AC}}{1} = \overline{AC} ≒ 0.64$$

▶ 또한, △EAD에서 $\overline{AD}=1$이므로,

$$\tan 50° = \frac{\overline{DE}}{\overline{AD}} = \frac{\overline{DE}}{1} = \overline{DE} ≒ 1.19$$

Study　2° 삼각비의 표

▶ 이 책의 끝에 있는 삼각비의 표에는 1°에서 90°까지의 삼각비의 값이
실려 있다.
삼각비의 표에 있는 삼각비의 값의 대부분은 근삿값이다.

보기 삼각비의 표를 이용하여 x, y의 값을 구하여라.

　　(1) $\sin x = 0.6947$　　　　　　(2) $\cos 40° = y$

연구 (1) $x=44°$　　　　　　　　(2) $y=0.7660$

핵심 개념	**3. 0°와 90°에 대한 삼각비의 값**

1. 0°에 대한 삼각비의 값
$$\sin 0°=0, \qquad \cos 0°=1, \qquad \tan 0°=0$$
2. 90°에 대한 삼각비의 값
$$\sin 90°=1, \qquad \cos 90°=0, \qquad \tan 90°\text{의 값은 없다.}$$

Study　1° 0°에 대한 삼각비의 값

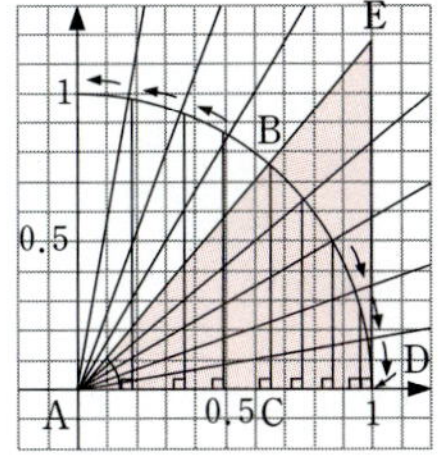

▶ <그림>의 △BAC에서
$$\sin A=\overline{BC}, \ \cos A=\overline{AC}, \ \tan A=\overline{DE}$$
이었다. 여기서, ∠A의 값이 작아져서 0°에
가까워지면,
$$\overline{BC}\text{는 } 0, \ \overline{AC}\text{는 } 1, \ \overline{DE}\text{는 } 0$$
에 가까워진다.
따라서, 0°에 대한 삼각비의 값은 다음과
같이 정한다.
$$\mathbf{\sin 0°=0, \ \cos 0°=1, \ \tan 0°=0}$$

Study　2° 90°에 대한 삼각비의 값

▶ 위의 그림에서 ∠A의 크기가 90°에 가까워지면, $\overline{BC}$는 1에, $\overline{AC}$는 0
에 가까워지며 $\overline{DE}$는 한없이 커진다.
따라서, 90°에 대한 삼각비의 값을 다음과 같이 정한다.
$$\mathbf{\sin 90°=1, \ \cos 90°=0}$$
그러나 **tan 90°의 값은 없다.**

보기 다음 식의 값을 구하여라.

(1) $\sin 0°\times\cos 60°+\cos 0°\times\sin 30°$　　　(2) $\tan 60°+\tan 0°$

연구 (1) $\sin 0°=0, \ \cos 0°=1, \ \cos 60°=\dfrac{1}{2}, \ \sin 30°=\dfrac{1}{2}$

$$\therefore \ \text{준식}=0\times\frac{1}{2}+1\times\frac{1}{2}=\mathbf{\frac{1}{2}}$$

(2) $\tan 60°=\sqrt{3}, \ \tan 0°=0$

$$\therefore \ \text{준식}=\sqrt{3}+0=\mathbf{\sqrt{3}}$$

필수예제 1

다음 식의 값을 구하여라.

(1) $\sin^2 60° - \cos 30°\ \tan 30° + \cos^2 45°$

(2) $\sin^2 30° - \sqrt{3}\ \tan^2 30°\ \sin 0° + \cos 45°\ \cos 90° - \cos^2 30°$

(3) $\tan A = 1$일 때, $(1+\sin A)(1-\cos A)$

[생각하기] 특수각의 삼각비의 값을 주어진 식에 대입하여 계산한다. 특히, (3)은 $\tan A = 1$을 만족하는 $\angle A$의 크기를 구해서 주어진 식에 대입한다.

[모범해답]

(1) 준식 $= \left(\dfrac{\sqrt{3}}{2}\right)^2 - \dfrac{\sqrt{3}}{2} \times \dfrac{1}{\sqrt{3}} + \left(\dfrac{1}{\sqrt{2}}\right)^2$

$\qquad = \dfrac{3}{4} - \dfrac{1}{2} + \dfrac{1}{2} = \dfrac{3}{4}$ ← 답

(2) 준식 $= \left(\dfrac{1}{2}\right)^2 - \sqrt{3} \times \left(\dfrac{1}{\sqrt{3}}\right)^2 \times 0 + \dfrac{1}{\sqrt{2}} \times 0 - \left(\dfrac{\sqrt{3}}{2}\right)^2$

$\qquad = \dfrac{1}{4} - 0 + 0 - \dfrac{3}{4} = -\dfrac{1}{2}$ ← 답

(3) $\tan A = 1$이면 $\angle A = 45°$이므로,

$\quad$ 준식 $= (1+\sin 45°)(1-\cos 45°)$

$\qquad = \left(1+\dfrac{1}{\sqrt{2}}\right)\left(1-\dfrac{1}{\sqrt{2}}\right) = 1^2 - \left(\dfrac{1}{\sqrt{2}}\right)^2$

$\qquad = 1 - \dfrac{1}{2} = \dfrac{1}{2}$ ← 답

[유제] 1 다음 식의 값을 구하여라.

(1) $\tan 45°\ \tan 60° + \cos 60°\ \sin 90°$

(2) $\sin 60°\ \cos 45°\ \sin 90°\ \cos 0°$

(3) $\sin^2 30° + \tan 30°\ \tan 60° + \sin^2 60°$

(4) $(\tan 45° - \sin 60°)(\cos 30° + 2\sin 45°\ \cos 45°)$

필수예제 2

다음 등식을 만족하는 x의 값을 구하여라.

(1) $\sin(x-60°)=\dfrac{1}{2}$　　　　　　　　$(60°\leq x\leq 90°)$

(2) $\cos(x+30°)=\dfrac{\sqrt{2}}{2}$　　　　　　　$(0°\leq x\leq 60°)$

(3) $\sin 45° \cos^2 30° \tan x=\dfrac{3\sqrt{2}}{8}$　　　　$(0°\leq x<90°)$

생각하기 $\sin A=\dfrac{1}{2}$, $\cos B=\dfrac{\sqrt{2}}{2}$를 만족하는 A, B의 값을 구한다.

특히, (3)은 $\sin 45°$, $\cos 30°$의 값을 주어진 식에 대입한다.

모범해답

(1) $\sin A=\dfrac{1}{2}$이면 $\angle A=30°$이다.

그런데 $A=x-60°$이므로, $x-60°=30°$　　$\therefore$ $x=90°$ ← 답

(2) $\cos B=\dfrac{\sqrt{2}}{2}$이면 $\angle B=45°$이다.

그런데 $B=x+30°$이므로, $x+30°=45°$　　$\therefore$ $x=15°$ ← 답

(3) $\sin 45°$, $\cos 30°$의 값을 준식에 대입하면,

$$\frac{1}{\sqrt{2}}\times\left(\frac{\sqrt{3}}{2}\right)^2\times\tan x=\frac{3\sqrt{2}}{8} \text{에서} \ \frac{3}{4\sqrt{2}}\tan x=\frac{3\sqrt{2}}{8}$$

$$\therefore \ \tan x=\frac{3\sqrt{2}}{8}\times\frac{4\sqrt{2}}{3}=1 \qquad \therefore \ x=45° \ ← \text{답}$$

유제 2 다음 등식을 만족하는 x의 값을 구하여라.

(1) $\sin(x-10°)=\dfrac{\sqrt{3}}{2}$　　　　　　　$(10°\leq x\leq 90°)$

(2) $\cos(2x-30°)=\dfrac{1}{2}$　　　　　　　$(15°\leq x\leq 60°)$

(3) $\tan(x+10°)=\sqrt{3}$　　　　　　　　$(0°\leq x<80°)$

필수예제 3

$\angle A = 90°$인 $\triangle ABC$에서 $\sqrt{3}\,a^2 = 4bc$인 관계가 성립할 때, $\angle C$의 크기를 구하여라.

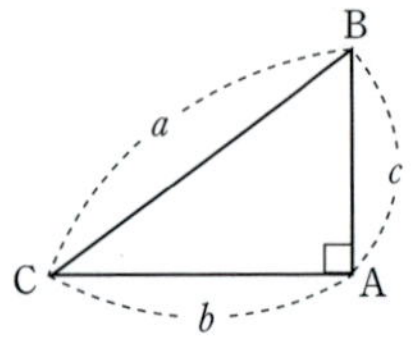

생각하기 피타고라스의 정리를 이용하여 $a^2 = b^2 + c^2$을 구하고 이것을 $\sqrt{3}\,a^2 = 4bc$에 대입하면 b, c에 관한 관계식을 얻을 수 있다.

이때, $\tan C = \dfrac{c}{b}$임을 이용하자.

모범해답

피타고라스의 정리에 의하여 $\qquad a^2 = b^2 + c^2 \ \cdots\cdots ㉠$

주어진 조건에서 $\qquad\qquad\qquad \sqrt{3}\,a^2 = 4bc \ \cdots\cdots ㉡$

㉠을 ㉡에 대입하면, $\qquad\qquad \sqrt{3}\,(b^2 + c^2) = 4bc$

$$\sqrt{3}\,b^2 + \sqrt{3}\,c^2 - 4bc = 0$$
$$(\sqrt{3}\,b - c)(b - \sqrt{3}\,c) = 0$$
$$\therefore \ \sqrt{3}\,b = c \ \text{또는} \ b = \sqrt{3}\,c \qquad\qquad \cdots\cdots ㉢$$

한편, $\tan C = \dfrac{c}{b}$이므로 여기에 ㉢을 대입하면,

$c = \sqrt{3}\,b$일 때, $\tan C = \dfrac{\sqrt{3}\,b}{b} = \sqrt{3} \qquad \therefore \ C = 60°$

$b = \sqrt{3}\,c$일 때, $\tan C = \dfrac{c}{\sqrt{3}\,c} = \dfrac{1}{\sqrt{3}} \qquad \therefore \ C = 30°$ **답** **30° 또는 60°**

유제 3 이차방정식 $4x^2 - 2(1 + \sqrt{3})x + \sqrt{3} = 0$의 두 근을 $\sin A$, $\sin B$라고 할 때 A, B의 값을 구하여라. (단, $\sin A > \sin B$)

유제 4 반지름의 길이가 10인 원 O에서 $\overline{AB} = 10\sqrt{3}$이다. $\angle AOB$의 크기를 구하여라.

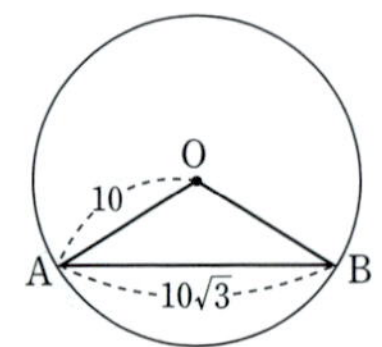

연습 문제

- 학교 시험과 수준·경향을 일치시킨 기본적인 문제입니다.
- 한 문제 한 문제를 정복하여 이 단원의 내용을 총정리합시다.

1. 다음을 계산하여라.

  (1) $\sin 60° + \cos 60°$ (2) $\sin 60° \times \tan 60° + \sin 90°$

  (3) $(\sin 45° + \tan 45°)^2 + (\cos 45° - \tan 45°)^2$

  (4) $(1 + \sin 45° + \sin 30°)(1 - \sin 45° + \cos 60°)$

2. $\tan A = \sqrt{3}$일 때, 다음 식의 값을 구하여라.

$$\frac{1}{1+\sin A} + \frac{1}{1-\cos A}$$

3. <그림>을 보고 55°의 삼각비를 구하여라.

  (1) $\sin 55°$

  (2) $\cos 55°$

  (3) $\tan 55°$

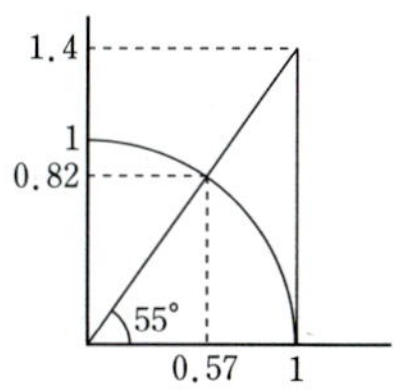

4. 삼각비의 표를 이용하여 다음 x의 값을 구하여라.

  (1) $\sin x = 0.4848$ (2) $\cos x = 0.8572$ (3) $\tan x = 3.7321$

  (4) $\sin 50° = x$ (5) $\cos 61° = x$ (6) $\tan 40° = x$

5. $45° < x < 90°$일 때, $\sin x$, $\cos x$, $\tan x$의 대소를 비교하여라.

6. $0° < A < 45°$일 때, 다음 식을 간단히 하여라.

$$\sqrt{(\sin A + \cos A)^2} + \sqrt{(\cos A - \sin A)^2}$$

7. <그림>에서 $\angle B = 30°$, $\angle ACD = 60°$, $\angle ADC = 90°$이다. $\overline{BC} = 4\,\text{cm}$일 때, x, y의 값을 구하여라.

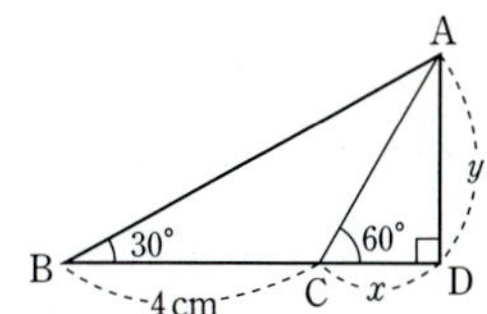

3 삼각비 사이의 관계

핵심 개념 | 1. 여각의 삼각비 (1)

$$\sin A = \cos(90° - A)$$
$$\cos A = \sin(90° - A)$$

Study   오른쪽 직각삼각형에서

$$\sin A = \frac{a}{c}, \quad \cos A = \frac{b}{c}$$
$$\sin B = \frac{b}{c}, \quad \cos B = \frac{a}{c}$$

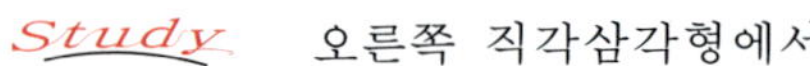

이므로 다음 등식을 얻을 수 있다.

$$\sin A = \cos B, \quad \cos A = \sin B \ \cdots\cdots ㉠$$

그런데 $B = 90° - A$이므로 이것을 ㉠에 대입하면,

$$\sin A = \cos(90° - A), \quad \cos A = \sin(90° - A)$$

Advice   두 각의 합이 90°일 때, 이들 두 각은 서로 다른 각의 **여각**이라고 한다.
따라서, $(90° - A)$는 A의 여각이다.

보기 **1.** 다음 등식을 만족하는 x의 값을 구하여라.

(1) $\sin 35° = \cos x$ (2) $\cos 70° = \sin x$

연구 (1) $\sin A = \cos(90° - A)$ 이므로,

$\sin 35° = \cos(90° - 35°) = \cos 55°$ $\therefore \ \boldsymbol{x = 55°}$

(2) $\cos A = \sin(90° - A)$ 이므로,

$\cos 70° = \sin(90° - 70°) = \sin 20°$ $\therefore \ \boldsymbol{x = 20°}$

보기 **2.** 다음 각을 $45°$보다 작은 각의 삼각비로 나타내어라.

(1) $\sin 75°$ (2) $\cos 50°$

연구 (1) $\sin 75° = \cos(90° - 75°) = \boldsymbol{\cos 15°}$

(2) $\cos 50° = \sin(90° - 50°) = \boldsymbol{\sin 40°}$

핵심 개념 │ 2. 세 삼각비 사이의 관계

$$\tan A = \frac{\sin A}{\cos A}$$

Study　오른쪽 직각삼각형에서

$$\sin A = \frac{a}{c}, \quad \cos A = \frac{b}{c}, \quad \tan A = \frac{a}{b}$$

$$\therefore \ \frac{\sin A}{\cos A} = \sin A \div \cos A = \frac{a}{c} \div \frac{b}{c} = \frac{a}{c} \times \frac{c}{b} = \frac{a}{b}$$

$$= \tan A$$

따라서, $\tan A = \dfrac{\sin A}{\cos A}$

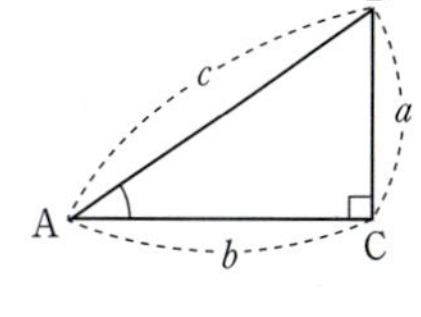

보기 **1.** $\sin A = \dfrac{4}{5}, \ \cos A = \dfrac{3}{5}$일 때, $\tan A$의 값을 구하여라.

연구 $\tan A = \dfrac{\sin A}{\cos A}$이므로 $\sin A, \ \cos A$의 값을 대입하면,

$$\tan A = \frac{\sin A}{\cos A} = \frac{4}{5} \div \frac{3}{5} = \frac{4}{5} \times \frac{5}{3} = \frac{4}{3}$$

보기 **2.** $\sin A = \dfrac{2}{\sqrt{5}}, \ \sin(90°-A) = \dfrac{1}{\sqrt{5}}$일 때, $\tan A$의 값을 구하여라.

연구 $\sin(90°-A) = \cos A = \dfrac{1}{\sqrt{5}}$이므로,

$$\tan A = \frac{\sin A}{\cos A} = \frac{2}{\sqrt{5}} \div \frac{1}{\sqrt{5}} = \frac{2}{\sqrt{5}} \times \frac{\sqrt{5}}{1} = 2$$

보기 **3.** $\dfrac{\cos \theta}{1+\sin \theta} + \tan \theta$를 간단히 하여라. (단, $0° < \theta < 90°$)

연구
$$\frac{\cos \theta}{1+\sin \theta} + \frac{\sin \theta}{\cos \theta} = \frac{\cos^2 \theta + \sin \theta + \sin^2 \theta}{\cos \theta (1+\sin \theta)}$$

$$= \frac{1+\sin \theta}{\cos \theta (1+\sin \theta)} = \frac{1}{\cos \theta}$$

Advice　$\sin^2 A + \cos^2 A = 1$이 됨은 다음 페이지에서 공부한다.

<table>
<tr><td>핵심 개념</td><td>## 3. 사인·코사인의 제곱 관계</td></tr>
</table>

$$\sin^2 A + \cos^2 A = 1$$

Study   오른쪽 직각삼각형에서 세 변 a, b, c 사이에는 피타고라스의 정리에 의하여

$$a^2 + b^2 = c^2 \quad \cdots\cdots ㉠$$

인 관계가 성립한다.

㉠의 양변을 c^2으로 나누면,

$$\left(\frac{a}{c}\right)^2 + \left(\frac{b}{c}\right)^2 = 1$$

그런데 $\sin A = \dfrac{a}{c}$, $\cos A = \dfrac{b}{c}$ 이므로, $(\sin A)^2 + (\cos A)^2 = 1 \quad \cdots\cdots ㉡$

여기서 $(\sin A)^2$, $(\cos A)^2$은 $\sin^2 A$, $\cos^2 A$로 나타내므로, ㉡은

$$\sin^2 A + \cos^2 A = 1$$

보기 1. $\sin A = \dfrac{3}{5}$ 일 때, $\cos A$, $\tan A$의 값을 구하여라.

연구 $\sin A$의 값을 $\sin^2 A + \cos^2 A = 1$에 대입하면,

$$\frac{9}{25} + \cos^2 A = 1, \quad \cos^2 A = 1 - \frac{9}{25} = \frac{16}{25}$$

그런데 $\cos A \geq 0$이므로, $\cos A = \dfrac{4}{5}$

한편, $\tan A = \dfrac{\sin A}{\cos A}$이므로,

$$\tan A = \frac{3}{5} \div \frac{4}{5} = \frac{3}{5} \times \frac{5}{4} = \frac{3}{4}$$

보기 2. $\cos A = \dfrac{1}{3}$ 일 때, $\sin A$, $\tan A$의 값을 구하여라.

연구 $\sin^2 A + \cos^2 A = 1$에서 $\sin^2 A + \left(\dfrac{1}{3}\right)^2 = 1$

$$\sin^2 A = 1 - \frac{1}{9} = \frac{8}{9} \qquad \therefore \ \mathbf{\sin A = \frac{2\sqrt{2}}{3}} \ (\because \ \sin A \geq 0)$$

한편, $\tan A = \dfrac{\sin A}{\cos A}$이므로

$$\tan A = \frac{2\sqrt{2}}{3} \div \frac{1}{3} = \frac{2\sqrt{2}}{3} \times 3 = \mathbf{2\sqrt{2}}$$

핵심 개념	4. 여각의 삼각비 (2)

$$\tan A = \frac{1}{\tan(90^\circ - A)}$$

Study　오른쪽 직각삼각형에서

$$\tan A = \frac{a}{b}$$

$$\tan B = \frac{b}{a}$$

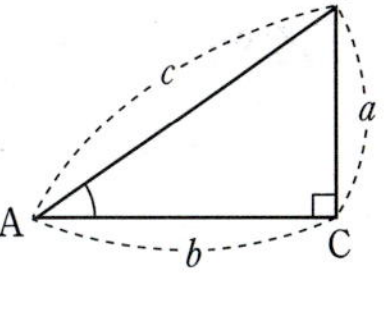

이므로 $\tan A = \dfrac{1}{\tan B}$ ……㉠

그런데 $B = 90^\circ - A$이므로 이것을 ㉠에 대입하면,

$$\tan A = \frac{1}{\tan(90^\circ - A)}$$

보기 1. $\tan 40^\circ = \dfrac{1}{\tan A}$일 때, $\angle A$의 크기를 구하여라.

연구 $\tan A = \dfrac{1}{\tan(90^\circ - A)}$이므로,

$$\tan 40^\circ = \frac{1}{\tan(90^\circ - 40^\circ)} = \frac{1}{\tan 50^\circ} \qquad \therefore \ \angle A = 50^\circ$$

보기 2. $\tan A = \sqrt{2}$일 때, $\sin A$, $\cos A$의 값을 구하여라.

연구 $\tan A = \sqrt{2}$이므로 <그림>과 같이

$$\overline{AC} = 1, \ \overline{BC} = \sqrt{2}$$

인 직각삼각형을 생각할 수 있다. 피타고라

스의 정리에 의하여

$$\overline{AB}^2 = \overline{AC}^2 + \overline{BC}^2 = 1 + 2 = 3$$

$\overline{AB} > 0$이므로, $\overline{AB} = \sqrt{3}$

$$\therefore \ \sin A = \frac{\sqrt{2}}{\sqrt{3}} = \frac{\sqrt{6}}{3}, \ \cos A = \frac{1}{\sqrt{3}} = \frac{\sqrt{3}}{3}$$

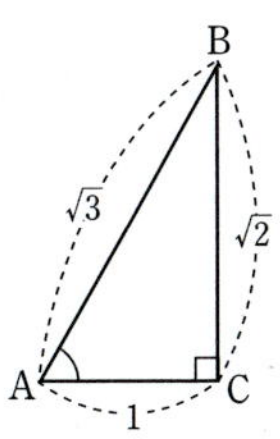

필수예제 1

$6\sin^2\theta + \sin\theta\cos\theta - 2\cos^2\theta = 0$일 때, 다음 식의 값을 구하여라. (단, $\theta \neq 0°$)

(1) $\tan\theta$ (2) $\sin\theta + \cos\theta$

생각하기 $6\sin^2\theta + \sin\theta\cos\theta - 2\cos^2\theta = 0$의 좌변을 인수분해하면 사인, 코사인의 관계식을 얻을 수 있으므로

바이블 $\tan\theta = \dfrac{\sin\theta}{\cos\theta}$

를 이용하여 $\tan\theta$의 값을 구할 수 있다. 또한 $\tan\theta = a$이면 <그림>과 같은 직각삼각형을 얻을 수 있으므로,

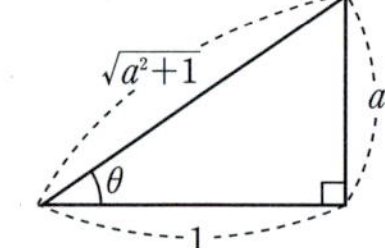

$$\sin\theta = \frac{a}{\sqrt{a^2+1}}, \quad \cos\theta = \frac{1}{\sqrt{a^2+1}}$$

이다.

모범해답

$6\sin^2\theta + \sin\theta\cos\theta - 2\cos^2\theta = (2\sin\theta - \cos\theta)(3\sin\theta + 2\cos\theta) = 0$

그런데 $3\sin\theta + 2\cos\theta \neq 0$이므로, $2\sin\theta - \cos\theta = 0$ $\cdots\cdots$㉠

㉠의 양변을 $\cos\theta$로 나누면, $2\dfrac{\sin\theta}{\cos\theta} - 1 = 0$

$\therefore\ 2\tan\theta - 1 = 0$

(1) $2\tan\theta - 1 = 0$에서 $\tan\theta = \dfrac{1}{2}$ ← **답**

(2) $\tan\theta = \dfrac{1}{2}$을 만족하는 직각삼각형을 그리면 <그림>과 같다.

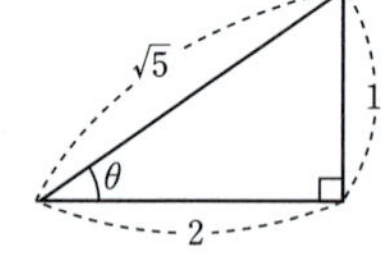

$$\therefore\ \sin\theta + \cos\theta = \frac{1}{\sqrt{5}} + \frac{2}{\sqrt{5}} = \frac{3}{\sqrt{5}} = \frac{3\sqrt{5}}{5}$$ ← **답**

유제 1 $2\cos x - \sin x = 1$일 때, 다음 식의 값을 구하여라.

(1) $\sin x$ (2) $\cos x$ (3) $\tan x$

필수예제 2

다음 식의 값을 구하여라. (단, $A \neq 0°$, $A \neq 90°$)

(1) $\sin A + \cos A = \sqrt{2}$일 때, $\tan A + \tan(90° - A)$

(2) $\tan A = 2$일 때, $\dfrac{1 + 2\sin A \sin(90° - A)}{\sin^2 A - \sin^2(90° - A)}$

생각하기 다음 공식을 이용하여 준식을 적당히 변형한다.

바이블 $\sin^2 A + \cos^2 A = 1$, $\tan A = \dfrac{\sin A}{\cos A}$

$A + B = 90°$ ➡ $\sin A = \cos B$, $\cos A = \sin B$, $\tan A \, \tan B = 1$

모범해답

(1) $\tan A \, \tan(90° - A) = 1$이므로, $\tan(90° - A) = \dfrac{1}{\tan A}$

$$\therefore \ \tan A + \frac{1}{\tan A} = \frac{\sin A}{\cos A} + \frac{\cos A}{\sin A} = \frac{\sin^2 A + \cos^2 A}{\sin A \, \cos A}$$

$$= \frac{1}{\sin A \, \cos A} \qquad \cdots\cdots ㉠$$

한편, $(\sin A + \cos A)^2 = (\sqrt{2})^2$에서 $\sin^2 A + \cos^2 A + 2\sin A \cos A = 2$

$1 + 2\sin A \cos A = 2 \qquad \therefore \ \sin A \cos A = \dfrac{1}{2} \cdots\cdots ㉡$

㉡을 ㉠에 대입하면 $\tan A + \dfrac{1}{\tan A} = 2$ ← **답**

(2) $\sin(90° - A) = \cos A$, $\sin^2 A + \cos^2 A = 1$이므로,

$$준식 = \frac{\sin^2 A + \cos^2 A + 2\sin A \cos A}{\sin^2 A - \cos^2 A} = \frac{(\sin A + \cos A)^2}{(\sin A + \cos A)(\sin A - \cos A)}$$

$$= \frac{\sin A + \cos A}{\sin A - \cos A} \quad (\leftarrow 분모\cdot분자를 \cos A로 \ 나눈다.)$$

$$= \frac{\tan A + 1}{\tan A - 1} = \frac{2 + 1}{2 - 1} = 3 \ \leftarrow \textbf{답}$$

유제 2 다음 식의 값을 구하여라.

(1) $\sin^2 \theta + \sin^2(90° - \theta) + \cos^2(90° - \theta) + \cos^2 \theta$

(2) $\tan(A + 30°)\tan(60° - A) + \sin^2(B + 20°) + \sin^2(70° - B)$

필수예제 3

다음 식을 간단히 하여라. (단, $A \neq 90°$)

(1) $\dfrac{2}{\cos A} - \dfrac{\cos A}{1+\sin A} - \dfrac{1+\sin A}{\cos A}$

(2) $(1+\tan^2 A)(2\cos^2 A - \sin^2 A)$

생각하기 통분하거나 전개하여 $\sin^2 A + \cos^2 A = 1$, $\tan A = \dfrac{\sin A}{\cos A}$ 를 이용한다. 특히 (1)은 첫째식과 셋째식을 먼저 계산하면 계산이 간편해진다.

모범해답

(1) 준식 $= \left(\dfrac{2}{\cos A} - \dfrac{1+\sin A}{\cos A}\right) - \dfrac{\cos A}{1+\sin A} = \dfrac{1-\sin A}{\cos A} - \dfrac{\cos A}{1+\sin A}$

$= \dfrac{(1-\sin A)(1+\sin A) - \cos^2 A}{\cos A(1+\sin A)} = \dfrac{1-\sin^2 A - \cos^2 A}{\cos A(1+\sin A)}$

$= \dfrac{1-(\sin^2 A + \cos^2 A)}{\cos A(1+\sin A)}$

$= \dfrac{1-1}{\cos A(1+\sin A)} = \mathbf{0}$ ← 답

(2) 준식 $= 2\cos^2 A - \sin^2 A + 2\tan^2 A \cos^2 A - \tan^2 A \sin^2 A$

$= 2\cos^2 A - \sin^2 A + 2\sin^2 A - \tan^2 A \sin^2 A$

$= \cos^2 A + (\cos^2 A + \sin^2 A) - \tan^2 A \sin^2 A$

$= \cos^2 A + 1 - \dfrac{\sin^4 A}{\cos^2 A} = 1 + \dfrac{\cos^4 A - \sin^4 A}{\cos^2 A}$

$= 1 + \dfrac{(\sin^2 A + \cos^2 A)(\cos^2 A - \sin^2 A)}{\cos^2 A} = 1 + \dfrac{\cos^2 A - \sin^2 A}{\cos^2 A}$

$= 1 + 1 - \dfrac{\sin^2 A}{\cos^2 A} = \mathbf{2 - \tan^2 A}$ ← 답

유제 3 다음 식을 간단히 하여라.

(1) $\dfrac{\sin x}{1-\cos x} + \dfrac{1-\cos x}{\sin x}$

(2) $\cos A\left(\dfrac{\sin A}{\cos A} + \dfrac{\cos A}{1+\sin A}\right)$

필수예제 4

x에 대한 이차방정식 $4x^2-4ax+2a-1=0$의 두 근이 $\sin\theta$, $\cos\theta$일 때, a의 값을 구하여라.

생각하기 이차방정식 $ax^2+bx+c=0\,(a\neq0)$의 두 근을 p, q라 하면,

바이블 $p+q=-\dfrac{b}{a},\ pq=\dfrac{c}{a}$

또한, 이차방정식 $ax^2+2b'x+c=0\,(a\neq0)$의 근은

바이블 $x=\dfrac{-b'\pm\sqrt{b'^2-ac}}{a}$

모범해답

이차방정식의 근과 계수의 관계를 이용하면,

두 근의 합 $\sin\theta+\cos\theta=a$ ······㉠

두 근의 곱 $\sin\theta\cos\theta=\dfrac{2a-1}{4}$ ······㉡

㉠의 양변을 제곱하면, $\sin^2\theta+\cos^2\theta+2\sin\theta\cos\theta=a^2$

$\therefore\ 2\sin\theta\cos\theta=a^2-1$ ······㉢

㉡에서 $4\sin\theta\cos\theta=2a-1$ ······㉣

㉢을 ㉣에 대입하면, $2(a^2-1)=2a-1$

$2a^2-2a-1=0$

$\therefore\ a=\dfrac{1\pm\sqrt{1+2}}{2}=\dfrac{1\pm\sqrt{3}}{2}$

그런데 ㉠에서 $a>0$이므로, $a=\dfrac{1+\sqrt{3}}{2}$ ← **답**

유제 4 x에 관한 이차방정식 $4x^2-5x+k=0$의 두 근이 $\sin A$, $\cos A$이다. 다음에 답하여라.

(1) 상수 k의 값을 구하여라.

(2) $\tan A$, $\dfrac{1}{\tan A}$을 두 근으로 하는 이차방정식을 구하여라.

1. 다음 등식을 만족하는 x의 값을 구하여라.

  (1) $\sin(x+10°)=\cos(2x-40°)$ (2) $\tan(x-10°)\tan x=1$

  (3) $\sin(0.5x+10°)=\cos(0.5x+20°)$ (4) $\tan 2x \tan(x-30°)=1$

2. $\sin(90°-A)=\dfrac{12}{13}$일 때, $\tan A$의 값을 구하여라.

3. $\tan(90°-\theta)=2$일 때, $\sin\theta$, $\cos\theta$의 값을 구하여라.

4. $\sin A : \cos A=12 : 5$일 때, $\tan A$, $\sin A$, $\cos A$의 값을 각각 구하여라.

5. $0°<\boldsymbol{\theta}<90°$일 때, 다음 값을 구하여라.

  (1) $\tan\theta=\dfrac{1}{\sqrt{2}}$일 때, $\tan\dfrac{\theta}{2}$의 값

  (2) $\sin\theta=\dfrac{4}{5}$일 때, $\sin\dfrac{\theta}{2}$의 값

6. $\sin x-\cos x=\dfrac{1}{2}$일 때, $\sin x$의 값을 구하여라.

7. $0°<A<90°$이고 $\sin A-\cos A=\dfrac{1}{5}$일 때, $\tan A+\tan(90°-A)$의 값을 구하여라.

8. $\cos x+\cos^2 x=1$일 때, 다음 식의 값을 구하여라.

  (1) $\sin^2 x+\sin^4 x$

  (2) $\sin^2 x+\sin^6 x+\sin^8 x$

9. $\sin^2 x + \sin x \cos x - 2\cos^2 x = 0$을 만족하는 x의 값을 구하여라.

10. $\dfrac{1-\tan x}{1+\tan x} = \dfrac{1}{2+\sqrt{3}}$일 때, $\sin x$, $\cos x$의 값을 각각 구하여라.

11. $a = \sin\theta$, $b = \tan\theta$일 때, $(1-a^2)(1+b^2)$의 값을 구하여라.

12. 다음 식의 값을 구하여라.

(1) $\cos^2 x = \sin x$일 때, $\dfrac{1}{1-\sin x} - \dfrac{1}{1+\sin x}$의 값

(2) $\left(1 + \dfrac{1}{\sin\theta}\right)\left(1 + \dfrac{1}{\cos\theta}\right)\left(1 - \dfrac{1}{\sin\theta}\right)\left(1 - \dfrac{1}{\cos\theta}\right)$

13. 다음 등식에서 **A, B**의 값을 구하여라.

(1) $\left(1 + \tan\theta + \dfrac{1}{\cos\theta}\right)\left(1 + \dfrac{1}{\tan\theta} - \dfrac{1}{\sin\theta}\right) = A$

(2) $\dfrac{\cos\theta}{1-\tan\theta} + \dfrac{\sin^2\theta}{\sin\theta - \cos\theta} = B + \sin\theta$

14. x에 관한 이차방정식 $x^2 - 2x\sin\theta + 3\cos^2\theta = 0$이 중근을 가질 때, θ의 값을 구하여라.

15. 다음 등식이 성립함을 증명하여라.

(1) $\sin^4\theta - \cos^4\theta = 1 - 2\cos^2\theta$

(2) $\dfrac{1-\cos\theta}{\sin\theta} = \dfrac{\sin\theta}{1+\cos\theta}$

(3) $\tan^2\theta - \sin^2\theta = \tan^2\theta \, \sin^2\theta$

1. $\cos 60° \times \sin^2 65° + \sin 30° \times \sin^2 25°$의 값을 구하여라.

2. $A = \cos 16°$, $B = \sin 75°$, $C = \tan 46°$를 크기 순서로 배열하여라.

3. <그림>의 $\triangle ABC$에서 $\angle C = 90°$, $\angle B = 30°$, $\angle BAD = \angle CAD$이다. $\overline{AB} = 4\,\text{cm}$일 때, $\overline{BD}$의 길이를 구하여라.

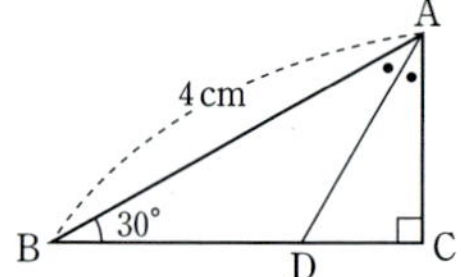

4. <그림>에서 $\angle BAC = 60°$, $\angle ABC = \angle BCD = 90°$, $\angle BDC = 45°$이다. $\overline{AB} = \sqrt{2}$일 때, $\overline{BD}$의 길이를 구하여라.

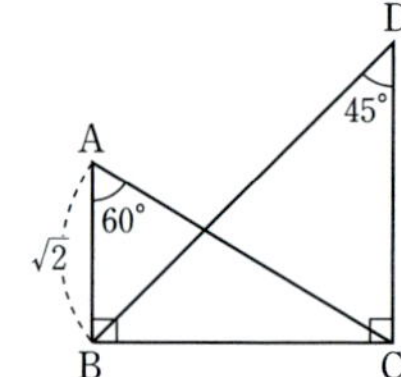

5. 다음 식을 간단히 하여라. (단, $x \neq 0°$, $x \neq 90°$)
(1) $\cos^2(70° - x) + \cos^2(20° + x)$
(2) $(2 \tan x \, \cos x)^2 + 4 \sin^2(90° - x) - 2$
(3) $\tan x \, \sin(90° - x) - \cos^2 x \, \cos(90° - x)$

6. $\tan \theta = \dfrac{2}{3}$일 때, $\dfrac{\cos^2 \theta - \sin^2 \theta}{1 + 2 \sin \theta \cos \theta}$의 값을 구하여라.

7. $\angle C = 90°$인 직각삼각형 ABC가 있다. $\overline{AC} = 6$, $\overline{BD} = \overline{CD}$이고 $\tan B = \dfrac{3}{5}$일 때, $\overline{AD}$의 길이를 구하여라

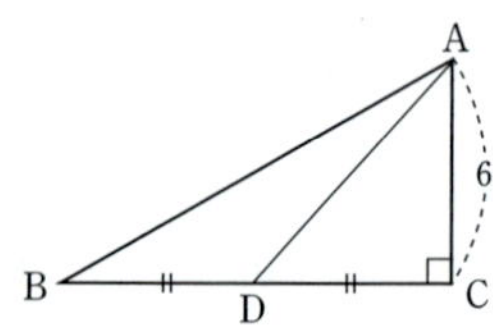

1. 다음 식을 간단히 하여라.

$$\sqrt{\sin^2 \theta} + \sqrt[3]{(\sin \theta + \cos \theta)^3} - \sqrt[4]{(\cos \theta + \sin \theta + 1)^4}$$

2. $\sin^2(30° + \theta) + \sin^2(60° - \theta) + \cos^2 15° + \cos^2 75° - (2 \cos 30°) \times \tan 60°$의 값을 구하여라.

3. 다음 등식을 만족하는 x의 값을 구하여라.

(1) $27^{5-6\sin x} = 9^{4\sin x + 1}$

(2) $\cos 30° \times \sin(2x - 10°) = \dfrac{1}{4}\tan 60°$

4. $2 \sin^2 A + 5 \cos A - 4 = 0$을 만족하는 A의 값을 구하여라.

5. $f(n) = \sin^n \theta + \cos^n \theta$일 때, $2f(6) - 3f(4) + 1$의 값을 구하여라.

6. $\sin \theta - \cos \theta = \dfrac{1}{2}$일 때, 다음 식의 값을 구하여라.

(1) $\sin \theta \cos \theta$ (2) $\sin \theta + \cos \theta$ (3) $\sin^3 \theta - \cos^3 \theta$

(4) $\sin^3 \theta + \cos^3 \theta$ (5) $\tan \theta + \dfrac{1}{\tan \theta}$ (6) $\tan^3 \theta + \dfrac{1}{\tan^3 \theta}$

7. 다음 식을 간단히 하여라.

(1) $(1 + \tan^2 \theta)(1 - \sin^2 \theta)$ (2) $\dfrac{\tan^2 \theta}{1 + \tan^2 \theta}$

8. 오른쪽 그림에서 $\angle BAC = 90°$이고, $\overline{AB} = \overline{AD} = \overline{DC}$, $\overline{BD} = 2\sqrt{2}$이다. $\angle DBC = x$라고 할 때, $\sin x$의 값을 구하여라.

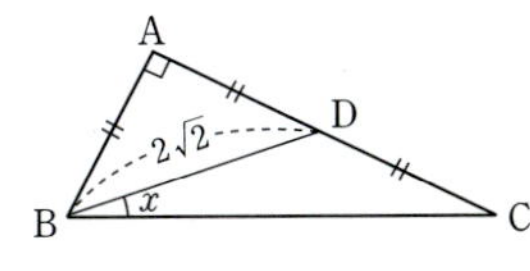

1. x축과 $60°$의 각을 이루고 점 $(-1,\ -4)$를 지나는 직선의 방정식을 구하여라.

2. 다음 등식을 만족하는 각 x의 크기를 구하여라. (단, $0° < x < 90°$)
(1) $2\cos^2 x + 3\sin x - 3 = 0$
(2) $\cos^2 x + \cos x - \sin^2 x - \sin x = 0$

3. 다음 연립방정식을 풀어라.
$$\begin{cases} \tan(2x+y)\tan(x+y) = 1 \\ \sin 3x = \cos(x+y+30°) \end{cases}$$

4. $\tan\theta = 1$일 때, $\sqrt{\dfrac{1-\sin\theta}{1+\cos\theta}}$의 값을 구하여라.

5. 포물선 $y = x^2 - 2x\sin\theta + \cos^2\theta$의 꼭짓점이 직선 $x+y=0$ 위에 있을 때, θ의 값을 구하여라.

6. 함수 $y = \sin^2 x - 2\sin x + 3$의 최댓값과 최솟값을 구하여라.
(단, $0° \leq x \leq 90°$)

7. 함수 $y = 3\cos^2 x + 2\sin x + a$의 최댓값과 최솟값의 합이 12일 때, a의 값을 구하여라. (단, $0° \leq x \leq 90°$)

8. 다음 두 식에서 θ를 소거하여 $x,\ y$ 사이의 관계식을 구하여라.
$$x = \tan\theta + \frac{1}{\tan\theta},\quad y = \sin\theta + \cos\theta$$

1 거리재기

1. $\angle A$의 크기와 c의 값을 알 때,
$$a = c \sin A, \quad b = c \cos A$$

2. $\angle A$의 크기와 b의 값을 알 때,
$$a = b \tan A, \quad c = \frac{b}{\cos A}$$

3. $\angle A$의 크기와 a의 값을 알 때,
$$b = \frac{a}{\tan A}, \quad c = \frac{a}{\sin A}$$

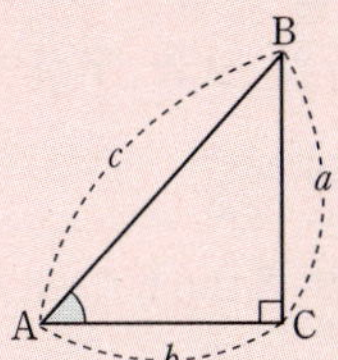

Study   1° $\angle A$의 크기와 c의 값을 알 때

$\sin A = \dfrac{\overline{BC}}{c}$ 이므로, $\overline{BC} = c \sin A$

$\cos A = \dfrac{\overline{AC}}{c}$ 이므로, $\overline{AC} = c \cos A$

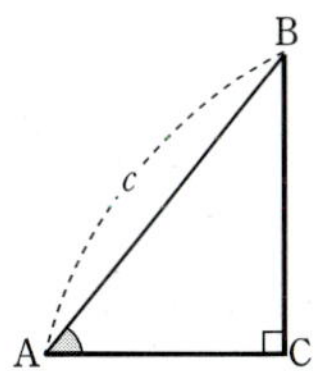

보기 <그림>에서 $\overline{AB} = 10\,\text{cm}$, $\angle A = 30°$일 때, x, y의 값을 구하여라.

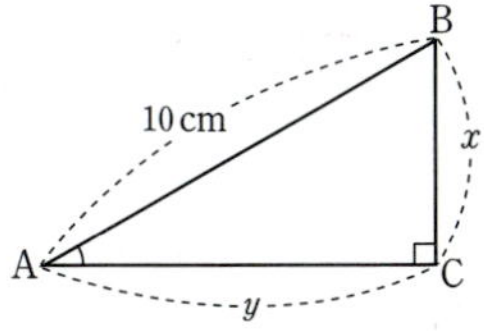

연구 $\sin 30° = \dfrac{x}{10}$ $\therefore\ x = 10 \times \sin 30° = 10 \times \dfrac{1}{2} = \mathbf{5\ (cm)}$

$\cos 30° = \dfrac{y}{10}$ $\therefore\ y = 10 \times \cos 30° = 10 \times \dfrac{\sqrt{3}}{2} = \mathbf{5\sqrt{3}\ (cm)}$

<u>*Study*</u> **2° ∠A의 크기와 b의 값을 알 때**

$$\tan A = \frac{\overline{BC}}{b} \text{이므로}, \quad \overline{BC} = b \tan A$$

$$\cos A = \frac{b}{\overline{AB}} \text{이므로}, \quad \overline{AB} = \frac{b}{\cos A}$$

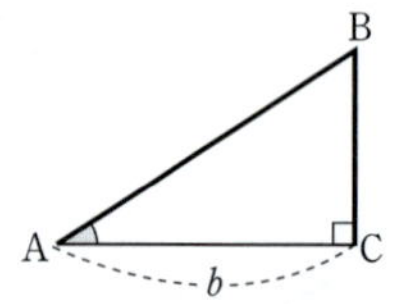

보기 <그림>에서 ∠A=60°이고 $\overline{AC}$=8 cm이다. x, y의 값을 구하여라.

연구 $\tan 60° = \dfrac{x}{8}$

$$\therefore \ x = 8 \tan 60° = 8 \times \sqrt{3} = 8\sqrt{3} \text{ (cm)}$$

$$\cos 60° = \frac{8}{y} \qquad \therefore \ y \cos 60° = 8$$

$$\therefore \ y = 8 \div \cos 60° = 8 \times 2 = 16 \text{ (cm)}$$

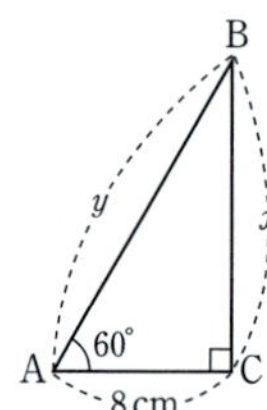

<u>*Study*</u> **3° ∠A의 크기와 a의 값을 알 때**

$$\tan A = \frac{a}{\overline{AC}} \text{이므로}, \quad \overline{AC} = \frac{a}{\tan A}$$

$$\sin A = \frac{a}{\overline{AB}} \text{이므로}, \quad \overline{AB} = \frac{a}{\sin A}$$

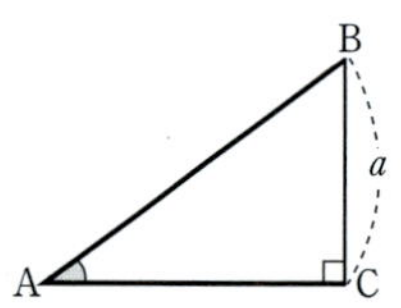

보기 <그림>에서 ∠A=45°이고 $\overline{BC}$=6 cm이다. x, y의 값을 구하여라.

연구 $\tan 45° = \dfrac{6}{x}$에서 $x \tan 45° = 6$

$$\therefore \ x = 6 \div \tan 45° = 6 \div 1 = 6 \text{ (cm)}$$

$$\sin 45° = \frac{6}{y} \text{에서} y \sin 45° = 6$$

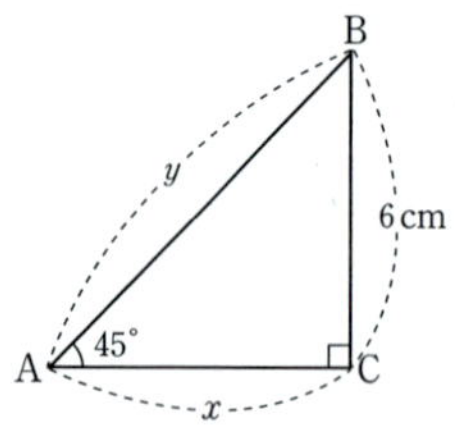

$$\therefore \ y = 6 \div \sin 45° = 6 \div \frac{1}{\sqrt{2}} = 6 \times \sqrt{2} = 6\sqrt{2} \text{ (cm)}$$

핵심 개념 | **2. 삼각형의 세 변과 세 각의 관계**

▶ 삼각형 ABC에 대하여 다음 관계식이 성립한다.

$$\frac{a}{\sin A}=\frac{b}{\sin B}=\frac{c}{\sin C}$$

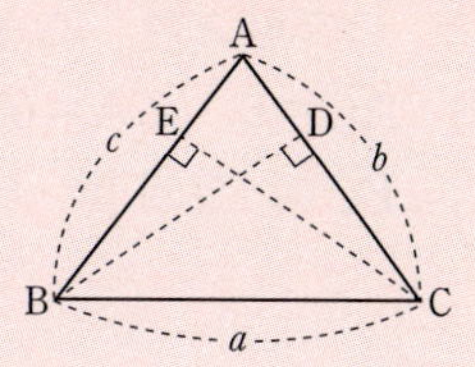

Study　사인법칙

❶ △ABD에서 $\overline{BD}=c\sin A$

　△BCD에서 $\overline{BD}=a\sin C$

　　∴ $c\sin A=a\sin C$

　따라서, $\dfrac{a}{\sin A}=\dfrac{c}{\sin C}$　……㉠

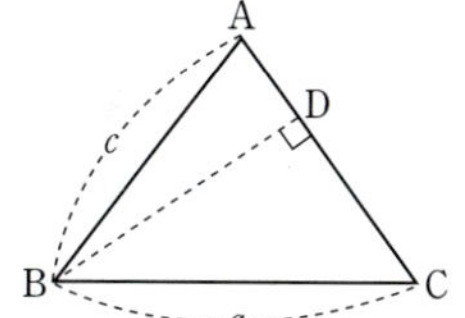

❷ △ACE에서 $\overline{CE}=b\sin A$

　△CBE에서 $\overline{CE}=a\sin B$

　　∴ $b\sin A=a\sin B$

　따라서, $\dfrac{a}{\sin A}=\dfrac{b}{\sin B}$　……㉡

㉠, ㉡에서 다음 공식을 얻는다.

$$\frac{a}{\sin A}=\frac{b}{\sin B}=\frac{c}{\sin C}$$

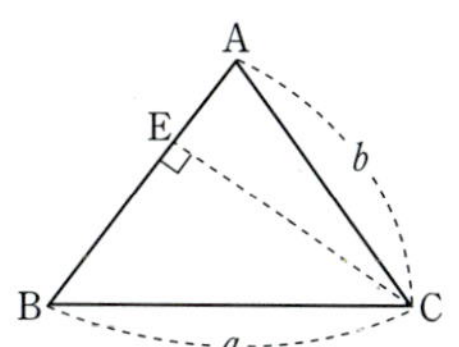

Advice 위의 삼각형 ABC의 외접원의 반지름의 길이를 R라고 하면,

$$\frac{a}{\sin A}=\frac{b}{\sin B}=\frac{c}{\sin C}=2R$$

가 성립하는 데, 이것을 **사인법칙**이라고 한다.

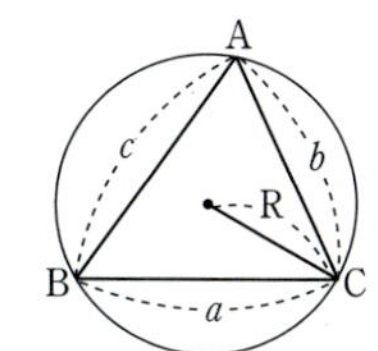

보기 <그림>에서 $\overline{AC}$의 길이를 구하여라.
（단, $\sin 64°=0.8988$, $\sin 70°=0.9397$）

연구 $\angle C=180°-(46°+64°)=70°$

$$\frac{100}{\sin 70°}=\frac{\overline{AC}}{\sin 64°}$$

∴ $\overline{AC}=100÷\sin 70°×\sin 64°=100÷0.9397×0.8988≒$ **96 (cm)**

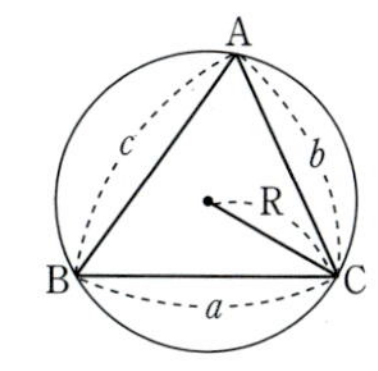

필수예제 1

<그림>의 △ABC에서 $\overline{AB}=8$, $\overline{AC}=6$, $\angle A=60°$이다.
$\overline{BC}$의 길이를 구하여라.

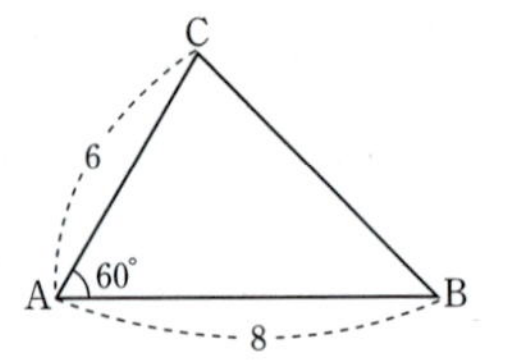

생각하기　꼭짓점 C에서 변 AB에 내린 수선의 발을 D라고 하면, △CAD에서 $\overline{AC}$의 길이와 $\angle A$의 크기를 알고 있으므로 $\overline{AD}$, $\overline{CD}$의 길이를 구할 수 있다. 또한 △CBD에서 피타고라스의 정리를 쓰면 $\overline{BC}$의 길이를 구할 수 있다.

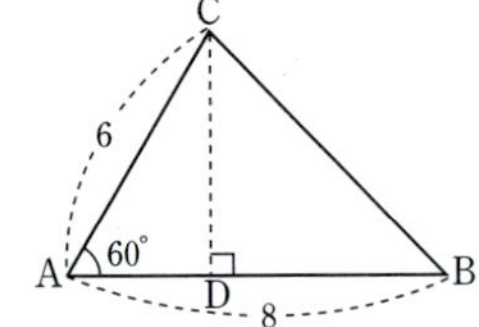

모범해답

꼭짓점 C에서 $\overline{AB}$에 내린 수선의 발을 D라고 하면, △CAD는 직각삼각형이다.

$$\therefore \overline{CD}=\overline{AC}\sin 60°=6\times\frac{\sqrt{3}}{2}=3\sqrt{3}$$

$$\overline{AD}=\overline{AC}\cos 60°=6\times\frac{1}{2}=3$$

따라서, $\overline{BD}=\overline{AB}-\overline{AD}=8-3=5$
또한, △CBD는 직각삼각형이므로 피타고라스의 정리를 쓰면,
$$\overline{BC}^2=\overline{CD}^2+\overline{BD}^2=(3\sqrt{3})^2+5^2=52$$
그런데 $\overline{BC}>0$이므로
$$\overline{BC}=\sqrt{52}=\boldsymbol{2\sqrt{13}} \leftarrow \text{답}$$

유제 1　<그림>에서 x, y의 값을 구하여라.

(1)

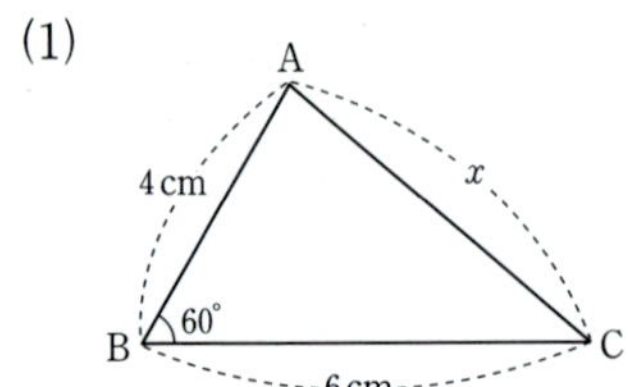

(2)

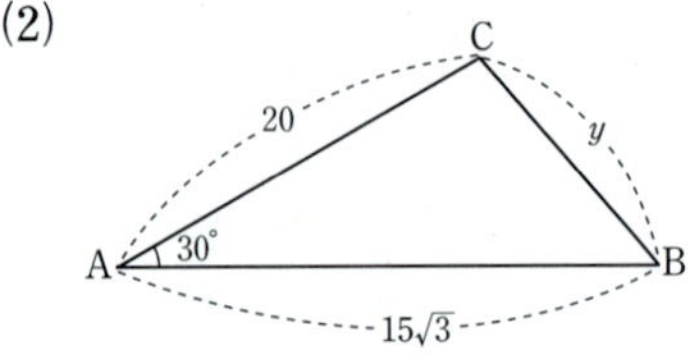

필수예제 2

<그림>의 △ABC에서 $\overline{BC}=20$,
∠B=60°, ∠C=45°이다.
$\overline{AB}$의 길이를 구하여라.

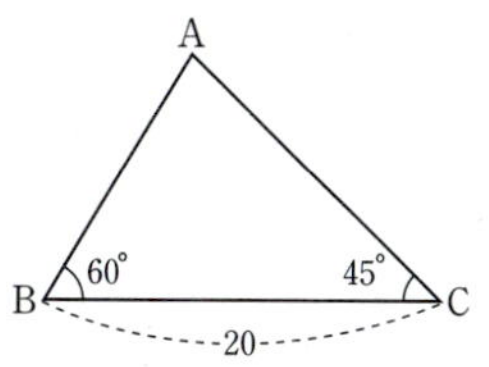

생각하기 꼭짓점 A에서 $\overline{BC}$ 위에 수선 AH를 내려 △ABH에서 $\overline{AH}$, $\overline{BH}$의 길이를 구하고, △ACH에서 $\overline{AH}$, $\overline{CH}$의 길이를 구하여 연립방정식을 세운다.

모범해답

꼭짓점 A에서 $\overline{BC}$에 내린 수선의 발을 H라 하고, $\overline{AB}=x$, $\overline{AC}=y$라 하자.

△ABH에서
$$\overline{AH}=x\sin 60°,\quad \overline{BH}=x\cos 60°$$
△ACH에서
$$\overline{AH}=y\sin 45°,\quad \overline{CH}=y\cos 45°$$
$$\therefore \overline{AH}=x\sin 60°=y\sin 45° \quad\cdots\cdots ㉠$$
$$\overline{BC}=\overline{BH}+\overline{CH}=x\cos 60°+y\cos 45°=20 \quad\cdots\cdots ㉡$$
㉠, ㉡을 정리하면 다음 연립방정식을 얻는다.
$$\begin{cases} \sqrt{3}\,x-\sqrt{2}\,y=0 & \cdots\cdots ㉢ \\ x+\sqrt{2}\,y=40 & \cdots\cdots ㉣ \end{cases}$$
㉢+㉣하면, $(\sqrt{3}+1)x=40$
$$\therefore x=\frac{40}{\sqrt{3}+1}\times\frac{\sqrt{3}-1}{\sqrt{3}-1}=\frac{40(\sqrt{3}-1)}{2}=20(\sqrt{3}-1) \leftarrow \boxed{답}$$

유제 2 <그림>의 △ABC에서
$\overline{AB}=50$, ∠BAC=75°, ∠B=60°이다.
$\overline{BC}$의 길이를 구하여라.

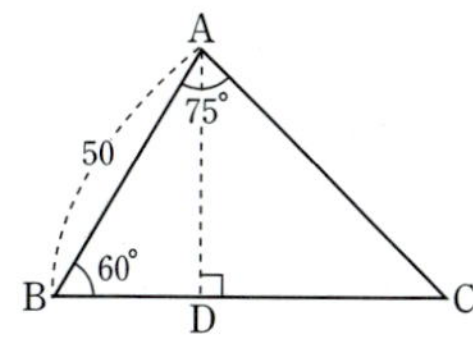

필수예제 3

<그림>의 △ABC에서 $\overline{AB}=20\,\text{m}$,
∠A=30°, ∠CBD=60°이다.
$\overline{CD}$의 길이를 구하여라.

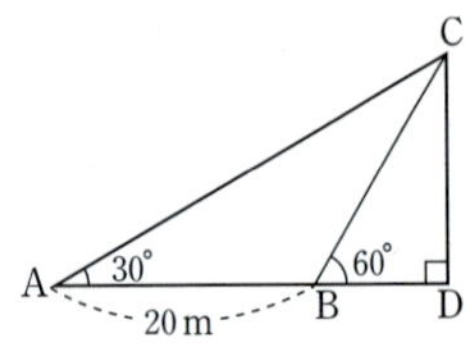

생각하기　△CAD와 △CBD에서 공통인 변은 $\overline{CD}$이다.

따라서, $\overline{CD}$의 길이를 30°와 60°의 삼각비로 나타낸다.

모범해답

$\overline{CD}=x$, $\overline{BD}=y$로 놓으면, △CBD에서

$$\tan 60°=\frac{x}{y} \qquad \therefore\ x=y\tan 60° \quad\cdots\cdots\text{㉠}$$

△CAD에서

$$\tan 30°=\frac{x}{20+y}$$

$$\therefore\ x=(20+y)\tan 30° \qquad\cdots\cdots\text{㉡}$$

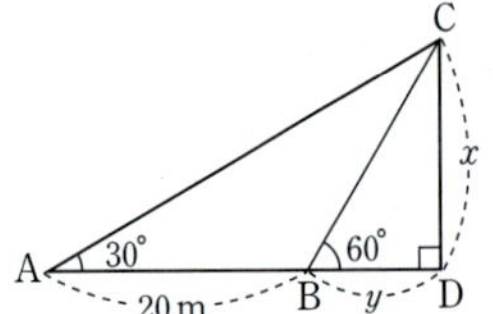

㉠, ㉡을 정리하면 다음 연립방정식을 얻는다.

$$\begin{cases} x=\sqrt{3}\,y & \cdots\cdots\text{㉢} \\ y=\sqrt{3}\,x-20 & \cdots\cdots\text{㉣} \end{cases}$$

㉣을 ㉢에 대입하면, $x=\sqrt{3}(\sqrt{3}\,x-20)$

$$x=3x-20\sqrt{3} \qquad \therefore\ \boldsymbol{x=10\sqrt{3}\ \text{(m)}} \leftarrow \boxed{답}$$

유제 3　<그림>과 같이 한 지점 A에서 산꼭대기 C를 올려다본 각의 크기가 15°이고, 다시 A지점에서 C지점을 향하여 300 m 걸어간 지점 B에서 C지점을 올려다본 각의 크기가 30°이었다. 이 산의 높이를 구하여라.

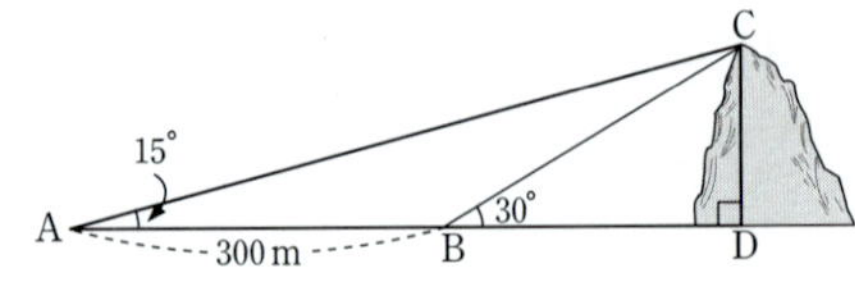

연습 문제

1. <그림>에서 x의 값을 구하여라.

(1)

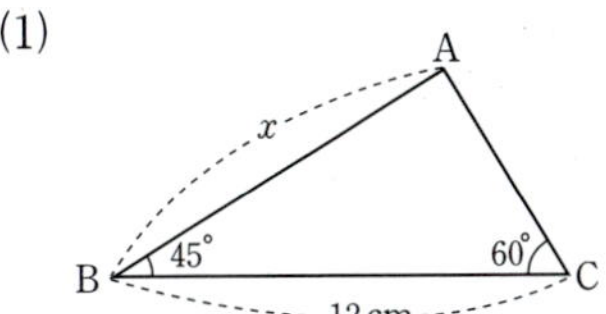

(2)

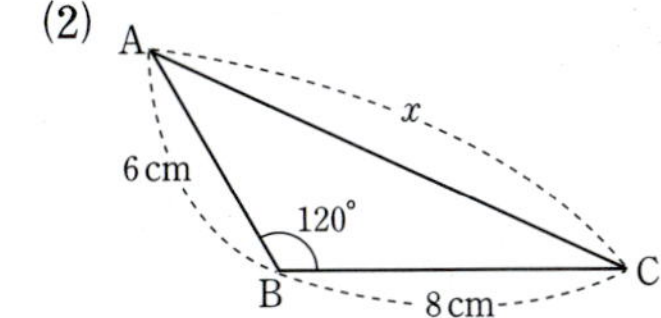

2. <그림>에서 $\overline{AB}=a$, $\tan(\angle CAD)=m$, $\tan(\angle CBD)=n$이다. $\overline{CD}$의 길이를 a, m, n을 써서 나타내어라.

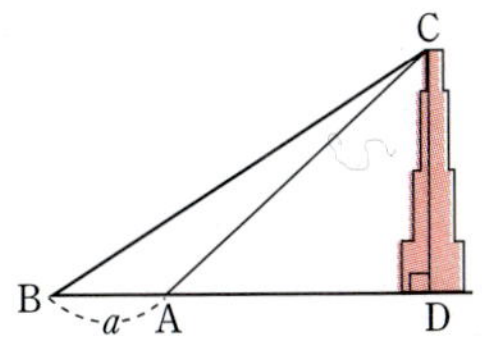

3. <그림>의 직각삼각형 ABC에서 $\angle ABC=45°$, $\angle DBC=30°$, $\angle AEC=75°$, $\angle ACB=90°$, $\overline{BE}=a$이다.
$\tan 75°=2+\sqrt{3}$임을 이용하여 선분 AD의 길이를 a를 써서 나타내어라.

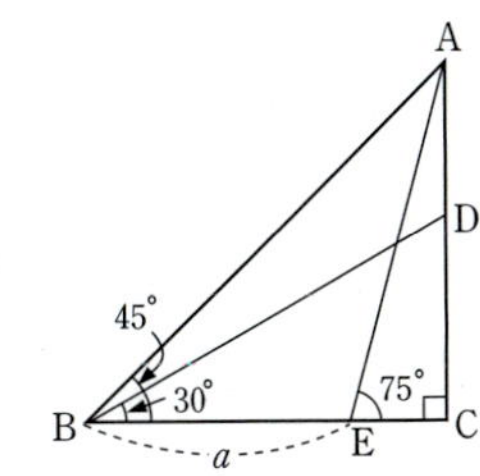

4. $\angle A$가 직각인 $\triangle ABC$의 꼭짓점 A에서 변 BC에 내린 수선의 발을 D, 점 D에서 변 AC에 내린 수선의 발을 E라 하자.
$\overline{AE}=4$ cm, $\overline{CE}=6$ cm이고, $\angle BAD=x$, $\angle CAD=y$일 때, $\sin x+\cos y$의 값을 구하여라. (단, 근호는 그대로 둔다.)

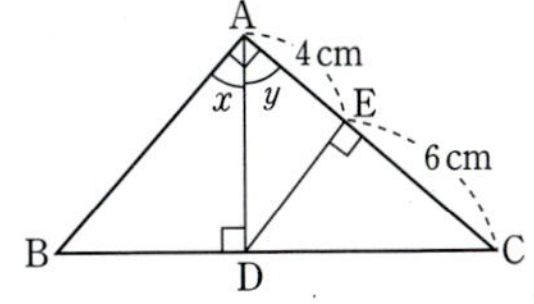

5. 강의 양쪽에 있는 두 점 A, C의 거리를 재기 위하여 점 A와 같은 쪽에 있는 점 B를 $\overline{AB}=100$ m가 되게 잡았다. $\angle CAB=44°$, $\angle CBA=62°$일 때, 두 점 A, C 사이의 거리를 구하여라. (단, 삼각비로 나타내어도 무방하다.)

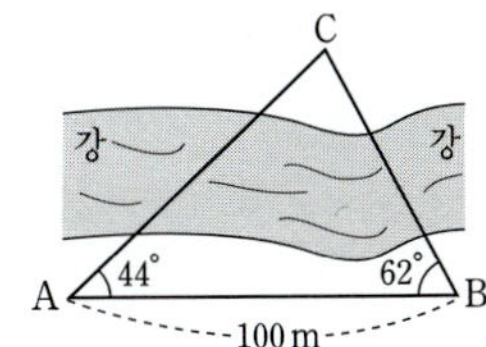

2 삼각비와 넓이

▶ △ABC에서 두 변의 길이 a, c와 그 끼인각 ∠B의 크기를 알 때, 이 삼각형의 넓이 S는

1. ∠B가 예각인 경우 : $S = \dfrac{1}{2}ac \sin B$

2. ∠B가 둔각인 경우 : $S = \dfrac{1}{2}ac \sin (180° - B)$

Study   1° ∠B가 예각인 경우

△ABC의 높이를 h라고 하면,

△ABD에서 $\sin B = \dfrac{h}{c}$

$h = c \sin B$

∴ $\triangle ABC = \dfrac{1}{2}ah = \dfrac{1}{2}ac \sin B$

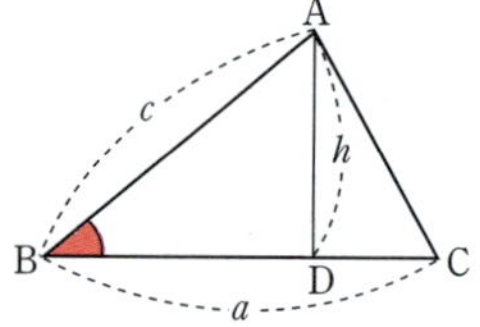

보기 다음 삼각형의 넓이를 구하여라.

(1) 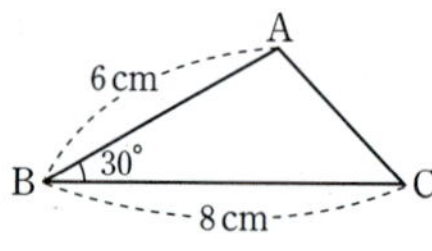

(2) 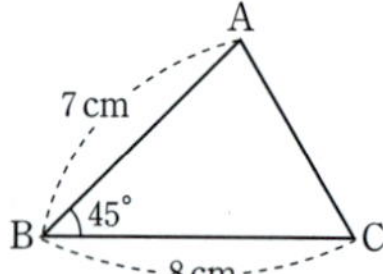

(3) 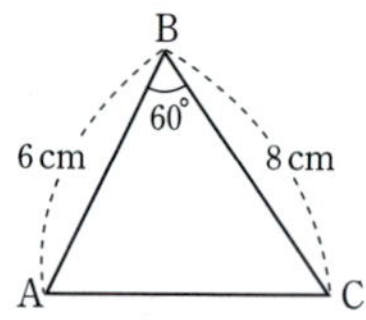

연구 $S = \dfrac{1}{2}ac \sin B$이므로,

(1) $S = \dfrac{1}{2} \times 6 \times 8 \times \sin 30° = \dfrac{1}{2} \times 6 \times 8 \times \dfrac{1}{2} = 12 \ (\text{cm}^2)$

(2) $S = \dfrac{1}{2} \times 7 \times 8 \times \sin 45° = \dfrac{1}{2} \times 7 \times 8 \times \dfrac{\sqrt{2}}{2} = 14\sqrt{2} \ (\text{cm}^2)$

(3) $S = \dfrac{1}{2} \times 6 \times 8 \times \sin 60° = \dfrac{1}{2} \times 6 \times 8 \times \dfrac{\sqrt{3}}{2} = 12\sqrt{3} \ (\text{cm}^2)$

Study　　**2°** ∠**B** 가 둔각인 경우

∠ABD$=180°-$∠B이므로,

△ABC의 높이를 h라고 하면,

△ABD에서 $h=c\sin(180°-∠B)$

$$\therefore\ S=\frac{1}{2}ah=\frac{1}{2}ac\sin(180°-∠B)$$

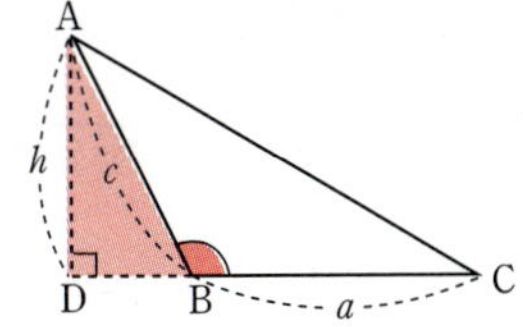

보기 1. 다음 삼각형의 넓이를 구하여라.

(1)　　　　　　　　　(2)　　　　　　　　　(3)

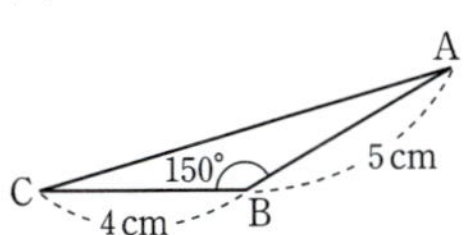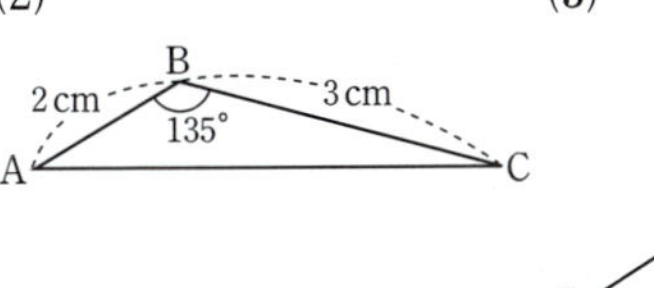

연구 $S=\dfrac{1}{2}ac\sin(180°-∠B)$ 이고

(1) $180°-∠B=30°$　　(2) $180°-∠B=45°$　　(3) $180°-∠B=60°$

이므로, 다음 식을 얻을 수 있다.

(1) $S=\dfrac{1}{2}\times4\times5\times\sin(180°-150°)=\dfrac{1}{2}\times20\times\dfrac{1}{2}=\mathbf{5\ (cm^2)}$

(2) $S=\dfrac{1}{2}\times2\times3\times\sin(180°-135°)=\dfrac{1}{2}\times6\times\dfrac{\sqrt{2}}{2}=\dfrac{3\sqrt{2}}{2}\ \mathbf{(cm^2)}$

(3) $S=\dfrac{1}{2}\times2\times6\times\sin(180°-120°)=\dfrac{1}{2}\times12\times\dfrac{\sqrt{3}}{2}=\mathbf{3\sqrt{3}\ (cm^2)}$

보기 2. <그림>에서 ∠C$=30°$이고

$\overline{AB}=\overline{BC}=8$ cm이다. △ABC의 넓이를

구하여라.

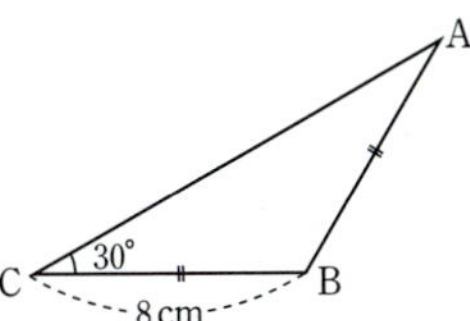

연구 △ABC에서 $\overline{AB}=\overline{BC}$이므로,

∠A$=$∠C$=30°$

$$\therefore\ ∠B=180°-60°=120°$$

$$\therefore\ S=\frac{1}{2}\times8\times8\times\sin(180°-120°)=\frac{1}{2}\times64\times\frac{\sqrt{3}}{2}=\mathbf{16\sqrt{3}\ (cm^2)}$$

핵심 개념 | **2. 사각형의 넓이**

1. 평행사변형의 넓이

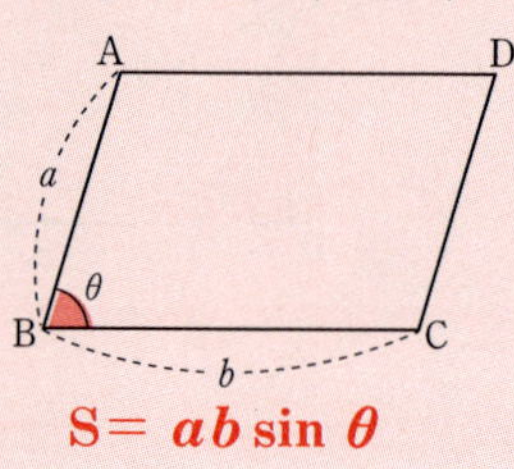

$$S = ab\sin\theta$$

2. 사각형의 넓이

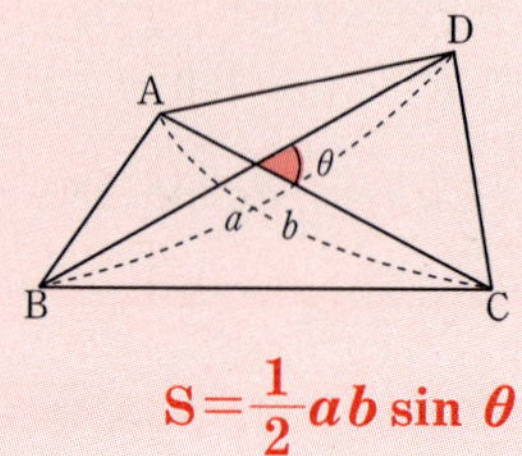

$$S = \frac{1}{2}ab\sin\theta$$

Study　1° **평행사변형의 넓이**

평행사변형의 높이를 h라고 하면,
△ABH에서 $h = a\sin\theta$이므로,
□ABCD $= bh = ab\sin\theta$

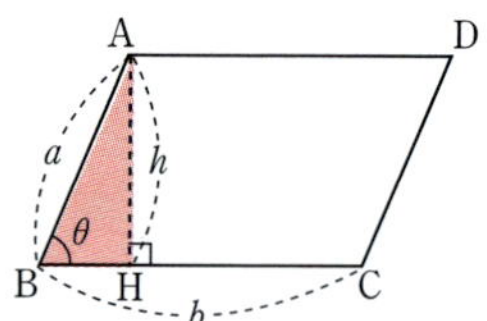

Study　2° **사각형의 넓이**

대각선의 교점을 O라고 하자.
△DOE에서 $h = \overline{OD}\sin\theta$

∴ △DAC $= \dfrac{1}{2}bh = \dfrac{b}{2}\overline{OD}\sin\theta$ ······ ㉠

△BOF에서 $h' = \overline{OB}\sin\theta$

∴ △BAC $= \dfrac{1}{2}bh' = \dfrac{b}{2}\overline{OB}\sin\theta$ ······ ㉡

한편, □ABCD $=$ △DAC $+$ △BAC이므로, ㉠, ㉡에서

□ABCD $= \dfrac{b}{2}\overline{OD}\sin\theta + \dfrac{b}{2}\overline{OB}\sin\theta = \dfrac{1}{2}ab\sin\theta$

보기 다음 사각형의 넓이를 구하여라.

(1)
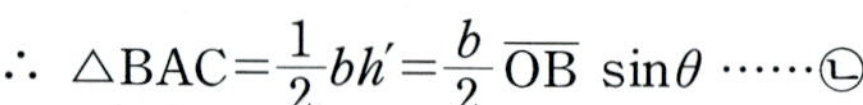

(2)
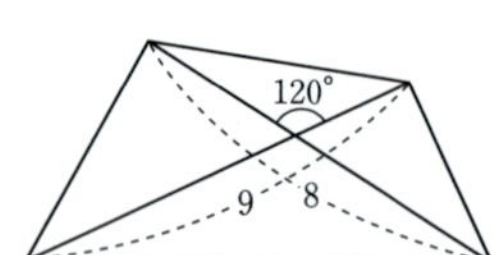

연구 (1) $S = 3 \times 4 \times \sin(180° - 150°) = \mathbf{6}$

(2) $S = \dfrac{1}{2} \times 9 \times 8 \times \sin(180° - 120°) = \mathbf{18\sqrt{3}}$

필수예제 1

<그림>과 같은 △ABC에서
∠A : ∠B : ∠C=3 : 4 : 5이고, 이 외접
원 O의 반지름의 길이가 4 cm일 때,
△ABC의 넓이를 구하여라.

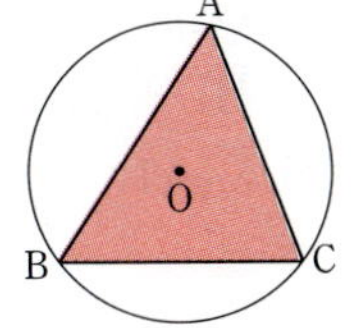

생각하기 $\overline{AO}$, $\overline{BO}$, $\overline{CO}$를 연결하면,

$$\triangle ABC = \triangle AOB + \triangle BOC + \triangle AOC \text{이고}$$
$$\angle A : \angle B : \angle C = 3 : 4 : 5 = \angle BOC : \angle AOC : \angle AOB$$

모범해답

원주각 ∠A, ∠B, ∠C에 대한 중심각은 각각 ∠BOC, ∠AOC,
∠AOB이고 ∠A : ∠B : ∠C=3 : 4 : 5이므로,

$$\angle BOC : \angle AOC : \angle AOB = 3 : 4 : 5$$
$$\therefore \angle BOC = 360° \times \frac{3}{12} = 90°$$
$$\angle AOC = 360° \times \frac{4}{12} = 120°$$
$$\angle AOB = 360° \times \frac{5}{12} = 150°$$

한편, 원 O의 반지름의 길이는 4 cm이므로, $\overline{AO} = \overline{BO} = \overline{CO} = 4$ cm

$$\therefore \triangle AOB = \frac{1}{2} \times 4 \times 4 \times \sin(180° - 150°) = 4 \ (\text{cm}^2)$$
$$\triangle BOC = \frac{1}{2} \times 4 \times 4 \times \sin 90° = 8 \ (\text{cm}^2)$$
$$\triangle AOC = \frac{1}{2} \times 4 \times 4 \times \sin(180° - 120°) = 4\sqrt{3} \ (\text{cm}^2)$$
$$\therefore \triangle \mathbf{ABC} = \mathbf{4(3 + \sqrt{3}) \ (cm^2)} \ \leftarrow \boxed{\text{답}}$$

유제 1 <그림>에서 점 P는 $\overline{AB}$를 지름
으로 하는 반원과 $\overline{AC}$의 교점이다.
∠ABC = ∠PQC = 90°, ∠CAB = 30°이
고, $\overline{AB}$ = 8 cm일 때, △PQC의 넓이를
구하여라.

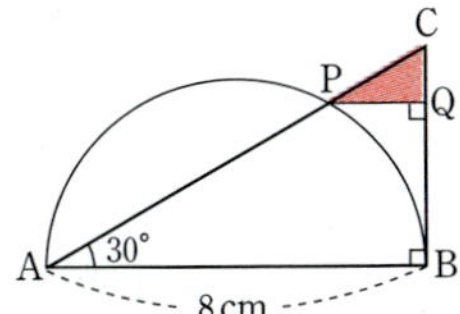

필수예제 2

<그림>과 같은 사각형 **ABCD**가 있다.
(1) $\overline{BD}$의 길이를 구하여라.
(2) $\square ABCD$의 넓이를 구하여라.

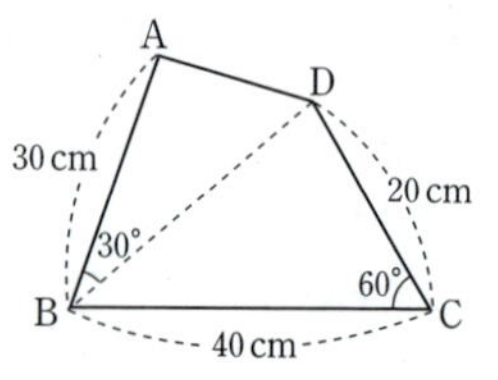

생각하기 (1) 꼭짓점 D에서 $\overline{BC}$에 수선 DH를 그으면, △DCH에서 $\overline{CH}$, $\overline{DH}$의 길이를 구할 수 있다.

따라서, △DBH에서 $\overline{BH}$, $\overline{DH}$의 길이를 이용하여 $\overline{BD}$의 길이를 구하면 된다.

(2) $\square ABCD = \triangle ABD + \triangle DBC$

모범해답

(1) 꼭짓점 D에서 $\overline{BC}$에 수선 DH를 내리면,
△DCH에서

$$\overline{DH} = 20 \sin 60° = 10\sqrt{3} \text{ (cm)}$$
$$\overline{CH} = 20 \cos 60° = 10 \text{ (cm)}$$
$$\therefore \overline{BH} = 40 - 10 = 30 \text{ (cm)}$$

따라서, △DBH에서

$$\overline{BD}^2 = \overline{DH}^2 + \overline{BH}^2 = 300 + 900 = 1200$$

$\overline{BD} > 0$이므로, $\overline{BD} = 20\sqrt{3}$ **(cm)** ← **답**

(2) $\square ABCD = \triangle ABD + \triangle DBC$

$$= \frac{1}{2} \times 30 \times 20\sqrt{3} \times \sin 30° + \frac{1}{2} \times 20 \times 40 \times \sin 60°$$

$$= 150\sqrt{3} + 200\sqrt{3} = 350\sqrt{3} \text{ (cm}^2\text{)} \leftarrow \text{답}$$

유제 2 <그림>의 사각형 ABCD에서 $\overline{AD} = \overline{CD} = 2$, $\overline{AB} = 2\sqrt{2}$, $\overline{BC} = \sqrt{6} + \sqrt{2}$ 이고, $\angle B = 60°$, $\angle C = 75°$이다. 사각형 ABCD의 넓이를 구하여라.

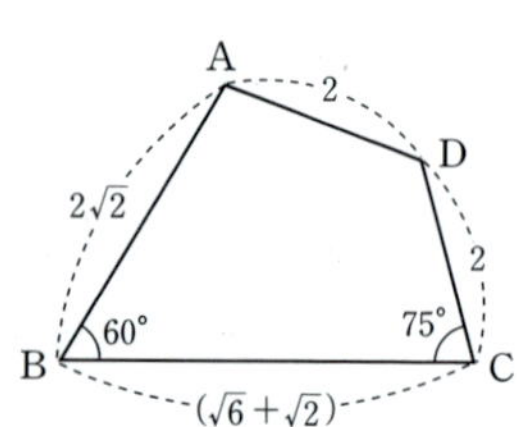

연습 문제

- 학교 시험과 수준·경향을 일치시킨 기본적인 문제입니다.
- 한 문제 한 문제를 정복하여 이 단원의 내용을 총정리합시다.

1. <그림>에서 ∠ACP=∠ABC이고, ∠BPC=30°이다. $\overline{PA}$=8 cm, $\overline{AB}$=10 cm 일 때, △ABC의 넓이를 구하여라.

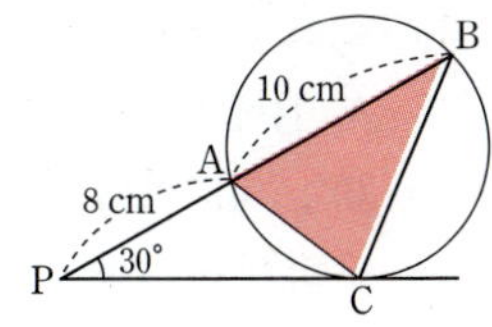

2. <그림>과 같이 반지름의 길이가 6 cm인 반원에서 ∠BAC=30°일 때, 색칠한 부분의 넓이를 구하여라. (단, 원주율은 π, 근호는 그대로 둘 것)

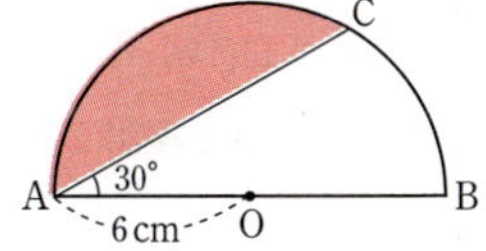

3. <그림>에서 ∠ABD=30°, ∠DBC=120°이고, $\overline{AB}$=4 cm, $\overline{BC}$=4$\sqrt{3}$ cm일 때, $\overline{BD}$의 길이를 구하여라.

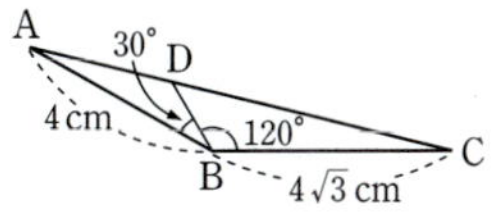

4. <그림>과 같이 평행사변형 ABCD의 네 각의 이등분선에 의하여 만들어지는 사각형 EFGH의 넓이를 구하여라.

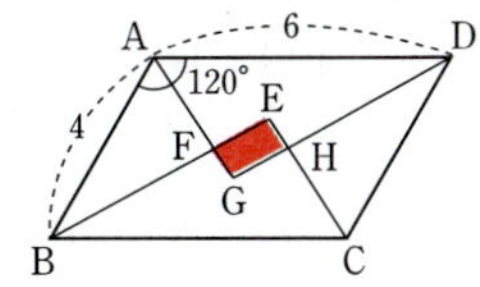

5. <그림>과 같은 □ABCD에서 ∠A=90°, ∠COD=120°이고 $\overline{AB}$=2$\sqrt{5}$ cm, $\overline{AD}$=4 cm, $\overline{AC}$=9 cm이다. □ABCD의 넓이를 구하여라.

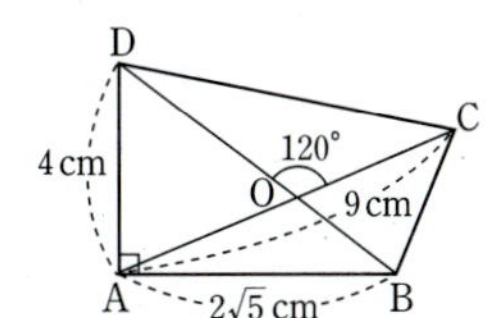

1. <그림>과 같이 100 m 떨어져 있는 두 지점 A, B에서 기구를 올려다본 각의 크기가 각각 30°, 45°이었다. 땅에서 기구까지의 높이를 구하여라. (단, 근호는 그대로 둔다.)

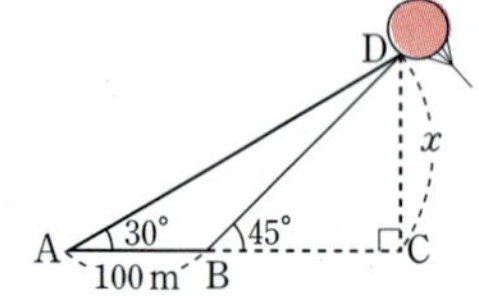

2. △ABC에서 ∠C=45°, $\overline{AB}=\sqrt{5}$, $\overline{AC}=\sqrt{2}$이다. sin A의 값을 구하여라.

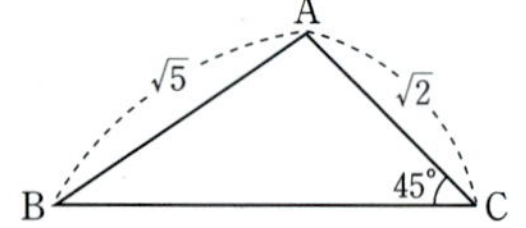

3. <그림>의 □ABCD에서 $\overline{AB}=\overline{AD}=10$, $\overline{BC}=\overline{DC}=10\sqrt{3}$이다. ∠A=120°, ∠C=60°일 때, □ABCD의 넓이를 구하여라.

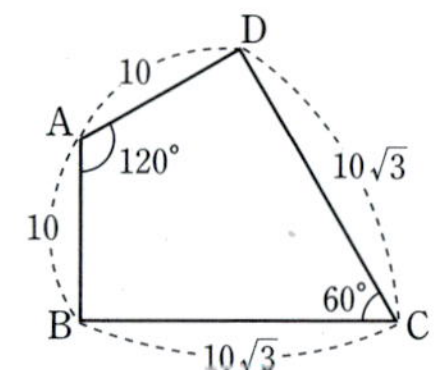

4. <그림>과 같이 ∠B=150°, $\overline{AB}=12$ cm, $\overline{BC}=16$ cm인 평행사변형 ABCD가 있다. □ABCD의 넓이를 구하여라.

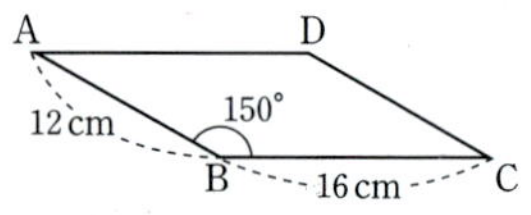

5. <그림>은 한 모서리의 길이가 a인 정육면체이다. $\overline{GM}=\overline{FM}$이고, ∠GAM=$\theta$일 때, cos θ의 값을 구하여라.

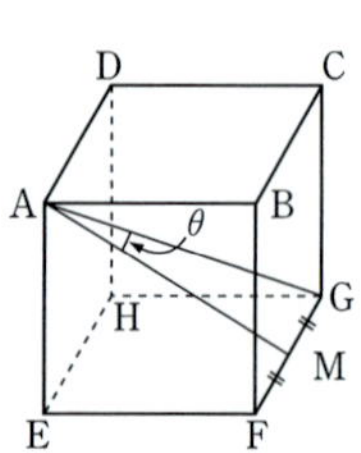

<table>
<tr><td>● 한 문제에 여러 가지 내용이 복합
된 높은 수준의 문제입니다.</td><td>종합 문제</td><td>발전</td><td>● 이 문제를 정복하면 모든 시험에서
우등의 성적을 거둘 것입니다.</td></tr>
</table>

1. <그림>과 같이 30 m 떨어져 있는 두 지점 A, B에서 철탑의 끝을 올려다본 각의 크기가 각각 30°, 55°일 때, 철탑의 높이를 구하여라. (단, $\sqrt{3}=1.7321$, $\tan 35°=0.7002$)

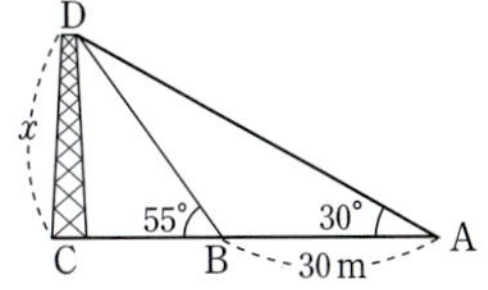

2. 다음 삼각형의 넓이를 구하여라.

(1)

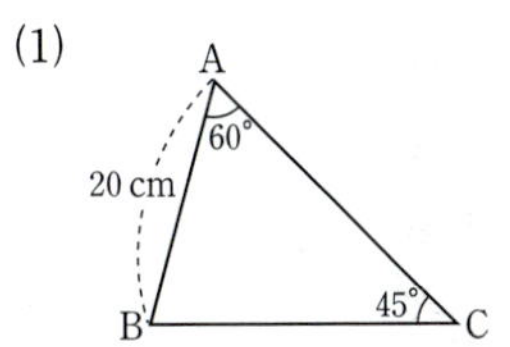

(2)

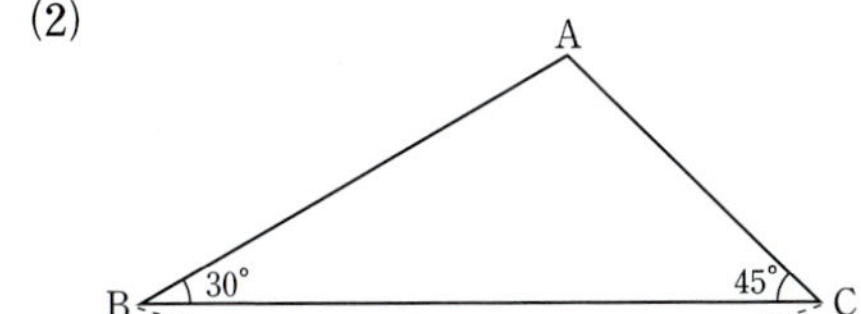

3. 평행사변형 ABCD에서 $\overline{AB}=10$ cm, $\overline{BC}=14$ cm, $\angle B=60°$이다. 대각선 BD의 길이를 구하여라.

4. $\triangle ABC$의 세 꼭짓점 A, B, C에서 $\overline{BC}$, $\overline{CA}$, $\overline{AB}$에 내린 수선의 길이의 비가 $2:3:4$일 때, $\sin A : \sin B : \sin C$를 구하여라.

5. 정사면체 A−BCD의 꼭짓점 A에서 밑면 BCD에 내린 수선의 발을 E라 한다. $\triangle ADE$에서 $\angle ADE=x$일 때, $\cos x$의 값을 구하여라.

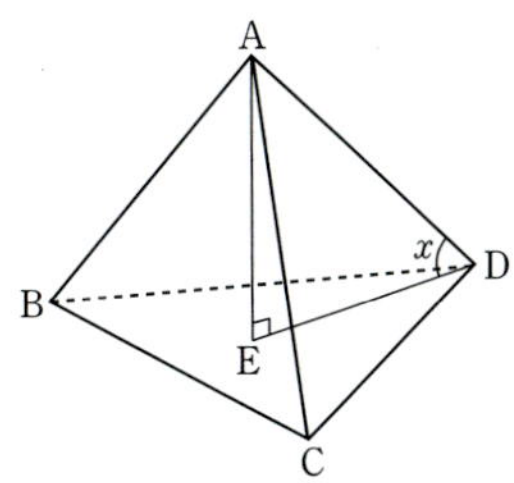

6. $\overline{BC}=a$, $\angle A=90°$, $\angle B=\theta$인 직각삼각형 ABC가 있다. 내접원의 반지름 r를 a, θ를 써서 나타내어라.

7. <그림>의 △ABC에서 $\overline{BC}$의 길이를 구하여라. (단, $\overline{AC}=3\sqrt{2}$)

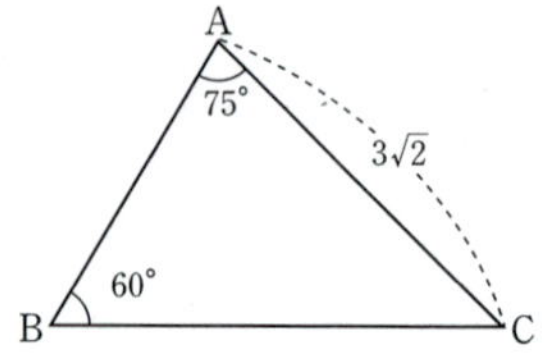

8. 한 모서리의 길이가 3인 정사면체 A−BCD의 꼭짓점 A에서 평면 BCD에 내린 수선의 발을 H라고 할 때, $\overline{AH}$의 길이를 구하여라.

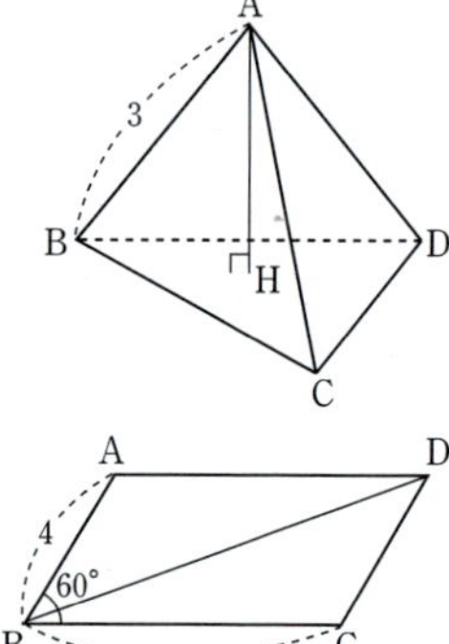

9. <그림>과 같은 평행사변형 ABCD에서 $\overline{BD}$의 길이를 구하여라.
(단, $\overline{AB}=4$, $\overline{BC}=6$, $\angle ABC=60°$)

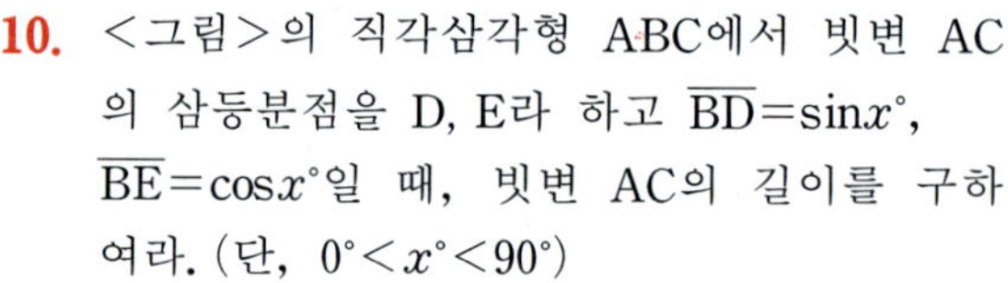

10. <그림>의 직각삼각형 ABC에서 빗변 AC의 삼등분점을 D, E라 하고 $\overline{BD}=\sin x°$, $\overline{BE}=\cos x°$일 때, 빗변 AC의 길이를 구하여라. (단, $0°<x°<90°$)

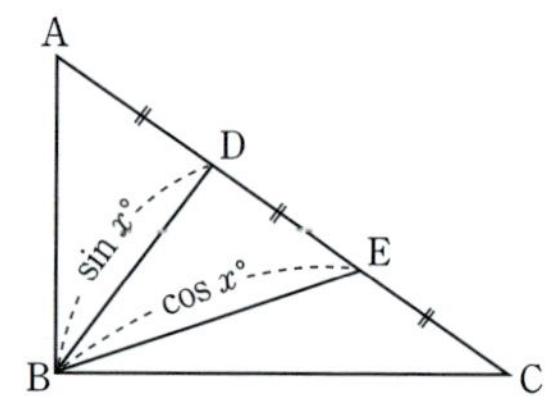

11. <그림>에서 선분 AT는 원 O의 접선이다. 이때, 선분 BT의 길이를 구하여라.
(단, $\overline{AB}=2$, $\overline{AT}=2\sqrt{3}$)

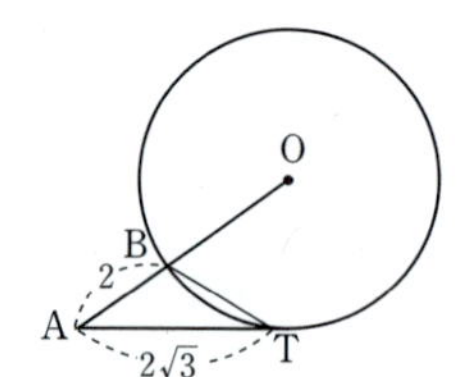

12. <그림>과 같은 △ABC에서 $\angle A=120°$, $\angle C=45°$, $\overline{AB}=8$일 때, $\overline{AC}$의 길이를 구하여라.

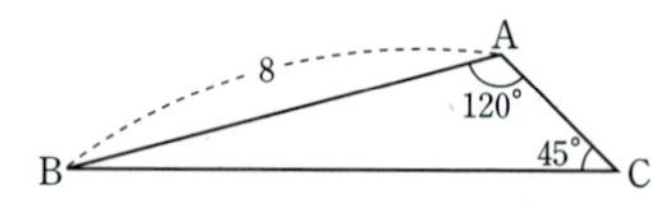

1. <그림>과 같이 언덕 위에 국기 게양대가 서 있다. A지점에서 국기 게양대의 꼭대기 C를 올려다본 각이 $60°$이고, A지점에서 국기 게양대 방향으로 $10\,m$ 걸어간 B지점에서부터 오르막이 시작된다.

오르막의 길이 $\overline{BD}$는 $4\sqrt{3}\,m$이고, 오르막의 경사가 $30°$일 때, 국기 게양대의 높이 $\overline{CD}$를 구하여라.

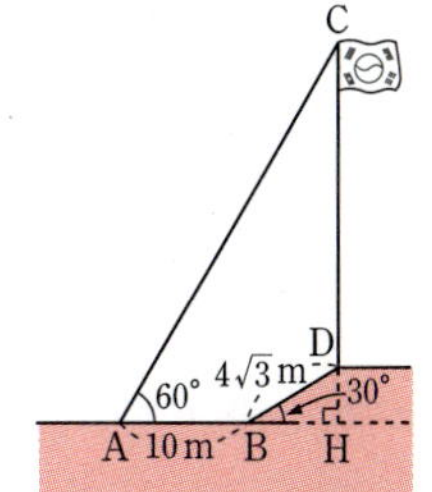

2. <그림>과 같이 삼각형의 한 변의 길이를 $10\,\%$ 늘리고 다른 한 변의 길이는 $10\,\%$ 줄여서 새로운 삼각형을 만들 때 삼각형의 넓이는 어떻게 되는가?

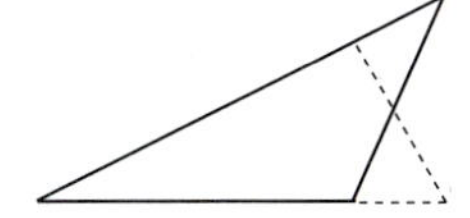

3. $\triangle ABC$에서 두 꼭지각의 크기 A, B에 대하여 $\sin A = \dfrac{\sqrt{3}}{2}$, $\sin B = \dfrac{\sqrt{3}}{3}$이고, 변 AC의 길이가 4일 때, $\triangle ABC$의 넓이를 구하여라.

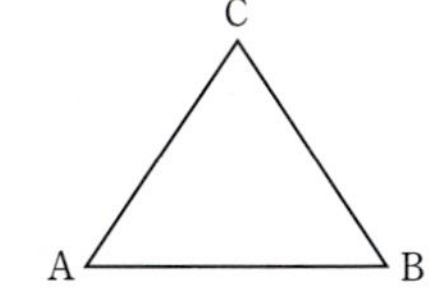

4. <그림>에서 $\overline{AD}$는 $\angle BAC$의 이등분선이고, $\overline{AE}$는 $\angle FAC$의 이등분선이다.
$\overline{AB}=6$, $\overline{AC}=3$, $\overline{BC}=a$, $\angle BAC=60°$, $\overline{AD}=x$, $\overline{CE}=y$일 때, $x+y$를 a를 써서 나타내어라.

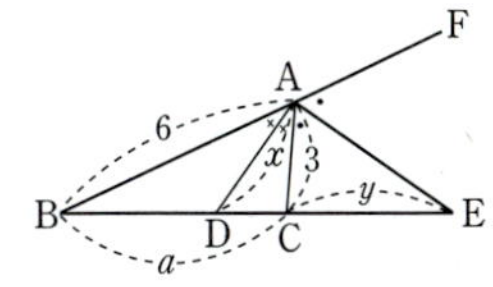

5. 원에 외접하는 등변사다리꼴 ABCD의 긴 밑면의 길이가 16이고 밑각의 크기의 sin의 값이 0.8일 때, 이 사다리꼴의 넓이를 구하여라.

1 원의 기본 성질

1. 중심각과 호

▶ 한 원 또는 합동인 두 원에서
1. 크기가 같은 중심각에 대한 호의 길이는 같다.
2. 길이가 같은 호에 대한 중심각의 크기는 같다. (역)
3. 중심각의 크기와 호의 길이는 정비례한다.

Study 중심각의 크기와 호의 길이

❶ 오른쪽 그림에서
$\angle AOB = \angle COD$이면 $\overset{\frown}{AB} = \overset{\frown}{CD}$이다.

❷ 오른쪽 그림에서
$\overset{\frown}{AB} = \overset{\frown}{CD}$이면 $\angle AOB = \angle COD$이다.

❸ 한 원 또는 합동인 두 원에서 중심각의 크기가
2배, 3배, ……가 되면, 그에 대한 호의 길이도
2배, 3배, ……가 된다.

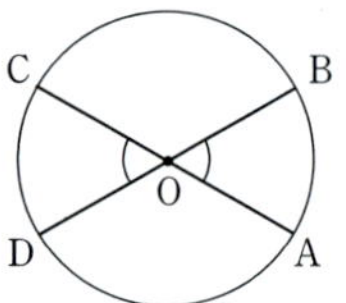

보기 〈그림〉에서 x, y의 값을 구하여라.

(1)
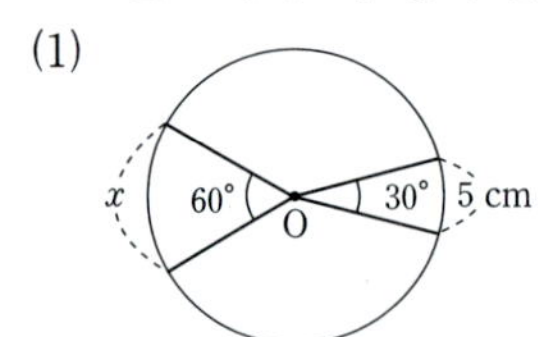

(2)
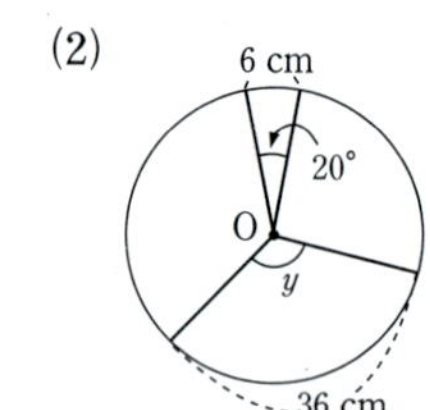

연구 중심각의 크기와 호의 길이는 정비례함을 이용한다.
(1) $x : 5 = 60 : 30$, $30x = 300$　　∴ $x = 10$ cm
(2) $y : 20 = 36 : 6$, $6y = 720$　　∴ $y = 120°$

핵심 개념	**2. 중심각과 현**

▶ 한 원 또는 합동인 두 원에서
1. 크기가 같은 중심각에 대한 현의 길이는 같다.
2. 길이가 같은 현에 대한 중심각의 크기는 같다. (역)

Study   **1° 중심각과 현**

❶ $\angle AOB = \angle COD$이면 $\overline{AB} = \overline{CD}$이다.

   증명　△AOB와 △COD에서

       $\overline{OA} = \overline{OC}$, $\overline{OB} = \overline{OD}$, $\angle AOB = \angle COD$

       ∴ △AOB≡△COD　　∴ $\overline{AB} = \overline{CD}$

      따라서, $\angle AOB = \angle COD$이면 $\overline{AB} = \overline{CD}$이다.

❷ $\overline{AB} = \overline{CD}$이면 $\angle AOB = \angle COD$이다.

   증명　△AOB와 △COD에서

       $\overline{OA} = \overline{OC}$, $\overline{OB} = \overline{OD}$, $\overline{AB} = \overline{CD}$

       ∴ △AOB≡△COD　　∴ $\angle AOB = \angle COD$

      따라서, $\overline{AB} = \overline{CD}$이면 $\angle AOB = \angle COD$이다.

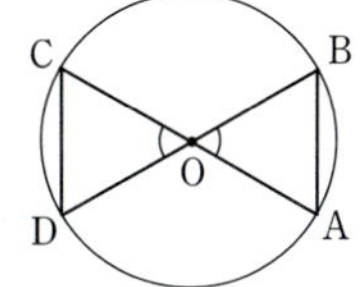

Study   **2° 호와 현**

❶ 같은 길이의 호에 대한 현의 길이는 같다.
   즉, $\overarc{AB} = \overarc{CD}$이면 $\overline{AB} = \overline{CD}$

❷ 같은 길이의 현에 대한 호의 길이는 같다.
   즉, $\overline{AB} = \overline{CD}$이면 $\overarc{AB} = \overarc{CD}$

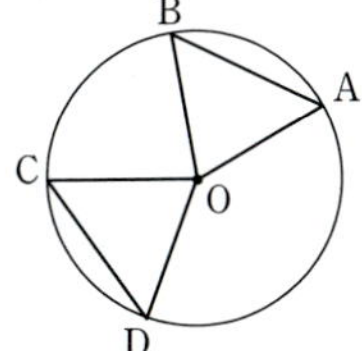

보기　<그림>에 대한 설명으로 옳은 것은?

   ① $\overline{CD} = 3\overline{AB}$

   ② $\overline{AC} = \overline{BD}$

   ③ △COD = 3△AOB

   ④ $\overarc{CD} = 3\overarc{AB}$

   ⑤ $\overarc{AC} = \overarc{BD}$

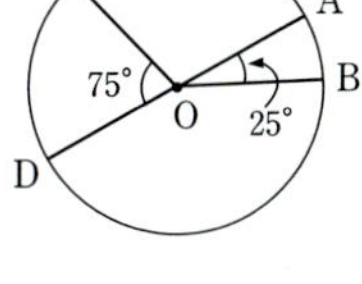

연구　$\angle AOB : \angle COD = \overarc{AB} : \overarc{CD}$이므로,

   $\overarc{AB} : \overarc{CD} = 25 : 75$　　∴ $\overarc{CD} = 3\overarc{AB}$

답 ④

Advice　현의 길이와 중심각의 크기는 정비례하지 않는다.

핵심 개념 | 3. 현의 수직이등분선의 성질

1. 원의 중심에서 현에 내린 수선은 현을 수직이등분한다.
2. 현의 수직이등분선은 이 원의 중심을 지난다. (역)

Study   1° 원의 중심에서 현에 내린 수선의 성질

▶ △OAM과 △OBM에서

$\overline{OA}=\overline{OB}$(반지름), $\overline{OM}$은 공통

$\angle OMA=\angle OMB$(수선)

∴ △OAM≡△OBM   ∴ $\overline{AM}=\overline{BM}$

즉, 원의 중심에서 현에 내린 수선은 현을
수직이등분한다.

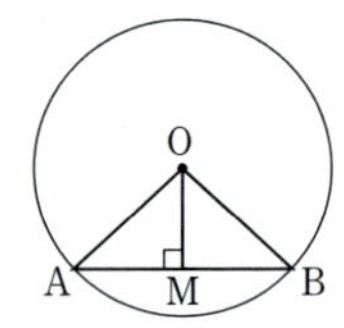

보기 <그림>에서 x, y의 값을 구하여라.

(1)

(2)

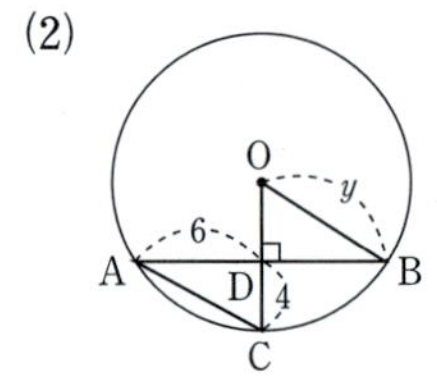

연구 (1) $\overline{OC}$는 원의 중심에서 현 AB에 내린 수선이므로,

$\overline{AC}=\overline{BC}=4$ ∴ $x=\sqrt{5^2-4^2}=3$

(2) $\overline{OD}$는 원의 중심에서 현 AB에 내린 수선이므로

$\overline{AD}=\overline{BD}=6$, 또한 $\overline{OD}=y-4$

$y^2=6^2+(y-4)^2$, $y^2=36+y^2-8y+16$ ∴ $y=6.5$

Study   2° 현의 수직이등분선의 성질

▶ 현 AB의 중점을 M이라고 하자.

△OAM과 △OBM에서

$\overline{OA}=\overline{OB}$, $\overline{OM}$은 공통, $\overline{AM}=\overline{BM}$

∴ △OAM≡△OBM

따라서, $\angle AMO=\angle BMO=90°$(즉, $\overline{OM}\perp\overline{AB}$)

즉, $\overline{AB}$의 수직이등분선은 원 O의 중심을 지난다.

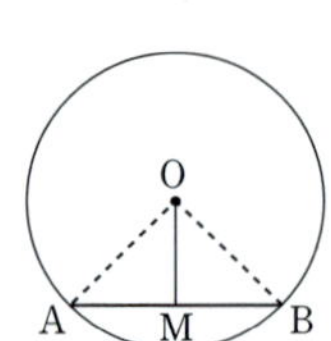

핵심 개념	4. 현의 길이의 성질

▶ 한 원 또는 합동인 두 원에서
1. 중심에서 같은 거리에 있는 두 현의 길이는 같다.
2. 길이가 같은 두 현은 중심에서 같은 거리에 있다. (역)

Study　1°　$\overline{\mathrm{OM}}=\overline{\mathrm{ON}}$이면 $\overline{\mathrm{AB}}=\overline{\mathrm{CD}}$이다.

증명　△OAM과 △ODN에서
　　　　$\overline{\mathrm{OA}}=\overline{\mathrm{OD}}$(반지름), $\overline{\mathrm{OM}}=\overline{\mathrm{ON}}$(가정)
　　　　$\angle\mathrm{OMA}=\angle\mathrm{OND}=90°$(수선)
　　　　$\therefore$ △OAM≡△ODN　　$\therefore$ $\overline{\mathrm{AM}}=\overline{\mathrm{DN}}$
　　　그런데 $\overline{\mathrm{AM}}=\overline{\mathrm{BM}}$, $\overline{\mathrm{DN}}=\overline{\mathrm{CN}}$
　　　　$\therefore$ $\overline{\mathrm{AB}}=2\overline{\mathrm{AM}}=2\overline{\mathrm{DN}}=\overline{\mathrm{CD}}$
　　　즉, 중심에서 같은 거리에 있는 두 현의 길이는 같다.

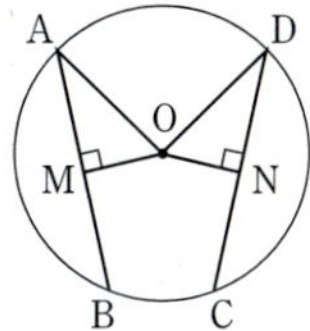

보기　<그림>에서 $\overline{\mathrm{OM}}=\overline{\mathrm{ON}}$, $\angle\mathrm{A}=40°$이
　　다. $\angle\mathrm{B}$의 크기를 구하여라.
연구　$\overline{\mathrm{OM}}=\overline{\mathrm{ON}}$이므로, $\overline{\mathrm{AB}}=\overline{\mathrm{AC}}$이다.
　　　$\therefore$ $\angle\mathrm{B}=\angle\mathrm{C}=(180°-40°)\div2$
　　　　　　　　$=\mathbf{70°}$

Study　2°　$\overline{\mathrm{AB}}=\overline{\mathrm{CD}}$이면 $\overline{\mathrm{OM}}=\overline{\mathrm{ON}}$이다.

증명　△OAM과 △OCN에서
　　　　$\overline{\mathrm{OA}}=\overline{\mathrm{OC}}$(반지름),
　　　　$\angle\mathrm{OMA}=\angle\mathrm{ONC}=90°$
　　　　$\overline{\mathrm{AM}}=\dfrac{1}{2}\overline{\mathrm{AB}}=\dfrac{1}{2}\overline{\mathrm{CD}}=\overline{\mathrm{CN}}$
　　　　$\therefore$ △OAM≡△OCN　　$\therefore$ $\overline{\mathrm{OM}}=\overline{\mathrm{ON}}$
　　　즉, 길이가 같은 두 현은 중심에서 같은 거리에 있다.

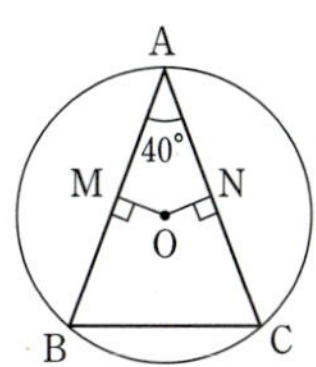

보기　<그림>에서 $\overline{\mathrm{AM}}=2\,\mathrm{cm}$, $\overline{\mathrm{CD}}=4\,\mathrm{cm}$이
　　다. $\overline{\mathrm{OC}}=5\,\mathrm{cm}$일 때, $\overline{\mathrm{OM}}$의 길이를 구
　　하여라.
연구　$\overline{\mathrm{AB}}=\overline{\mathrm{CD}}=4\,\mathrm{cm}$이므로 $\overline{\mathrm{OM}}=\overline{\mathrm{ON}}$이다.
　　　$\therefore$ $\overline{\mathrm{OM}}=\sqrt{\overline{\mathrm{AO}}^2-\overline{\mathrm{AM}}^2}=\sqrt{5^2-2^2}=\sqrt{21}\ \mathbf{(cm)}$

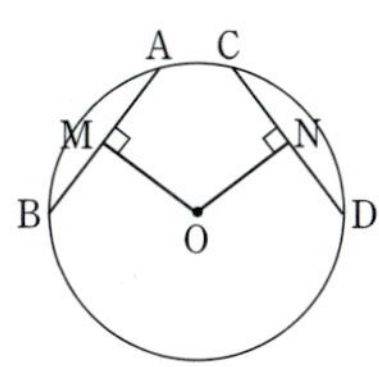

필수예제 1

<그림>에서 호 AB는 원의 일부이다.
이 원의 반지름의 길이를 구하여라.

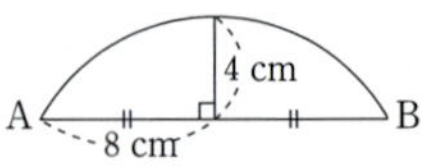

생각하기 현 AB의 수직이등분선은 이 원의 중심을 지나는 성질을 이용한다.

모범해답

위의 그림을 보완하면 오른쪽과 같다. 현의
수직이등분선은 그 원의 중심을 지나므로
$\overline{CD}$의 연장선은 이 원의 중심 O를 지난다.
따라서, 이 원의 반지름의 길이를 r라고 하면,
$$\overline{OA}=r,\ \overline{OD}=r-4$$
그런데 △OAD는 직각삼각형이므로,
$$r^2=8^2+(r-4)^2$$
$$r^2=64+r^2-8r+16,\ 8r=80$$
$$\therefore\ r=10\ \text{cm} \leftarrow \text{답}$$

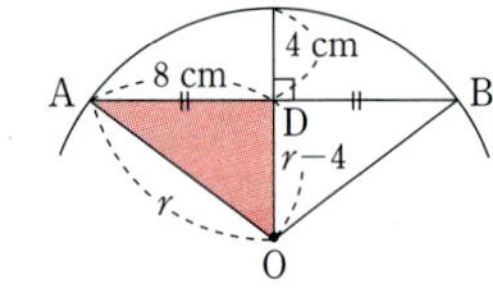

Advice 다음에 배울 「원과 비례」를 이용하면 다음과
같이 쉽게 풀 수 있다.
반지름의 길이를 r라 하면, $\overline{PD}=2r-4$
또한, $\overline{PA}\cdot\overline{PB}=\overline{PC}\cdot\overline{PD}$이므로,
$$8\times8=4(2r-4)$$
$$64=8r-16,\ 8r=80$$
$$\therefore\ r=10\ \text{cm}$$

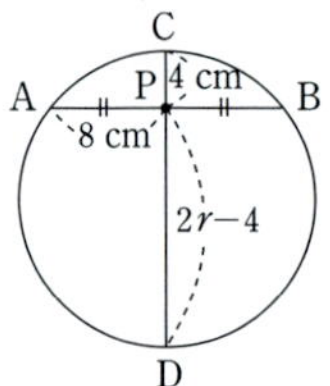

유제 1 <그림>에서 $\overline{AB}\perp\overline{CD}$이고
$\overline{AM}=\overline{BM}=6\ \text{cm},\ \overline{DM}=2\ \text{cm}$이다.
이 원의 반지름의 길이를 구하여라.

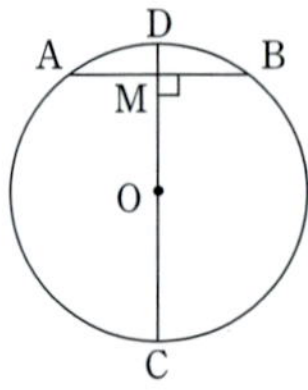

필수예제 2

<그림>에서 $\overline{AB}$는 원 O의 지름이다. $\overparen{BC}=\overparen{CD}$ 되게 점 C, D를 잡고, 점 B에서 $\overline{OC}$에 내린 수선의 발을 E라고 할 때, $\overline{BE}=4$, $\overline{EC}=2$이다. $\overline{AD}$의 길이를 구하여라.

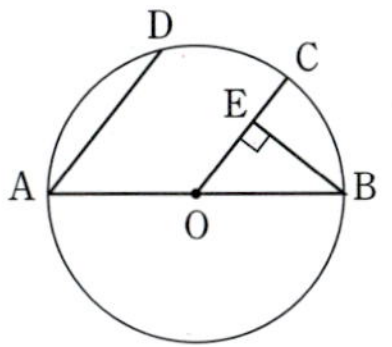

생각하기 △OBD는 이등변삼각형이고, 꼭지각 ∠BOD의 이등분선은 밑변 BD를 수직이등분한다. 또한, △ABD는 직각삼각형이 된다.

모범해답

$\overparen{BC}=\overparen{CD}$이므로 ∠BOC=∠DOC
원 O의 반지름으로 $\overline{OB}=\overline{OD}$이므로, △OBD는 이등변삼각형이다.
이등변삼각형의 꼭지각의 이등분선은 밑변을 수직이등분하므로, $\overline{OC}$는 $\overline{BD}$를 수직이등분한다.

$$\therefore \overline{BE}=\overline{DE}=4$$

따라서, 이 원의 반지름의 길이를 r라고 하면,
△OBE에서 $\overline{OB}=r$, $\overline{OE}=r-2$

$$4^2+(r-2)^2=r^2 \qquad \therefore r=5$$

한편, $\overline{OA}=\overline{OB}=\overline{OD}$이므로, 점 O는 △ABD의 외심이다.

$$\therefore \angle ADB=90°$$

그러므로 △ABD에서 $\overline{AB}^2=\overline{AD}^2+\overline{BD}^2$

$$\therefore 10^2=\overline{AD}^2+8^2 \qquad \therefore \mathbf{\overline{AD}=6} \leftarrow 답$$

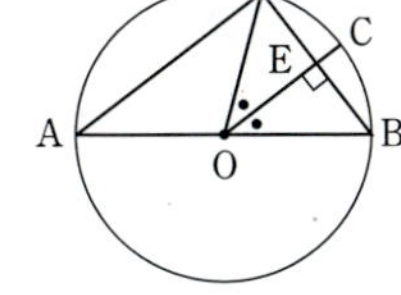

유제 2 <그림>에서 $\overline{AB}$는 원 O의 지름이고 $\overline{DO}=\overline{DE}$이다. ∠E=15°, $\overparen{BD}=20\,\mathrm{cm}$일 때, $\overparen{AC}$의 길이를 구하여라.

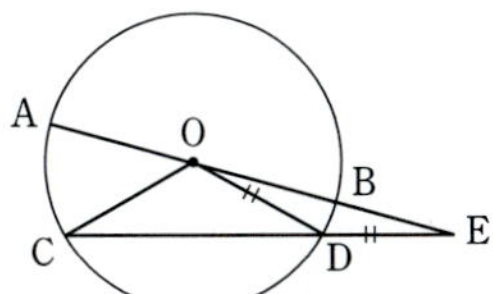

연습 문제

● 학교 시험과 수준·경향을 일치시킨 기본적인 문제입니다.
● 한 문제 한 문제를 정복하여 이 단원의 내용을 총정리합시다.

1. <그림>에서 $\overline{OA}=\overline{AP}=10$ cm이다. 점 O는 이 원의 중심일 때, $\overparen{BP}$의 길이를 구하여라.

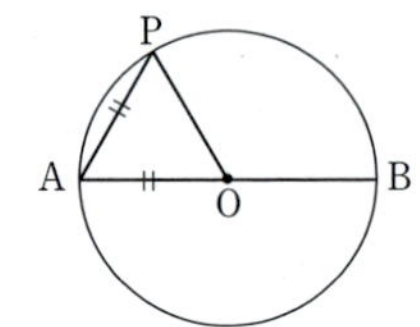

2. <그림>에서 $\overparen{AC}=\overparen{BC}$이고, $\overline{OB}=\overline{BD}$이다.
⑴ ∠CAD의 크기를 구하여라.
⑵ △ECA : △EDB를 구하여라.

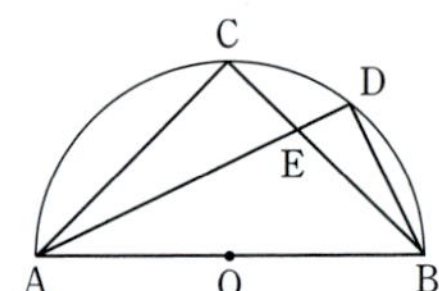

3. <그림>에서 $\overline{AB}$, $\overline{CD}$는 원 O의 지름이다. ∠BAC=15°일 때, $\overparen{AC}$는 $\overparen{BC}$의 몇 배가 되는가 ?

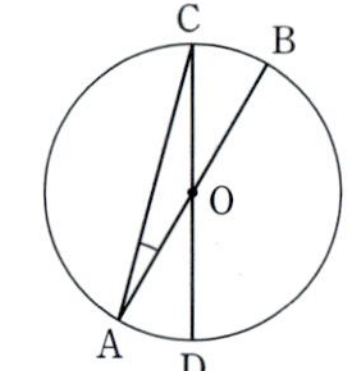

4. 원의 중심 O에서 현 AB까지의 거리가 6 cm이다. $\overline{AB}=16$ cm일 때, 이 원의 넓이를 구하여라.

5. <그림>은 원의 일부이다. 이 원의 중심을 작도하여라.

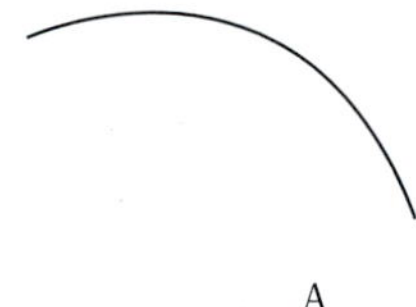

6. <그림>에서 $\overline{AB}=8$ cm, $\overline{BC}=8$ cm, $\overline{AC}=6$ cm이다. △ABC의 외접원의 중심 O에서 △ABC의 세 변에 내린 수선의 발을 D, E, F라고 할 때, △DEF의 둘레의 길이를 구하여라.

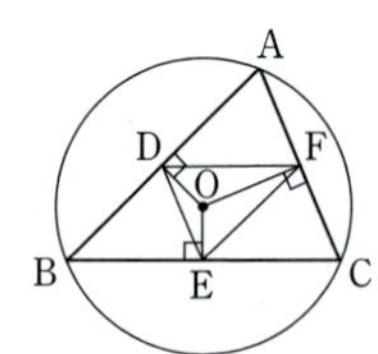

7. <그림>의 두 원은 중심이 O인 동심원이다. 색칠한 부분의 넓이가 64π cm²일 때, 현 AB의 길이를 구하여라.

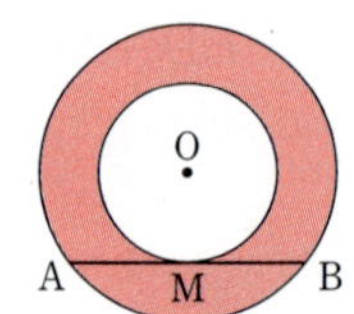

2 원의 접선

1. 원의 접선은 그 접점을 지나는 반지름에 수직이다.
2. 원 위의 한 점을 지나고 그 점을 지나는 반지름에 수직인 직선은 이 원의 접선이다. (역)

Study　1° 직선 l이 원 O의 접선일 때, $\overline{OA} \perp l$이다.

증명　$\overline{OA} \perp l$이 아니라고 하면, 중심 O에서 수선 OM을 그을 수 있다.
<그림>과 같이 $\overline{AM} = \overline{BM}$이 되게 $\overline{AM}$의 연장선 위에 점 B를 잡으면,
$\triangle OMA \equiv \triangle OMB$(SAS합동)　∴ $\overline{OA} = \overline{OB}$
그런데 $\overline{OA}$가 반지름이므로 $\overline{OB}$도 반지름이다.
따라서, 점 B는 원 O 위의 점이 된다.
즉, 직선 l은 원 O와 두 점 A, B에서 만나게 되어 l이 접선이란 가정에 모순이다.　∴ $\overline{OA} \perp l$

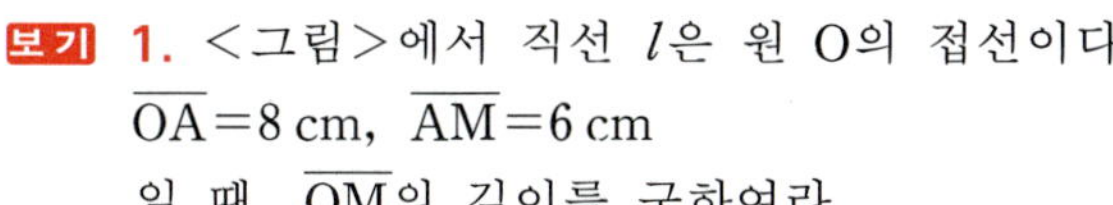

보기 1. <그림>에서 직선 l은 원 O의 접선이다.
$\overline{OA} = 8\,\text{cm}, \ \overline{AM} = 6\,\text{cm}$
일 때, $\overline{OM}$의 길이를 구하여라.
연구　$\overline{OM} \perp l$이므로, $\angle OMA = 90°$
　　∴ $\overline{OM} = \sqrt{8^2 - 6^2} = \sqrt{28} = 2\sqrt{7}\,\text{(cm)}$

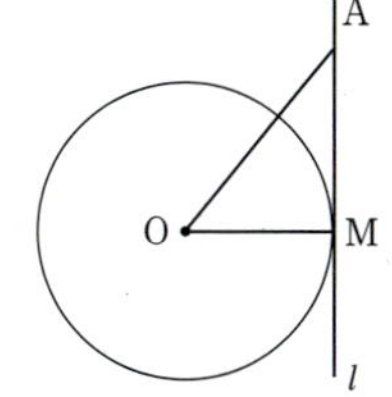

보기 2. <그림>에서 $\overrightarrow{PA}, \ \overrightarrow{PB}$는 원 O의 접선이다. $\angle x$의 크기를 구하여라.
연구　$\overrightarrow{PA}, \ \overrightarrow{PB}$는 원 O의 접선이므로,
　　$\angle OAP = \angle OBP = 90°$
　　∴ $\angle x + 90° + 90° + 120° = 360°$
　　∴ $\angle x = 60°$

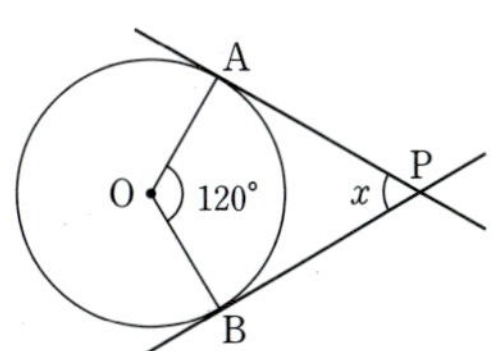

Study　**2°** 원 O 위의 한 점을 A라 하고 점 A를 지나는 직선을 l이라 할 때 $\overline{OA} \perp l$이면, 직선 l은 원 O의 접선이다.

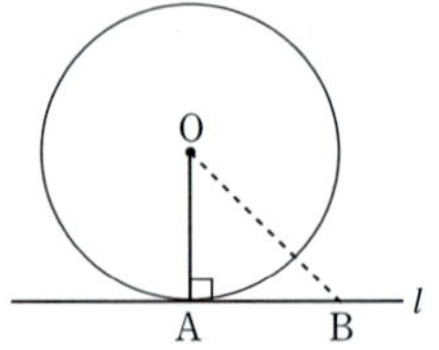

증명 직선 l 위에 점 A와는 다른 한 점 B를 잡으면, △OAB에서 ∠OAB$=90°$이므로 $\overline{OB} > \overline{OA}$이다.

따라서, 점 B는 원 O의 외부에 있으므로 직선 l과 원 O의 교점이 될 수 없다. 즉, $\overline{OA} \perp l$일 때, 직선 l과 원 O와의 교점은 A뿐이므로 직선 l은 원 O의 접선이 된다.

Study　**3° 원과 직선의 위치 관계 (복습)**

반지름의 길이가 r인 원 O의 중심에서 직선 l에 이르는 거리를 d라고 할 때,

(1) $0 \leq d < r$　　　　(2) $d = r$　　　　(3) $d > r$

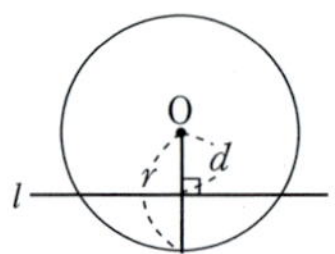　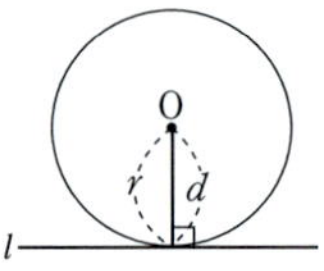　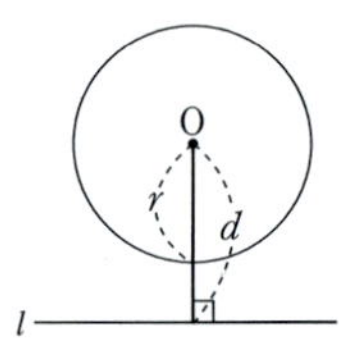

　　두 점에서 만난다.　　　접한다.　　　만나지 않는다.

보기 원의 반지름의 길이 r와 중심 O에서 직선 l에 이르는 거리 d가 다음과 같을 때, 원과 직선의 위치 관계를 말하여라.

(1) $r = 5$ cm, $d = 4$ cm

(2) $r = 6$ cm, $d = 6$ cm

(3) $r = 3$ cm, $d = 4$ cm

연구 (1) $r > d$이므로 원과 직선은 **두 점에서 만난다.**

(2) $r = d$이므로 원과 직선은 **접한다.**

(3) $r < d$이므로 원과 직선은 **만나지 않는다.**

핵심 개념 | **2. 원의 접선의 길이**

▶ 원의 외부에 있는 한 점에서 그 원에 그은 두 접선의 길이는 같다. 즉, $\overline{PA}=\overline{PB}$ 이다.

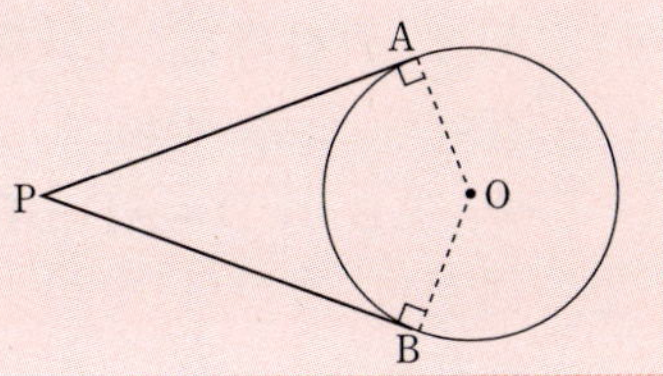

Study 1° 원의 접선의 길이

▶ 원 O의 외부의 한 점 P에서 원 O에 그을 수 있는 접선은 2개이다. 이때 각각의 접점을 A, B라 하면 두 선분 $\overline{PA}$, $\overline{PB}$의 길이가 점 P에서 원 O에 그은 **접선의 길이**이다.

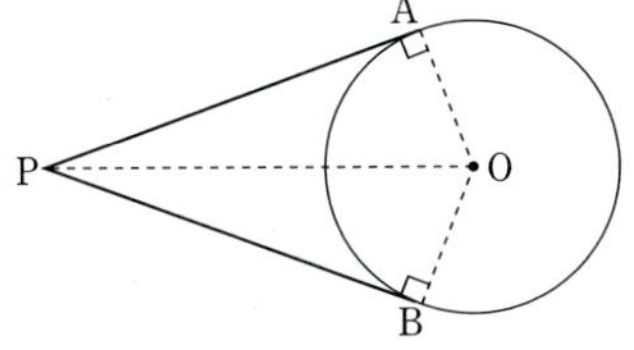

Study 2° 원 밖의 한 점 P에서 원 O에 그은 두 접선의 길이를 $\overline{PA}$, $\overline{PB}$라고 하면 $\overline{PA}=\overline{PB}$이다.

[증명] △PAO와 △PBO에서
$\overline{PO}$는 공통, $\angle PAO=\angle PBO=90°$
$\overline{OA}=\overline{OB}$(반지름)
$\therefore \triangle PAO\equiv\triangle PBO$
$\therefore \overline{PA}=\overline{PB}$

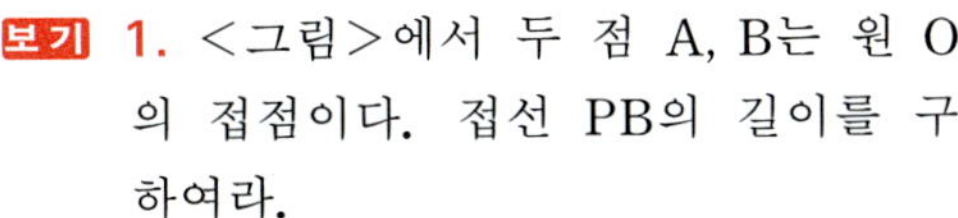

[보기] **1.** <그림>에서 두 점 A, B는 원 O의 접점이다. 접선 PB의 길이를 구하여라.

[연구] △APO에서 $\angle PAO=90°$, $\overline{PO}=13\,\text{cm}$
$\overline{PA}=\sqrt{13^2-5^2}=12\,(\text{cm})$
$\therefore \overline{PB}=\overline{PA}=\textbf{12 cm}$

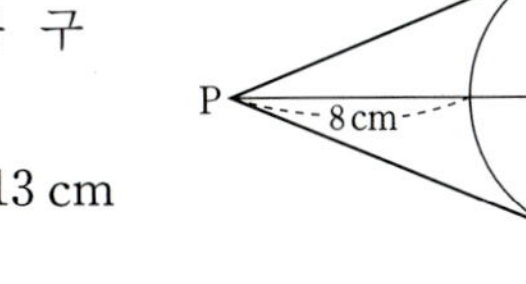

[보기] **2.** <그림>의 △ABC에서 점 D, E, F는 원 O의 접점이다. $\overline{BC}$의 길이를 구하여라.

[연구] 접선의 길이는 같으므로,
$\overline{AD}=\overline{AF}=4\,\text{cm}$, $\overline{CE}=\overline{CF}=5\,\text{cm}$
$\overline{BD}=\overline{BE}=12-4=8\,(\text{cm})$
$\therefore \overline{BC}=\overline{BE}+\overline{CE}=8+5=\textbf{13 (cm)}$

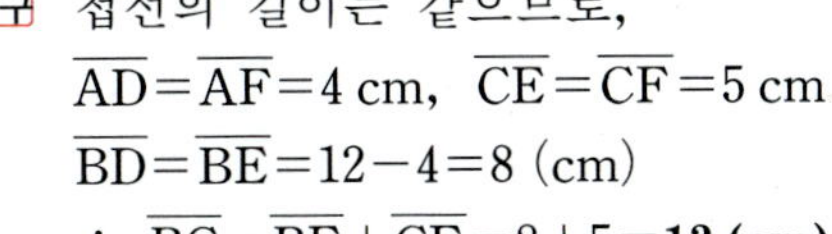
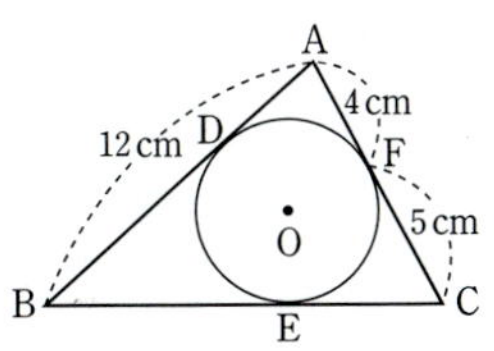

 3. 원에 외접하는 사각형의 성질

1. 원에 외접하는 사각형의 두 쌍의 대변의 길이의 합은 같다.
   즉, $\overline{AB}+\overline{CD}=\overline{AD}+\overline{BC}$ 이다.
2. 대변의 길이의 합이 같은 사각형은 원에 외접한다. (역)

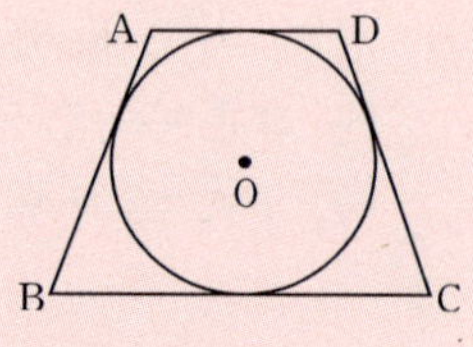

Study 원에 외접하는 사각형의 성질

▶ 원 밖의 한 점에서 그 원에 그은 접선의 길이는 같으므로,
$$\overline{AP}=\overline{AS}, \quad \overline{BP}=\overline{BQ}, \quad \overline{CQ}=\overline{CR}, \quad \overline{DS}=\overline{DR}$$
따라서,
$$\begin{aligned}
\overline{AB}+\overline{CD} &= (\overline{AP}+\overline{BP})+(\overline{CR}+\overline{DR}) \\
&= (\overline{AS}+\overline{BQ})+(\overline{CQ}+\overline{DS}) \\
&= (\overline{AS}+\overline{DS})+(\overline{BQ}+\overline{CQ})=\overline{AD}+\overline{BC}
\end{aligned}$$

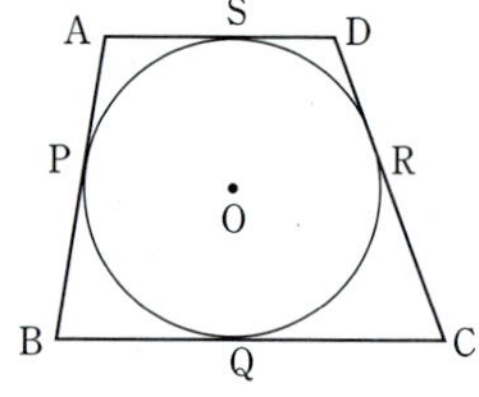

보기 1. 원 O에 외접하는 사각형 ABCD에서 $\overline{AB}=4$ cm, $\overline{BC}=5$ cm, $\overline{AD}=2$ cm 일 때, $\overline{CD}$의 길이를 구하여라.

연구 $\overline{AB}+\overline{CD}=\overline{AD}+\overline{BC}$이므로,
$$4+\overline{CD}=2+5 \quad \therefore \ \overline{CD}=\mathbf{3\ cm}$$

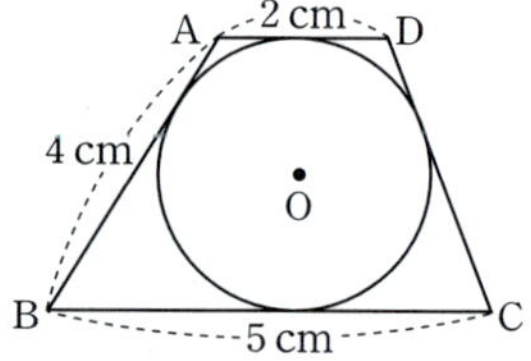

보기 2. 원 O에 외접하는 사각형 ABCD에서 점 E, F, G, H는 원 O의 접점이다.
$\overline{AB}=12$ cm, $\overline{BF}=8$ cm, $\overline{CD}=8$ cm, $\overline{AD}=6$ cm 일 때, $\overline{CF}$의 길이를 구하여라.

연구 $\overline{AB}+\overline{CD}=\overline{AD}+\overline{BC}$이므로
$$6+\overline{BC}=12+8=20, \quad \overline{BC}=14 \text{ cm}$$
$$\therefore \ \overline{CF}=14-8=\mathbf{6\ (cm)}$$

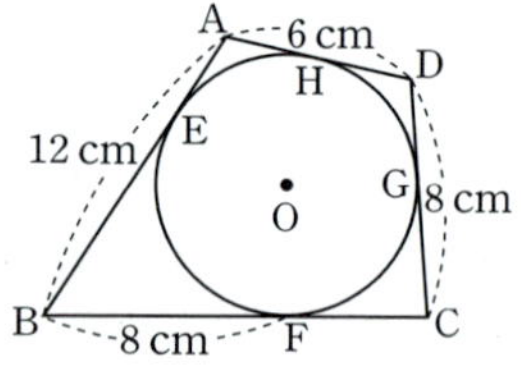

핵심 개념	4. 삼각형의 방심

▶ 삼각형의 한 내각의 이등분선과 다른 두 각의 외각의 이등분선은 한 점에서 만나는데, 이 점을 삼각형의 **방심**이라고 한다.

Study　△ABC의 ∠A의 내각의 이등분선과 ∠B, ∠C의 외각의 이등분선은 한 점에서 만남을 증명하여 보자.

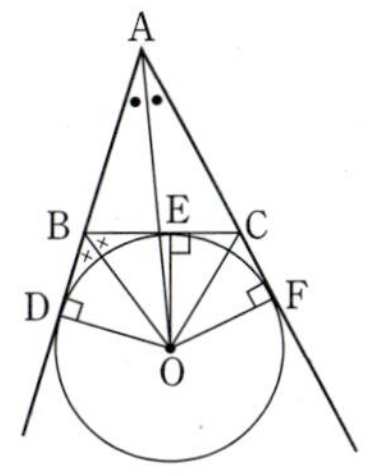

증명　<그림>과 같이 △ABC의 ∠A의 내각의 이등분선과 ∠B의 외각의 이등분선의 교점을 O라 하고, 점 O에서 변 AB, BC, AC 또는 그 연장선 위에 내린 수선의 발을 차례로 D, E, F라고 하면,

∠OAD＝∠OAF이므로 △OAD≡△OAF

$$\therefore \overline{OD}=\overline{OF} \quad \cdots\cdots ㉠$$

∠OBD＝∠OBE이므로 △OBD≡△OBE

$$\therefore \overline{OD}=\overline{OE} \quad \cdots\cdots ㉡$$

㉠, ㉡에서 $\overline{OD}=\overline{OE}=\overline{OF}$

따라서, △OCE와 △OCF에서

$\overline{OE}=\overline{OF}$, $\overline{OC}$는 공통, ∠OEC＝∠OFC＝90°

$$\therefore \triangle OCE \equiv \triangle OCF$$

$$\therefore \angle OCE = \angle OCF$$

즉, $\overline{OC}$는 ∠C의 외각의 이등분선이다.

따라서, ∠A의 내각의 이등분선과 ∠B, ∠C의 외각의 이등분선은 한 점에서 만난다.

❶ 위에서 $\overline{OD}=\overline{OE}=\overline{OF}$이므로 점 O를 중심으로 하여 $\overline{BC}$와 $\overline{AB}$, $\overline{AC}$의 연장선에 접하는 원을 그릴 수 있는데, 이 원을 **방접원**, 점 O를 **방심**이라고 한다.

❷ 삼각형의 세 각에 대하여 위와 같은 방법으로 방심을 구할 수 있으므로 모든 삼각형에는 방심이 3개 있다.

Advice　△ABC의 방심을 O라고 할 때, 다음이 성립한다.

$$\angle \mathbf{BOC} = 90° - \frac{1}{2}\angle \mathbf{A}$$

| 핵심 개념 | 5. 삼각형의 수심 |

▶ 삼각형의 각 꼭짓점에서 그 대변에 내린 수선은 한 점에서 만나는데, 이 점을 삼각형의 **수심**이라고 한다.

Study　1° △ABC의 각 꼭짓점에서 그 대변에 내린 수선은 한 점 H에서 만남을 증명하여 보자.

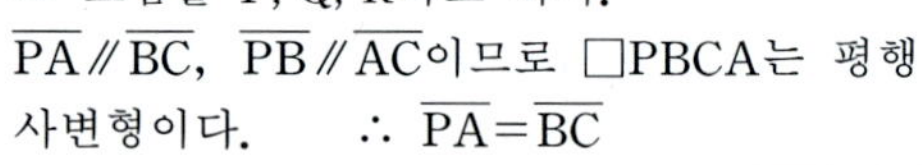

증명　△ABC의 꼭짓점 A, B, C에서 그 대변에 내린 수선의 발을 각 D, E, F라 하고, 각 꼭짓점을 지나 대변에 평행한 직선을 그어 그 교점을 P, Q, R라고 하자.
$\overline{PA}\,/\!/\,\overline{BC}$, $\overline{PB}\,/\!/\,\overline{AC}$이므로 □PBCA는 평행사변형이다.　　∴ $\overline{PA}=\overline{BC}$
또, □ABCR도 평행사변형이므로, $\overline{AR}=\overline{BC}$
∴ $\overline{PA}=\overline{AR}$ ……㉠
한편 $\overline{BC}\,/\!/\,\overline{PR}$이고 $\overline{AD}\perp\overline{BC}$이므로 $\overline{AD}\perp\overline{PR}$ ……㉡
㉠, ㉡에서 $\overline{AD}$는 $\overline{PR}$의 수직이등분선이다.
같은 방법으로 $\overline{BE}$, $\overline{CF}$도 각각 $\overline{PQ}$, $\overline{QR}$의 수직이등분선이다.
그런데 삼각형의 세 변의 수직이등분선은 한 점에서 만나므로,
$\overline{AD}$, $\overline{BE}$, $\overline{CF}$는 한 점 H에서 만난다.

Study　2° 삼각형의 오심

❶ **내심** : 삼각형의 세 내각의 이등분선의 교점
❷ **외심** : 삼각형의 세 변의 수직이등분선의 교점
❸ **무게중심** : 삼각형의 세 중선의 교점
❹ **수심** : 삼각형의 세 수선의 교점
❺ **방심** : 삼각형의 한 내각과 다른 두 외각의 이등분선의 교점

참고　삼각형의 오심의 위치
　(1) 정삼각형 : 내심, 외심, 무게중심, 수심이 일치한다.
　(2) 이등변삼각형 : 내심, 외심, 무게중심, 수심은 꼭지각의 이등분선 위에 있다.

Advice　삼각형의 방심은 항상 삼각형의 외부에 3개 있다.

필수예제 1

<그림>에서 원 O는 △ABC의 내접원이다.

$\overline{AB}=16\,\text{cm}$, $\overline{BC}=15\,\text{cm}$, $\overline{AC}=13\,\text{cm}$ 일 때, $\overline{AF}$, $\overline{BD}$, $\overline{CE}$의 길이를 구하여라.

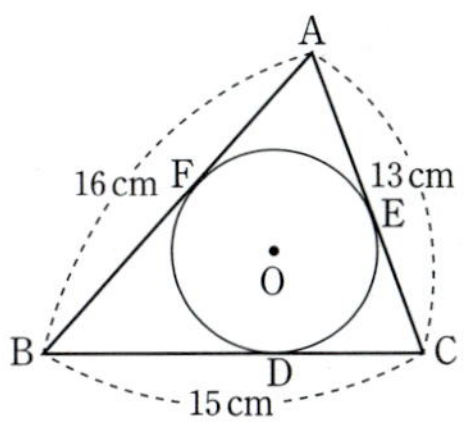

생각하기 <그림>에서

$\overline{AF}=\overline{AE}=x$, $\overline{BF}=\overline{BD}=y$, $\overline{CD}=\overline{CE}=z$ 라고 하면,

$y+z=a\cdots\text{㉠}$, $x+z=b\cdots\text{㉡}$, $x+y=c\cdots\text{㉢}$

이므로, ㉠+㉡+㉢하면,

$$x+y+z=\frac{1}{2}(a+b+c) \quad \cdots\cdots\text{㉣}$$

㉣$-$㉠ : $x=\dfrac{1}{2}(b+c-a)$, ㉣$-$㉡ : $y=\dfrac{1}{2}(a+c-b)$,

㉣$-$㉢ : $z=\dfrac{1}{2}(a+b-c)$

위에서 $s=\dfrac{1}{2}(a+b+c)$ 라고 놓으면,

바이블 $\overline{AF}=\overline{AE}=s-a$, $\overline{BF}=\overline{BD}=s-b$, $\overline{CD}=\overline{CE}=s-c$

모범해답

$$s=\frac{1}{2}(16+15+13)=22$$

$$\therefore \ \overline{AF}=s-\overline{BC}=22-15=\textbf{7 (cm)} \leftarrow \text{답}$$

$$\overline{BD}=s-\overline{AC}=22-13=\textbf{9 (cm)} \leftarrow \text{답}$$

$$\overline{CE}=s-\overline{AB}=22-16=\textbf{6 (cm)} \leftarrow \text{답}$$

유제 1 <그림>에서 원 O는 △ABC의 내접원이다.

$\overline{AB}=9\,\text{cm}$, $\overline{BC}=8\,\text{cm}$, $\overline{AC}=7\,\text{cm}$ 일 때, △PQC의 둘레의 길이를 구하여라.

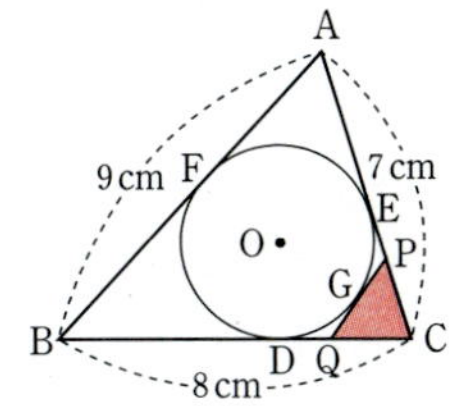

필수예제 2

<그림>과 같이 변 BC가 원 O의 중심을 지나고, 원 O는 △ABC의 외접원, 원 O′은 내접원이다. 두 원 O, O′의 반지름의 길이가 각각 3 cm, 1 cm일 때, △ABC의 넓이를 구하여라.

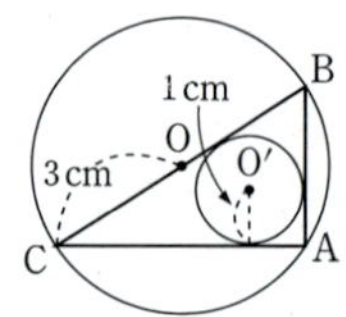

[생각하기] 원 밖의 한 점에서 원에 그은 두 접선의 길이는 같음을 이용한다. 또한, $\overline{BC}$는 원 O의 지름이므로 △ABC는 직각삼각형이다.

[모범해답]

<그림>에서 $\overline{OD}=x$라고 하면,
$$\overline{CD}=3+x, \quad \overline{BD}=3-x$$
또한, 원 밖의 한 점에서 그 원에 그은 두 접선의 길이는 같으므로,
$$\overline{CD}=\overline{CE}=3+x,$$
$$\overline{BD}=\overline{BF}=3-x,$$
$$\overline{AE}=\overline{AF}=1 \text{ cm}$$
따라서, $\overline{BC}=6\text{ cm}, \quad \overline{AC}=4+x, \quad \overline{AB}=4-x$
한편, △ABC는 직각삼각형이므로,
$$6^2=(4+x)^2+(4-x)^2 \qquad \therefore \ x^2=2 \ \cdots\cdots \text{㉠}$$
$$\triangle ABC=\frac{1}{2}\times\overline{AC}\times\overline{AB}$$
$$=\frac{1}{2}(4+x)(4-x)=\frac{1}{2}(16-x^2)\ (\text{cm}^2) \ \cdots\cdots \text{㉡}$$

㉠, ㉡에서 $\triangle ABC=\frac{1}{2}(16-2)=\textbf{7 (cm}^2\textbf{)}$ ← 답

[유제] 2 직사각형 ABCD에서 $\overline{AB}=8$ cm, $\overline{DE}=10$ cm이다.
사각형 ABED가 원 O에 외접할 때, $\overline{BC}$의 길이를 구하여라.

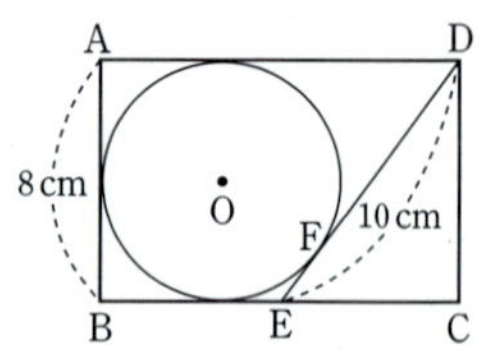

필수예제 3

<그림>에서 $\overleftrightarrow{AT}$, $\overleftrightarrow{AT'}$, $\overleftrightarrow{BC}$는 원 O의 접선이고, $\overline{AO}=13\,cm$, $\overline{OT}=5\,cm$이다. △ABC의 둘레의 길이를 구하여라.

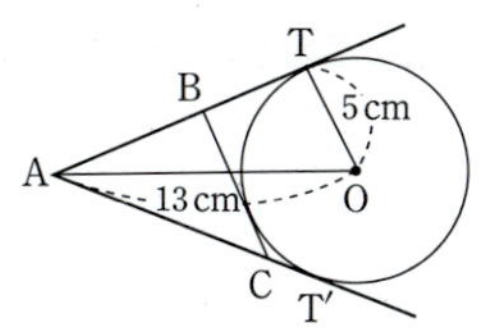

생각하기 <그림>에서 점 O는 △ABC의 방심이고, 점 D, E, F는 방접원 O의 접점일 때,

$$\overline{AF}+\overline{AE}=(\overline{AB}+\overline{BF})+(\overline{AC}+\overline{CE})$$
$$=(\overline{AB}+\overline{BD})+(\overline{AC}+\overline{CD})$$
$$=\overline{AB}+\overline{AC}+\overline{BC}$$
$$=a+b+c$$

즉, △ABC의 꼭짓점 A에서 방접원에 그은 두 접선의 길이의 합 $\overline{AF}+\overline{AE}$의 길이는 △ABC의 둘레의 길이와 같다.

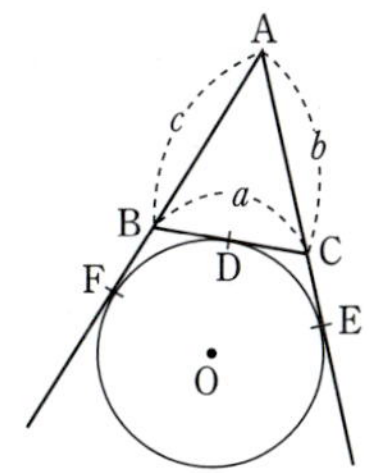

모범해답

$\overleftrightarrow{AT}$는 원 O의 접선이므로 ∠ATO=90°이다.

따라서, △AOT에서 $\overline{AT}^2=13^2-5^2=144$

$$\therefore \overline{AT}=\overline{AT'}=12\,(cm)$$

한편, △ABC의 꼭짓점 A에서 방접원 O에 그은 두 접선 AT, AT'의 길이의 합은 △ABC의 둘레의 길이와 같으므로,

$$\overline{AB}+\overline{BC}+\overline{CA}=\overline{AT}+\overline{AT'}=\textbf{24 (cm)} \leftarrow \boxed{답}$$

유제 3 <그림>에서 점 D, E, F는 각각 △ABC의 방접원의 접점이다. $\overline{AB}=\overline{AC}=10\,cm$, $\overline{BC}=8\,cm$일 때, $\overline{EF}$의 길이를 구하여라.

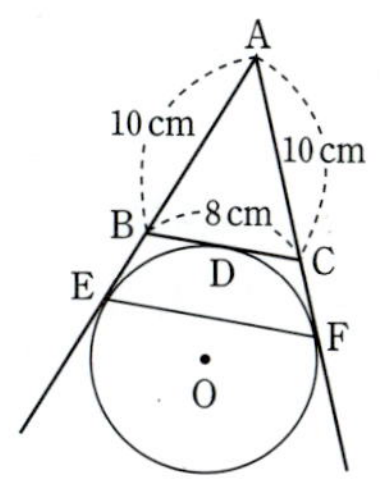

연습 문제

1. 원 O의 평행한 두 접선 l, m이 다른 한 접선 n과 만나는 점을 각각 A, B라고 할 때, ∠AOB의 크기를 구하여라.

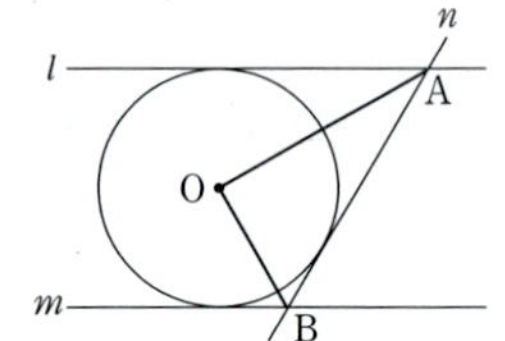

2. <그림>에서 $\overline{CQ}$는 작은 반원 위의 점 P에서의 접선이다. $\overline{AB}=4$, $\overline{AC}=6$일 때, △ACQ : △ABP를 구하여라.

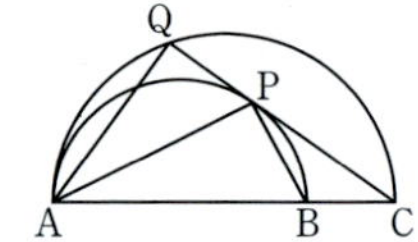

3. <그림>에서 $\overrightarrow{PA}$, $\overrightarrow{PB}$는 원 O의 접선이고, $\overline{AC}$는 원 O의 지름이다. ∠P=34°일 때, ∠BAC의 크기를 구하여라.

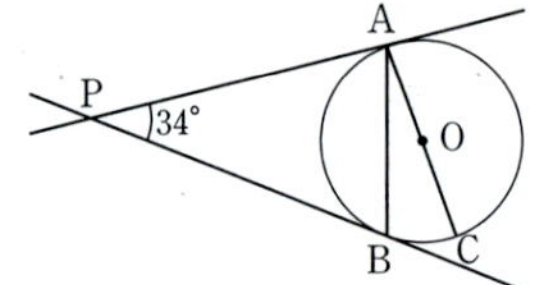

4. <그림>에서 □ABCD는 원 O에 외접하는 사각형이다.
$\overline{AD}=8\,\text{cm}$, $\overline{BC}=10\,\text{cm}$, ∠C=∠D=90°
일 때, 색칠한 부분의 넓이를 구하여라.

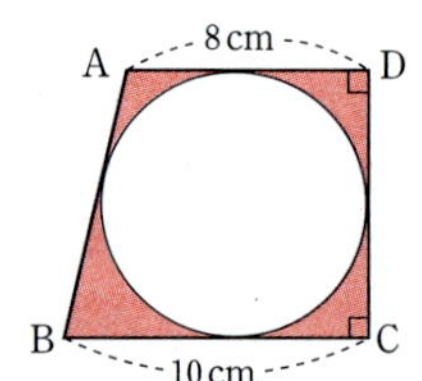

5. 한 변의 길이가 6 cm인 정삼각형 ABC의 내접원 O가 있다. 점 D, E, F가 원 O의 접점일 때, $\overline{CG}$의 길이를 구하여라.

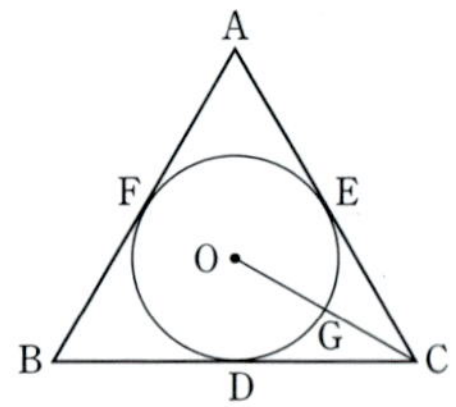

6. △ABC의 내접원 O가 있다. 원 O와 변 AB, BC, CA와의 접점을 각각 D, E, F라고 할 때, $\overline{AD}=1$, $\overline{BE}=2$, $\overline{CF}=3$이다. 내접원 O의 반지름의 길이를 구하여라.

종합 문제 표준

1. <그림>과 같은 원 O에서 $\overline{AB} /\!/ \overline{CD}$이고 $\angle AOB = 150°$이다. $\overset{\frown}{AC}$의 길이는 원주의 길이의 몇 배인가 ?

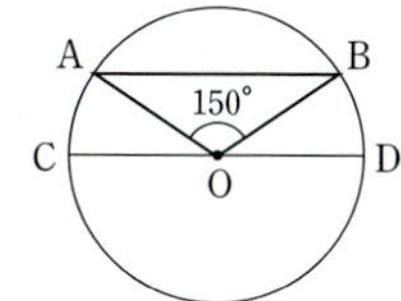

2. 길이가 8 cm인 선분 AB를 지름으로 하는 반원의 원주 위에 $\overline{BC} = \overline{CD} = 3$ cm가 되게 두 점 C, D를 잡을 때, $\overline{AD}$의 길이를 구하여라.

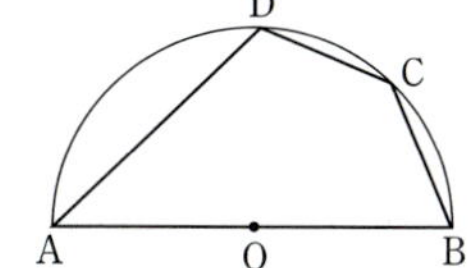

3. <그림>에서 $\overline{AD}$, $\overline{DC}$, $\overline{BC}$는 반원 O의 접선이다. $\overline{AD} = 6$ cm, $\overline{BC} = 12$ cm일 때, □ABCD의 넓이를 구하여라.

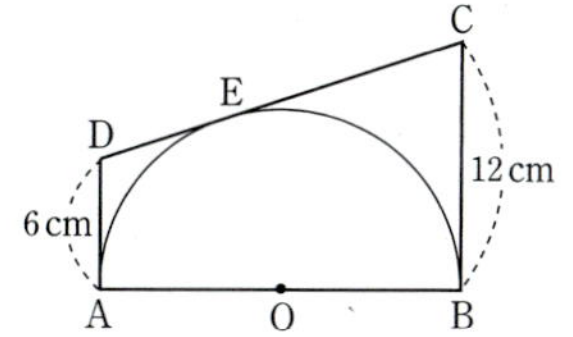

4. <그림>에서 $\overrightarrow{PT}$, $\overrightarrow{PT'}$은 원 O의 접선이다. $\overline{TO} = 5$ cm, $\overline{PT} = 12$ cm일 때, $\overline{TT'}$의 길이를 구하여라.

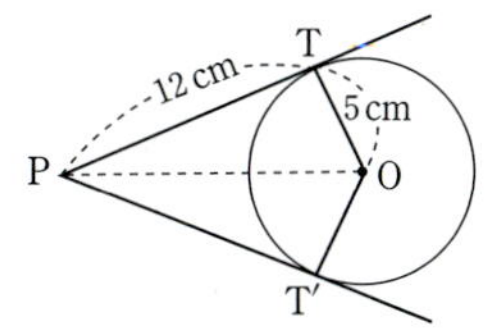

5. <그림>에서 세 점 P, Q, R는 원 O의 접점이고, $\overline{AP}$, $\overline{AQ}$, $\overline{BC}$는 원 O의 접선이다. $\overline{OP} = 8$ cm, $\overline{AO} = 17$ cm일 때, △ABC의 둘레의 길이를 구하여라.

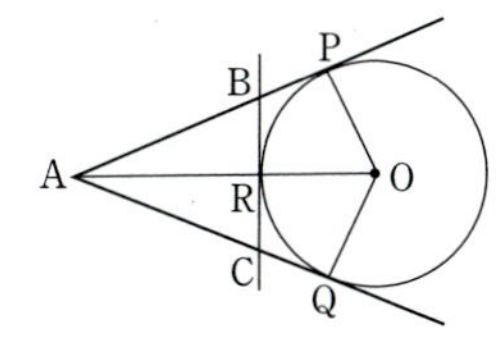

6. 반지름의 길이가 각각 1, 2인 동심원이 있다. $\overrightarrow{PA}$, $\overrightarrow{PB}$가 작은 원의 접선일 때, 색칠한 부분의 넓이를 구하여라.

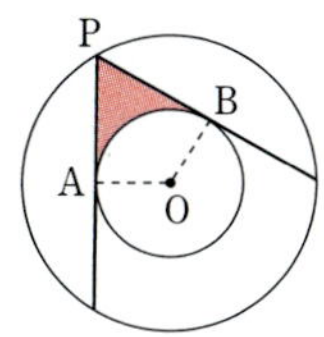

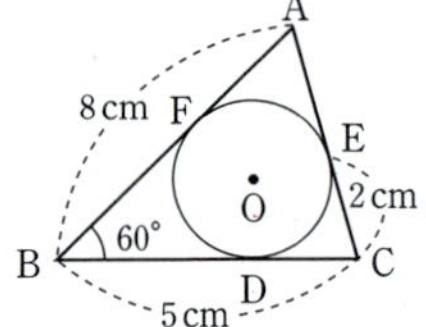

1. 길이가 a인 철사로 정삼각형, 정사각형, 정육각형을 차례로 만들 때, 세 도형의 넓이의 비를 구하여라.

2. 세 변의 길이가 3 cm, 4 cm, 5 cm인 △ABC가 있다. 이 삼각형의 외접원의 넓이를 구하여라.

3. <그림>에서 원 O는 △ABC의 내접원이다. 다음에 답하여라.
  (1) $\overline{\text{AE}}$의 길이를 구하여라.
  (2) △ABC의 넓이를 구하여라.

4. 반지름의 길이가 10 cm인 사분원 OAB가 있다. 사분원의 내접원의 중심을 C라고 할 때, $\overline{\text{AC}}$의 길이를 구하여라.

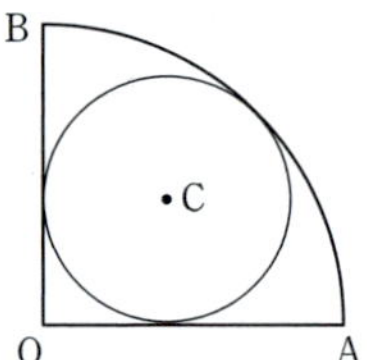

5. <그림>에서 $\overleftrightarrow{\text{PA}}$는 원 O의 접선이고 $\overleftrightarrow{\text{PB}}$는 할선이다. $\overline{\text{PA}}$=6 cm, $\overline{\text{AB}}$=2 cm일 때, △ACB의 넓이를 구하여라.

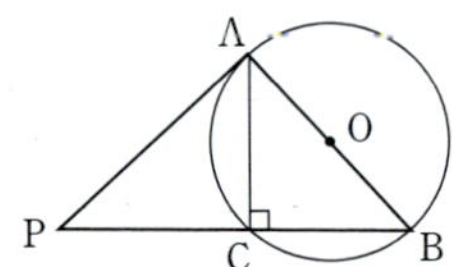

6. △ABC에서 $\overline{\text{AB}}$=5 cm, $\overline{\text{AC}}$=8 cm, ∠ACB=30°이다. (단, ∠B는 예각)
  (1) △ABC의 넓이를 구하여라.
  (2) △ABC의 내접원의 반지름의 길이를 구하여라.

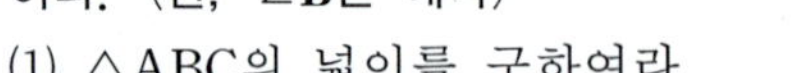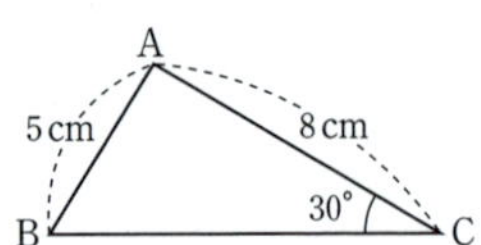

7. △ABC는 ∠A=30°, ∠B=60°인 직각삼각형이고, $\overleftrightarrow{\text{AC}}$, $\overleftrightarrow{\text{BC}}$는 원 O의 접선이다. 원 O의 반지름의 길이가 1일 때, $\overline{\text{AB}}$의 길이를 구하여라.

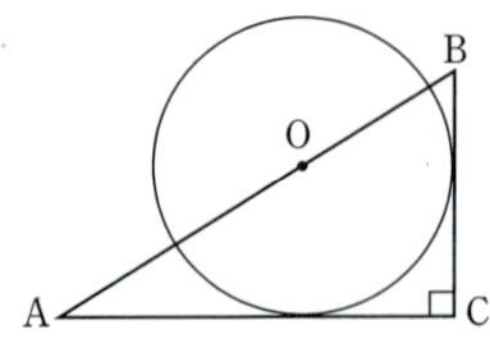

1. <그림>에서 □ABCD는 한 변의 길이가 10 cm인 정사각형이다. $\overline{BC}$를 지름으로 하는 반원이 $\overline{AE}$와 접할 때, $\overline{AE}$의 길이를 구하여라.

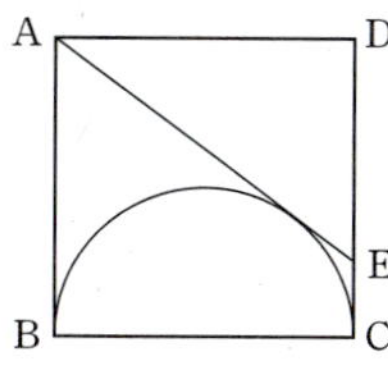

2. <그림>은 한 변의 길이가 8 cm인 정사각형이다. 원 O는 □ABPD의 세 변에 접하고 $\overline{BP} : \overline{PC} = 1 : 3$이다. 원 O의 반지름의 길이를 구하여라.

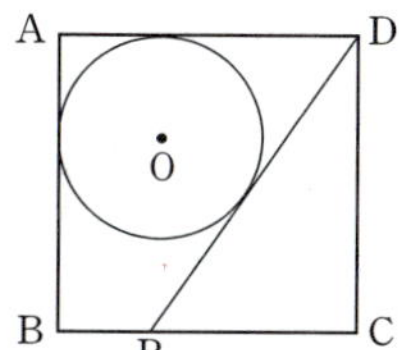

3. 지름이 $\overline{AB}$인 반원이 있다. 현 AC를 접는 선으로 접었을 때, 호 AC와 지름 AB와의 교점을 D라고 한다. $\overline{AB} = 12$ cm, $\angle CAB = 30°$일 때, 다음 물음에 답하여라.

(1) 호 CD의 길이를 구하여라.

(2) 색칠한 부분의 넓이를 구하여라.

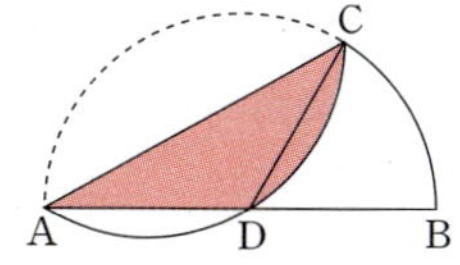

4. <그림>에서 $\overline{BC}$는 반원 O의 지름이다. $\overline{BC} = 2$ cm, $\overparen{BD} = \overparen{DC}$, $\overparen{BE} = 2\overparen{EC}$일 때,

(1) $\angle BAC$의 크기를 구하여라.

(2) 색칠한 부분의 넓이를 구하여라.

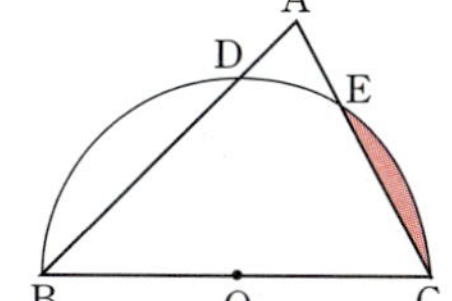

5. $\overline{AB}$를 지름으로 하는 반원이 있다. $\overline{AB} = 50$, $\overline{OC} = 7$, $\overline{CB} \perp \overline{CD}$일 때, 색칠한 부분에 내접하는 원의 반지름의 길이를 구하여라.

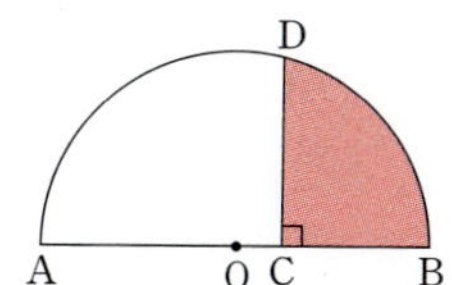

6. △ABC의 외접원의 반지름의 길이가 2이고 $\overparen{AB} : \overparen{BC} : \overparen{CA} = 5 : 3 : 4$일 때, 변 AB의 길이를 구하여라.

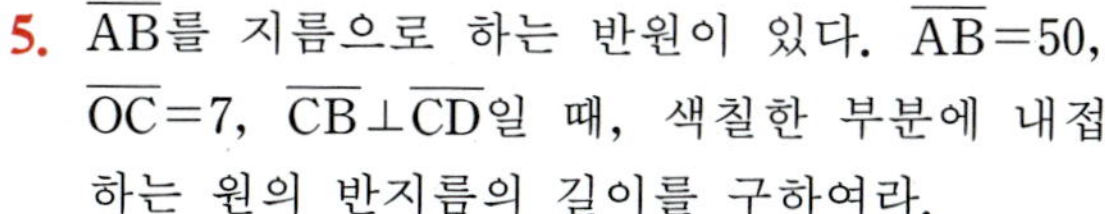

7. <그림>과 같이 반지름의 길이가 4인 원 위의 점 P를 원의 중심 O에 겹치도록 접었을 때, 접는 선 $\overline{AB}$의 길이를 구하여라.

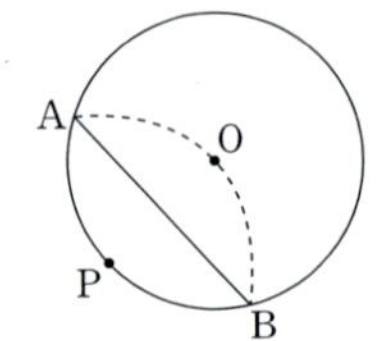

8. <그림>과 같이 반지름의 길이가 1인 원 O_1에 내접하는 직각이등변삼각형을 T_1, 직각이등변삼각형 T_1에 내접하는 원을 O_2, 원 O_2에 내접하는 직각이등변삼각형을 T_2라 할 때, (T_1의 넓이) : (T_2의 넓이)의 비를 구하여라.

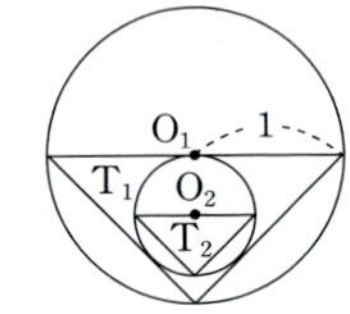

9. <그림>과 같이 $\overline{AD}$의 3등분점을 B, C라 하고, $\overline{AB}$, $\overline{BC}$, $\overline{CD}$를 각각 지름으로 하는 원을 그려 원 O, N, P라고 하자. 점 A에서 원 P에 그은 접선 AT가 원 N과 만난 점을 E, F라 할 때, $\overline{EF}$의 길이를 구하여라. (단, $\overline{AD}=60$)

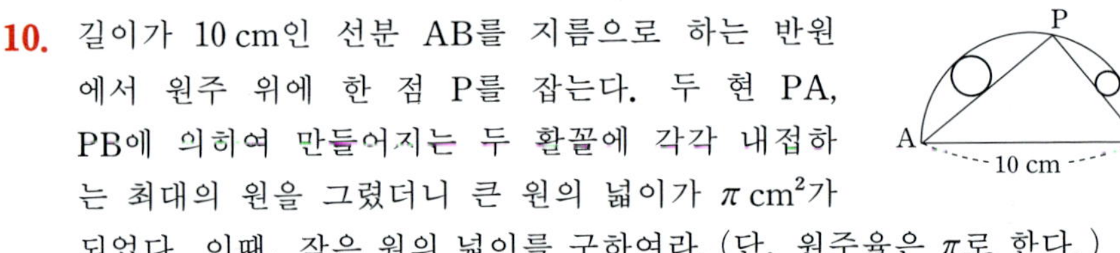

10. 길이가 10 cm인 선분 AB를 지름으로 하는 반원에서 원주 위에 한 점 P를 잡는다. 두 현 PA, PB에 의하여 만들어지는 두 활꼴에 각각 내접하는 최대의 원을 그렸더니 큰 원의 넓이가 $\pi \, \text{cm}^2$가 되었다. 이때, 작은 원의 넓이를 구하여라. (단, 원주율은 π로 한다.)

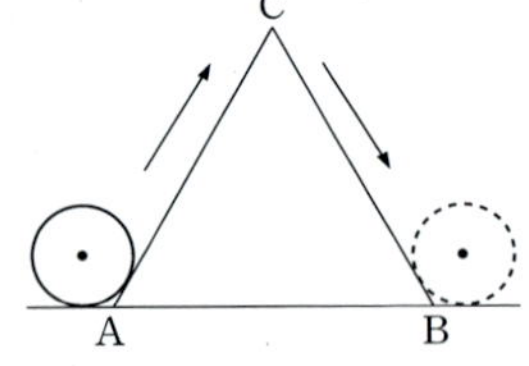

11. <그림>과 같이 한 변의 길이가 5인 정삼각형 ABC에 반지름의 길이가 1인 원이 변 AC와 BA의 연장선 위에 접해 있다. 이 원이 변 AC, BC에 접하면서 꼭짓점 C를 지나 변 BC와 AB의 연장선에 접할 때까지 굴러갈 때, 원의 중심 P가 움직인 총거리를 구하여라.

12. 지름의 길이가 10 cm인 원에 둘레의 길이가 28 cm인 직사각형이 내접하고 있다. 이 직사각형의 두 변 중 길이가 긴 변의 길이를 구하여라.

1 두 원(복습)

▶ 두 원 O, O'에 대하여 반지름의 길이를 r, $r'(r>r')$, 중심거리를 d라고 하면, 두 원의 위치 관계는 다음 6가지 경우가 있다.

① 한 원이 다른 원의 외부에 있다. (분리) $\qquad r+r'<d$

② 두 원이 두 점에서 만난다. (교차) $\qquad r-r'<d<r+r'$

③ 두 원이 외접한다. (외접) $\qquad r+r'=d$

④ 두 원이 내접한다. (내접) $\qquad r-r'=d$

⑤ 한 원이 다른 원의 내부에 있다. (포함) $\qquad r-r'>d$

⑥ 두 원의 중심이 같다. (동심원) $\qquad d=0$

Study 기본 용어의 정리

❶ 중심선과 중심거리

- **중심선** : 두 원의 중심을 지나는 직선으로 <그림>에서 $\overleftrightarrow{AB}$가 두 원의 중심선이다.

- **중심거리** : 두 원의 중심 사이의 거리를 말하며 오른쪽 그림에서 $\overline{OO'}$이 두 원 O, O'의 중심거리이다.

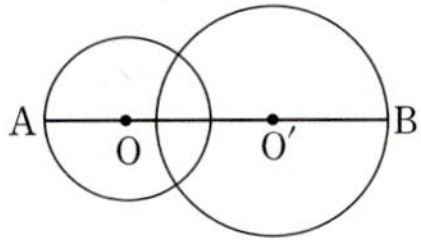

❷ 두 원의 내접 · 외접 · 동심원

- **내접** : 한 원이 다른 원의 내부에서 접하는 것을 말한다.

- **외접** : 두 원이 서로의 외부에서 접하는 것을 말한다.

- **동심원** : 두 원의 중심이 일치할 때, 두 원을 동심원이라고 말한다.

핵심 개념	2. 공통현과 중심선

1. **공통현** : 두 원이 두 점에서 만날 때, 두 원의 교점을 잇는 선분을 **공통현**이라고 한다.
2. 공통현은 중심선에 의하여 수직이등분된다.

Study   공통현과 중심선에 대한 성질

공통현은 중심선에 의하여 수직이등분됨을 밝혀 보자.

[증명] <그림>과 같이 두 원 O, O′의 교점을 A, B
라 하고, $\overline{OO'}$과 $\overline{AB}$의 교점을 C라고 하자.
△OAO′과 △OBO′에서
$\overline{OA}=\overline{OB}$, $\overline{O'A}=\overline{O'B}$, $\overline{OO'}$은 공통
∴ △OAO′≡△OBO′   ∴ ∠AOO′=∠BOO′
즉, $\overline{OO'}$은 이등변삼각형 OAB의 꼭지각의 이등분선이다.
따라서, $\overline{OO'}$은 이등변삼각형의 밑변 AB(공통현 AB)를 수직이등분한다.

(바이블) 이등변삼각형에서 꼭지각의 이등분선은 밑변을 수직이등분한다.

[보기] 두 원의 반지름의 길이가 각각 3 cm, 4 cm
이고, 그 중심거리가 5 cm일 때, 두 원의
공통현의 길이를 구하여라.

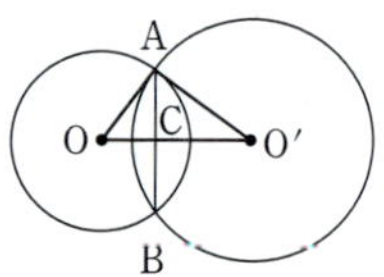

[연구] △AOO′에서 $3^2+4^2=5^2$
즉, $\overline{AO}^2+\overline{AO'}^2=\overline{OO'}^2$이므로 △AOO′은 직각삼각형이다.
△AOO′의 넓이에 대해 살펴 보면,
$$\triangle AOO'=\frac{1}{2}\times\overline{OA}\times\overline{O'A}=\frac{1}{2}\times\overline{OO'}\times\overline{AC}$$
∴ $\overline{OA}\times\overline{O'A}=\overline{OO'}\times\overline{AC}$
$3\times4=5\times\overline{AC}$ ∴ $\overline{AC}=2.4$ cm
따라서, $\overline{AB}=\mathbf{4.8\ cm}$

Advice $\dfrac{1}{2}\times\overline{OA}\times\overline{O'A}\longrightarrow$ $\overline{OA}$는 밑변, $\overline{O'A}$는 높이

$\dfrac{1}{2}\times\overline{OO'}\times\overline{AC}\longrightarrow$ $\overline{OO'}$은 밑변, $\overline{AC}$는 높이

필수예제 1

두 점 O, O′은 반지름의 길이가 같은 두 원의 중심이고, $\overrightarrow{PA}$, $\overrightarrow{PB}$는 각각 두 원 O′, O의 접선이다.

(1) 원의 반지름의 길이가 4 cm일 때, 공통현 PQ의 길이를 구하여라.

(2) 교점 P에서 두 원의 접선이 이루는 각 ∠APB의 크기를 구하여라.

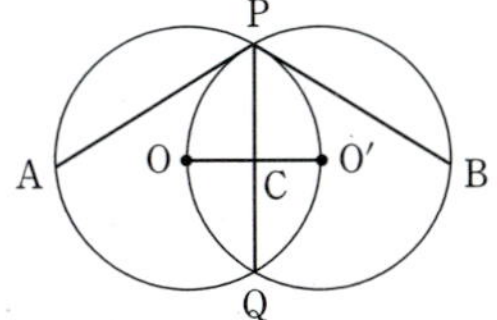

[생각하기] 두 점 O, O′은 두 원의 중심이므로 $\overline{OO'}=\overline{OP}=\overline{O'P}$

즉, △POO′은 정삼각형이 된다. 따라서,

$$\overline{OP}=\overline{OO'}=\overline{O'P}=4\text{ cm}, \quad \angle OPO'=60°$$

[모범해답]

(1) 공통현 PQ는 중심선 OO′에 의해서 수직 이등분되므로 $\overline{OO'}$과 $\overline{PQ}$의 교점을 C라고 하면,

$$\overline{PC}=\overline{QC}$$

두 점 O, O′은 두 원의 중심이므로,

$$\overline{OP}=\overline{OO'}=\overline{O'P}=4\text{ cm}$$

따라서, △POO′에서 $\overline{PC}=2\sqrt{3}$ cm

$$\therefore \overline{PQ}=2\overline{PC}=\mathbf{4\sqrt{3}\ (cm)} \leftarrow \boxed{답}$$

(2) $\overrightarrow{AP}$는 원 O′의 접선이므로, ∠O′PA=90° ······㉠

$\overrightarrow{BP}$는 원 O의 접선이므로, ∠OPB=90° ······㉡

△POO′은 정삼각형이므로, ∠OPO′=60° ······㉢

㉠, ㉢에서 ∠APO=∠APO′−∠OPO′=30°

㉡, ㉢에서 ∠BPO′=∠BPO−∠OPO′=30°

$$\therefore \angle APB=30°+60°+30°=\mathbf{120°} \leftarrow \boxed{답}$$

[유제] 1 <그림>을 보고 다음에 답하여라.

(1) $\overline{O'A}$의 길이를 구하여라.

(2) △OAB의 넓이를 구하여라.

(3) 색칠한 부분의 넓이를 구하여라.

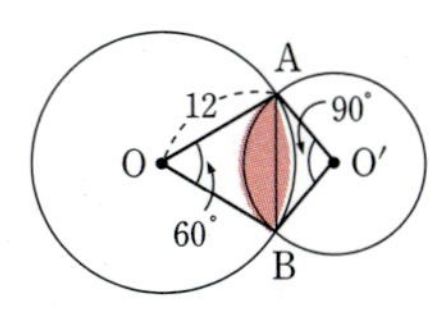

필수예제 2

<그림>과 같이 직각인 두 변에 접하는 반지름의 길이가 a인 원이 있다. 이 원에 외접하고, 또 처음의 두 변에 접하는 원 중 작은 원의 반지름의 길이를 a를 써서 나타내어라.

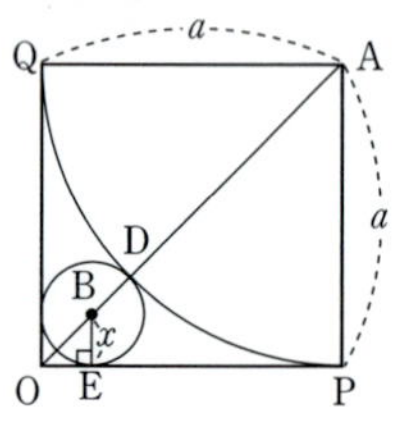

생각하기 △AOP, △BOE는 직각이등변삼각형이다.

따라서, △AOP에서 $\overline{AO}^2 = a^2 + a^2 = 2a^2$

△BOE에서 $\overline{BO}^2 = x^2 + x^2 = 2x^2$

또한, $\overline{AO} = \overline{AD} + \overline{BD} + \overline{OB}$이다.

모범해답

원 B와 원 A는 모두 $\overline{OP}$, $\overline{OQ}$에 접하고, ∠POQ = 90°이므로 □QOPA는 정사각형이다.

$$\therefore \overline{AO}^2 = \overline{OP}^2 + \overline{AP}^2 = 2a^2 \qquad \therefore \overline{AO} = \sqrt{2}\,a$$

원 B의 반지름의 길이를 x라고 하면,

$$\overline{OB}^2 = \overline{OE}^2 + \overline{BE}^2 = 2x^2 \qquad \therefore \overline{OB} = \sqrt{2}\,x$$

한편, $BD = x$, $AD = a$이므로,

$$\overline{AO} = \overline{AD} + \overline{BD} + \overline{OB}에서$$
$$\sqrt{2}\,a = a + x + \sqrt{2}\,x$$
$$(\sqrt{2}+1)\,x = (\sqrt{2}-1)\,a$$
$$\therefore x = \frac{\sqrt{2}-1}{\sqrt{2}+1}\,a = (3 - 2\sqrt{2})\,a$$

유제 2 한 점 A에서 내접하는 두 원 O, O′이 있다. 점 A를 지나는 한 직선이 두 원과 만나는 점을 각각 B, C라고 한다. 두 원 O, O′의 반지름의 길이가 각각 4 cm, 6 cm이고, $\overline{AB} = 6$ cm일 때, 선분 BC의 길이를 구하여라.

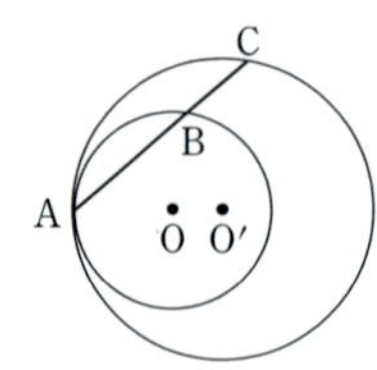

연습 문제

● 학교 시험과 수준·경향을 일치시킨 기본적인 문제입니다.
● 한 문제 한 문제를 정복하여 이 단원의 내용을 총정리합시다.

1. <그림>에서 세 원 O, P, Q는 서로 접하고, △OPQ의 둘레의 길이는 24 cm이다. 원 O의 넓이를 구하여라.

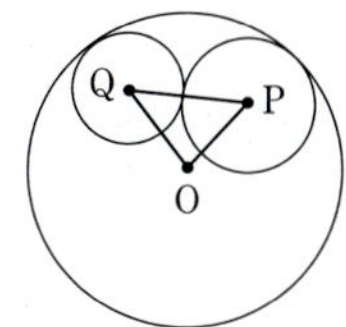

2. 두 원이 접할 때, 그 접점은 중심선 위에 있음을 증명하여라.

3. △ABC의 변 BC 위에 한 점 D가 있다. △ABD, △ACD의 내접원을 각각 O, O′이라고 할 때, 두 원은 $\overline{AD}$ 위의 점 E에서 접한다.
$\overline{AB}=10$, $\overline{AC}=8$, $\overline{BC}=9$, $\overline{AE}=a$, $\overline{ED}=b$ 라고 할 때, 다음에 답하여라.
(1) $a-b$의 값을 구하여라.
(2) △ABD와 △ACD의 넓이의 비를 구하여라.

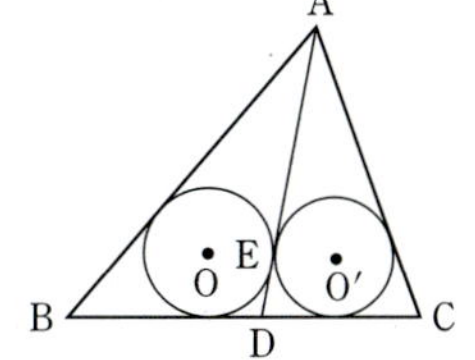

4. 정삼각형 ABC의 외접원, 내접원의 반지름의 길이를 각각 p, q라 하고, 정삼각형의 내접원에 외접하고 정삼각형의 두 변에 접하는 원의 반지름의 길이를 r라 할 때, $p:q:r$를 구하여라.

5. <그림>에서 $\overline{AB}=\overline{AC}=13$, $\overline{BC}=10$이다. 원 O′의 반지름의 길이를 구하여라.

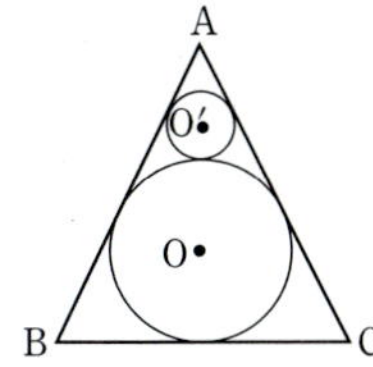

2 공통접선의 길이

핵심 개념 | **1. 공통외접선의 길이**

▶ 반지름의 길이가 r, $r'(r>r')$이고, 중심거리가 d인 두 원의 공통외접선의 길이 l은
$$l=\sqrt{d^2-(r-r')^2}$$

Study   반지름의 길이가 $8\,\mathrm{cm}$, $3\,\mathrm{cm}$인 두 원 O, O′의 중심거리가 $13\,\mathrm{cm}$일 때, 공통외접선의 길이를 구해 보자.

<그림>과 같이 원 O′의 중심에서 원 O의 반지름 OA에 내린 수선의 발을 A′이라고 하면 □AA′O′B는 직사각형이므로, $\overline{AB}=\overline{A'O'}$ 한편, △A′OO′은 직각삼각형이므로 피타고라스의 정리에 의하여

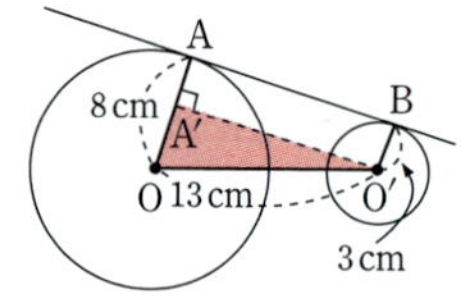

$$\overline{AB}=\overline{A'O'}=\sqrt{13^2-5^2}=12\ (\mathrm{cm})$$

보기 1. 반지름의 길이가 r, $r'(r>r')$이고, 중심거리가 d인 두 원의 공통외접선의 길이 l은 $l=\sqrt{d^2-(r-r')^2}$임을 증명하여라.

증명 점 O′에서 $\overline{OA}$에 내린 수선의 발을 A′이라고 하면,
$$\overline{OA'}=r-r'$$
△A′OO′은 직각삼각형이므로,
$$\overline{OO'}^2=\overline{OA'}^2+\overline{A'O'}^2$$
따라서, $\overline{AB}=l$이라고 하면, $l^2=d^2-(r-r')^2$
$$\therefore\ l=\sqrt{d^2-(r-r')^2}$$

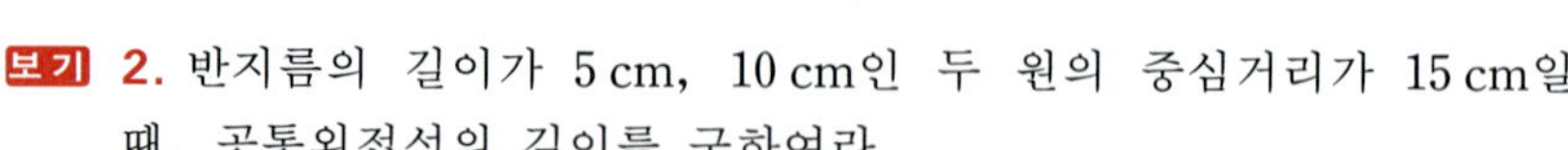

보기 2. 반지름의 길이가 $5\,\mathrm{cm}$, $10\,\mathrm{cm}$인 두 원의 중심거리가 $15\,\mathrm{cm}$일 때, 공통외접선의 길이를 구하여라.

연구 $l=\sqrt{d^2-(r-r')^2}$에서 $d=15$, $r=10$, $r'=5$이므로
$$l=\sqrt{15^2-(10-5)^2}=\sqrt{225-25}=\sqrt{200}=\mathbf{10\sqrt{2}\ (cm)}$$

핵심 개념	2. 공통내접선의 길이

▶ 반지름의 길이가 r, $r'(r>r')$이고, 중심거리가 d인 두 원의 공통내접선의 길이 l은
$$l=\sqrt{d^2-(r+r')^2}$$

Study　반지름의 길이가 5 cm, 2 cm인 두 원 O, O′의 중심거리가 10 cm일 때, 공통내접선의 길이를 구해 보자.

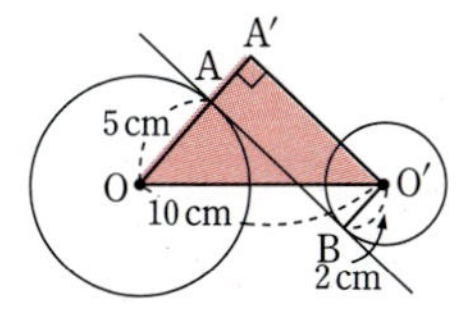

<그림>과 같이 원 O′의 중심에서 원 O의 반지름 OA의 연장선에 내린 수선의 발을 A′이라고 하면 □A′ABO′은 직사각형이므로 $\overline{AB}=\overline{A'O'}$

한편, △A′OO′은 직각삼각형이므로 피타고라스의 정리에 의하여

$$\overline{AB}=\overline{A'O'}=\sqrt{10^2-7^2}=\sqrt{51}\ (\text{cm})$$

보기 1. 반지름의 길이가 r, $r'(r>r')$이고, 중심거리가 d인 두 원의 공통내접선의 길이 l은 $l=\sqrt{d^2-(r+r')^2}$임을 증명하여라.

증명 점 O′에서 $\overline{OA}$의 연장선에 내린 수선의 발을 A′이라고 하면,

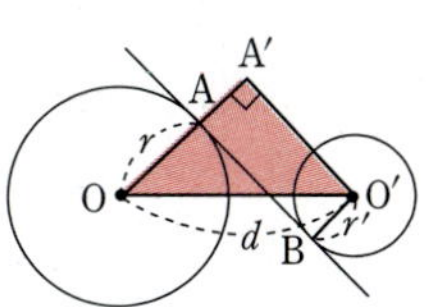

$$\overline{OA'}=r+r'$$
△A′OO′은 직각삼각형이므로,
$$\overline{OO'}^2=\overline{OA'}^2+\overline{A'O'}^2$$
따라서, $\overline{AB}=l$이라고 하면,
$$d^2=l^2+(r+r')^2$$
$$l^2=d^2-(r+r')^2$$
$$\therefore\ l=\sqrt{d^2-(r+r')^2}$$

보기 2. 반지름의 길이가 5 cm, 10 cm인 두 원의 중심거리가 20 cm일 때, 공통내접선의 길이를 구하여라.

연구 $l=\sqrt{d^2-(r+r')^2}$에서 $d=20$, $r=10$, $r'=5$이므로
$$l=\sqrt{20^2-(10+5)^2}=\sqrt{400-225}=\sqrt{175}=\mathbf{5\sqrt{7}\ (cm)}$$

필수예제 1

<그림>에서 점 O는 △ABC의 내심이고, 점 O′은 △ABC의 방심이다. 원 O의 반지름의 길이가 6 cm, 원 O′의 반지름의 길이가 16 cm, 두 원의 중심거리가 26 cm일 때, $\overline{BC}$의 길이를 구하여라.

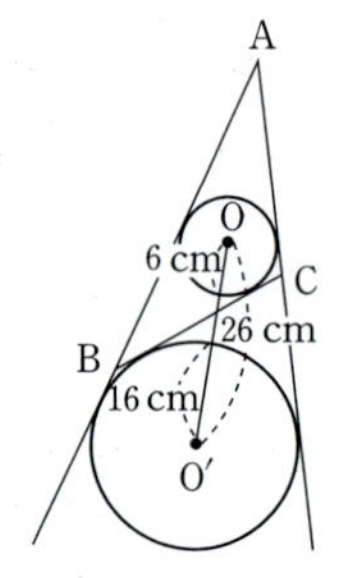

생각하기 두 원의 반지름의 길이와 중심거리를 이용하여 두 원의 공통외접선의 길이를 구한다. 또한,

바이블 원 밖의 한 점에서 원에 그은 두 접선의 길이는 같다.

모범해답

<그림>에서 두 직선 DF, EG는 두 원 O, O′의 공통외접선이므로,

$$\overline{DF}=\overline{EG}=\sqrt{26^2-(16-6)^2}=24 \text{ (cm)}$$

한편, $\overline{DF}=\overline{DB}+\overline{BF}$, $\overline{EG}=\overline{EC}+\overline{CG}$

원 밖의 한 점에서 원에 그은 두 접선의 길이는 같으므로,

$$\overline{DB}=\overline{BI}, \quad \overline{BF}=\overline{BH}, \quad \overline{EC}=\overline{CI}, \quad \overline{CG}=\overline{CH}$$

$$\therefore \overline{DF}+\overline{EG}=\overline{BI}+\overline{BH}+\overline{CI}+\overline{CH}$$
$$=\overline{BH}+\overline{HI}+\overline{BH}+\overline{CI}+\overline{CI}+\overline{IH}$$
$$=2(\overline{BH}+\overline{HI}+\overline{IC})=2\overline{BC}$$

$$24+24=2\overline{BC} \qquad \therefore \ \mathbf{\overline{BC}=24 \ cm} \ \leftarrow \text{답}$$

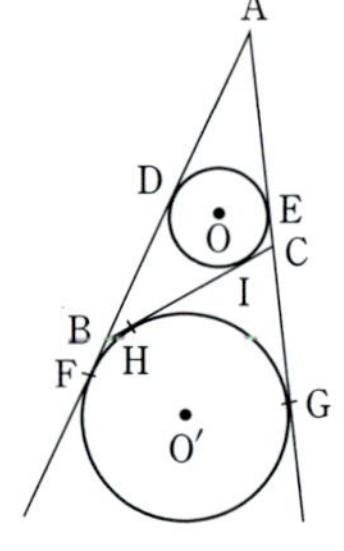

유제 1 <그림>과 같이 두 원 O, O′이 있다. 점 O가 △ABC의 내심이고, 점 O′은 △ABC의 방심일 때, 두 원 O, O′의 공통내접선의 길이는 몇 cm인가?

(단, $\overline{AB}=5$ cm, $\overline{BC}=8$ cm, $\overline{CA}=7$ cm)

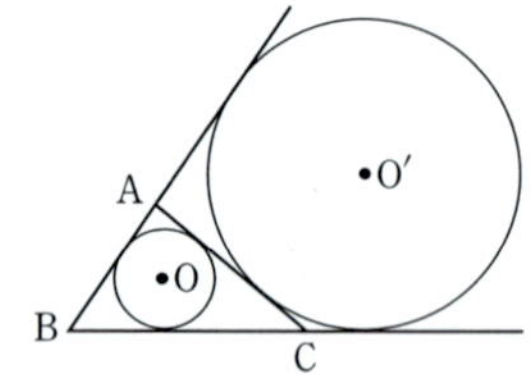

필수예제 2

<그림>과 같이 점 P에서 외접하는 두 원 O, O′과 한 공통외접선의 접점을 각각 A, B라고 하자. $\overline{OA}=8\ cm$, $\overline{O'B}=2\ cm$일 때, $\overline{AP}$의 길이를 구하여라.

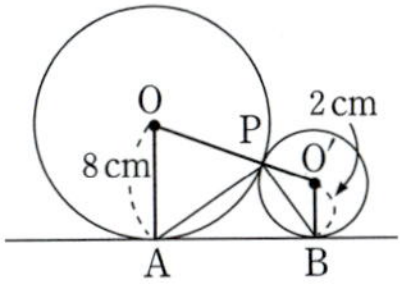

생각하기 두 원 O, O′의 공통내접선 PD를 그으면,

$$\overline{AD}=\overline{PD}=\overline{BD}, \quad \angle APB=90°$$

임을 알 수 있다. 따라서,

□OADP의 대각선의 교점을 M이라 하면,

$$\triangle OAD=\frac{1}{2}\times\overline{AD}\times\overline{AO}=\frac{1}{2}\times\overline{OD}\times\overline{AM}$$

에서 $\overline{AM}$의 길이를 구할 수 있다.

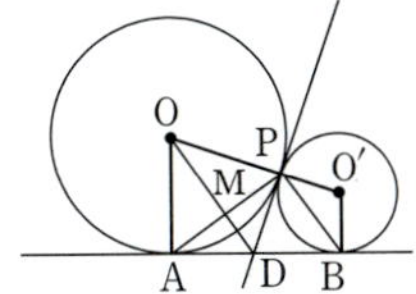

모범해답

공통외접선의 길이는

$$\overline{AB}=\sqrt{10^2-(8-2)^2}=8\ (cm)$$

따라서, $\overline{AD}=\overline{PD}=\overline{BD}=4\ cm$

$\triangle OAD$에서 $\overline{OD}=\sqrt{8^2+4^2}=4\sqrt{5}\ (cm)$

$$\triangle OAD=\frac{1}{2}\times4\times8=\frac{1}{2}\times4\sqrt{5}\times\overline{AM}$$

$$\therefore \overline{AM}=\frac{8\sqrt{5}}{5}\ cm$$

$$\therefore \overline{AP}=2\times\frac{8\sqrt{5}}{5}=\frac{16\sqrt{5}}{5}\ \textbf{(cm)} \leftarrow 답$$

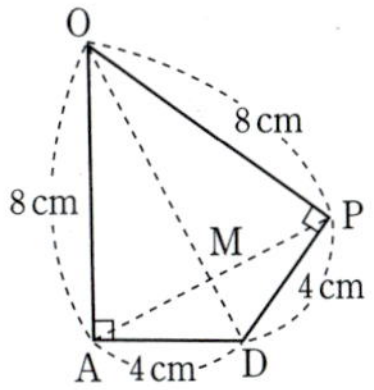

유제 2 반지름의 길이가 **1 cm**, **3 cm**인 두 원 **O**, **O′**이 점 **R**에서 외접하고 있다. $\overline{PQ}$는 두 원의 공통외접선일 때,

(1) $\overline{PQ}$의 길이를 구하여라.

(2) $\triangle PQR$의 넓이를 구하여라.

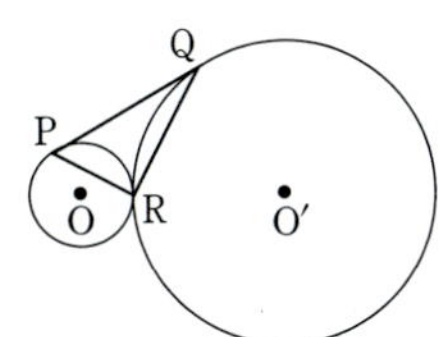

연습 문제

- 학교 시험과 수준·경향을 일치시킨 기본적인 문제입니다.
- 한 문제 한 문제를 정복하여 이 단원의 내용을 총정리합시다.

1. <그림>과 같이 원 O, O′의 반지름의 길이가 각각 3 cm, 5 cm, ∠BO′O=45°일 때, 공통 내접선 AB의 길이를 구하여라.

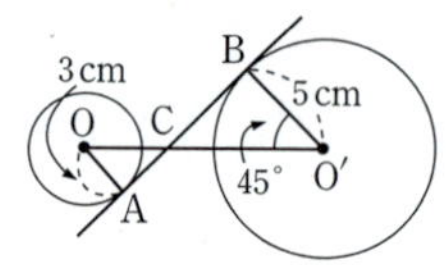

2. 반지름의 길이가 5 cm, r cm인 두 원의 중심거리가 10 cm이고, 공통내 접선의 길이가 $\sqrt{51}$ cm일 때, r의 값을 구하여라.

3. 두 원의 중심거리가 13 cm, 공통외접선의 길이가 12 cm, 공통내접선의 길이가 9 cm일 때, 두 원의 반지름의 길이를 각각 구하여라.

4. 반지름의 길이가 6 cm, 2 cm인 두 원 A, B 가 점 C에서 외접하고 있다. $\overleftrightarrow{PD}$는 두 원의 공통외접선일 때, 색칠한 부분의 넓이를 구 하여라.

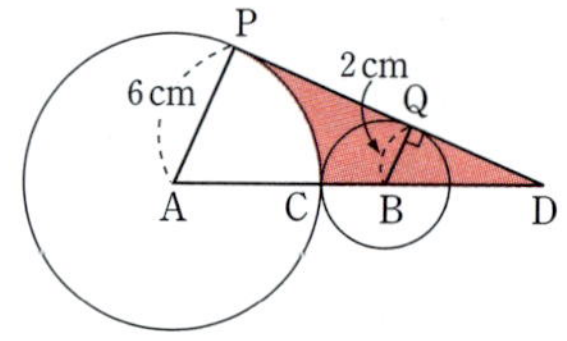

5. 반지름의 길이가 12 cm, 중심이 O인 반원에 내접하는 최대의 원을 C라 하고, 원 C와 반 원 O에 접하는 원을 P라 한다. 원 P의 반지 름의 길이를 구하여라.

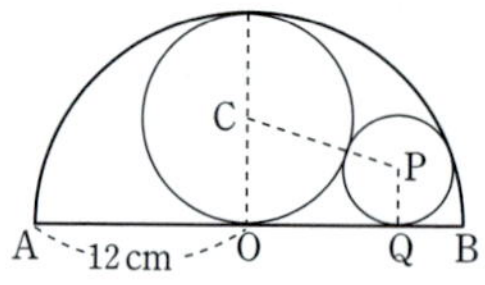

6. 한 변의 길이가 6 cm인 정삼각형의 두 변에 접하고 서로 외접하는 세 원이 있다. 이 원의 반지름의 길이를 구하여라.

1. 반지름의 길이가 1인 원이 있다. 이 원의 원주를 12등분한 점을 A_1, A_2, A_3, …, A_{12}라 하고, 이 원주 위의 임의의 점을 P라고 할 때,

$$\overline{A_1P}^2 + \overline{A_2P}^2 + \overline{A_3P}^2 + \cdots + \overline{A_{12}P}^2$$

의 값을 구하여라.

2. <그림>에서 $\overline{OC}=10$ cm, $\overline{O'D}=3$ cm이고, $\overleftrightarrow{CD}$는 두 원 O, O′의 공통외접선이다. 색칠한 부채꼴 OAC와 O′BD의 넓이의 비가 $200 : 27$일 때, $\angle AOC$의 크기를 구하여라.

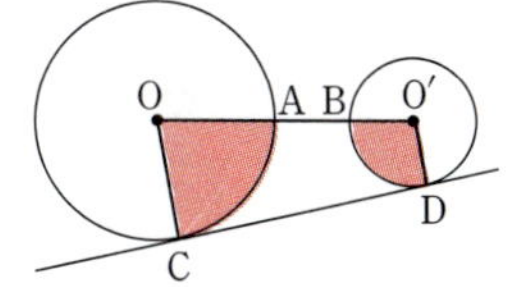

3. 점 P에서 외접하는 두 원 O, O′이 있다. 두 원의 공통외접선 m, n이 공통내접선 l과 만나는 점을 각각 A, B라고 한다. 두 원 O, O′의 반지름의 길이가 각각 9 cm, 4 cm일 때, 선분 AB의 길이를 구하여라.

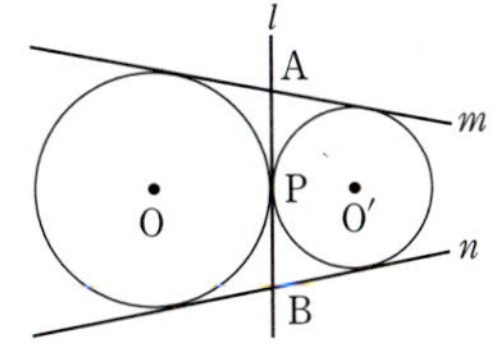

4. 점 A에서 외접하는 두 원 O, O′이 있다. 두 원과 한 공통외접선의 접점을 각각 B, C라고 할 때, $\angle ABC=36°$이면 $\angle AO'C$의 크기는 몇 도가 되는가?

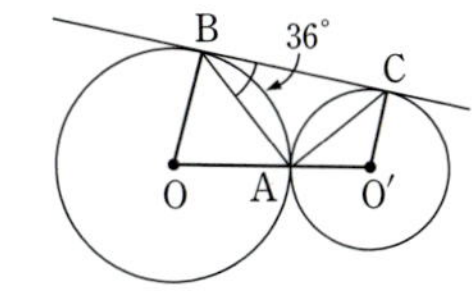

5. <그림>과 같이 반지름의 길이가 a, b, c인 세 원 O_1, O_2, O_3이 두 점에서 외접하고 있다. 세 원이 두 직선 l, m에 접할 때, c를 a, b로 나타내어라.

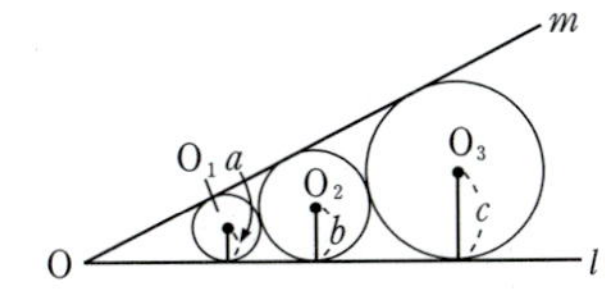

1. <그림>과 같은 직사각형 ABCD에서 원 O가 사각형 ABCE에 내접하고, 원 O'이 △CDE에 내접하고 있다. $\overline{BC}=6\,cm$, $\overline{DE}=4\,cm$일 때, 두 원 O, O'의 반지름의 길이의 합을 구하여라.

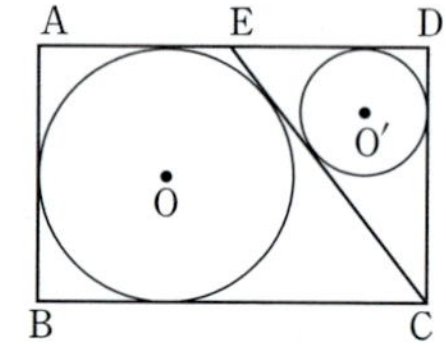

2. 두 원 O, O'이 점 C에서 외접하고 있다.

(1) $\angle ADC=a$일 때, $\angle APC$, $\angle BQC$의 크기를 구하여라.

(2) $\overline{AC}=3$, $\overline{BC}=2$일 때, 세 점 A, B, C를 지나는 원의 반지름의 길이를 구하여라.

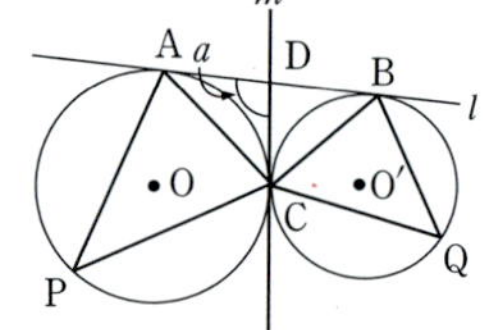

3. 원 O의 반지름의 길이는 3, 원 O_1의 반지름의 길이는 2이고, $\overline{AB}$는 원 O_1의 지름이다.

(1) $\overrightarrow{BC}$가 원 O_1의 접선일 때, $\overline{BC}$의 길이를 구하여라.

(2) 원 O_2의 반지름의 길이를 구하여라.

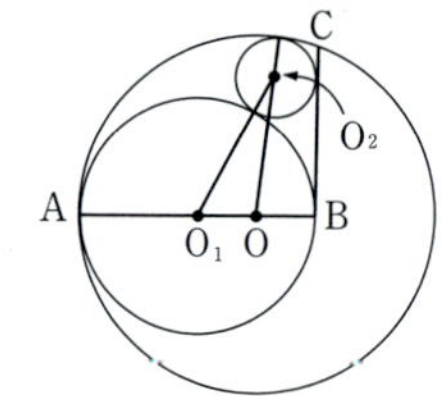

4. <그림>에서 □ABCD는 한 변의 길이가 4인 정사각형이고, $\overline{AD} /\!/ \overline{BC} /\!/ l$이다. 또, 점 O는 정사각형의 대각선의 교점이고, 점 P는 원의 중심이다. $\overline{OP}=4$, 정사각형과 원과의 교점의 개수가 4개일 때, 원의 반지름의 길이 r의 범위를 구하여라.

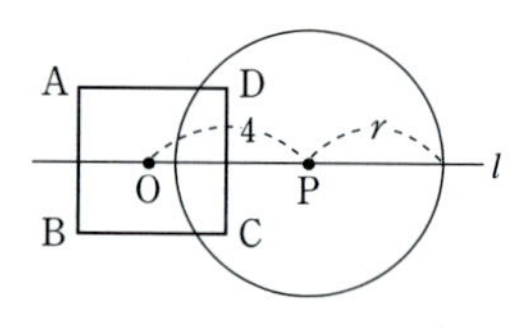

5. <그림>에서 두 원 O, O'의 반지름의 길이의 비는 $3:2$이고 $\overrightarrow{AB}$는 공통내접선, $\overline{AC}=4$, $\overline{BD}=3$이다. 작은 원의 반지름의 길이를 구하여라.

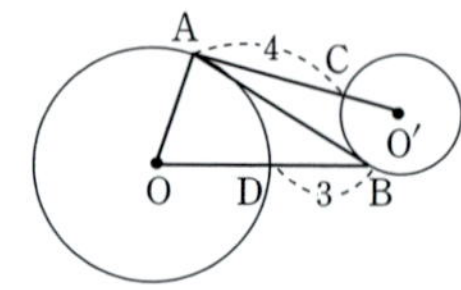

1. <그림>에서 이등변삼각형 ABC의 내접원, 외접원의 중심을 각각 I, O라 한다. $\overline{AI}$의 연장선과 외접원과의 교점을 D라 하고, r는 외접원의 반지름의 길이, $\overline{OI}=d$라 할 때, $\overline{BD}$의 길이를 r, d를 써서 나타내어라. (단, ∠A는 예각, $\overline{AB}=\overline{AC}$)

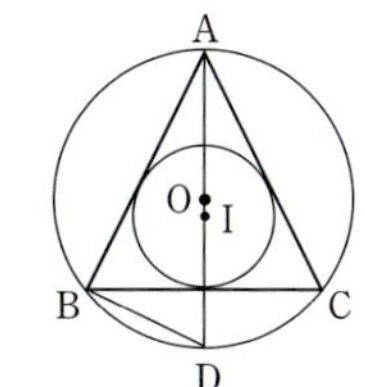

2. <그림>과 같이 큰 원 O 안에 두 쌍의 원이 서로 접할 때, 5개 원의 둘레의 길이의 합을 구하여라.

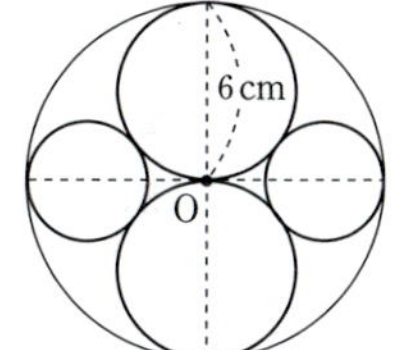

3. 반지름의 길이가 **5 cm**인 원에 내접하는 사각형 **ABCD**가 있다. $\overline{AD}=\overline{CD}=3\text{ cm}$일 때, 다음에 답하여라.
(1) $\overline{AC}$와 $\overline{OD}$의 교점을 P라고 할 때, $\overline{OP}$의 길이를 구하여라.
(2) $\overline{AB}$의 길이를 구하여라.
(3) $\overline{BA}$의 연장선이 $\overline{CD}$의 연장선과 만나는 점을 Q라고 할 때, $\overline{AQ}$의 길이를 구하여라.

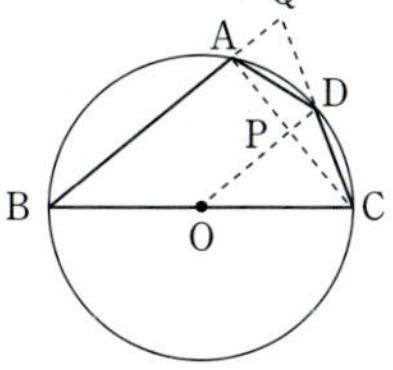

4. △ABC에서 ∠**B**=**60°**, ∠**C**=**75°**이다. $\overline{BC}=10$일 때, 다음을 구하여라.
(1) $\overline{AC}$의 길이를 구하여라.
(2) △ABC의 넓이를 구하여라.
(3) △ABC의 내접원의 반지름의 길이를 r라 할 때, $\dfrac{1}{r}$을 구하여라.

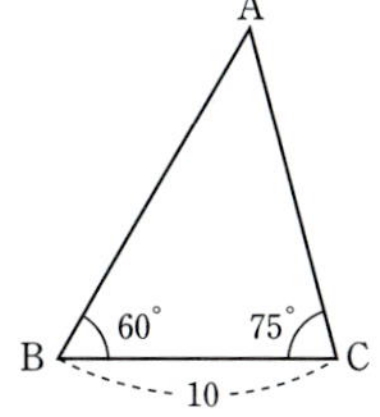

5. $\overline{BC}=7$, $\overline{CA}=8$, $\overline{AB}=9$인 △ABC의 변 BC 위에 한 점 D가 있다. △ABD와 △ADC에 각각 내접하는 두 원이 서로 외접할 때, $\overrightarrow{AD}$는 공통내접선이다. $\overline{BD}$의 길이를 구하여라.

6. <그림>과 같이 서로 외접하는 두 원 O, O′에서 두 원의 한 공통외접선과의 교점이 각각 A, B이고, 중심선 OO′과 선분 OA가 이루는 각이 60°일 때, 작은 원 O′의 반지름의 길이를 구하여라. (단, $\overline{OA}=4$)

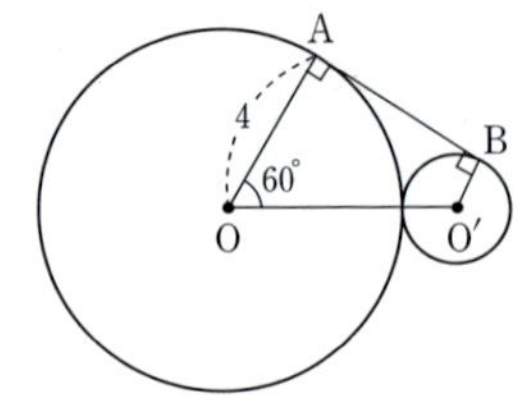

7. <그림>에서 원 O_1과 O_2, 원 O_2와 O_3, 원 O_3과 O_4는 각각 점 P, Q, R에서 서로 외접하고 있다. 또한, $\overline{AC}$, $\overline{AD}$, $\overline{AE}$는 모두 두 원의 공통내접선이고 나머지 변들은 모두 한 원의 접선이다. $\overline{AB}=21\,cm$, $\overline{BC}=16\,cm$, $\overline{CD}=12\,cm$, $\overline{DE}=8\,cm$, $\overline{EF}=4\,cm$일 때, $\overline{AF}$의 길이를 구하여라.

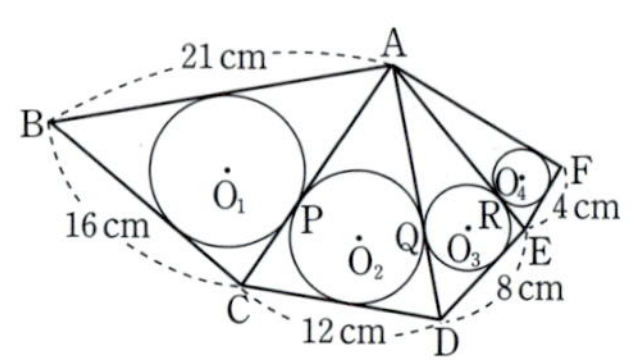

8. <그림>과 같이 $\overline{AB}=10$, $\overline{BC}=6$인 직각삼각형 안에 원 O_1이 내접하고 있다. 이 원과 변 AB, BC에 동시에 접하는 원 O_2의 반지름의 길이를 구하여라.

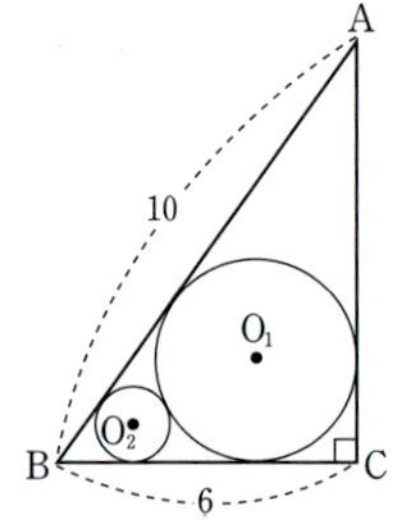

9. <그림>과 같이 한 변의 길이가 $6+2\sqrt{3}$인 정삼각형 ABC의 두 변에 접하고 서로 외접하는 세 개의 원이 있다. 이 세 원의 넓이의 합을 구하여라.

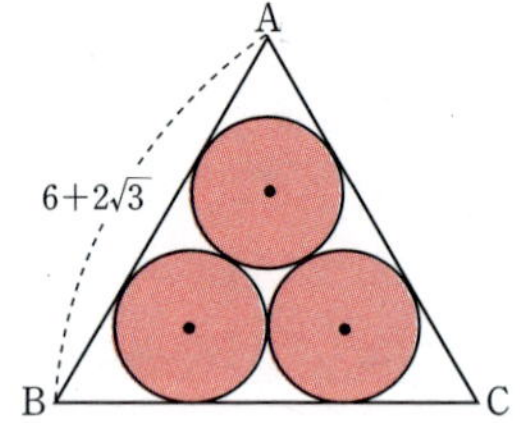

10. <그림>과 같이 반지름의 길이가 $1\,cm$인 3개의 원이 서로 외접하고 있다. 이 3개의 원에 동시에 접하는 원의 반지름의 길이를 구하여라.

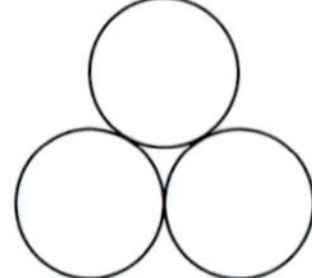

1 원주각

▶ 한 호에 대한 원주각의 크기는 그 호에 대한 중심각의 크기의 $\dfrac{1}{2}$이 된다.

Study 　원 위의 한 점 P에서 그은 두 현 PA, PB가 이루는 각 ∠APB를 호 AB에 대한 **원주각**이라고 한다. 또한, $\overset{\frown}{AB}$를 원주각 ∠APB에 대한 **호**라고 한다.

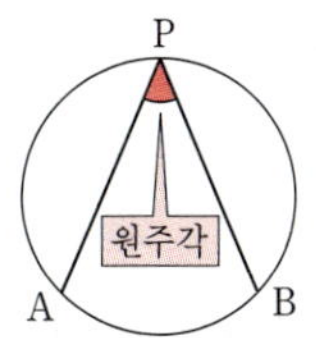

▶ 원주각과 중심각의 크기의 관계는 다음 세 가지 경우로 나누어 증명할 수 있다.

❶ **∠APB의 변 위에 중심 O가 있을 때**：
　△BOP는 이등변삼각형이므로,
$$\angle BPO = \angle PBO$$
또, $\angle AOB = \angle BPO + \angle PBO = 2\angle APB$
$$\therefore \ \angle APB = \frac{1}{2}\angle AOB$$

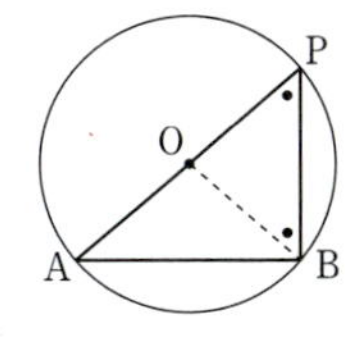

❷ **∠APB의 내부에 중심 O가 있을 때**：
　$\overline{PO}$의 연장선과 원 O와의 교점을 P′이라고 하면, ❶에 의하여
$$\angle APP' = \frac{1}{2}\angle AOP', \ \ \angle BPP' = \frac{1}{2}\angle BOP'$$
$$\therefore \ \angle APB = \angle APP' + \angle BPP'$$
$$= \frac{1}{2}(\angle AOP' + \angle BOP') = \frac{1}{2}\angle AOB$$

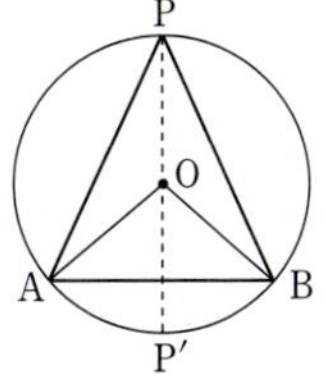

❸ ∠APB의 외부에 중심 **O**가 있을 때 :
$\overline{PO}$의 연장선과 원 O와의 교점을 P′이라고
하면 **❶**에 의하여

$$\angle P'PA = \frac{1}{2}\angle P'OA, \quad \angle P'PB = \frac{1}{2}\angle P'OB$$

$$\therefore \ \angle APB = \angle P'PB - \angle P'PA$$

$$= \frac{1}{2}(\angle P'OB - \angle P'OA) = \frac{1}{2}\angle AOB$$

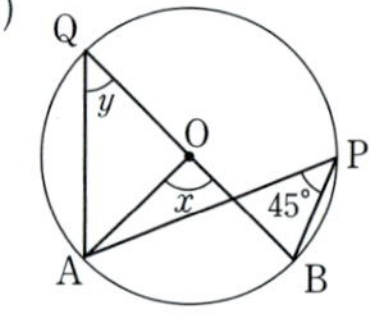

바이블 한 호에 대한 원주각의 크기는 그 호에 대한 중심각의 크기의 $\frac{1}{2}$
이 된다.

보기 1. <그림>에서 ∠x, ∠y의 크기를 구하여라.

(1) 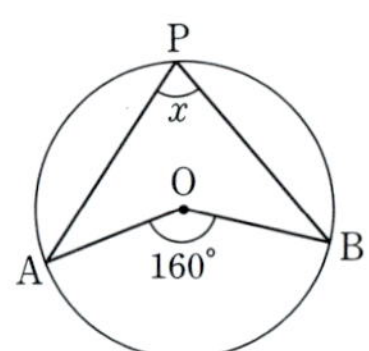   (2) 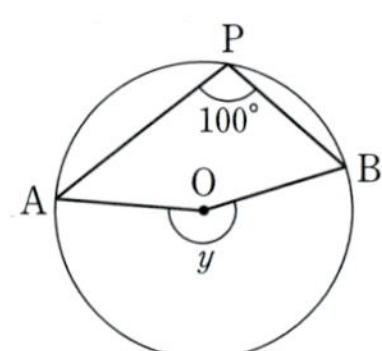   (3)

연구 (1) $\overparen{AB}$에 대한 중심각 ∠AOB의 크기가 160°이므로

$$\angle x = \frac{1}{2}\angle AOB = \frac{1}{2}\times 160° = 80°$$

(2) $\overparen{AB}$에 대한 원주각 ∠APB의 크기가 100°이고, $\overparen{AB}$에 내한 중
심각 ∠AOB의 크기는 ∠y이므로,

$$\angle y = 2\angle APB = 2\times 100° = 200°$$

(3) $\angle x = 2\angle APB = 2\times 45° = 90°$

$$\angle y = \frac{1}{2}\angle AOB = \frac{1}{2}\times 90° = 45°$$

보기 2. 반원에 대한 원주각의 크기는 90°임을 밝혀라.

연구 오른쪽 그림에서 반원($\overparen{AB}$)에 대한 중심각
은 ∠AOB=180°이므로, 반원($\overparen{AB}$)에 대한
원주각을 ∠APB라 하면,

$$\angle APB = \frac{1}{2}\angle AOB = \frac{1}{2}\times 180° = 90°$$

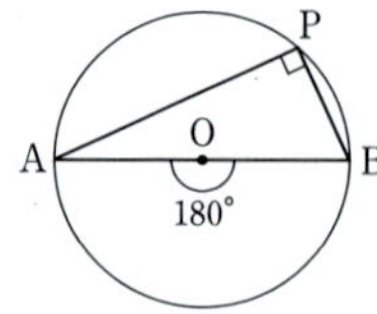

 2. 원주각과 호

1. 한 원에서 같은 호에 대한 원주각의 크기는 같다.
2. 한 원 또는 합동인 두 원에서 같은 길이의 호에 대한 원주각의 크기는 같다. (역도 성립한다.)

Study　1° 같은 호에 대한 원주각의 크기

▶ <그림>에서 $\widehat{AB}$에 대한 원주각
　　$\angle P_1,\ \angle P_2,\ \angle P_3,\ \angle P_4$

의 크기는 모두 중심각 $\angle AOB$의 크기의 $\dfrac{1}{2}$이다.

따라서, 같은 호에 대한 원주각의 크기는 모두 같다.

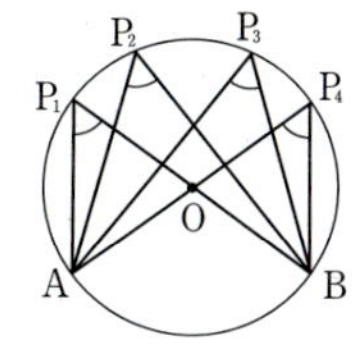

보기 <그림>에서 $\triangle AOC \backsim \triangle DOB$임을 증명하여라.

증명 $\widehat{BC}$에 대한 원주각으로, $\angle A = \angle D$
　　$\widehat{AD}$에 대한 원주각으로, $\angle C = \angle B$
　　　$\therefore\ \triangle AOC \backsim \triangle DOB$ (AA 닮음)

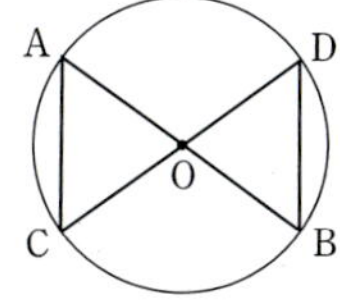

Study　2° 호의 길이와 원주각의 크기

❶ 같은 길이의 호에 대한 원주각의 크기는 같다.

증명 $\angle APB = \dfrac{1}{2}\angle AOB,\ \angle CQD = \dfrac{1}{2}\angle COD$이고
　　$\widehat{AB} = \widehat{CD}$이므로, $\angle AOB = \angle COD$
　　　$\therefore\ \angle APB = \angle CQD$
즉, 같은 길이의 호에 대한 원주각의 크기는 같다.

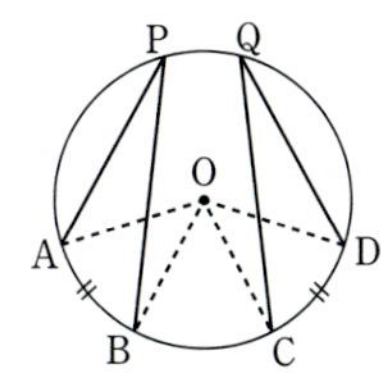

❷ 같은 크기의 원주각에 대한 호의 길이는 같다.

증명 $\angle APB = \dfrac{1}{2}\angle AOB,\ \angle CQD = \dfrac{1}{2}\angle COD$이고,
　　$\angle APB = \angle CQD$이므로,
　　　$\angle AOB = \angle COD$　　$\therefore\ \widehat{AB} = \widehat{CD}$
즉, 같은 크기의 원주각에 대한 호의 길이는 같다.

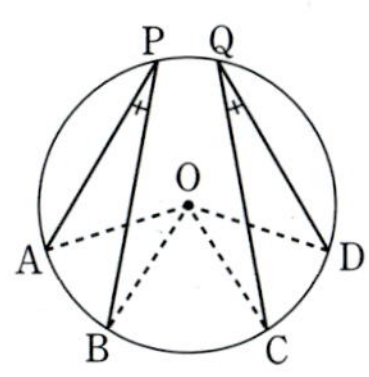

필수예제 1

<그림>에서 점 O는 △ABC의 외심이다.
△ABC의 외접원의 반지름의 길이가
10 cm일 때, 다음에 답하여라.

(1) $\overline{AB}$의 길이를 구하여라.

(2) ∠EAD의 크기를 구하여라.

(3) △ADE와 △BOE의 넓이의 비를 구하여라.

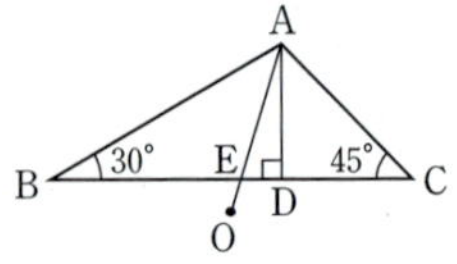

생각하기) 점 O는 △ABC의 외심이므로, $\overline{AO}=\overline{BO}=\overline{CO}$
이고, $\overline{AO}$는 원 O의 반지름이 된다.

(1) $\overset{\frown}{AB}$에 대한 중심각은 ∠AOB이고, 원주각
은 ∠ACB이다.

(3) 닮은 도형의 넓이의 비는 닮음비의 제곱과 같다.

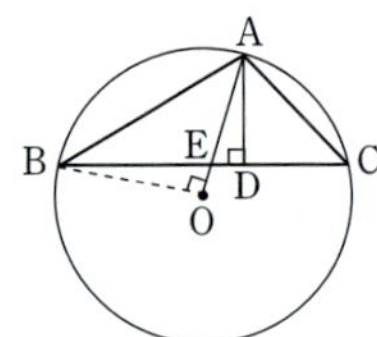

모범해답)

(1) ∠AOB = 2∠ACB = 2×45° = 90°

△AOB는 세 변의 길이의 비가 $1:1:\sqrt{2}$인 직각이등변삼각형이므로,

$$\overline{AB}=\sqrt{2}\,\overline{OA}=10\sqrt{2}\text{ (cm)} ← \boxed{답}$$

(2) ∠BAD = 60°, ∠BAO = 45°에서

$$\angle EAD = 60°-45° = 15° ← \boxed{답}$$

(3) △ADE와 △BOE에서 ∠ADE = ∠BOE = 90°, ∠AED = ∠BEO

$$∴ \triangle ADE \backsim \triangle BOE$$

△ABD는 세 변의 길이의 비가 $1:2:\sqrt{3}$인 직각삼각형이므로,

$$\overline{AD}=\frac{1}{2}\overline{AB}=5\sqrt{2}\text{ (cm)}$$

$$∴ \triangle ADE : \triangle BOE = \overline{AD}^2 : \overline{BO}^2 = (5\sqrt{2})^2 : 10^2 = 1:2 ← \boxed{답}$$

유제 1 <그림>에서 $\overline{AC}$, $\overline{BE}$는 원 O의 지름이고,
$2\overset{\frown}{CD}=\overset{\frown}{DE}$, ∠CAD = 17°일 때, 다음에 답하여라.

(1) ∠COE의 크기를 구하여라.

(2) ∠OFB의 크기를 구하여라.

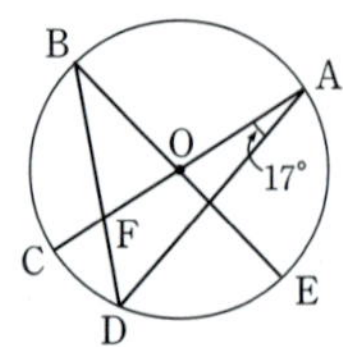

필수예제 2

<그림>에서
$\overline{AD}=\overline{AB}$, $\overline{AC}=\overline{CE}$,
$\overparen{AB} : \overparen{BC}=1 : 2$이다.

(1) $\angle BEA$의 크기를 구하여라.

(2) 원의 반지름의 길이가 1 cm일 때, $\overline{CE}$의 길이를 구하여라.

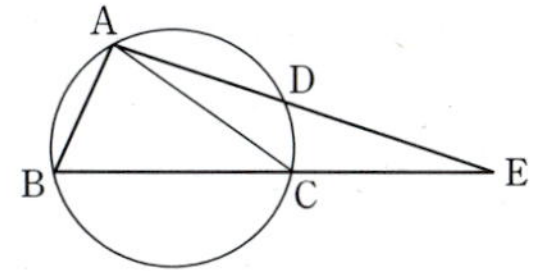

[생각하기] $\overparen{AD}=\overparen{AB}$이고 네 점 A, B, C, D는 원주 위의 점이므로,
$$\angle DCA=\angle BCA=\angle BDA=\angle DBA$$
이다. 또한, 원주각의 크기는 호의 길이에 비례하므로,
$$\angle ACB : \angle BAC=\overparen{AB} : \overparen{BC}=1 : 2$$

[모범해답]

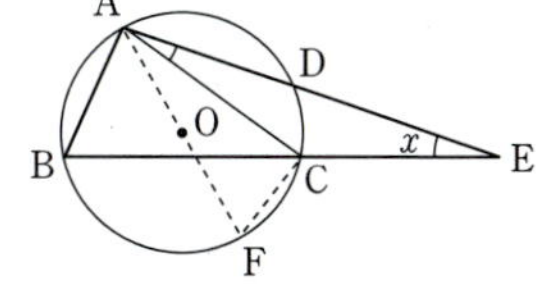

(1) $\angle CEA=x$라고 하면, $\overline{AC}=\overline{CE}$에서
$$\angle CAE=x \qquad \therefore \angle BCA=2x \quad \cdots\cdots \text{㉠}$$
또한, $\angle CBD=\angle CAD=x$
$$\angle DBA=\angle BDA=\angle BCA=2x$$
$$\therefore \angle ABC=3x \qquad \cdots\cdots \text{㉡}$$
그런데 $\overparen{AB} : \overparen{BC}=1 : 2$에서 $\angle BAC=2\angle BCA$
$$\therefore \angle BAC=4x \qquad \cdots\cdots \text{㉢}$$
㉠, ㉡, ㉢에서 $9x=180°$ $\quad \therefore x=20°$ $\quad \therefore \angle \mathbf{BEA}=\mathbf{20°} \leftarrow$ 답

(2) 점 A를 지나는 지름을 $\overline{AF}$라고 하면, $\angle AFC=\angle ABC=60°$
$$\angle ACF=90° \qquad \therefore \overline{AF} : \overline{AC}=2 : \sqrt{3}$$
$\overline{AF}=2$ cm이므로, $\overline{AC}=\sqrt{3}$ cm $\qquad \therefore \overline{\mathbf{CE}}=\sqrt{\mathbf{3}}\ \mathbf{cm} \leftarrow$ 답

[유제] 2 <그림>과 같은 두 반원에서
$\overline{AB}=3a$, $\overline{AC}=2a$이고, $\overparen{AD}=\overparen{AC}$이다.
다음에 답하여라.

(1) $\angle ACE$의 크기를 구하여라.

(2) $\overline{CD}$의 길이를 a를 써서 나타내어라.

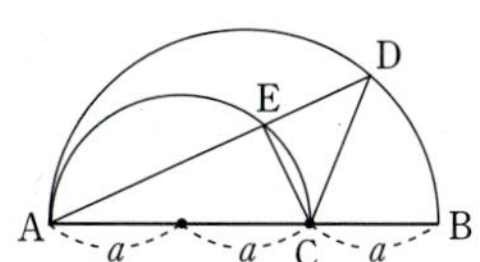

필수예제 3

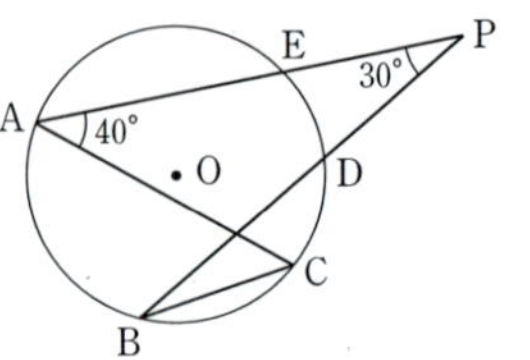

<그림>에서 원 O의 원주의 길이는 l이고, $\angle APB=30°$, $\angle PAC=40°$, $\overarc{AB}+\overarc{CE}=0.5l$이다.

(1) $\overarc{AB}$의 길이를 구하여라.

(2) $\angle ACB$의 크기를 구하여라.

(3) $\overarc{AB} : \overarc{CD} : \overarc{DE}$의 값을 구하여라.

생각하기 (1) $\overarc{CE}$에 대한 원주각은 $\angle A=40°$이다.

바이블 한 원에서 원주각의 크기의 합은 180°이다.

(2) $\angle ACB$는 $\overarc{AB}$에 대한 원주각이다.

(3) $\angle AEB=\angle ACB$, $\angle EAC=\angle EBC$, $\angle DBE=\angle AEB-\angle P$

모범해답

(1) $\overarc{CE}$에 대한 원주각으로, $\angle CAE=40°$

$$\overarc{CE}=\frac{40}{180}l=\frac{2}{9}l$$

$\overarc{AB}+\dfrac{2}{9}l=\dfrac{1}{2}l$에서 $\overarc{AB}=\dfrac{5}{18}\,l$ ← **답**

(2) $\angle ACB$에 대한 호는 $\overarc{AB}$이고 $\overarc{AB}=\dfrac{5}{18}l$이므로,

$$\angle ACB=\frac{5}{18}\times180°=\mathbf{50°}$$ ← **답**

(3) $\angle EBC=40°$, $\angle DBE=\angle AEB-\angle P=50°-30°=20°$에서

$\angle DBC=20°$ $\quad\therefore\ \overarc{CD}=\overarc{DE}$

또한, $\overarc{AB}:\overarc{CE}=5:4$

$\therefore\ \mathbf{\overarc{AB} : \overarc{CD} : \overarc{DE}=5 : 2 : 2}$ ← **답**

유제 3 $\triangle ABC$에서 $\angle A=80°$, $\angle B=60°$, $\angle C=40°$이다. 꼭지각 $\angle A$, $\angle B$, $\angle C$의 이등분선이 $\triangle ABC$의 외접원과 만나는 점을 각각 P, Q, R라 한다.

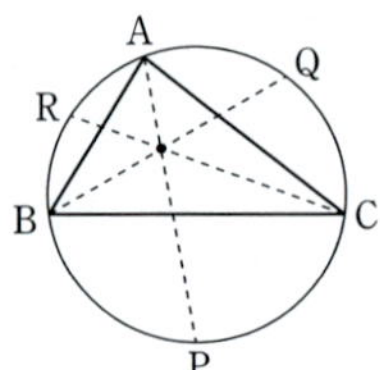

(1) $\angle PQR$의 크기를 구하여라.

(2) $\overarc{PQ} : \overarc{QR} : \overarc{RP}$의 값을 구하여라.

연습 문제

1. <그림>에서 $\angle x$의 크기를 구하여라.

(1) 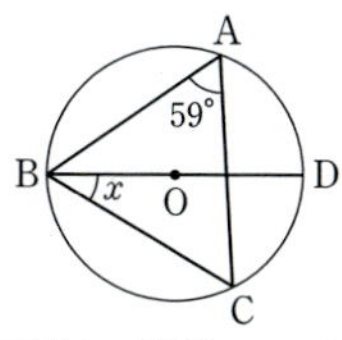
(2) 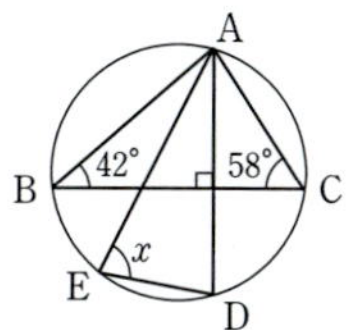
(3) 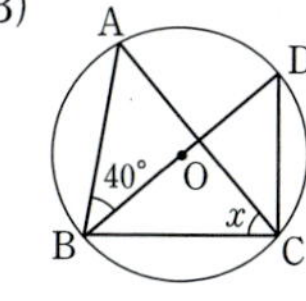

2. <그림>에서 $\angle x$의 크기를 구하여라.

(1) 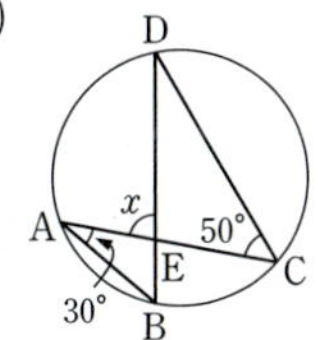
(2) 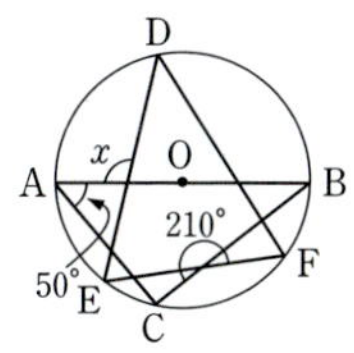

$(\overline{AC}=\overline{EF}, \ \overline{DE}=\overline{DF})$

(3) 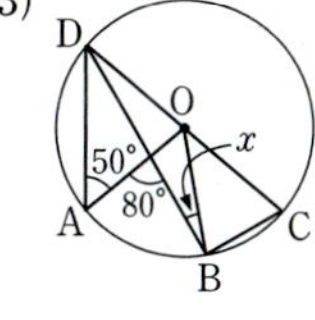

3. <그림>에서 $\angle x$, $\angle y$의 크기를 구하여라.

(1) 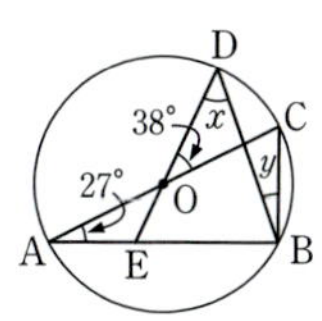
(2) 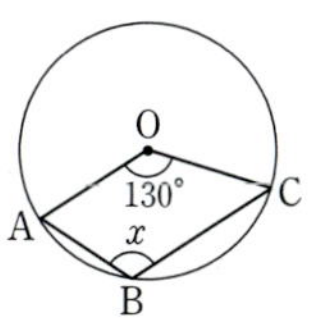
(3) 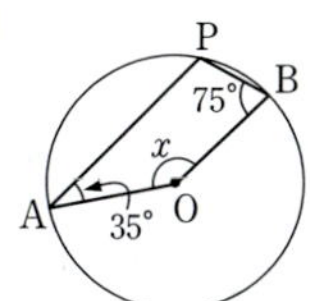

4. <그림>에서 $\angle x$의 크기를 구하여라.

(1) 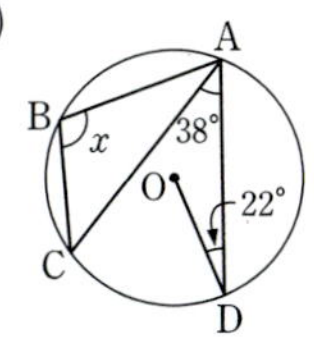
(2) 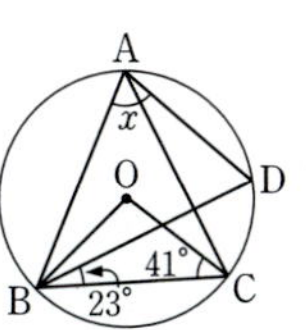
(3) 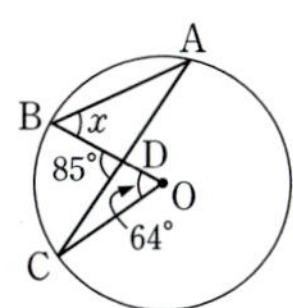

5. <그림>에서 지름 AB와 현 CD가 이루는 각의 크기가 48°이고 $\overset{\frown}{AC} : \overset{\frown}{BD}=1 : 3$이다. $\angle ADC$의 크기를 구하여라.

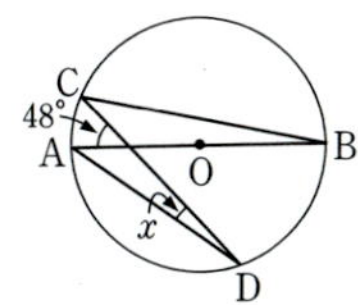

6. <그림>에서 점 O는 원의 중심이고 $\overline{OC} /\!/ \overline{BD}$, $\angle DAB=24°$이다. $\angle OCA$의 크기를 구하여라.

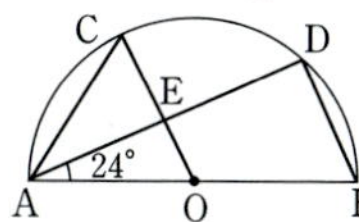

7. <그림>에서 $\overline{AB}=3\,\text{cm}$, $\angle BAC=60°$이다. $\overarc{BC}$의 길이를 구하여라.

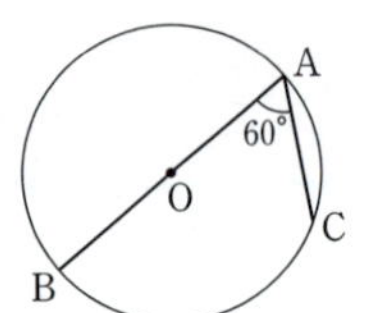

8. <그림>에서 $\overarc{AM}=\overarc{BM}$, $\overarc{AN}=\overarc{CN}$이고 $\angle BAC=52°$이다. $\angle MBN$의 크기를 구하여라.

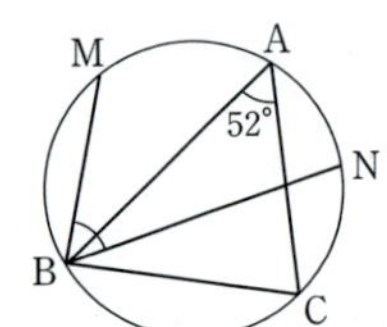

9. <그림>에서 $\overrightarrow{PA}$, $\overrightarrow{PB}$는 원 O의 접선이고 $\overarc{BC}=\overarc{CD}=\overarc{DA}$이다. $\angle P=54°$일 때, $\angle AQB$의 크기를 구하여라.

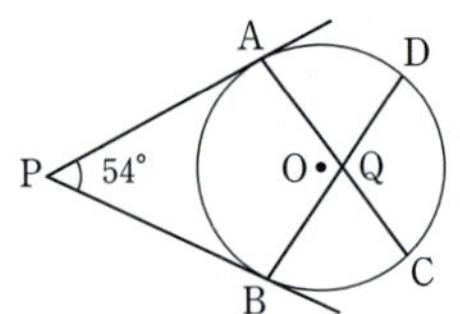

10. <그림>에서 $\overline{AB}$는 원 O의 지름이고 $\overarc{AC}:\overarc{CB}=2:1$이다. $\angle ABC$의 크기를 구하여라.

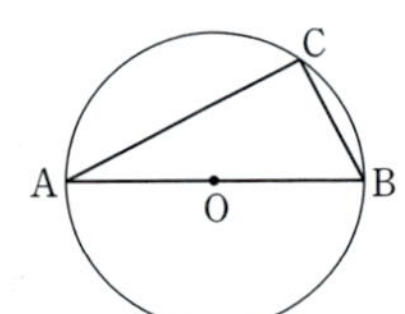

11. <그림>에서 네 점 **A, B, C, D**는 원주 위의 점이고 $\angle APD=80°$, $\angle AQD=40°$이다. 다음 각의 크기를 구하여라.

(1) $\angle BAC$ (2) $\angle ACD$

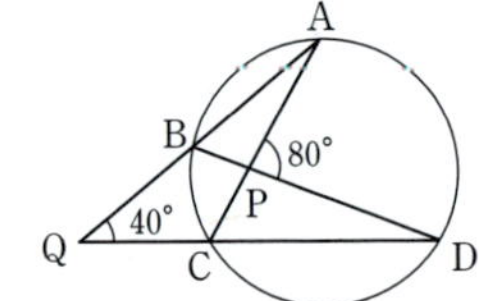

12. <그림>에서 $\overrightarrow{PA}$는 원 O의 접선이고, $\angle APQ=\angle BPQ$, $\angle B=30°$이다. $\angle PQA$의 크기를 구하여라.

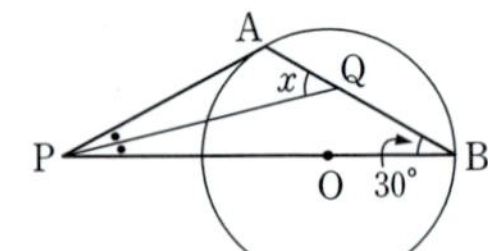
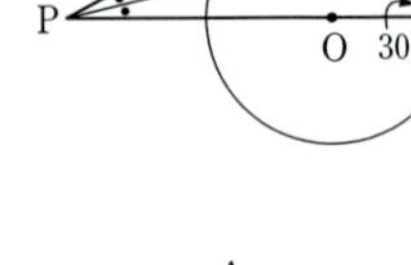

13. <그림>에서 원 **O**는 $\triangle ABC$의 외접원이고, $\angle A=150°$이다. $\overline{BC}=\overline{CD}$일 때, 다음 각의 크기를 구하여라.

(1) $\angle BAE$ (2) $\angle CAF$

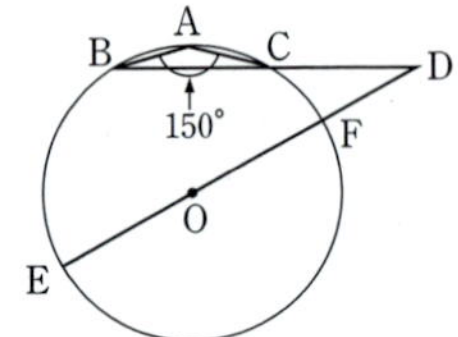

2 원과 사각형

 1. 내접사각형의 대각의 크기의 합

▶ 내접사각형에서 한 쌍의 대각의 크기
의 합은 180°이다. 즉,
$$\angle A + \angle C = 180°, \quad \angle B + \angle D = 180°$$

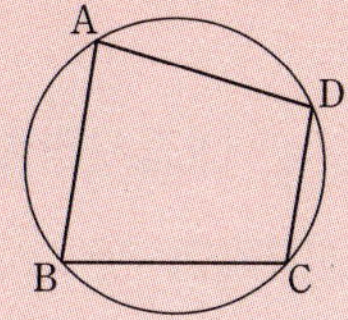

Study 내접사각형

❶ **내접사각형의 뜻** : 사각형의 모든 꼭짓점이 한 원주 위에 있을 때,
이 사각형을 내접사각형이라고 한다.

❷ 내접사각형의 대각의 크기의 합 ➡ **180°**

증명 □ABCD에서 ∠B는 $\widehat{ADC}$에 대한 원주각이고,
이 호에 대한 중심각의 크기는 ∠x이므로,

$$\angle B = \frac{1}{2}\angle x \qquad \cdots\cdots ㉠$$

∠D는 $\widehat{ABC}$에 대한 원주각이고, 이 호에 대한
중심각의 크기는 ∠y이므로,

$$\angle D = \frac{1}{2}\angle y \qquad \cdots\cdots ㉡$$

그러므로 ㉠+㉡하면 $\angle B + \angle D = \frac{1}{2}(x+y) = 180°$

바이블 원에 내접하는 사각형에서 한 쌍의 대각의 크기의 합은 180°이다.

보기 <그림>과 같은 □ABCD에 대하여 ∠x, ∠y
의 크기를 구하여라.

연구 내접사각형에서 한 쌍의 대각의 크기의 합은
180°이므로,

$$70° + \angle x = 180°에서 \quad \angle x = \mathbf{110°}$$
$$95° + \angle y = 180°에서 \quad \angle y = \mathbf{85°}$$

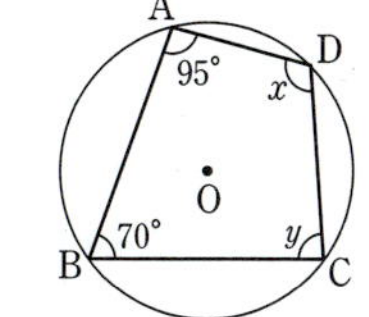

<table>
<tr><td>핵심 개념</td><td>2. 내접사각형의 외각과 내대각의 크기</td></tr>
</table>

▶ 내접사각형에서 한 외각의 크기는 그 내대각의 크기와 같다. 즉,
$$\angle A = \angle DCE$$

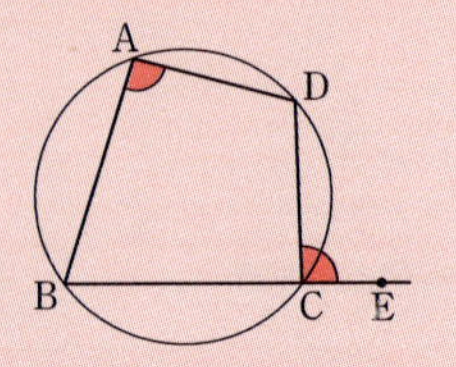

Study 내접사각형의 외각과 내대각

❶ **내대각의 뜻** : 사각형의 한 외각에 이웃한 내각에 대한 대각을 그 외각에 대한 **내대각**이라고 한다. 즉,
$\angle A$는 $\angle DCE$의 내대각이다.

❷ 내접사각형에서 한 외각의 크기는 그 내대각의 크기와 같다. 즉,
$$\angle A = \angle DCE$$

증명 오른쪽 그림에서 외각 $\angle DCE$에 대한 내대각은 $\angle A$이다.
$$\angle A + \angle BCD = 180° \quad \cdots\cdots \text{㉠}$$
$$\angle DCE + \angle BCD = 180° \quad \cdots\cdots \text{㉡}$$
㉠, ㉡에서 $\angle A = \angle DCE$

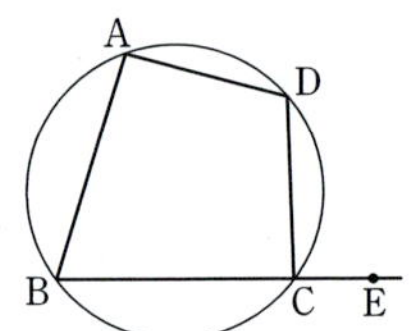

바이블 내접사각형에서 한 외각의 크기는 그 내대각의 크기와 같다.

보기 <그림>에서 $\angle x$, $\angle y$의 크기를 구하여라.

(1) 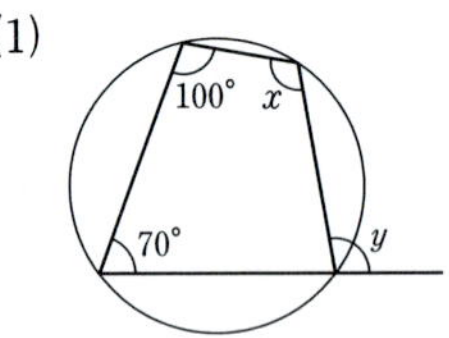

(2) 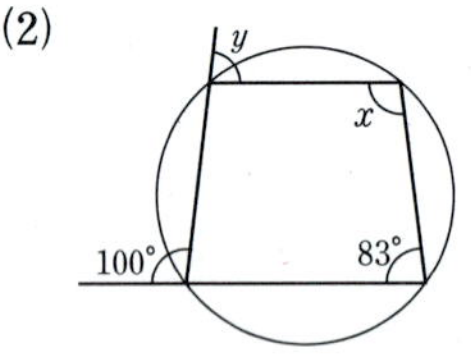

연구 내접하는 사각형의 한 외각의 크기는 그 내대각의 크기와 같음을 이용한다.

(1) $\angle x = 180° - 70° = 110°$, $\angle y = 100°$

(2) $\angle x = 100°$, $\angle y = 83°$

핵심 개념 | 3. 사각형이 원에 내접할 조건

1. 한 쌍의 대각의 크기의 합이 $180°$인 사각형은 원에 내접한다.
2. 사각형의 한 외각의 크기가 그 내대각의 크기와 같으면, 이 사각형은 원에 내접한다.

Study　1° 한 쌍의 대각의 크기의 합이 $180°$인 사각형은 원에 내접하는지 알아보자.

증명　□ABCD에서 $\angle B + \angle D = 180°$ ······㉠
라 하고, 세 점 A, B, C를 지나는 원 위에
점 D′을 잡는다.
□ABCD′은 원 O의 내접사각형이므로,
　　$\angle B + \angle D' = 180°$　　　······㉡
㉠, ㉡에서 $\angle D = \angle D'$
$\overset{\frown}{ABC}$에 대한 원주각의 크기가 같으므로 점 D는 원 O 위에 있다.
따라서, □ABCD는 원에 내접한다.

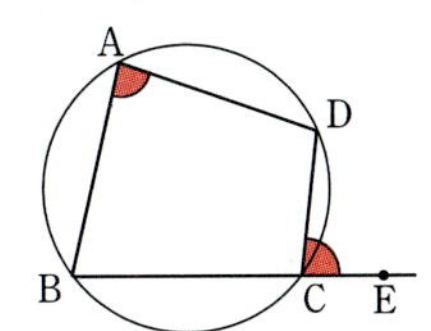

Study　2° $\angle A = \angle DCE$이면 □ABCD는 원에 내접하는지 알아보자.

증명　<그림>의 □ABCD에서
　　　$\angle BCD + \angle DCE = 180°$,　$\angle A = \angle DCE$
　　　$\therefore \ \angle A + \angle BCD = 180°$
즉, 한 쌍의 대각의 크기의 합이 $180°$이므로 □ABCD는 내접사각형이다.

보기　사다리꼴 ABCD에서 $\angle B = \angle C$이면 이 사다리꼴은 원에 내접함을 증명하여라.

증명　$\overline{AD}$의 연장선 위에 E를 잡으면,
$\overline{AE} /\!/ \overline{BC}$이므로 $\angle C = \angle CDE$(엇각)
　　　　$\therefore \ \angle B = \angle CDE$
따라서, 한 외각의 크기와 그 내대각의 크기가 같으므로 □ABCD는 원에 내접한다.

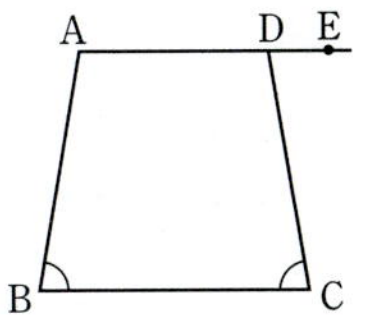

필수예제 1

<그림>에서 $\overline{\text{AB}}$는 원 O의 지름이고, $\overset{\frown}{\text{BC}}$의 길이는 원주의 길이의 $\dfrac{1}{8}$이다. $\overline{\text{AP}} \perp \overline{\text{PN}}$일 때,

(1) ∠PNC의 크기를 구하여라.

(2) $\overset{\frown}{\text{AD}}$가 원주의 길이의 $\dfrac{1}{18}$일 때, ∠ANC의 크기를 구하여라.

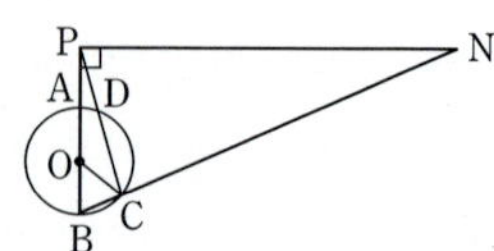

생각하기 이를테면, □PQRS에서
∠P+∠R=180°이면 □PQRS는 원에 내접한다.
또한, □PQRS가 원에 내접하면,
∠QPR=∠QSR, ∠PQS=∠PRS,
∠PSQ=∠PRQ, ∠SQR=∠SPR이다.

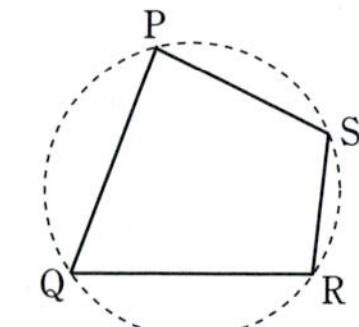

모범해답

(1) ∠PNC=90°−∠PBN=90°−∠OBC
△OBC는 이등변삼각형이므로,
$$\angle\text{OBC}=\frac{180°-\angle\text{BOC}}{2}=\frac{180°-45°}{2}=67.5°$$
따라서, ∠PNC=90°−67.5°=**22.5°**

(2) 두 점 A, C를 연결하면, ∠ACB=90°
또한, ∠APN=90°이므로 □PACN에서
∠ACN+∠APN=180°
따라서, □PACN은 원에 내접한다.
$$\therefore \ \angle\text{PNA}=\angle\text{PCA}=\angle\text{ACD}=180°\times\frac{1}{18}=10°$$
$$\therefore \ \angle\text{ANC}=\angle\text{PNC}-\angle\text{PNA}=22.5°-10°=\mathbf{12.5°} \leftarrow \text{답}$$

유제 1 <그림>에서 □ABCD는 원에 내접하고 $\overline{\text{AB}} /\!/ \overline{\text{DC}}$, $\overset{\frown}{\text{AB}}=2\overset{\frown}{\text{DC}}$이다. ∠ABD의 크기를 구하여라.

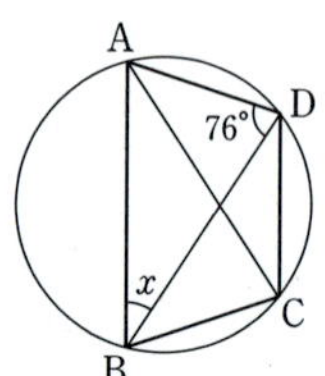

필수예제 2

<그림>에서 $\overline{AE} /\!/ \overline{BC}$, $\overline{AE}=\overline{ED}$, ∠EAD=30°, ∠EBC=55° 이다. ∠DCP의 크기를 구하여라.

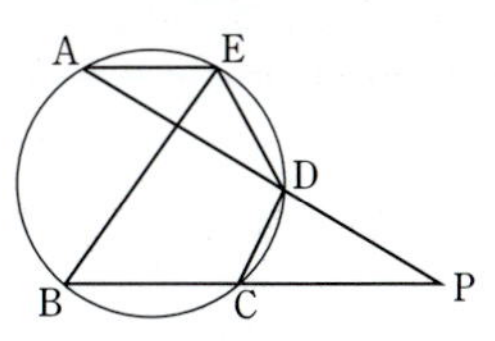

[생각하기] 원에 내접하는 사각형에서 한 외각의 크기는 그 내대각의 크기와 같다. 또한 여기에 평행선과 엇각의 성질을 이용한다.

[모범해답]

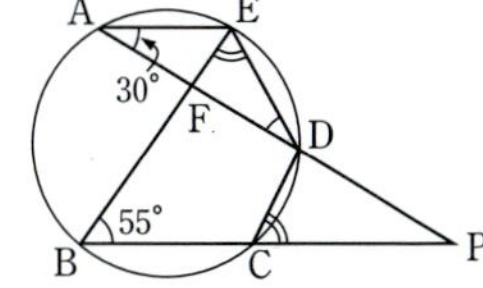

□EBCD는 원에 내접하므로,
$$∠DCP=∠BED \qquad \cdots\cdots ㉠$$
△EAD에서 $\overline{AE}=\overline{ED}$이므로,
$$∠EDA=∠EAD=30°$$
$$∴ \ ∠AED=180°-60°=120°$$
또한, $\overline{AE}/\!/\overline{BP}$에서 ∠AEB=∠PBE=55°
$$∴ \ ∠BED=∠AED-∠AEB$$
$$=120°-55°=65° \ \cdots\cdots ㉡$$
㉠, ㉡에서 **∠DCP=65°** ← [답]

[유제] 2   <그림>에서 A, B, C, D, E는 원 위의 점이다.
$$\overline{AC}/\!/\overline{ED}, \quad ∠ABD=62°$$
일 때, ∠DFE의 크기를 구하여라.

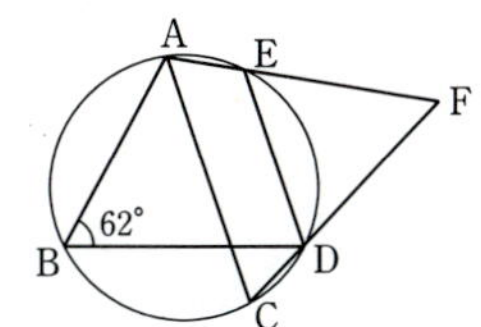

[유제] 3   <그림>에서 두 점 A, B는 두 원의 교점이다.
$$∠ACE=65°, \quad ∠DPF=40°$$
일 때, ∠DFB의 크기를 구하여라.

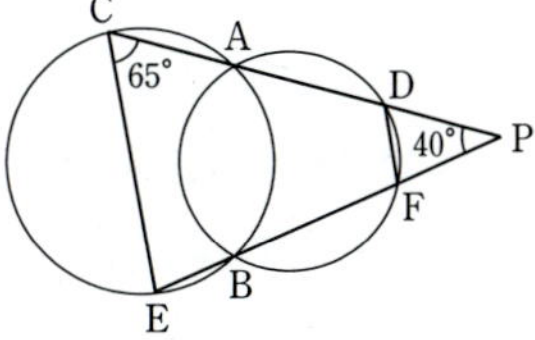

연습 문제

● 학교 시험과 수준·경향을 일치시킨 기본적인 문제입니다.
● 한 문제 한 문제를 정복하여 이 단원의 내용을 총정리합시다.

1. ＜그림＞에서 ∠x의 크기를 구하여라.

(1)　　　　　　　　　　(2)　　　　　　　　　　(3)

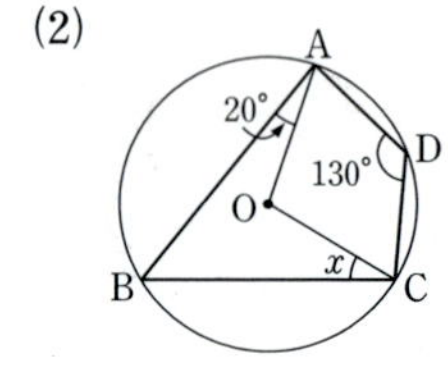

(단, $\overline{AB}=\overline{AD}$)

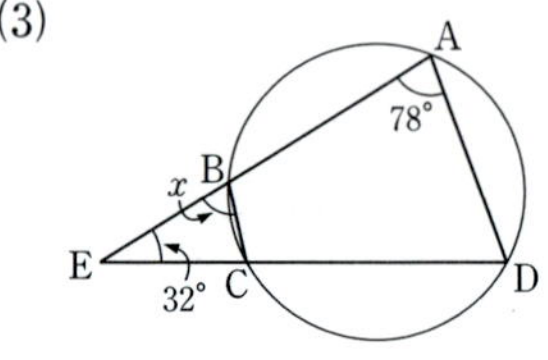

2. 원에 내접하는 □ABCD에서 ∠A : ∠B : ∠C=1 : 2 : 3이다.
∠C, ∠D의 크기를 각각 구하여라.

3. ＜그림＞에서 $\overset{\frown}{AM}=\overset{\frown}{BM}$일 때, ∠$x$, ∠$y$의 크기를 구하여라.

4. ＜그림＞에서 $\overline{AE}=\overline{EC}$일 때, ∠$x$, ∠$y$의 크기를 구하여라.

5. ＜그림＞에서 △BCD는 원 O에 내접하고, $\overline{AB}$는 원 O의 지름이다.
∠ABC=20°일 때, ∠D의 크기를 구하여라.

3.　　　　　　　　　**4.**　　　　　　　　　**5.**

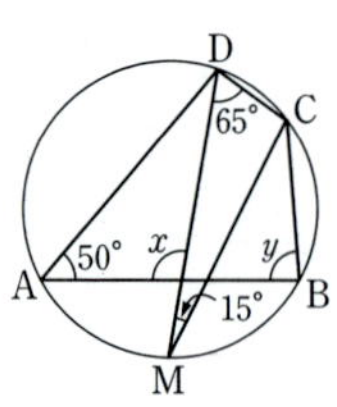

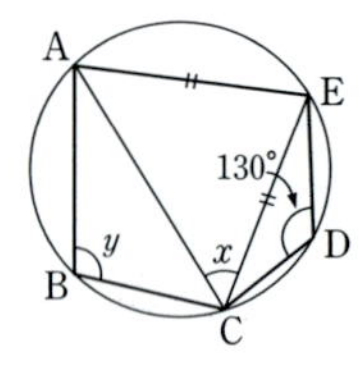

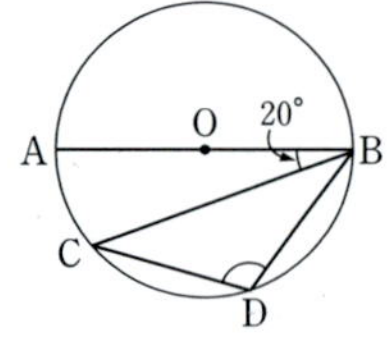

6. ＜그림＞에서 원 O는 △ABC의 외접원이고,
점 P는 $\overset{\frown}{AC}$ 위의 점이다. ∠BAC=40°,
∠ABO=25°일 때, ∠x의 크기를 구하여라.

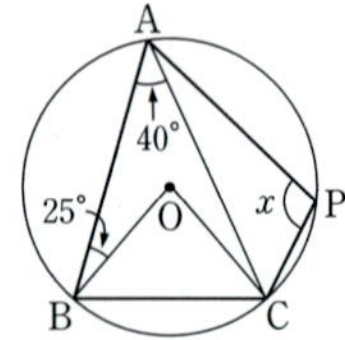

7. <그림>에서 □ABCD는 원에 내접하고, 두 점 E, F는 각 변의 연장선의 교점이다. ∠CFD=32°, ∠BEC=56°일 때, ∠BAD, ∠ADC의 크기를 구하여라.

8. <그림>에서 □ABCD는 원에 내접하고 있다. ∠x의 크기를 구하여라.

9. <그림>에서 □ABCD는 원 O에 내접하고, ∠P=40°, ∠Q=30°이다. ∠x, ∠y의 크기를 각각 구하여라.

7.

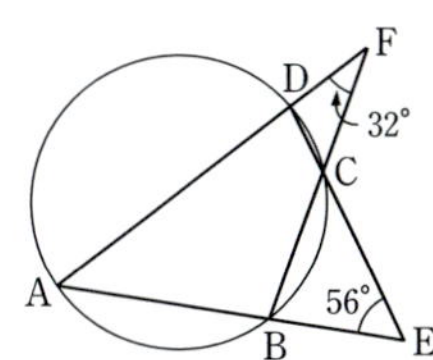

8.

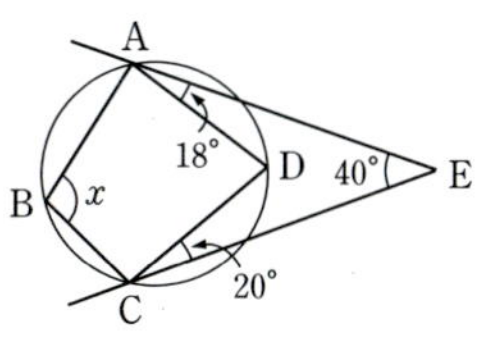

9.

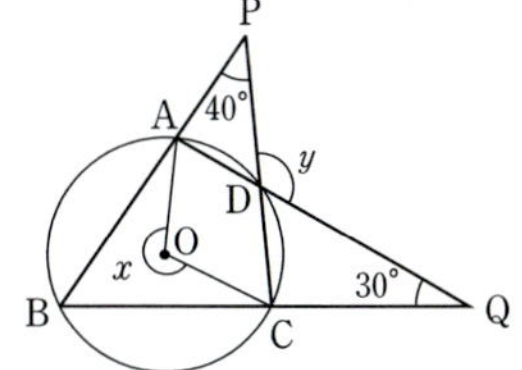

10. <그림>에서 원 O는 $\overline{AB}=\overline{AC}$인 이등변삼각형의 내접원이다. ∠A=76°일 때, 다음을 구하여라.

(1) ∠CDE

(2) ∠DOE

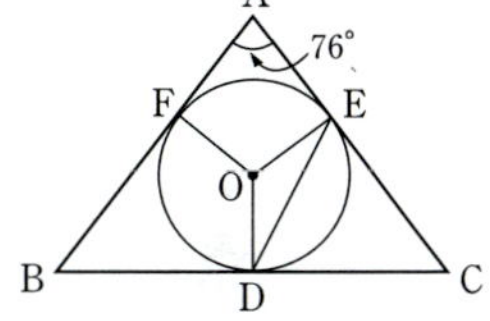

11. <그림>에서 $\overline{BD}$는 원의 지름이고, ∠DBC=∠BDC이다.

(1) △BCF≡△DCE임을 증명하여라.

(2) $\overset{\frown}{AD}$의 길이가 원주의 길이의 $\dfrac{1}{10}$일 때, ∠CED의 크기를 구하여라.

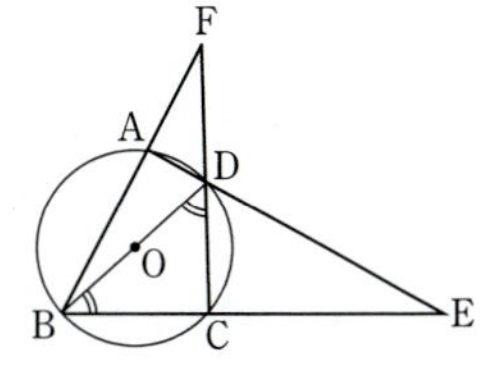

12. <그림>에서 □ABCD는 원 O에 내접하고, $\overline{AB}=\overline{AD}=\overline{AE}$, ∠BCD=70°, ∠ABF=20°이다. 다음 각의 크기를 구하여라.

(1) ∠BAD   (2) ∠FED

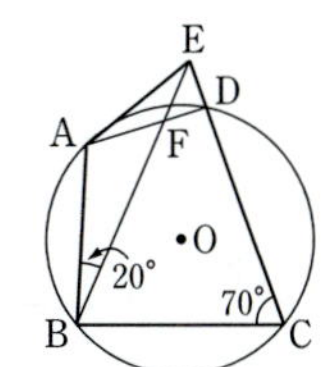

3 접선과 현이 이루는 각

핵심 개념 | **1.접선과 현이 이루는 각에 대한 성질**

▶ 원의 현과 그 한 끝점에서의 접선이 이루는 각의 크기는 이 각의 내부에 있는 호에 대한 원주각의 크기와 같다. 즉,

$$\angle C = \angle BAT$$

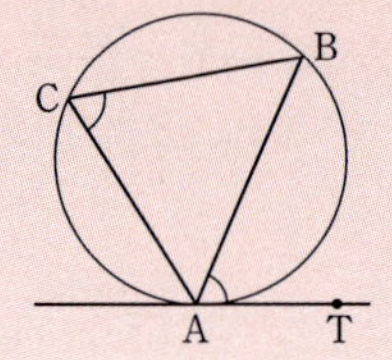

Study 　　<그림>과 같이 점 P가 움직여서 점 B가 있는 곳까지 왔을 때, 직선 PB는 접선 BT가 되고

$$\angle APB = \angle ABT$$

가 됨을 추측할 수 있다.

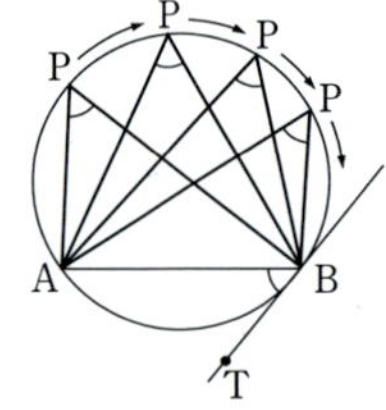

▶ 접선이 현과 이루는 각의 크기에 대한 성질은 다음 세 가지 경우로 나누어 생각할 수 있다.

❶ $\angle$**BAT**가 **직각**일 경우 :

$\overline{AB}$는 원 O의 지름이므로,

$$\angle BCA = 90°$$

또한, $\angle BAT = 90°$

$$\therefore \ \angle BCA = \angle BAT$$

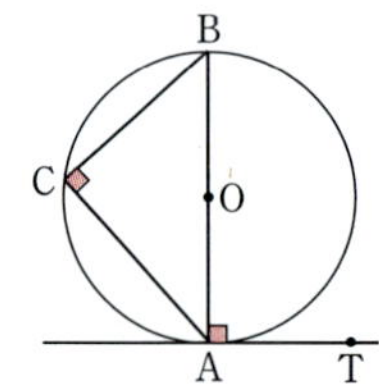

❷ $\angle$**BAT**가 **예각**일 경우 :

점 A를 지나는 지름의 다른 한 끝을 C′이라 하고, 점 C와 점 C′을 연결하면,

$$\angle C'CA = 90°$$

따라서, $\angle BCA = 90° - \angle C'CB$ …… ㉠

또한, $\angle C'AT = 90°$이므로

$\angle BAT = 90° - \angle C'AB$ …… ㉡

그런데 $\angle C'CB = \angle C'AB$이므로, ㉠, ㉡에서 $\angle BCA = \angle BAT$

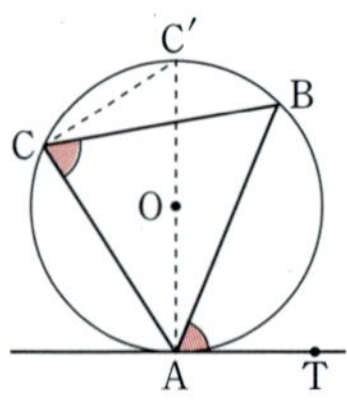

❸ ∠**BAT**가 둔각일 경우 :
점 A를 지나는 지름의 다른 한 끝을 B′이라고
하면,

$$\angle B'CA = \angle B'AT = 90° \ \cdots\cdots \ \text{㉠}$$

또, 같은 호에 대한 원주각의 크기는 같으므로,

$$\angle BCB' = \angle BAB' \quad \cdots\cdots \ \text{㉡}$$

㉠, ㉡에서

$$\angle B'CA + \angle BCB' = \angle B'AT + \angle BAB'$$

$$\therefore \ \angle BCA = \angle BAT$$

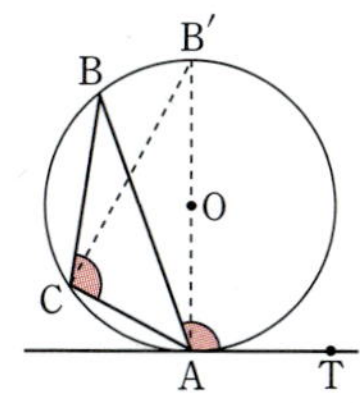

보기 <그림>에서 ∠x, ∠y의 크기를 구하여라.

(1) 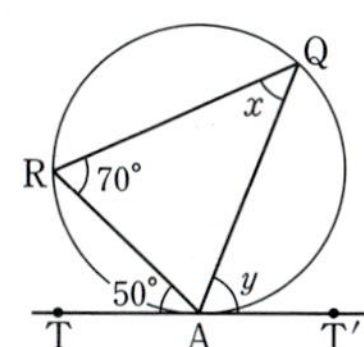　　　　(2) 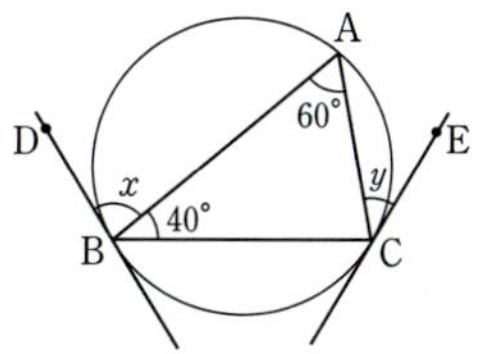

연구 크기가 같은 각을 찾을 때는 대변, 대각의 관계를 이용한다.

(1) ∠Q의 대변은 $\overline{AR}$이고 현 AR와 접선 AT가 이루는 각은
∠RAT이다.　　∴ ∠Q=∠RAT　　∴ ∠x=50°
현 AQ와 접선 AT′이 이루는 각은 ∠QAT′이고, 변 AQ의
대각은 ∠R이다.　　∴ ∠R=∠QAT′　　∴ ∠y=70°

(2) 현 AB와 접선 BD가 이루는 각은 ∠ABD이고,
변 AB의 대각은 ∠ACB이므로 ∠ABD=∠ACB
　　∴ ∠x=180°−(60°+40°)=80°
현 AC와 접선 CE가 이루는 각은 ∠ACE이고,
변 AC의 대각은 ∠ABC이므로 ∠ACE=∠ABC
　　∴ ∠y=40°

❹ <그림>에서 ∠C=∠BAT이면,
• $\overrightarrow{AT}$는 원 O의 접선이다.
• △ABC는 내접삼각형이다.

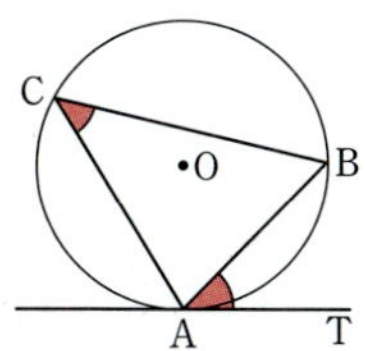

필수예제 1

<그림>에서 ∠x의 크기를 구하여라.

(1) $\overleftrightarrow{AB}$, $\overleftrightarrow{AC}$는 접선

(2) $\overleftrightarrow{EA}$는 접선

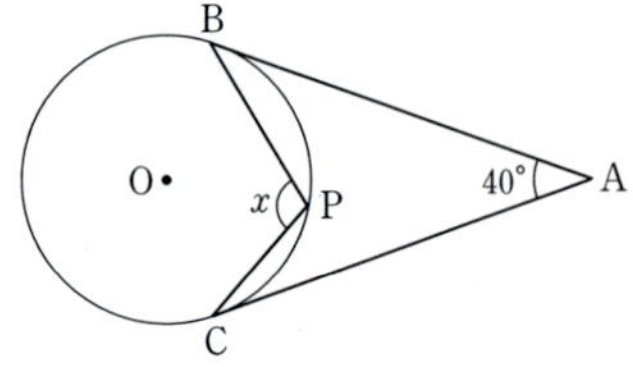

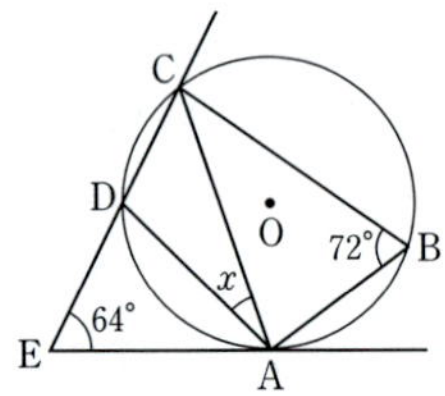

생각하기 원의 현과 그 한 끝점에서의 원의 접선이 이루는 각의 크기는 이 각의 내부에 있는 호에 대한 원주각의 크기와 같음을 이용하는 문제이다.

모범해답

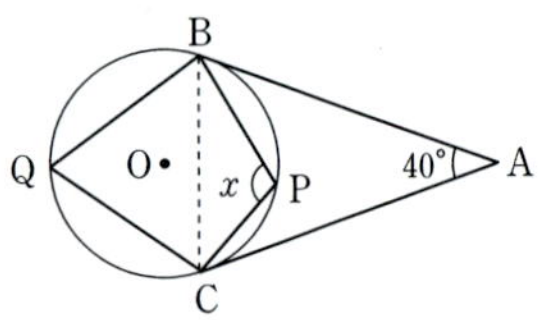

(1) △ABC에서 $\overline{AB}=\overline{AC}$이므로,

$\quad$ ∠ABC=70°

$\quad$ ∠ABC는 접선 AB와 현 BC가 이루는 각이고, 변 BC의 대각은 ∠BQC이므로

$\quad$ ∠BQC=∠ABC=70°

$\quad$ □BQCP는 원 O에 내접하므로, ∠Q+∠x=180°

$\quad\quad$ ∴ ∠x=180°−70°=**110°** ← 답

(2) ∠B의 대변은 현 AC이고, 현 AC와 접선 AE가 이루는 각은 ∠CAE이므로 ∠CAE=∠B=72°

$\quad$ 따라서, △AEC에서 ∠ACE=180°−(72°+64°)=44°

$\quad$ □ABCD는 원에 내접하므로 ∠ADE=∠B=72°

$\quad$ 따라서, △ACD에서 ∠x=72°−44°=**28°** ← 답

유제 1 <그림>에서 ∠x, ∠y의 크기를 구하여라.

(1) $\overleftrightarrow{PT}$는 접선

(2) $\overleftrightarrow{CT}$는 접선

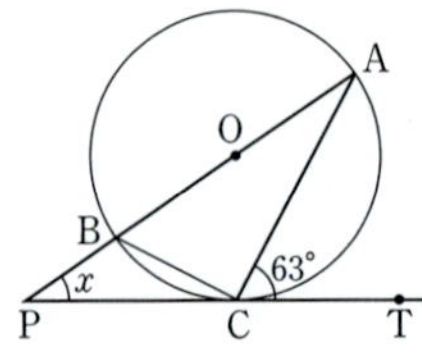

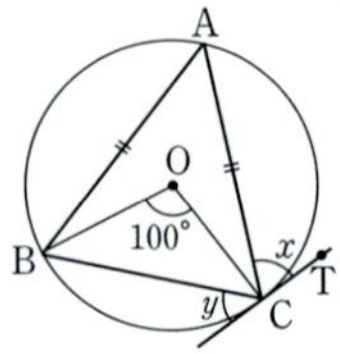

필수예제 2

<그림>에서 □ABCD는 원 O에 내접하고, 직선 l은 원 O와 점 C에서 접한다. $\overline{AF}\perp l$, $\overline{AF}=\overline{EF}$일 때, 다음을 구하여라.

(1) ∠DCF의 크기

(2) $\overline{EC} : \overline{CF}$의 값

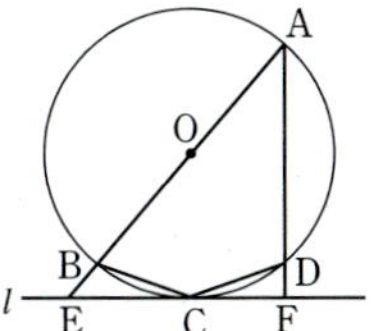

[생각하기] 주어진 조건을 분석하면 다음을 알 수 있다.

- $\overline{AF}\perp l$, $\overline{AF}=\overline{EF}$ —— △AEF는 직각이등변삼각형이고, ∠EAF=45°이다.

- 점 C에서 원 O와 직선 l이 접한다. —— $\overline{OC}\perp l$

- $\overline{AB}$가 지름 —— ∠ADB=90°, ∠BAD=∠EAF=45°, △ABD는 직각이등변삼각형이다.

[모범해답]

(1) △ABD∽△AEF(AA닮음)이고, △AEF는 직각이등변삼각형이므로, △ABD도 직각이등변삼각형이다.

또한 △BOD도 직각이등변삼각형이고 $\overline{OC}\perp\overline{BD}$이므로, ∠COD=45°

$$\therefore \angle CAD = \frac{1}{2}\angle COD = 22.5°$$

$$\therefore \angle DCF = \angle CAD = \mathbf{22.5°} \leftarrow \text{답}$$

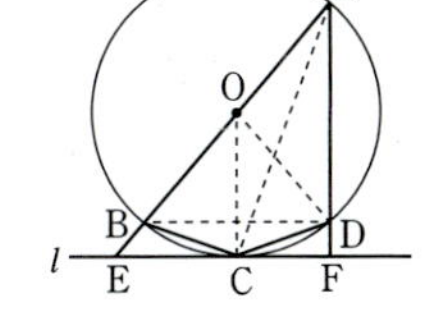

(2) ∠COD=2∠CAD, ∠COB=2∠CAB, ∠COD=∠COB=45°이므로, $\overline{CA}$는 ∠EAF의 이등분선이다.

$$\therefore \overline{EC} : \overline{CF} = \overline{AE} : \overline{AF} = \mathbf{\sqrt{2} : 1} \leftarrow \text{답}$$

[유제] 2 <그림>에서 $\overset{\leftrightarrow}{PA}$, $\overset{\leftrightarrow}{PB}$는 원 O의 접선이고, 두 점 C, D는 $\widehat{AB}$의 3등분점이다. ∠AEB의 크기를 구하여라.

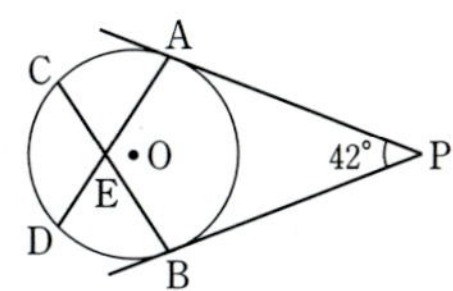

연습 문제

● 학교 시험과 수준·경향을 일치시킨 기본적인 문제입니다.
● 한 문제 한 문제를 정복하여 이 단원의 내용을 총정리합시다.

1. <그림>에서 직선 DC는 반원 O의 접선이다. ∠ABC=28°일 때, ∠CDA의 크기를 구하여라.

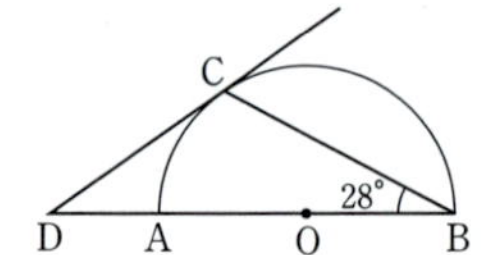

2. <그림>에서 △ABC는 원에 내접하고 직선 AT는 원의 접선이다.
$\overarc{AC}=2\overarc{AB}$, ∠BAT=32°일 때, ∠CAB의 크기를 구하여라.

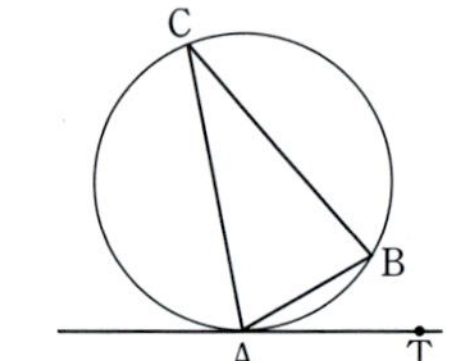

3. <그림>과 같이 반지름의 길이가 10 cm인 반원 O가 있다. 직선 AT는 원 O의 접선이고 ∠TAB=30°이다. $\overarc{AB}$의 길이를 구하여라.

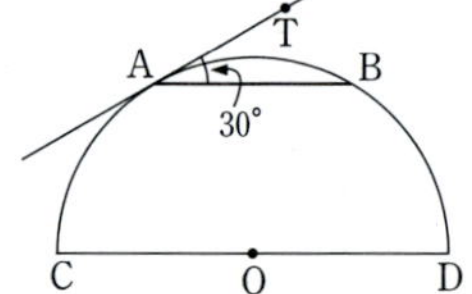

4. <그림>과 같이 두 반원 O, O'이 있다. $\overrightarrow{AQ}$는 반원 O'의 접선이고 ∠QAC=24°일 때, ∠AQC의 크기를 구하여라.

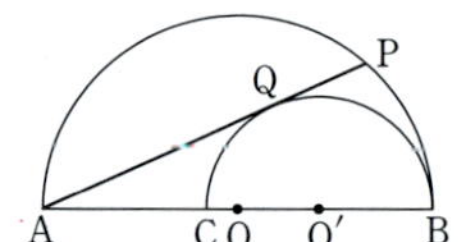

5. <그림>에서 $\overline{BD}$는 원 O의 지름이고, 직선 PQ는 원 O의 접선이다.
∠P=35°일 때, ∠CAQ의 크기를 구하여라.
(단, $\overline{BD}\,/\!/\,\overline{PQ}$)

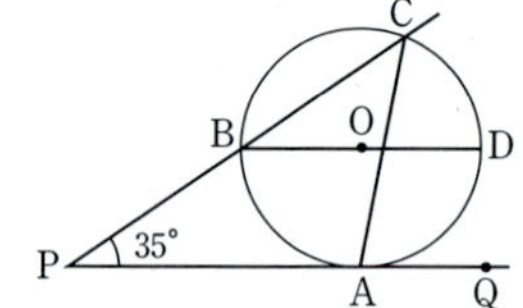

6. <그림>에서 $\overline{BC}$는 원 O의 지름이고 직선 AH는 원 O의 접선이다.
$\overline{AH}\perp\overline{DH}$, ∠ACB=28°일 때, ∠x, ∠y의 크기를 구하여라.

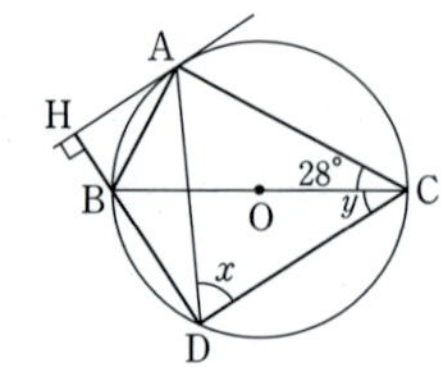

7. □ABCD는 원 O에 내접하고, 직선 BT는 원 O의 접선이다.
∠CBT=35°, ∠BCD=118°일 때, ∠x, ∠y 의 크기를 구하여라.

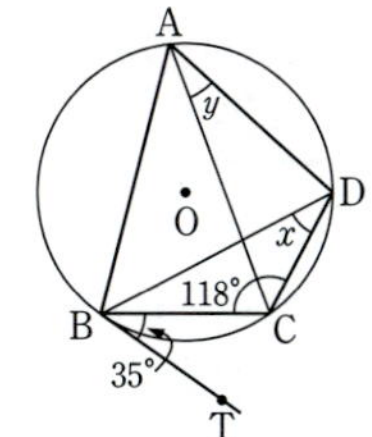

8. △ABC는 원에 내접하고 직선 XY는 원의 접선이다. ∠XCB=35°, ∠YCA=60°, $\overline{AE}=\overline{DE}$, $\overline{AB}\perp\overline{CD}$이고 E, F는 각각 변 AC, AB의 중점일 때, ∠x, ∠y의 크기를 구하여라.

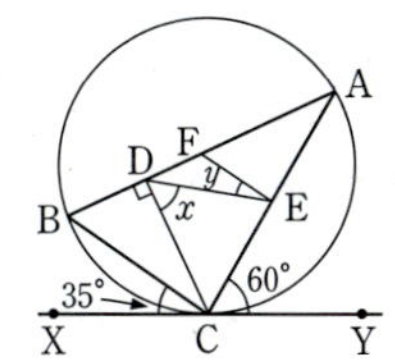

9. <그림>과 같이 $\overline{AB}>\overline{AC}$인 △ABC의 외접원이 있다. 점 A에서의 접선이 현 BC의 연장선과 만나는 점을 D, ∠ADB의 이등분선이 변 AB와 만나는 점을 E라 한다.
∠BAC=50°일 때, ∠AED의 크기를 구하여라.

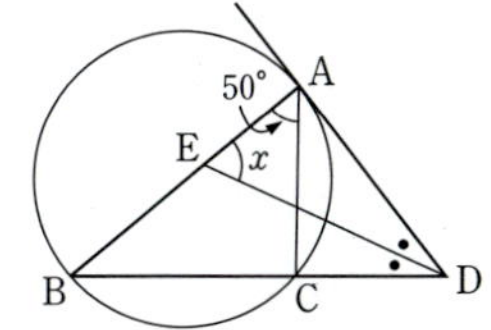

10. 두 원 O, O′이 점 T에서 직선 AB와 접하고 있다. ∠DTB=a일 때, ∠O′ED의 크기를 a 로 나타내어라.

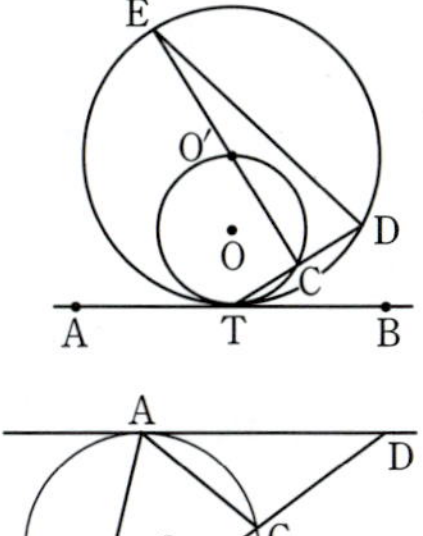

11. <그림>에서 직선 AD는 원 O의 접선이다. $\overline{AD}=6\,\text{cm}$, $\overline{CD}=4\,\text{cm}$일 때,
  △ABC : △ACD : △ABD
의 값을 구하여라.

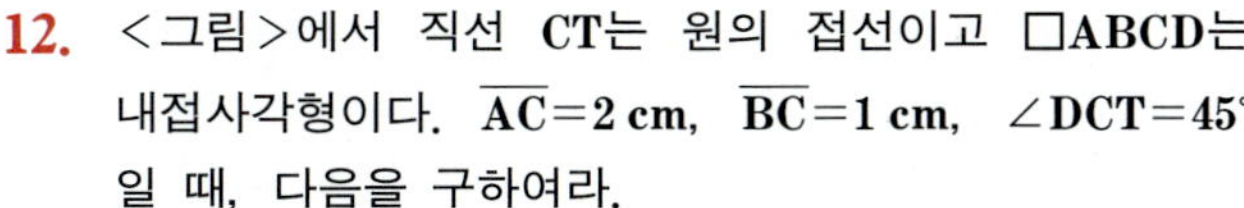

12. <그림>에서 직선 CT는 원의 접선이고 □ABCD는 내접사각형이다. $\overline{AC}=2\,\text{cm}$, $\overline{BC}=1\,\text{cm}$, ∠DCT=45° 일 때, 다음을 구하여라.
  ⑴ ∠BAD의 크기
  ⑵ 색칠한 부분의 넓이

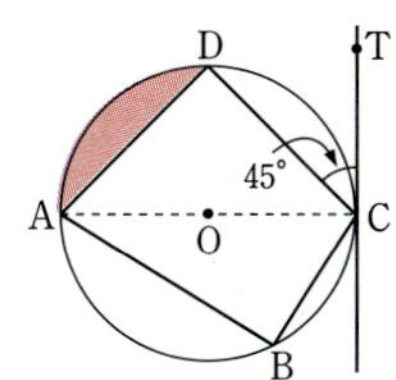

1. $\triangle$ABC에서 점 O는 세 점 A, B, C를 지나는 원의 중심이다. $\overline{AB}=\overline{BC}$, $\angle$BAO$=20°$일 때, $\angle$CAO의 크기를 구하여라.

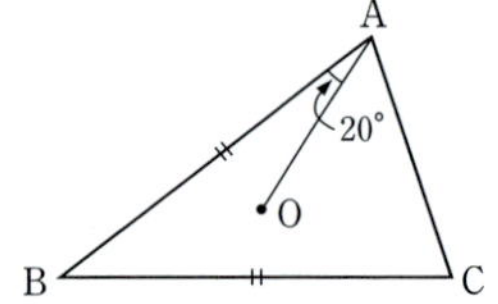

2. ＜그림＞에서 $\overline{AB}$는 원 O의 지름이고 $\overarc{AC}=\overarc{CB}$, $3\overarc{AD}=2\overarc{DB}$, $\overarc{AD}=\overarc{DE}$이다.
다음 각의 크기를 구하여라.
(1) $\angle$CAD　　　　(2) $\angle$BCE

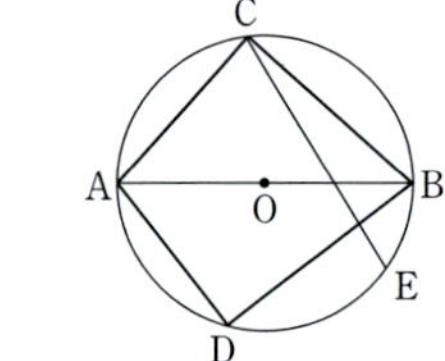

3. 원에 내접하는 사각형 **ABCD**의 두 변 **BA**, **CD**의 연장선의 교점을 **P**라고 한다.
$\overline{AP}=6$, $\overline{AB}=4$, $\overline{AD}=2$, $\overline{PD}=5$일 때, 다음을 구하여라.
(1) $\overline{CD}$의 길이
(2) $\square$ABCD $:$ $\triangle$ADP

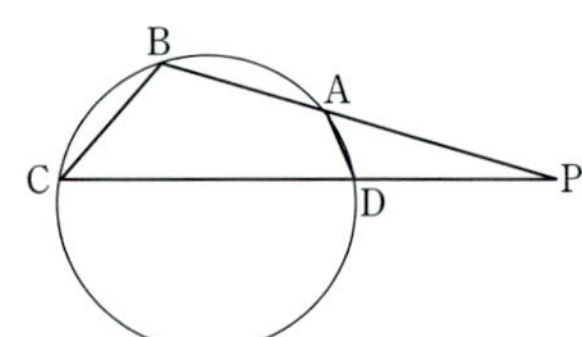

4. ＜그림＞에서 $\overline{AB}$는 반원 **O**의 지름이다.
$\angle$**PCD**$=70°$, $\angle$**PAB**$=53°$일 때, 다음 각의 크기를 구하여라.
(1) $\angle$APB　　　　(2) $\angle$EPC

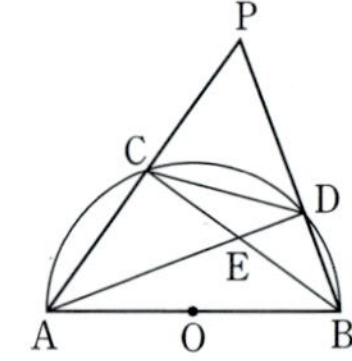

5. ＜그림＞에서 직선 **BT**는 원 **O**의 접선이고 $\overline{AD} /\!/ \overrightarrow{BT}$, $\angle$CBT$=12°$이다. $\angle$APD의 크기를 구하여라.

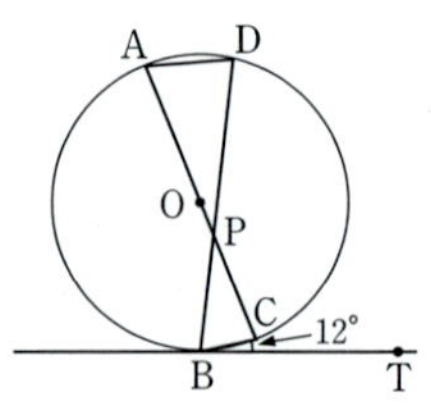

종합 문제 **발전**

1. <그림>에서 $\overline{AC}$, $\overline{BE}$는 원 O의 지름이고 $3\overset{\frown}{CD}=2\overset{\frown}{DE}$, $\angle CAD=20°$이다. 다음 각의 크기를 구하여라.

(1) $\angle COE$ (2) $\angle OFB$

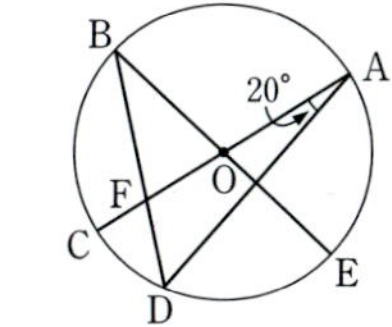

2. <그림>에서 $\triangle QPC$는 원에 내접하고 $\overline{PQ} /\!/ \overline{DC}$, $\angle ACB=62°$, $\angle PQC=76°$, $\angle PBD=21°$, $\angle CDA=\angle ABC$이다. $\angle BAC$의 크기를 구하여라.

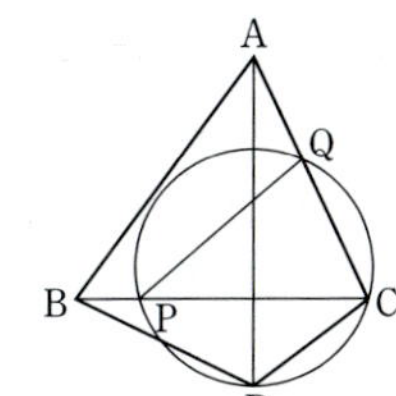

3. <그림>에서 $\triangle ABC$는 정삼각형이다. $\angle x$, $\angle y$, $\angle z$의 크기를 각각 구하여라.

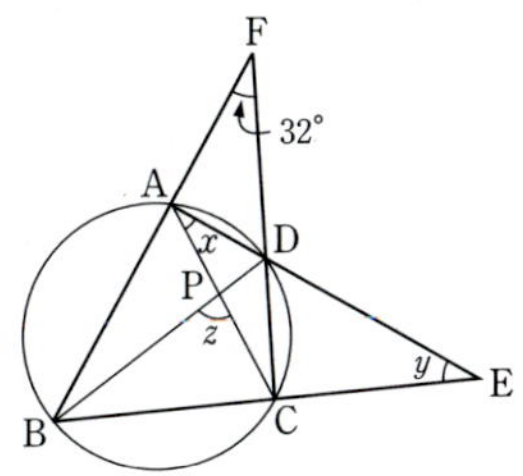

4. <그림>에서 점 P는 $\overset{\frown}{AB}$ 위를 움직인다. $\overset{\leftrightarrow}{AQ}$는 원 O의 접선이고 $\angle APB=108°$일 때, $\overline{PA}>\overline{PQ}$를 만족하도록 $\angle x$의 크기의 범위를 구하여라. (단, $\angle x=\angle BAP$)

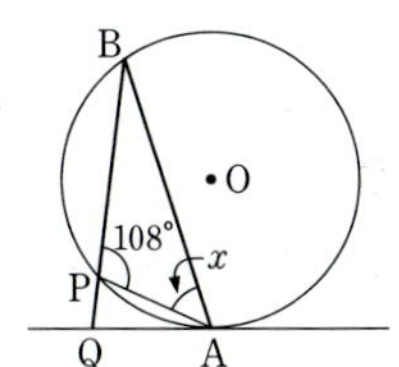

5. <그림>에서 점 A, B, C, D, E는 원주 위에 같은 간격으로 찍은 점이다. 직선 AF는 이 원의 접선이고 $\angle BAF=18°$일 때, $\angle AFD$의 크기를 구하여라.

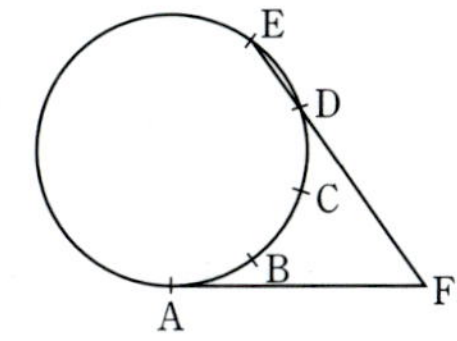

6. <그림>에서 점 O는 원의 중심이다. 이때, $x+y$의 값을 구하여라.

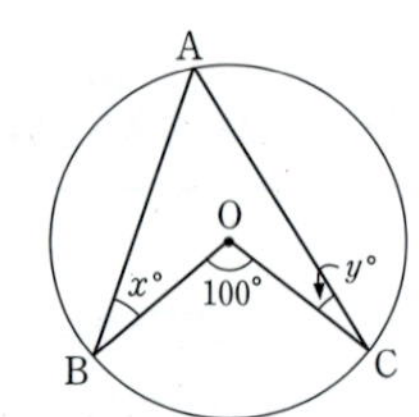

7. <그림>과 같이 원 O 위에 $\overset{\frown}{AB}=\overset{\frown}{BC}=\overset{\frown}{CD}$ 인 점 A, B, C, D를 잡아 직선 AB와 CD의 교점을 E라고 하자. ∠E=32°일 때, ∠ACD의 크기를 구하여라.

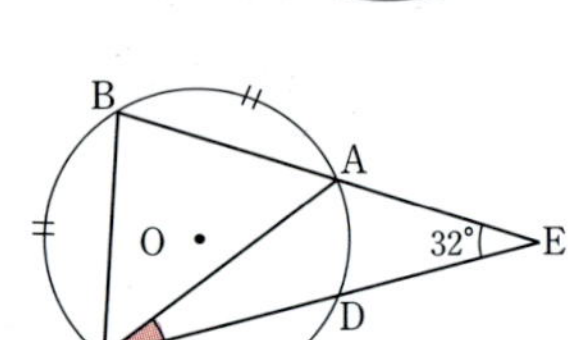

8. 평면 위에 점 A를 공유하고 점 B와 B′을 대응점으로 하는 합동인 두 삼각형 ABC와 AB′C′이 오른쪽 그림과 같이 놓여 있다. ∠BAB′=50°이고 네 점 A, B, B′, C′이 한 원 위에 있을 때, ∠C의 크기를 구하여라.

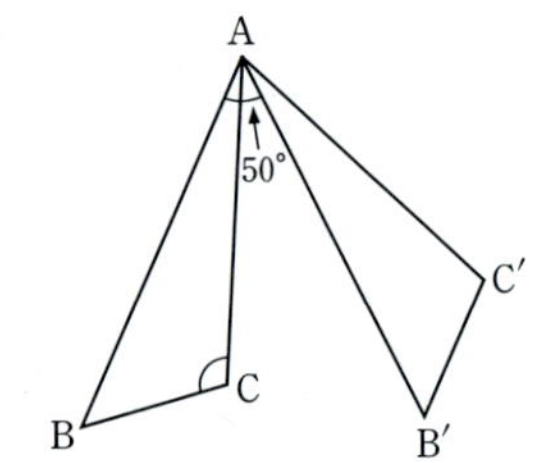

9. <그림>과 같이 원에 내접하는 삼각형 ABC 가 있다. ∠CAB=30°, $\overline{AB}=\overline{AC}=\overline{DG}=1$, $\overset{\frown}{BD}$와 $\overset{\frown}{AG}$의 길이는 각각 원주의 길이의 $\dfrac{1}{12}$ 이다. 현 DG가 현 AB, AC와 만나는 점을 각각 E, F라고 할 때, $\overline{AE}$의 길이를 구하여라.

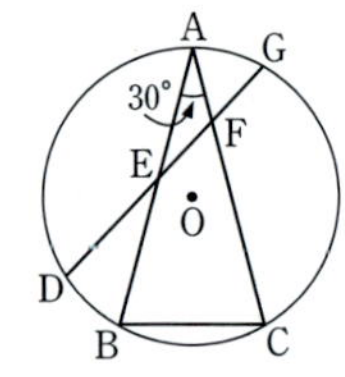

■ <그림>과 같이 ∠BAC=90°, $\overline{AB}=2$, $\overline{BC}=2\sqrt{3}$인 직각삼각형 ABC가 있다. $\overline{AB}$ 의 중점을 P, 점 P에서 $\overline{BC}$에 내린 수선의 발을 H라 할 때, 다음 물음에 답하여라.

(10~11)

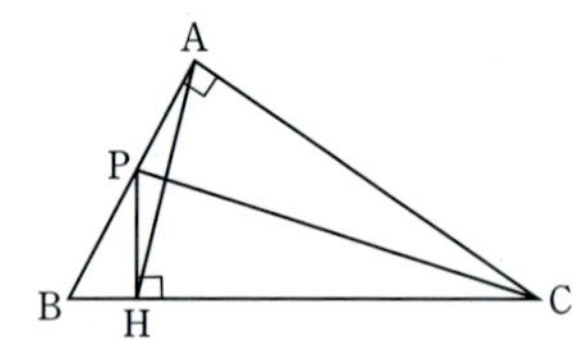

10. 선분 AH의 길이는 얼마인가?

11. △ABH의 넓이는 얼마인가?

1. <그림>에서 $\overarc{AC}=\overarc{DE}$이다.
$\angle APC=a$일 때, $\angle BOE$를 a로 나타내어라.

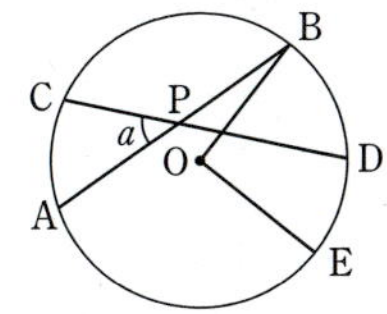

2. <그림>에서 $\triangle ABC$의 외접원의 반지름의 길이가 r이고, $\overarc{AB}:\overarc{BC}:\overarc{CA}=5:3:4$이다. 변 AB의 길이를 r로 나타내어라.

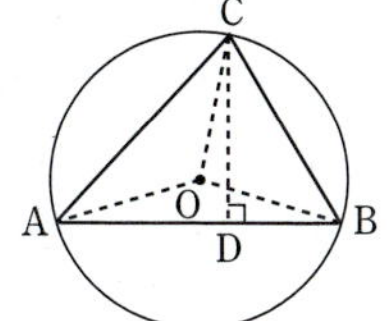

3. 반지름의 길이가 $6\,cm$인 원 O의 지름 AB 위에 한 점 C를 잡고 선분 CO를 반지름으로 하는 원 C를 그린다. 두 원의 교점 중 한 점을 D라 할 때, $\angle OBD=15°$이면 원 C의 넓이는 얼마인가?

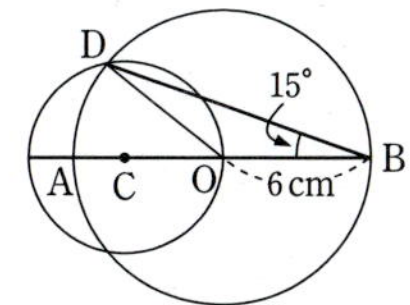

4. 길이가 $10\,cm$인 선분 AB를 지름으로 하는 반원 O가 있다. $2\overarc{AP}=\overarc{PQ}$, $\overline{AP}\,/\!/\,\overline{OQ}$일 때, 다음에 답하여라.
(1) $\angle POQ$, $\angle RPQ$의 크기를 구하여라.
(2) $\overarc{BQ}$의 길이를 구하여라.

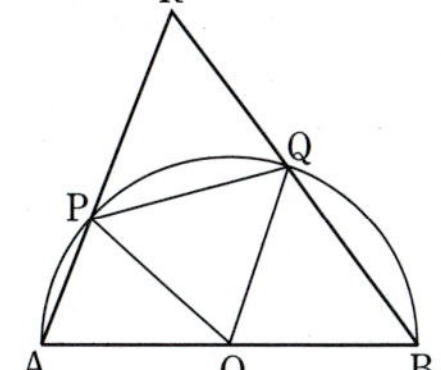

5. 한 변의 길이가 a인 정사각형 ABCD가 있다. $\overline{CE}=\overline{CF}$, $\overline{EH}\perp\overline{AF}$일 때,
(1) $\angle EHC$의 크기를 구하여라.
(2) 점 E가 꼭짓점 B에서 꼭짓점 C까지 움직일 때, 점 H가 움직인 거리를 a로 나타내어라.

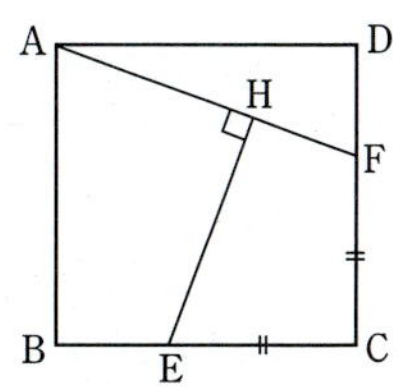

6. <그림>에서 $\overline{AB}$는 원 O의 지름이고, $\overrightarrow{CP}$는 원 O의 접선이다.
$\overline{AH}\perp\overline{CH}$, $\overline{AB}:\overline{BC}=4:1$
일 때, $\triangle ABP:\triangle ACH$의 값을 구하여라.

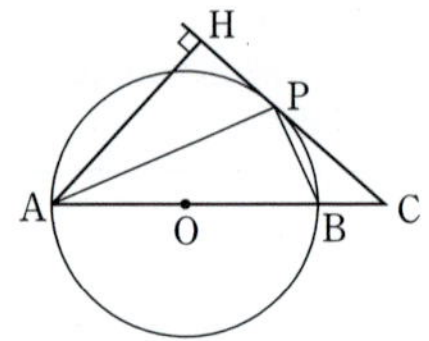

7. <그림>에서 $\overline{BC}$는 원 O의 지름이고, 직선 l은 원 O의 접선이다.
$\overline{BD}\perp l$, $\overline{CE}\perp l$, $\overline{AB}=6$, $\overline{AC}=8$
이다. $\overline{BF}$의 길이를 구하여라.

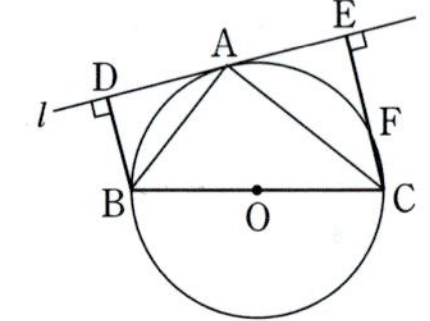

8. <그림>에서 $\triangle ABC$는 원 O에 내접한다. $\overrightarrow{AT}$는 원 O의 접선이고 $\overline{AD}\perp\overline{BC}$,
$\overline{GF}\perp\overline{AF}$, $\angle BAC=83°$, $\angle TAB=72°$
일 때, $\angle CBG$의 크기를 구하여라.

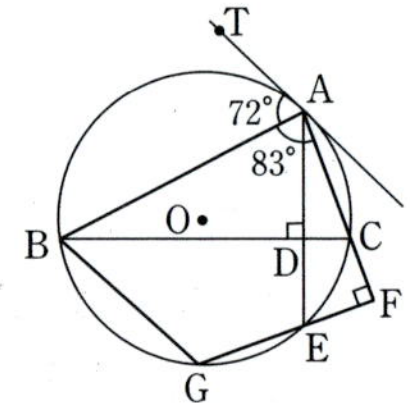

9. <그림>에서 직선 **TA**는 두 원 O, O′의 접선이다.
$\angle CTA=36°$, $\angle CDA=78°$일 때, 다음을 구하여라.
(1) $\angle x$, $\angle y$의 크기를 구하여라.
(2) $\overset{\frown}{AE}:\overset{\frown}{ED}:\overset{\frown}{DA}$의 값을 구하여라.

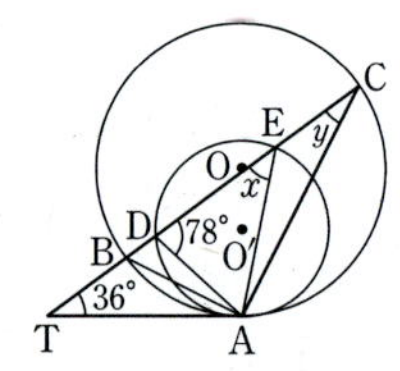

10. 반지름의 길이가 각각 **5 cm**, **2 cm**인 두 원 O, O′이 점 **T**에서 내접하고 있다. 직선 **PQ**는 두 원의 공통접선이고, $\overline{BT}$는 원 O의 지름이며 $\overline{B'T}$는 원 O′의 지름이다. $\angle ATP=60°$, $\angle BTC=45°$일 때, 다음에 답하여라.
(1) $\angle AET$의 크기를 구하여라.
(2) $\triangle ABE$와 $\triangle C'E'B'$의 넓이의 비를 구하여라.

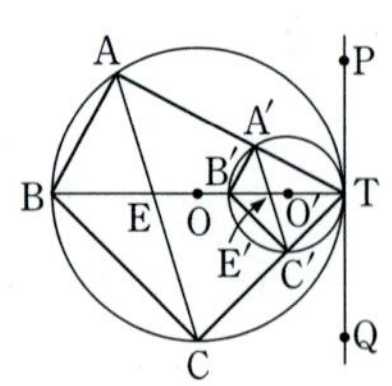

1 원과 비례

핵심 개념 **1. 원에서의 비례 관계**

▶ 한 원의 두 현 AB, CD 또는 이들의 연장선이 만나는 점을 P 라고 하면, $\overline{PA}\cdot\overline{PB}=\overline{PC}\cdot\overline{PD}$

(1) 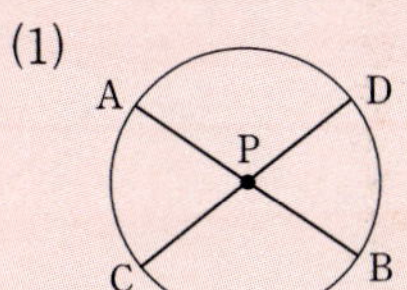　　　　(2) 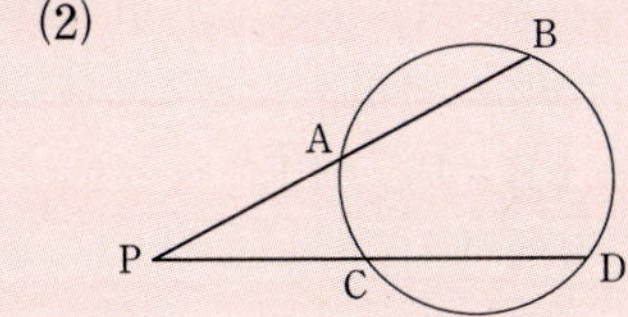

Study　위의 정리를 증명하여 보자.

▶ 점 A와 D, 점 C와 B를 연결하면,
　△PAD와 △PCB에서
　∠PDA=∠PBC,　∠APD=∠CPB
　∴ △PAD∽△PCB (AA 닮음)
　따라서, $\overline{PA}:\overline{PD}=\overline{PC}:\overline{PB}$
　∴ $\overline{PA}\cdot\overline{PB}=\overline{PC}\cdot\overline{PD}$

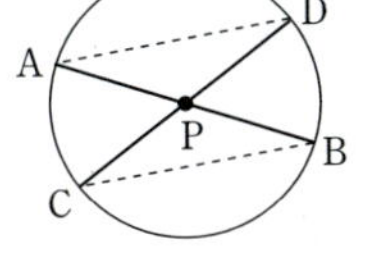

Advice (2)의 경우도 똑같은 방법으로 증명된다.

보기 ＜그림＞에서 x의 값을 구하여라.

(1) 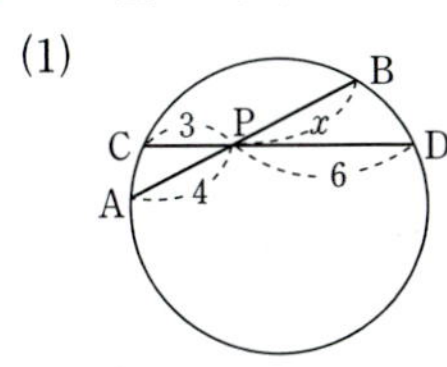　　　　(2) 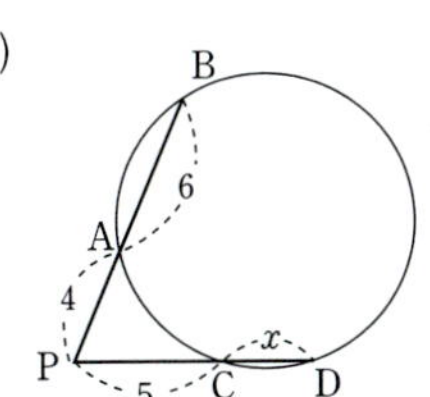

연구 $\overline{PA}\cdot\overline{PB}=\overline{PC}\cdot\overline{PD}$임을 이용한다.
　(1) $4\times x=3\times 6$에서 $x=4.5$
　(2) $4\times(4+6)=5\times(5+x)$에서 $x=3$

핵심 개념 │ 2. 네 점이 한 원 위에 있기 위한 조건

▶ 두 선분 AB, CD 또는 그 연장선이 점 P에 만나고
$$\overline{PA} \cdot \overline{PB} = \overline{PC} \cdot \overline{PD}$$
이면, 네 점 A, B, C, D는 한 원 위에 있다.

Study 위의 정리를 증명하여 보자.

▶ 오른쪽 그림과 같이 세 점 A, B, C를 지나
는 원과 선분 CD 또는 그 연장선이 만나
는 점을 E라고 하면,
$$\overline{PA} \cdot \overline{PB} = \overline{PC} \cdot \overline{PE} \quad \cdots\cdots ㉠$$
한편, 가정에서
$$\overline{PA} \cdot \overline{PB} = \overline{PC} \cdot \overline{PD} \quad \cdots\cdots ㉡$$
㉠, ㉡에서 $\overline{PE} = \overline{PD}$
즉, 두 점 D, E는 일치하므로 네 점
A, B, C, D는 한 원 위에 있다.

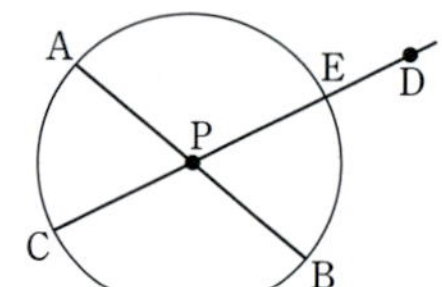

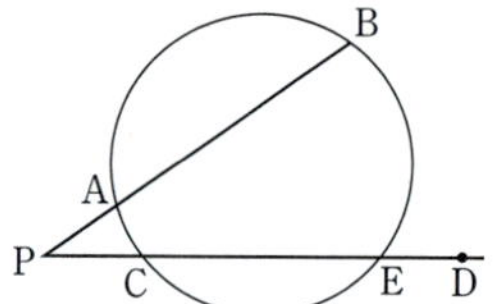

보기 다음의 사각형이 원에 내접하도록 x의 값을 구하여라.

(1)

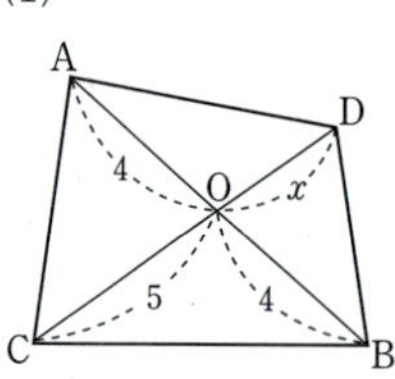

(2)

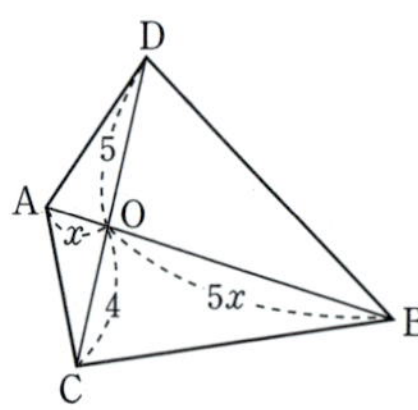

(3)

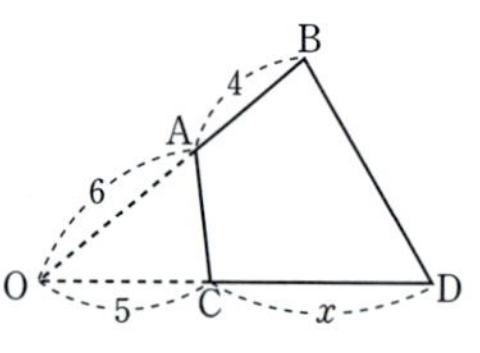

연구 두 선분 AB, CD의 교점이 O이므로 $\overline{OA} \cdot \overline{OB} = \overline{OC} \cdot \overline{OD}$가 성립하
면 사각형은 원에 내접한다.

(1) $4 \times 4 = 5 \times x$에서 $16 = 5x$ ∴ $x = 3.2$

(2) $x \times 5x = 4 \times 5$에서 $5x^2 = 20,\ x^2 = 4$ ∴ $x = 2$

(3) $6 \times (6+4) = 5 \times (5+x)$에서 $60 = 25 + 5x$ ∴ $x = 7$

필수예제 1

$\overline{AB}$를 지름으로 하는 원 O가 있다. $\overline{CE}$는 $\angle ACB$의 이등분선이고, $\overline{AB}=10\ \text{cm}$일 때, 다음에 답하여라.

(1) 현 AE의 길이를 구하여라.

(2) $\overline{BD}=4\ \text{cm}$일 때, $\triangle CDB$의 넓이를 구하여라.

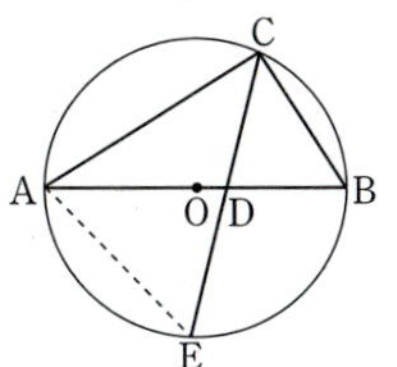

생각하기 (1) $\overarc{AE}$에 대한 원주각과 중심각은 각각 $\angle ACE$, $\angle AOE$이므로 $\angle AOE=2\angle ACE$가 된다.

따라서, $\angle ACE$의 크기를 알면 $\angle AOE$의 크기도 알 수 있다.

(2) $\triangle CDB$와 닮은 도형을 찾고, 닮은 도형의 넓이의 비를 구한다.

모범해답

(1) $\angle ACB=90°$이고 $\overline{CE}$는 $\angle ACB$의 이등분선이므로,

$$\angle ACE=45° \qquad \therefore\ \angle AOE=2\angle ACE=90°$$

따라서, $\triangle AOE$는 직각삼각형이고 $\overline{AO}=\overline{EO}=5\ \text{cm}$

$$\therefore\ \overline{AE}=\sqrt{5^2+5^2}=5\sqrt{2}\ \textbf{(cm)}\ \leftarrow\ \boxed{\text{답}}$$

(2) $\triangle DEO$에서 $\overline{DE}^2=5^2+(5-4)^2=26 \qquad \therefore\ \overline{DE}=\sqrt{26}\ \text{cm}$

$$\triangle ADE=6\times5\div2=15\ (\text{cm}^2)$$

그런데 $\triangle CDB \backsim \triangle ADE$ (AA 닮음)이므로

$$\triangle CDB : \triangle ADE=\overline{DB}^2 : \overline{DE}^2$$

$$\therefore\ \triangle CDB : 15=4^2 : (\sqrt{26})^2$$

$$\therefore\ \triangle CDB=\frac{120}{13}\ \text{cm}^2\ \leftarrow\ \boxed{\text{답}}$$

유제 1 <그림>에서 $\overline{AD}$는 원 O의 지름이다. $\overline{AE}\perp\overline{BC}$이고 $\overline{AB}=8\ \textbf{cm}$, $\overline{AC}=6\ \textbf{cm}$, $\overline{CE}=2\ \textbf{cm}$일 때, 다음 물음에 답하여라.

(1) 원 O의 넓이를 구하여라.

(2) 점 O와 직선 AB 사이의 거리를 구하여라.

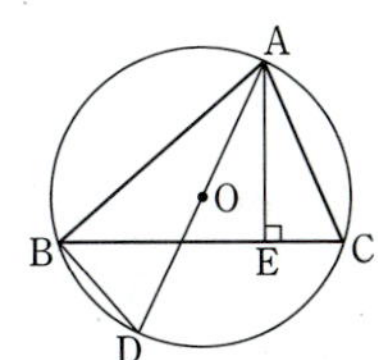

필수예제 2

<그림>에서 $\overline{AE}$는 내접삼각형 ABC의 ∠A의 이등분선이다.
$\overline{AB}=8$, $\overline{AC}=6$, $\overline{BC}=7$일 때, $\overline{AD}$의 길이를 구하여라.

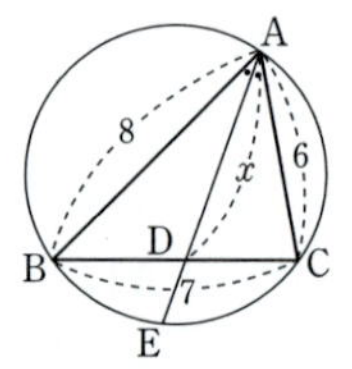

생각하기 오른쪽 그림의 △ABC에서
∠BAD=∠CAD이면 $\overline{AB}:\overline{AC}=\overline{BD}:\overline{DC}$가 됨을 2학년에서 배웠다.
따라서, 이 성질을 이용하여 $\overline{BD}$, $\overline{DC}$의 길이를 구한다.
또한, 점 D는 $\overline{AE}$, $\overline{BC}$의 교점이므로 $\overline{DA}\cdot\overline{DE}=\overline{DB}\cdot\overline{DC}$이다.
그리고 △ABD∽△AEC임을 이용한다.

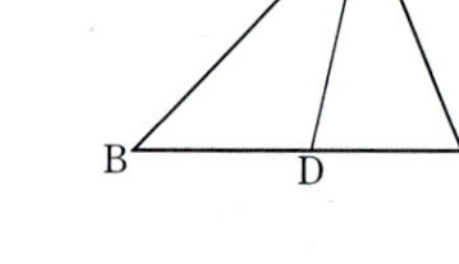

모범해답

△ABC에서 $\overline{AB}:\overline{AC}=\overline{BD}:\overline{DC}$ ∴ $8:6=\overline{BD}:(7-\overline{BD})$
            ∴ $\overline{BD}=4$, $\overline{CD}=3$
$\overline{AE}$, $\overline{BC}$가 점 D에서 만나므로, $\overline{DA}\cdot\overline{DE}=\overline{DB}\cdot\overline{DC}$
        ∴ $x\times\overline{DE}=4\times3=12$, 즉 $x\times\overline{DE}=12$ ……㉠
한편, △ABD와 △AEC에서
    ∠DAB=∠CAE, ∠ABD=∠AEC ($\overarc{AC}$에 대한 원주각)
        ∴ △ABD∽△AEC   ∴ $\overline{AB}:\overline{AD}=\overline{AE}:\overline{AC}$
즉, $8:x=(x+\overline{ED}):6$, $x^2+x\overline{DE}=48$ ……㉡
㉠, ㉡에서 $x^2=48-12=36$ ∴ $x=6$ ← **답**

유제 2 <그림>의 원 O에서
    $\overline{AP}=6\,\mathrm{cm}$, $\overline{BP}=8\,\mathrm{cm}$, $\overline{CP}=\overline{OP}$
이다. $\overline{OD}$의 길이를 구하여라.

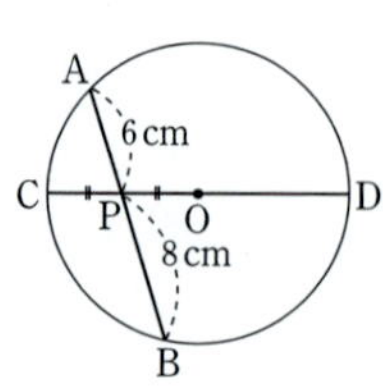

필수예제 **3**

반지름의 길이가 5 cm인 원 O가 있다. 현 AB의 연장선 위에 $\overline{BP}=3$ cm가 되게 점 P를 잡고, 점 P를 중심으로 하는 원 O에 외접하는 원을 그릴 때, 원 P의 반지름의 길이를 구하여라.

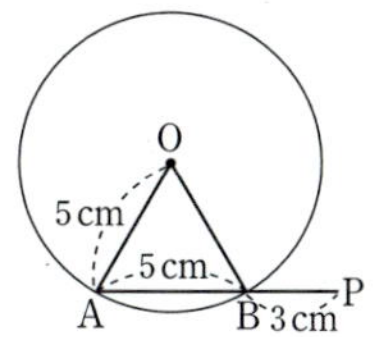

생각하기 오른쪽 그림과 같이 원 P를 그리고 두 원 O, P의 접점을 T라고 하면, 세 점 O, T, P 는 일직선 위에 있다. 따라서, $\overline{PO}$의 연장선이 원 O와 만나는 점을 Q라고 하면,

$$\overline{PT}\cdot\overline{PQ}=\overline{PB}\cdot\overline{PA}$$

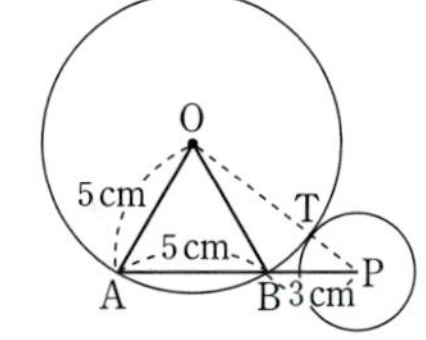

모범해답

원 P의 반지름의 길이를 x라고 하면,

$$\overline{PT}\cdot\overline{PQ}=\overline{PB}\cdot\overline{PA}$$

에서 $x(x+10)=3(3+5)$

$x^2+10x-24=0$

$(x+12)(x-2)=0$

$\therefore x=-12$ 또는 $x=2$

여기서 $x>0$이므로, $x=\textbf{2 cm}$ ← 답

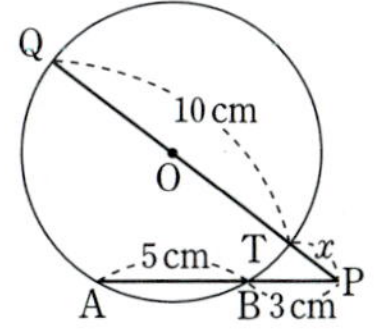

유제 **3** <그림>에서 점 P는 지름 AB와 현 CD의 연장선의 교점이다. $\overline{PO}=10$ cm, $\overline{PC}=7$ cm, $\overline{CD}=5$ cm일 때, $\overline{OB}$의 길이를 구하여라.

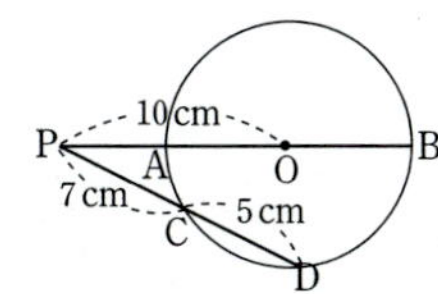

연습 문제

● 학교 시험과 수준·경향을 일치시킨 기본적인 문제입니다.
● 한 문제 한 문제를 정복하여 이 단원의 내용을 총정리합시다.

1. <그림>의 원 O에서 $\overline{CD}$는 지름이고, $\overline{AC}=5$, $\overline{AP}=4$, $\overline{BP}=4$이다. $\overline{BD}$의 길이를 구하여라.

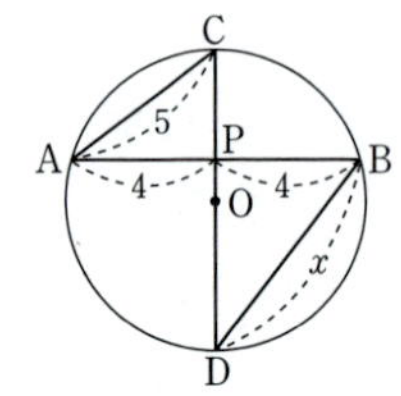

2. <그림>에서 직선 PQ는 두 원 O, O′의 공통 내접선이다.
$$\overline{AT}=12\,cm, \quad \overline{BT}=6\,cm, \quad \overline{DT}=4\,cm$$
일 때, $\overline{CT}$의 길이를 구하여라.

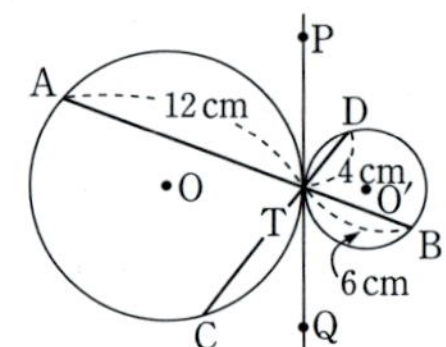

3. <그림>에서 $\overline{AB}$는 반원 O의 지름이다.
$$\overline{CH}=4\,cm, \quad \overline{BH}=8\,cm$$
일 때, $\overline{AH}$의 길이를 구하여라.

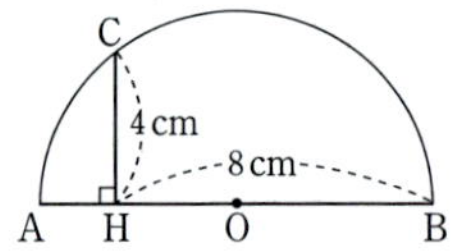

4. <그림>에서 점 C는 $\overline{AB}$의 중점이고 $\overline{AB}\perp\overline{CD}$이다. $\overline{AB}=24$, $\overline{CD}=8$일 때, 이 원의 넓이를 구하여라.

5. <그림>에서 점 H는 △ABC의 수심이다. $\overline{AF}=7\,cm$, $\overline{BF}=5\,cm$, $\overline{BD}=6\,cm$일 때, $\overline{CD}$의 길이를 구하여라.

6. <그림>에서 두 할선의 길이의 합이 10 cm이다. $\overline{PA}=3\,cm$, $\overline{CD}=4\,cm$일 때, $\overline{AB}$의 길이를 구하여라.

4.

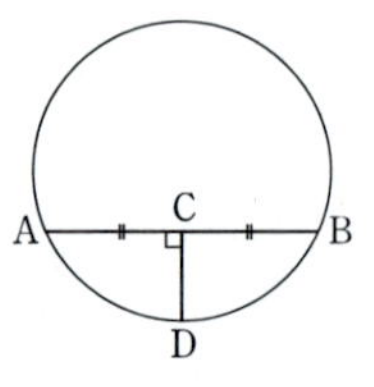

5.

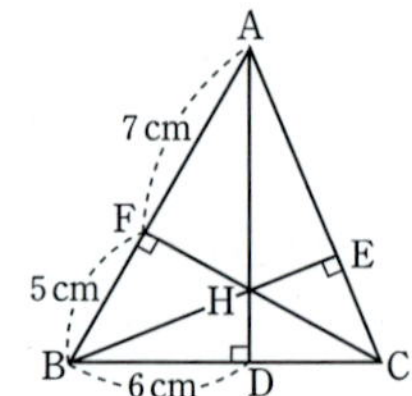

6.

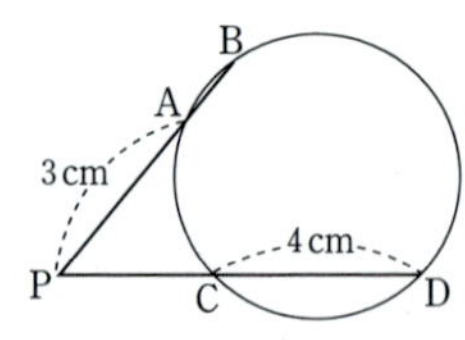

2 할선과 접선

핵심 개념 **1. 원의 외부의 한 점에서의 할선과 접선**

▶ 원의 외부의 한 점 P에서 그 원에
그은 접선과 할선이 만나는 점을
각각 T, A, B라고 하면,
$$\overline{PT}^2 = \overline{PA} \cdot \overline{PB}$$

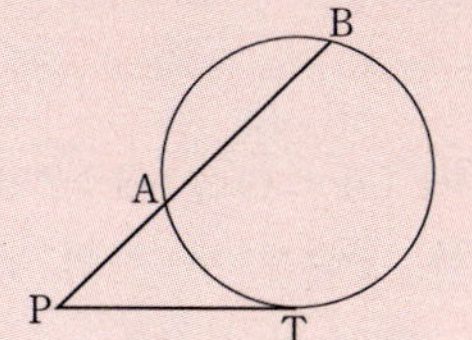

Study   위의 정리를 증명하여 보자.

▶ 점 A와 T, 점 B와 T를 연결하면,
△PAT와 △PTB에서
    $\angle PTA = \angle PBT$
    $\angle P$는 공통
    ∴ △PAT∽△PTB (AA 닮음)
따라서, $\overline{PA} : \overline{PT} = \overline{PT} : \overline{PB}$ ∴ $\overline{PT}^2 = \overline{PA} \cdot \overline{PB}$

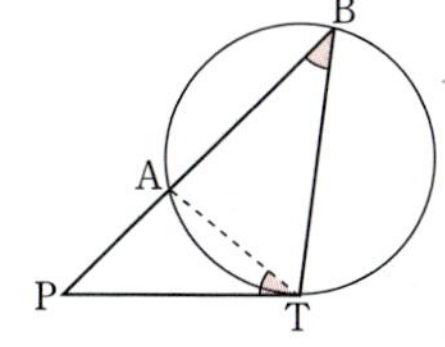

Advice   점 P를 한 끝점으로 하는 반직선 위에 두 점 A, B가 있고, 이 반직선 밖에 점 T가 있어서 $\overline{PT}^2 = \overline{PA} \cdot \overline{PB}$이면, $\overleftrightarrow{PT}$는 세 점 A, B, T를 지나는 원의 접선이다.

보기   ＜그림＞에서 x, y의 값을 구하여라. (단, $\overleftrightarrow{PT}$는 접선)

(1)
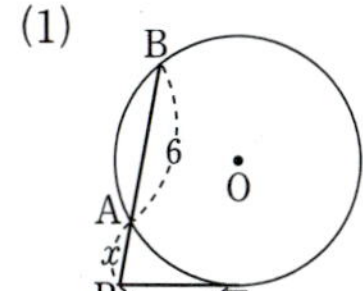

(2)
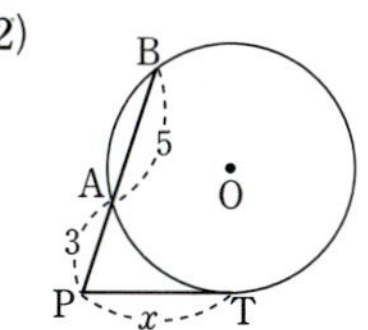

(3)
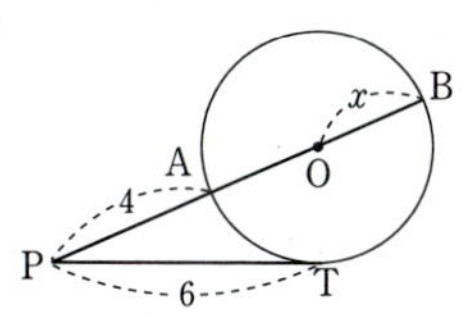

연구 $\overline{PT}^2 = \overline{PA} \cdot \overline{PB}$임을 이용한다.
   (1) $16 = x(x+6)$ 에서 $x^2 + 6x - 16 = 0$ ∴ $x = 2$
   (2) $x^2 = 3(3+5)$ 에서 $x^2 = 24$ ∴ $x = 2\sqrt{6}$
   (3) $36 = 4(4+2x)$ 에서 $9 = 4 + 2x$ ∴ $x = 2.5$

필수예제 1

<그림>에서 두 원 O, O′의 반지름의 길이의 비는 3 : 2이고, 직선 PQ는 공통내접선이다.
$\overline{PA}=8$ cm, $\overline{QC}=6$ cm일 때, □POQO′의 넓이를 구하여라.

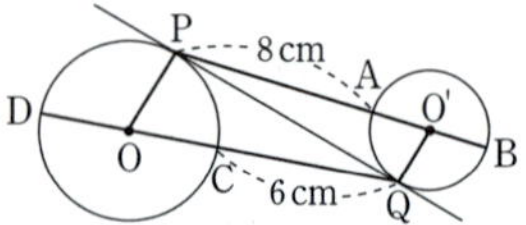

생각하기 $\overline{OP} : \overline{O'Q}=3 : 2$이므로 $\overline{OP}=3r$, $\overline{O'Q}=2r$로 놓을 수 있다.
또한, $\overleftrightarrow{PQ}$는 두 원의 공통내접선이므로,
원 O에서 $\overline{PQ}^2=\overline{QC} \cdot \overline{QD}$
원 O′에서 $\overline{PQ}^2=\overline{PA} \cdot \overline{PB}$

모범해답

두 원의 반지름의 길이의 비가 3 : 2이므로, 원 O, O′의 반지름의 길이를 각각 $3r$, $2r$(단, $r>0$)로 놓을 수 있다.
$$\therefore \overline{CD}=\overline{OC}+\overline{OD}=6r, \quad \overline{AB}=\overline{AO'}+\overline{O'B}=4r$$
원 O에서 $\overline{PQ}^2=\overline{QC} \cdot \overline{QD}=6(6+6r)=36+36r$ …… ㉠
원 O′에서 $\overline{PQ}^2=\overline{PA} \cdot \overline{PB}=8(8+4r)=64+32r$ …… ㉡
㉠, ㉡에서 $r=7$ cm
$$\therefore \overline{PQ}^2=288 \qquad \therefore \overline{PQ}=12\sqrt{2} \text{ cm}$$
$$\square POQO'=\triangle POQ+\triangle PO'Q$$
$$=\frac{1}{2}\times\overline{PQ}\times\overline{OP}+\frac{1}{2}\times\overline{PQ}\times\overline{O'Q}$$
$$=\frac{1}{2}\times12\sqrt{2}\times21+\frac{1}{2}\times12\sqrt{2}\times14=\mathbf{210\sqrt{2}\ (cm^2)} \leftarrow \text{답}$$

유제 1 <그림>과 같이 원 O의 지름 AB의 연장선 위에 점 P를 잡고, 점 P에서 원 O에 접선을 그어 접점을 T라고 한다. $\overline{AP}=2$, $\overline{PT}=6$일 때, 점 T로부터 지름 AB까지의 거리를 구하여라.

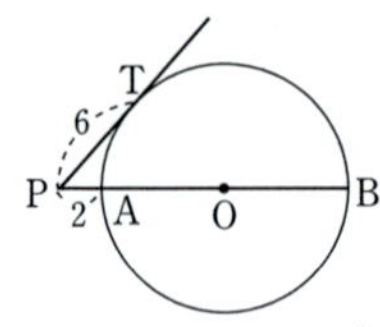

필수예제 2

<그림>과 같이 직각삼각형 ABC의 빗변을 $\overline{AB}$라고 하자. $\overline{AB}$의 중점 M에서 $\overline{AB}$에 세운 수선과 이 삼각형의 직각을 낀 두 변 또는 그 연장선의 교점을 E, F라고 할 때, $\overline{ME}=4$, $\overline{EF}=5$이다. $\overline{MC}$의 길이를 구하여라.

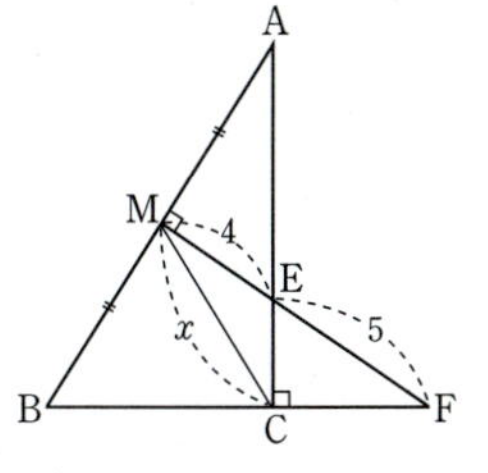

생각하기 위의 그림에서 $\angle MCE=\angle F$이면 $\overleftrightarrow{MC}$는 세 점 C, E, F를 지나는 원의 접선이 되므로,
$$\overline{MC}^2=\overline{ME}\cdot\overline{MF}$$
가 성립한다.

모범해답

점 M이 직각삼각형 ABC의 빗변의 중점이므로,
$$\overline{MA}=\overline{MC}$$
$$\therefore\ \angle MCA=\angle MAC\ \cdots\cdots\text{㉠}$$
또, $\triangle ABC$와 $\triangle FBM$에서
$$\angle B\text{는 공통},\ \angle ACB=\angle FMB=90°$$
$$\therefore\ \angle A=\angle F$$
즉, $\angle MAC=\angle MFC\ \cdots\cdots\text{㉡}$
㉠, ㉡에서 $\angle MCA=\angle MFC$
따라서, $\overleftrightarrow{MC}$는 $\triangle FCE$의 외접원의 접선이다.
$$\therefore\ \overline{MC}^2=\overline{ME}\cdot\overline{MF}=4(4+5)=36$$
$$\therefore\ \overline{MC}=6\ \leftarrow\ \boxed{\text{답}}$$

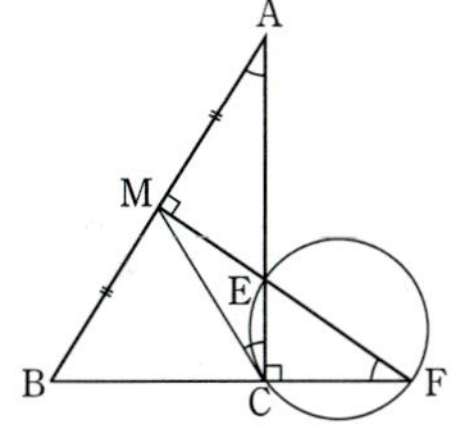

유제 2 <그림>과 같이 $\overline{AB}=\overline{AC}=10$인 이등변삼각형 ABC가 원에 내접하고 있다. $\triangle ABC$의 꼭짓점 A를 지나는 직선이 밑변 BC와 만나는 점을 P, 이 삼각형의 외접원과 만나는 점을 Q라고 할 때, $\overline{AP}\cdot\overline{AQ}$의 값을 구하여라.

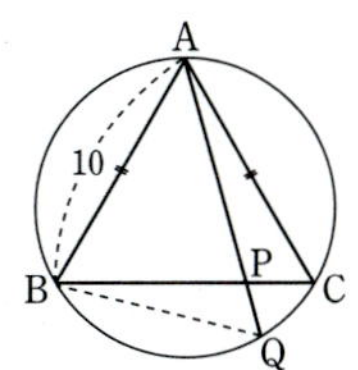

연습 문제

● 학교 시험과 수준·경향을 일치시킨 기본적인 문제입니다.
● 한 문제 한 문제를 정복하여 이 단원의 내용을 총정리합시다.

1. 중심이 O이고 반지름의 길이가 각각 5, 3인 두 동심원이 있다. $\overleftrightarrow{PT}$는 큰 원의 접선이고, $\overleftrightarrow{PR}$는 작은 원의 접선이다. $\overline{PT}=4\sqrt{3}$일 때, $\overline{AP}$의 길이를 구하여라.

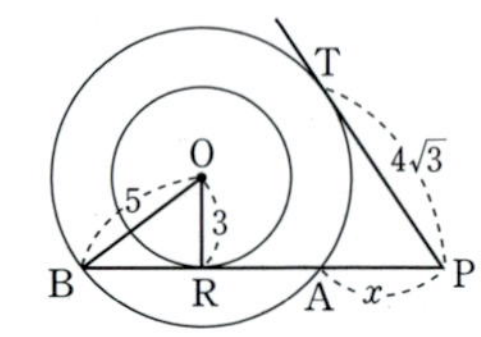

2. <그림>에서 원 O의 반지름의 길이는 4 cm이다. $\overleftrightarrow{PT}$는 원 O의 접선이고 $\overline{PT}=6$ cm일 때, $\overline{PA}$의 길이를 구하여라.

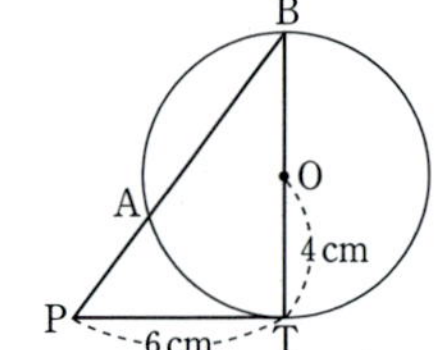

3. <그림>에서 $\overleftrightarrow{AE}$는 원 O의 접선이고 $\overline{AE}=6$ cm, $\overline{AB}=8$ cm, $\overline{BD}=2$ cm, $\overline{EF}=3$ cm 이다. $\overline{BC}$의 길이를 구하여라.

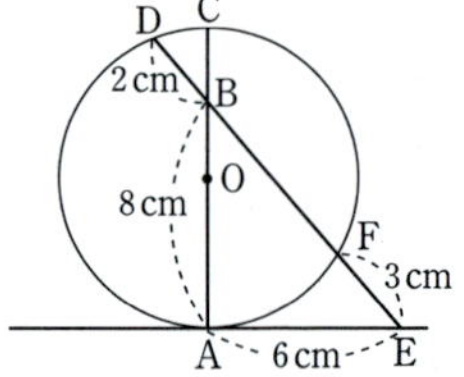

4. <그림>에서 점 M은 호 AB의 중점이다. $\overline{MC}=4$ cm, $\overline{CD}=12$ cm일 때, $\overline{AM}$의 길이를 구하여라.

5. <그림>에서 원 O의 지름 AB의 연장선 위에 점 P를 잡고, 점 P에서 원 O에 접선을 그어 원과의 접점을 T라 한다. $\overline{PB}=6$, $\angle TPA=30°$일 때, $\overline{PT}$의 길이를 구하여라.

6. <그림>의 원에서 $\overleftrightarrow{PT}$는 접선이고
$\overline{BQ}=4$ cm, $\overline{CQ}=2$ cm, $\overline{PT}=2\sqrt{15}$ cm, $\overline{QT}=6$ cm
일 때, $\overline{PA}$의 길이를 구하여라.

4.

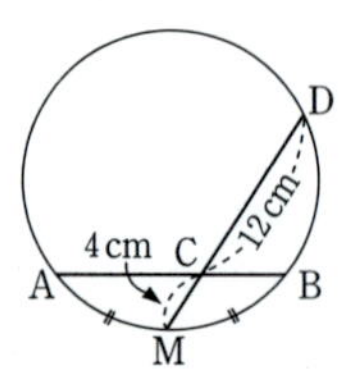

5.

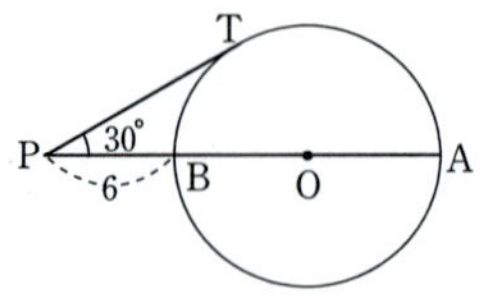

6.

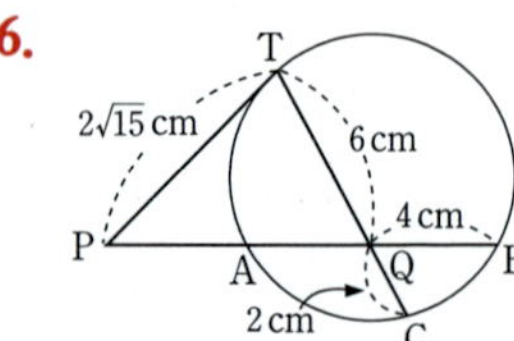

1. <그림>에서 $\overline{AB}$는 두 원의 공통현이다. $\overline{PE}=4\,cm$, $\overline{PF}=16\,cm$, $\overline{PD}=8\,cm$일 때, $\overline{PC}$의 길이를 구하여라.

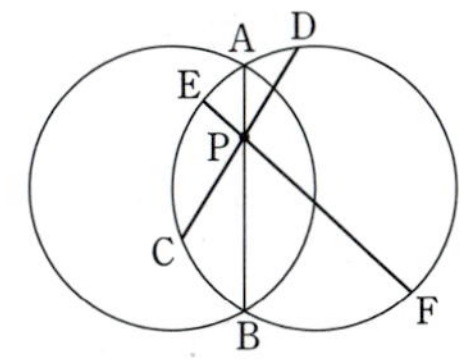

2. <그림>과 같이 두 원 O, O′이 지름의 한 끝점 A에서 내접하고 있다. $\overline{CD}=4$, $\overline{BE}=6$ 일 때, $\overline{OO'}$의 길이를 구하여라.

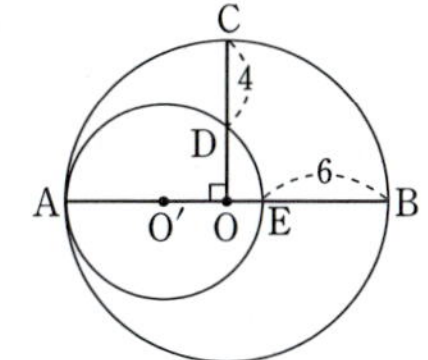

3. $\overline{AB}$를 지름으로 하는 원 O가 있다. $\overleftrightarrow{TB}$는 원 O의 접선이고 $\overline{AO}=2\,cm$, $\overline{BT}=3\,cm$일 때, $\overline{PT}$의 길이를 구하여라.

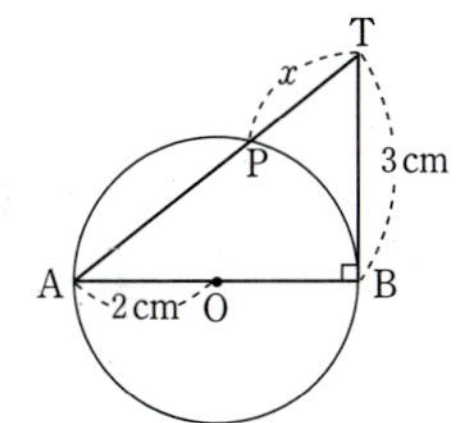

4. <그림>에서 $\overleftrightarrow{PT}$는 원 O의 접선이다. $\overline{PA}=4\,cm$, $\overline{AB}=5\,cm$, $\overline{AT}=3\,cm$일 때, $\overline{BT}$의 길이를 구하여라.

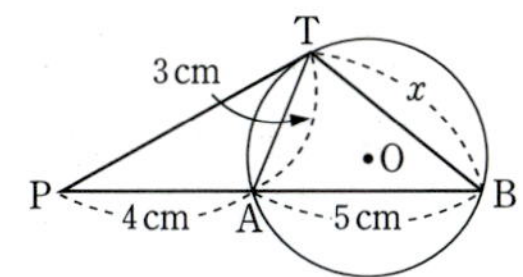

5. <그림>에서 $\overleftrightarrow{PT}$는 원 O의 접선이고 $\overline{AQ}=8$, $\overline{PT}=16$, $\overline{BQ}=10$, $\overline{QD}=4$일 때, $\overline{PQ}$의 길이를 구하여라.

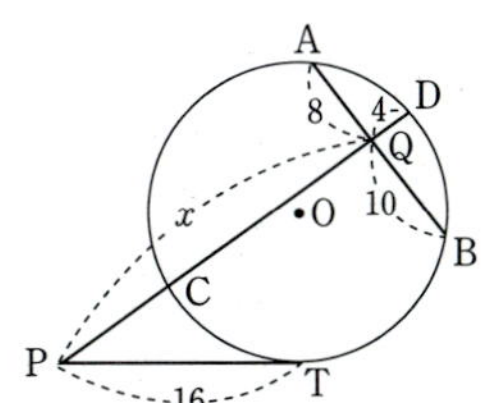

<table>
<tr><td>● 한 문제에 여러 가지 내용이 복합
된 높은 수준의 문제입니다.</td><td>**종합 문제**</td><td>**발전**</td><td>● 이 문제를 정복하면 모든 시험에서
우등의 성적을 거둘 것입니다.</td></tr>
</table>

1. <그림>에서 이등변삼각형 ABC의 꼭짓점 A를 지나는 직선이 밑변 BC와 만나는 점은 P, 외접원과 만나는 점은 Q이다.
$\overline{AP}$의 길이가 5, $\overline{PQ}$의 길이가 4일 때, $\overline{AB}$의 길이를 구하여라.

2. <그림>에서 $\overleftrightarrow{PC}$는 원 O의 접선이고, ∠APC=30°이다.
$\overline{PA}=4\,cm$, $\overline{AB}=5\,cm$일 때, △ABC의 넓이를 구하여라.

3. <그림>과 같이 $\overline{AB}$를 지름으로 하는 반원의 중심 O에서 다른 원이 접하고 있다. $\overline{AO}=12$, $\overline{DO}=8$일 때, $\overline{CD}$의 길이를 구하여라.

1. 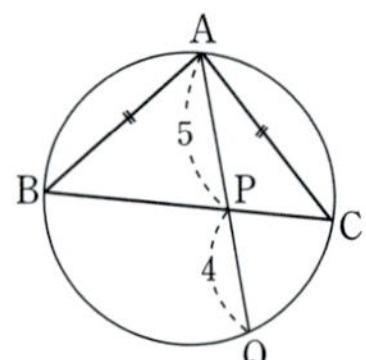

2. 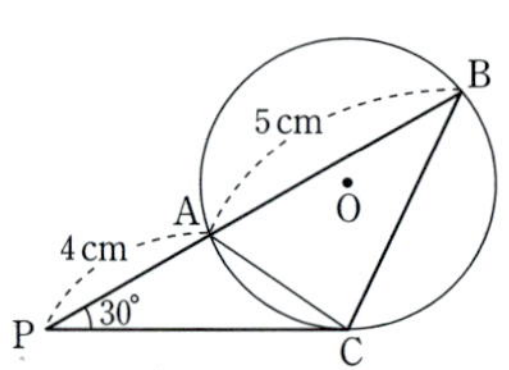

3. 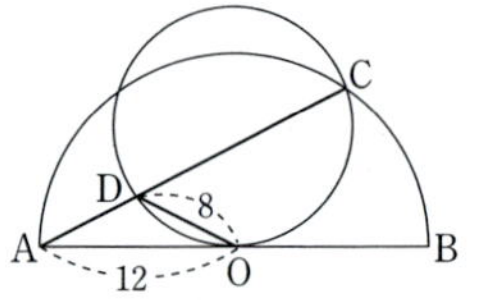

4. <그림>에서 $\overleftrightarrow{PT}$는 원 O의 접선이다.
$\overline{AT}=4$, $\overline{AB}=8$, ∠P=∠B
일 때, $\overline{PA}$의 길이를 구하여라.

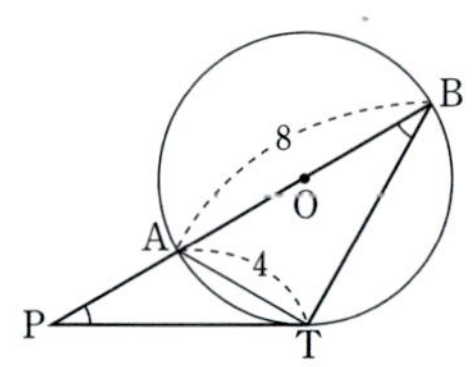

5. 이등변삼각형 ABC가 원 O와 A, B, E, D에서 만나고 있다.
$\overline{AB}=\overline{AC}=16\,cm$, $\overline{BC}=12\,cm$
일 때, $\overline{AD}$의 길이를 구하여라.

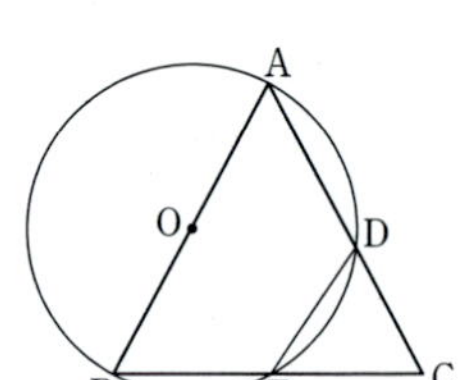

6. <그림>에서 $\overleftrightarrow{PT}$는 원 O의 접선이고 $\overline{AB}\perp\overline{CD}$이다.
$\overline{CH}=6\,cm$, $\overline{DP}=4\,cm$
일 때, $\overline{DE}$의 길이를 구하여라.

7. <그림>과 같이 네 점 A, B, C, D는 원 O 위에 있고, 직선 AT는 원 O의 접선이고, $\overline{CD} \mathbin{/\mkern-5mu/} \overline{TA}$이다. 또, 점 E는 직선 DC와 AB가 만나는 점이다. $\overline{AD}$의 길이를 구하여라. (단, $\overline{AB}=3$, $\overline{BE}=6$)

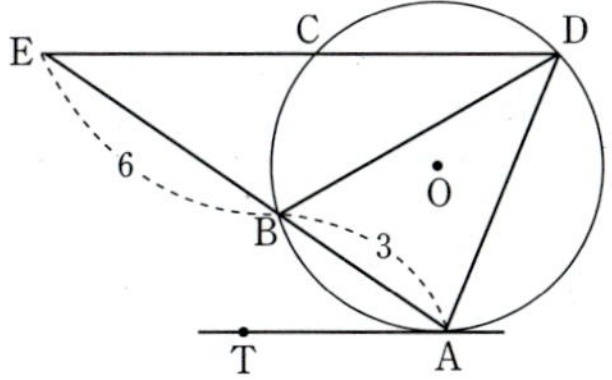

8. <그림>과 같이 중심이 O인 원 위의 한 점 A에서 접선 AB를 긋고 원의 내부의 한 점 D와 점 B를 이은 선분이 원과 만나는 점을 C라 하자. $\overline{BC}=\overline{DC}=3$, $\overline{OD}=2$, $\overline{AB}=6$일 때, 원 O의 반지름의 길이를 구하여라.

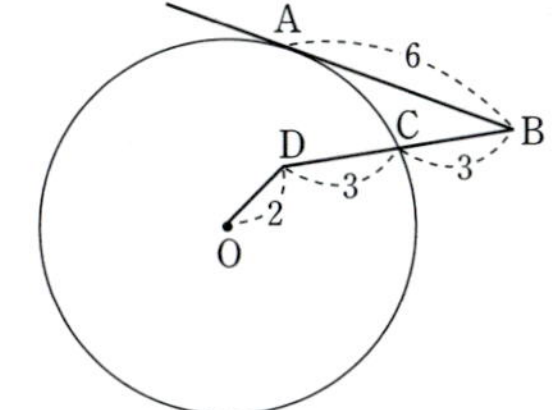

9. <그림>과 같이 원 O의 외부에 있는 한 점 P에서 이 원에 그은 접선과 할선이 원 O와 만나는 점을 각각 T, A, B라 하고, 점 T에서 직선 AB에 내린 수선의 발을 C, 점 B에서 직선 PT에 내린 수선의 발을 D라 하자. $\overline{PA}=4$, $\overline{PB}=9$, $\overline{TC}=3$일 때, $\overline{BD}$의 길이를 구하여라.

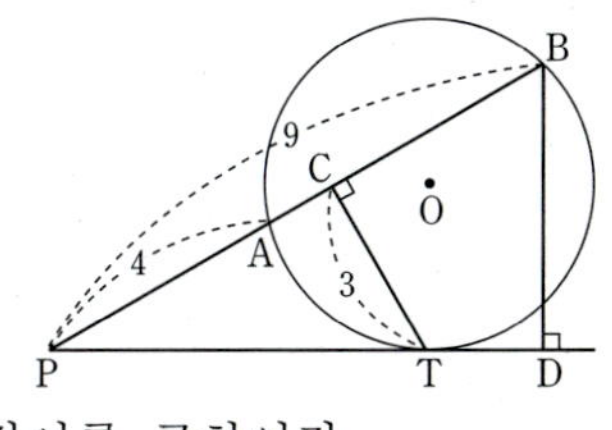

10. <그림>과 같이 두 원 O, O′의 반지름의 길이의 비는 3 : 2이고 $\overline{AB}$는 공통내접선, $\overline{AC}=4$, $\overline{BD}=3$일 때, 작은 원의 반지름의 길이를 구하여라.

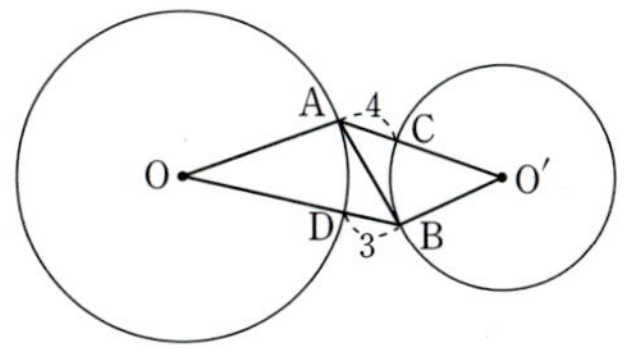

11. <그림>과 같이 반지름의 길이가 각각 4 cm, 7 cm인 두 원 O, O′이 점 A에서 내접하고 있다. 점 A를 지나는 직선이 두 원 O, O′과 만나는 점을 각각 B, C라고 할 때, 점 C에서 원 O에 그은 접선의 길이를 구하여라.
(단, $\overline{AB}=7$ cm)

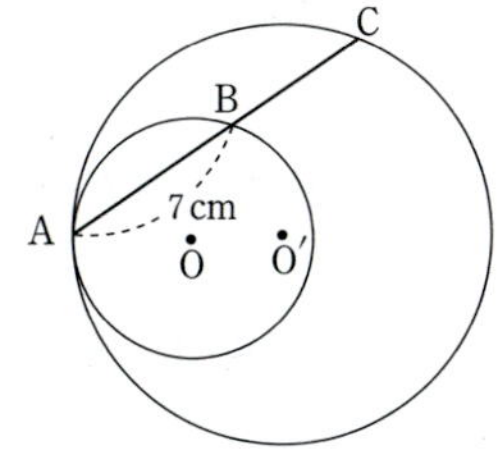

1. <그림>의 원 O에서 $\overline{BC}$는 원 O의 지름이다. $\overleftrightarrow{AE}$, $\overleftrightarrow{CE}$는 원 O의 접선이고 $\overline{BC}=4\,cm$, $\overline{CD}=3\,cm$일 때, $\triangle AED$의 넓이를 구하여라.

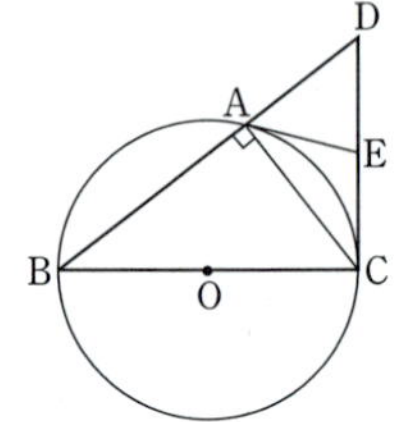

2. <그림>에서 $\overleftrightarrow{PT}$는 원의 접선일 때, $\overline{AT}$의 길이를 구하여라.

3. <그림>에서 $\overline{AB}=\overline{BC}=\overline{CD}=\overline{DE}=\overline{EF}$일 때, $\overline{AQ}:\overline{AR}$를 구하여라.

4. <그림>의 원 O에서 $\overline{AB}=8\,cm$, $\overset{\frown}{AC}=\overset{\frown}{BC}$, $\overset{\frown}{AD}=\overset{\frown}{CD}$일 때, $\overline{PA}$의 길이를 구하여라.

2.

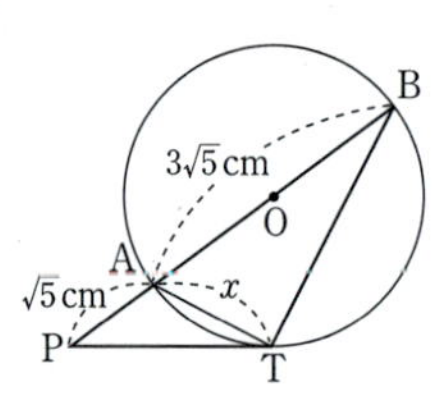

3.

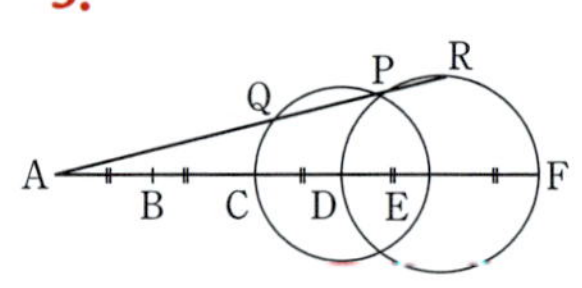

4.

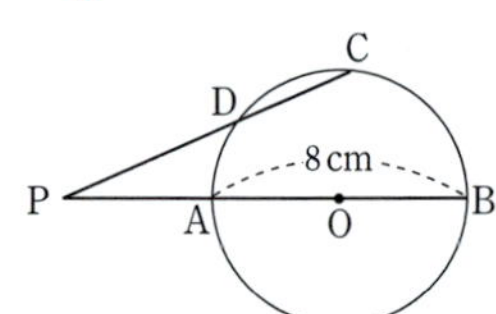

5. <그림>과 같이 지름이 $\overline{AB}$, 중심이 O인 원둘레 위의 점 C에서의 접선과, 점 B에서의 접선이 만나는 점을 D라 하고, 현 AC의 연장선과 $\overline{BD}$의 연장선이 만나는 점을 E라 한다. $\overline{AC}=4$, $\overline{CE}=2$일 때, $\overline{CD}$의 길이를 구하여라.

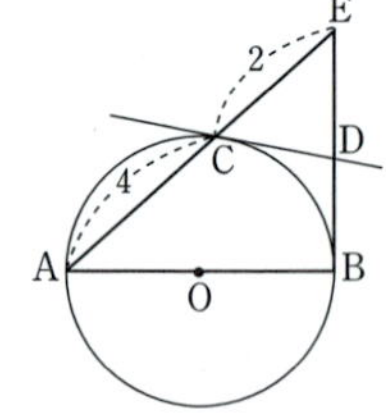

6. $\triangle ABC$는 직각삼각형이고, 두 점 B, D는 원 O의 접점이다. $\overline{AD}=4\,cm$, $\overline{CD}=2\,cm$일 때, 다음을 구하여라.
(1) $\triangle AED : \triangle ADB$
(2) 색칠한 부분의 넓이

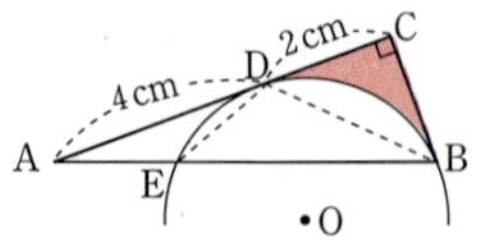

삼각비의 표

각도	사인 (sin)	사인 (cos)	탄젠트 (tan)	각도	사인 (sin)	코사인 (cos)	탄젠트 (tan)
1°	0.0175	0.9998	0.0175	46°	0.7193	0.6947	1.0355
2°	0.0349	0.9994	0.0349	47°	0.7314	0.6820	1.0724
3°	0.0523	0.9986	0.0524	48°	0.7431	0.6691	1.1106
4°	0.0698	0.9976	0.0699	49°	0.7547	0.6561	1.1504
5°	0.0872	0.9962	0.0875	50°	0.7660	0.6428	1.1918
6°	0.1045	0.9945	0.1051	51°	0.7771	0.6293	1.2349
7°	0.1219	0.9925	0.1228	52°	0.7880	0.6157	1.2799
8°	0.1392	0.9903	0.1405	53°	0.7986	0.6018	1.3270
9°	0.1564	0.9877	0.1584	54°	0.8090	0.5878	1.3764
10°	0.1736	0.9848	0.1763	55°	0.8192	0.5736	1.4281
11°	0.1908	0.9816	0.1944	56°	0.8290	0.5592	1.4826
12°	0.2079	0.9781	0.2126	57°	0.8387	0.5446	1.5399
13°	0.2250	0.9744	0.2309	58°	0.8480	0.5299	1.6003
14°	0.2419	0.9703	0.2493	59°	0.8572	0.5150	1.6643
15°	0.2588	0.9659	0.2679	60°	0.8660	0.5000	1.7321
16°	0.2756	0.9613	0.2867	61°	0.8746	0.4848	1.8040
17°	0.2924	0.9563	0.3057	62°	0.8829	0.4695	1.8807
18°	0.3090	0.9511	0.3249	63°	0.8910	0.4540	1.9626
19°	0.3256	0.9455	0.3443	64°	0.8988	0.4384	2.0503
20°	0.3420	0.9397	0.3640	65°	0.9063	0.4226	2.1445
21°	0.3584	0.9336	0.3839	66°	0.9135	0.4067	2.2460
22°	0.3746	0.9272	0.4040	67°	0.9205	0.3907	2.3559
23°	0.3907	0.9205	0.4245	68°	0.9272	0.3746	2.4751
24°	0.4067	0.9135	0.4452	69°	0.9336	0.3584	2.6051
25°	0.4226	0.9063	0.4663	70°	0.9397	0.3420	2.7475
26°	0.4384	0.8988	0.4877	71°	0.9455	0.3256	2.9042
27°	0.4540	0.8910	0.5095	72°	0.9511	0.3090	2.0777
28°	0.4695	0.8829	0.5317	73°	0.9563	0.2924	3.2709
29°	0.4848	0.8746	0.5543	74°	0.9613	0.2756	3.4874
30°	0.5000	0.8660	0.5774	75°	0.9659	0.2588	3.7321
31°	0.5150	0.8572	0.6009	76°	0.9703	0.2419	4.0108
32°	0.5299	0.8480	0.6249	77°	0.9744	0.2250	4.3315
33°	0.5446	0.8387	0.6494	78°	0.9781	0.2079	4.7046
34°	0.5592	0.8290	0.6745	79°	0.9816	0.1908	5.1446
35°	0.5736	0.8192	0.7002	80°	0.9848	0.1736	5.6713
36°	0.5878	0.8090	0.7265	81°	0.9877	0.1564	6.3138
37°	0.6018	0.7986	0.7536	82°	0.9903	0.1392	7.1154
38°	0.6157	0.7880	0.7813	83°	0.9925	0.1219	8.1443
39°	0.6293	0.7771	0.8098	84°	0.9945	0.1045	9.5144
40°	0.6428	0.7660	0.8391	85°	0.9962	0.0872	11.4301
41°	0.6561	0.7547	0.8693	86°	0.9976	0.0698	14.3007
42°	0.6691	0.7431	0.9004	87°	0.9986	0.0523	19.0811
43°	0.6820	0.7314	0.9325	88°	0.9994	0.0349	28.6363
44°	0.6947	0.7193	0.9657	89°	0.9998	0.0175	57.2900
45°	0.7071	0.7071	1.0000	90°	1.0000	0.0000	

수학은 국력**식 공부**는 점수에 반영되는 실질적인 실력을 길러 줍니다.

초·중·고	교재 이름	교재의 특장
초 등 수 학	**새내기 중 1 수학**	• 초등학교 6학년 학생들의 선행학습 교재로 편찬한 중1 예비수학입니다.
중 등 수 학	**3000제 꿀꺽수학 1−1, 1−2** **3000제 꿀꺽수학 2−1, 2−2** **3000제 꿀꺽수학 3−1, 3−2** **3000제 실력수학 1−1, 1−2**	• 교과서 문제와 각 학교 중간고사, 기말고사, 연합고사 기출문제를 다단계로 구성하여 학년별로 3000여 문제씩 수록하였습니다.
	헤드 투 헤드 실력수학 1−1, 1−2 **헤드 투 헤드 실력수학 2−1, 2−2** **헤드 투 헤드 실력수학 3−1, 3−2**	• 수학 공부의 바른 길을 제시한 중학 수학의 정석입니다. • 기본적인 개념·원리부터 수학 경시대회 수준의 문제까지 방대한 내용을 수록한 책입니다.
	윈윈 e-데이 수학 1−1, 1−2 **윈윈 수학 2500제 2−1, 2−2** **윈윈 수학 2500제 3−1, 3−2**	• 교과서의 모든 내용을 문제로 만들어 패턴별로 정리하였습니다. • 교과서의 개념과 원리−예제·문제·연습·종합문제−기출문제의 순서로 내용을 체계화 하였습니다.
	10주 수학 중 1(전과정) **10주 수학 중 2(전과정)** **10주 수학 중 3(전과정)**	• 중1 수학부터 고1 수학 전과정을 1년에 마스터할 수 있도록 내용을 구성하였습니다. • 대입 수능 수학을 공부하는데 꼭 필요한 기본서로 꾸몄습니다.
고 등 수 학	**10주 수학 고 1(상권)** **10주 수학 고 1(하권)**	• 교과서의 기본 개념과 핵심 문제를 빠짐없이 수록하였습니다.
	빌트인 고 1 수학(상권)	• 고교수학의 기본적인 원리와 개념을 자세히 해설하였습니다. • 핵심적인 문제로 내용을 구성하였습니다.
	라이브 B & A 수학 고 1(상), (하) **라이브 B & A 수학 Ⅰ(상), (하)** **라이브 수학 Ⅱ(상), (하)** **라이브 수학(미분과 적분)**	• 우리 나라와 외국의 교과서 문제, 서울 시내 고등학교의 중간·기말고사 문제, 대입 예비고사, 대입 학력고사, 대입 수능 기출문제를 다단계로 구성하였습니다.

HEAD TO HEAD

헤드투헤드

실력수학

중 3 - 2

전 서울대학교 수학과 교수 **김종식** 감수

오명식 저

수학의 개념과 원리, 그리고 문제 해법을
가장 친절하고 확실하게 해설한 기본서

해설과 정답

HEAD TO HEAD

(주)수학은국력

1. 대푯값과 산포도

1. 대푯값

p. 10

1. (1) 변량을 작은 것부터 차례로 쓰면
63, 70, 75, 86, 88, 90, 90, 91, 91, 93, 96
변량의 개수가 11이므로 중앙값은
$\dfrac{11+1}{2}=6$번째 변량이다.

답 **90점**

(2) 변량을 작은 것부터 차례로 쓰면
80, 81, 83, 84, 85, 86, 87, 88, 89, 89, 90, 91, 92, 92, 93
변량의 개수가 15이므로 중앙값은
$\dfrac{15+1}{2}=8$번째 변량이다.

답 **88회**

p. 11

2. (1) 변량을 작은 것부터 차례로 쓰면
2, 3, 6, 12, 13, 14, 15, 17, 22, 25, 26, 38
변량의 개수가 12이므로 중앙값은
$\dfrac{12}{2}=6$번째와 $\dfrac{12}{2}+1=7$번째 변량의 평균이다.

$\therefore \dfrac{14+15}{2}=14.5 \leftarrow$ 답

(2) 변량을 작은 것부터 차례로 쓰면
14, 23, 25, 28, 30, 32, 34, 36, 39, 43, 45, 45, 50, 55, 62, 67
변량의 개수가 16이므로 중앙값은
$\dfrac{16}{2}=8$번째와 $\dfrac{16}{2}+1=9$번째 변량의 평균이다.

$\therefore \dfrac{36+39}{2}=37.5 \leftarrow$ 답

p. 12

3. (1) $\dfrac{a+5+b+8+c-2+d+3+e-4}{5}$

$=\dfrac{a+b+c+d+e+10}{5}$

$=\dfrac{a+b+c+d+e}{5}+2$

$=\mathbf{M}+2 \leftarrow$ 답

(2) $\dfrac{1}{4}(x_n-12)=\dfrac{1}{4}x_n-3$이므로

$M=\dfrac{1}{4}\times100-3=\mathbf{22} \leftarrow$ 답

Advice

$M=\left(\dfrac{1}{4}x_1-3+\dfrac{1}{4}x_2-3+\dfrac{1}{4}x_3-3+\cdots\right.$
$\left.+\dfrac{1}{4}x_n-3\right)\div n$

$=\left(\dfrac{1}{4}x_1+\dfrac{1}{4}x_2+\dfrac{1}{4}x_3+\cdots\right.$
$\left.+\dfrac{1}{4}x_n-3n\right)\div n$

$=\dfrac{1}{4}(x_1+x_2+x_3+\cdots+x_n)\div n-3n\div n$

$=\dfrac{1}{4}\times100-3=25-3=22$

p. 13

1. 평균 : $\dfrac{90만+100만+110만+900만}{4}$

$=300만(원)$

중앙값 : $\dfrac{100만+110만}{2}=105만\,(원)$

최빈값 : 없다.

평균 300만 원은 매출액 중 900만 원의 영향이 크므로 대푯값으로 적당하지 않다.

중앙값 105만 원이 대푯값으로 적당하다.　　　　　**답 중앙값**

2. 중앙값 $a=90$, 최빈값 $b=90$

　　　　　　　　　　답 $a=b$

3. $\dfrac{2+4+x+5+7}{5}=x,\ \ 18+x=5x$

$4x=18$　　$\therefore\ \boldsymbol{x=4.5}\ \leftarrow$ **답**

4. 최빈값이 11이므로 $x=y=z=11$이거나 $x,\ y,\ z$ 중 두 값이 11이다.

(i) $x=y=z=11$일 때 :

　　중앙값이 10이 될 수 없다.

(ii) $x=y=11,\ z\neq11$일 때 : 7, 8, 8, z, 11, 11, 11, 13에서 중앙값은

　　$\dfrac{z+11}{2}=10$

　　$\therefore\ z=9$

따라서, $x+y+z=\boldsymbol{31}\ \leftarrow$ **답**

Advice (ii)에서 $z\leq8$ 또는 $z>11$이면 중앙값은 10이 될 수 없으므로 $8<z<11$이다.

5. 「4, 5, a」의 중앙값이 5이므로

$a\geq5$　　　… ㉠

「11, 20, a」의 중앙값이 11이므로

$a\leq11$　　　… ㉡

㉠, ㉡에서 $5\leq a\leq11$　　　**답 ⑤**

6. 「6, 7, x, y, 10」의 중앙값이 9이므로 $x=9$

「9, y, 13, 17」의 중앙값이 12이므로

$\dfrac{y+13}{2}=12$

$\therefore\ y=11$　　　　　　**답 20**

2. 산포도

p. 17

1.

계급값	도수	(계급값)×(도수)	(편차)^2	(편차)^2×(도수)
145	3	435	196	588
150	7	1050	81	567
155	11	1705	16	176
160	14	2240	1	14
165	8	1320	36	288
170	5	850	121	605
175	2	350	256	512
합계	50	7950		2750

$M=\dfrac{7950}{50}=159$

$\therefore\ (분산)=2750\div50=\boldsymbol{55}\ \leftarrow$ **답**

$(표준편차)=\sqrt{\boldsymbol{55}}\ \mathbf{cm}\ \leftarrow$ **답**

p. 18

2. 총도수가 $x+26$이고 평균이 76이므로

$\dfrac{55\times2+65\times8+75x+85\times15+95\times1}{x+26}$

$=76$

$110+520+75x+1275+95$

$=76(x+26)$

$2000+75x=76x+1976$

$\therefore\ x=24$

$S^2=\dfrac{1}{50}\{(55-76)^2\times2+(65-76)^2\times8$

　　　$+(75-76)^2\times24$

　　　$+(85-76)^2\times15+(95-76)^2\times1\}$

$$=\frac{1}{50}(882+968+24+1215+361)$$

$$=\frac{1}{50}\times3450=69$$

$$\therefore \ \mathbf{S}=\sqrt{\mathbf{69}} \ \leftarrow \text{답}$$

p. 19

3. $M=(3+4+15+12+16+10)\div10=6$

$x_1{}^2f_1+x_2{}^2f_2+x_3{}^2f_3+\cdots+x_6{}^2f_6$

$=9\times1+16\times1+25\times3+36\times2$

$\quad +64\times2+100\times1$

$=400$

$$\therefore \ S^2=\frac{400}{10}-6^2=40-36=\mathbf{4} \ \leftarrow \text{답}$$

p. 20

4. (1) **3**

(2) $2\times3=\mathbf{6}$

p. 21

1. $S^2=\dfrac{1+4+0+4+1}{5}=2$

$$\therefore \ \mathbf{S}=\sqrt{\mathbf{2}} \ \leftarrow \text{답}$$

2. $M=\dfrac{75+77+73+79+81}{5}=\dfrac{385}{5}=77$

$S^2=\dfrac{1}{5}\{(75-77)^2+(77-77)^2$

$\quad +(73-77)^2+(79-77)^2$

$\quad +(81-77)^2\}$

$\quad =\dfrac{40}{5}=8$

$$\therefore \ \mathbf{S}=\mathbf{2}\sqrt{\mathbf{2}} \ \leftarrow \text{답}$$

3. $-1+4+0+2-5=0$이므로

$-1,\ 4,\ 0,\ 2,\ -5$는 편차이다.

$$S^2=\frac{1+16+0+4+25}{5}=9.2$$

$$\therefore \ \mathbf{S}=\sqrt{\mathbf{9.2}} \ \leftarrow \text{답}$$

4. $M=\dfrac{5+12+28+16+9}{10}=7$

$S^2=\dfrac{1}{10}\{(5-7)^2\times1+(6-7)^2\times2$

$\quad +(7-7)^2\times4+(8-7)^2\times2$

$\quad +(9-7)^2\times1\}$

$\quad =\dfrac{1}{10}\times12=\mathbf{1.2} \ \leftarrow \text{답}$

5. 편차의 합은 0이므로

$-3+2+1-2+x=0 \qquad \therefore \ x=2$

$y^2=(9+4+1+4+4)\div5=4.4$

$\therefore \ y=\sqrt{4.4}$

$$\text{답} \ \boldsymbol{x=2,\ y=\sqrt{4.4}}$$

6. $S^2=\dfrac{1^2+4^2+x^2}{3}-\left(\dfrac{1+4+x}{3}\right)^2$

$\quad =(\sqrt{2})^2$

$\dfrac{17+x^2}{3}-\dfrac{x^2+10x+25}{9}=2$

$2x^2-10x+26=18$

$x^2-5x+4=0,\ (x-1)(x-4)=0$

$\therefore \ x=1 \ \text{또는} \ x=4$

(i) $1,\ 4,\ 1$의 평균은 2

(ii) $1,\ 4,\ 4$의 평균은 3

$$\text{답} \ \mathbf{2} \ \text{또는} \ \mathbf{3}$$

7. **A반**

8. $\dfrac{x_1{}^2+x_2{}^2+\cdots+x_n{}^2}{n}-169=25$

$\dfrac{x_1{}^2+x_2{}^2+\cdots+x_n{}^2}{n}=194$

$\therefore \ \dfrac{2x_1{}^2+2x_2{}^2+\cdots+2x_n{}^2}{n}=\mathbf{388} \ \leftarrow \text{답}$

p. 22

1. 나머지 변량을 x라 하면 중앙값이 49이므로

$43 < x < 49$

4개의 변량의 크기순으로 쓰면

$43, \ x, \ 52, \ 53$

$\dfrac{x+52}{2} = 49 \qquad \therefore \ \boldsymbol{x=46} \ \leftarrow$ 답

2. 중앙값이 7이므로

$\dfrac{4+6+7+9+x}{5} = 7, \quad \dfrac{26+x}{5} = 7$

$\therefore \ \boldsymbol{x=9} \ \leftarrow$ 답

3. $\sqrt{\dfrac{a^2+b^2+c^2+d^2}{4} - M^2}$

4. $\boldsymbol{m < m', \ S > S'}$

5. 2 반

6. (총도수) $= 3+n+3+4+4 = n+14$

(평균) $= \dfrac{12+5n+18+28+32}{n+14} = 6$

$90+5n = 6n+84 \qquad \therefore \ n=6$

(분산)

$= \dfrac{4^2 \times 3 + 5^2 \times 6 + 6^2 \times 3 + 7^2 \times 4 + 8^2 \times 4}{20} - 6^2$

$= \dfrac{758}{20} - 36 = 37.9 - 36 = 1.9$

$\therefore \ (\textbf{표준편차}) = \sqrt{1.9} \ \leftarrow$ 답

p. 23

1. 평균 :

$M = \dfrac{x_1+x_2+\cdots+x_{10}}{10} = \dfrac{10}{10} = 1 \ \leftarrow$ 답

분산 : $\dfrac{x_1^2+x_2^2+\cdots+x_{10}^2}{10} - M^2$

$\qquad\qquad = 17-1 = 16 \ \leftarrow$ 답

2.

계급값	x_1	x_2	x_3	$\cdots$	x_n
도수	f_1	f_2	f_3	$\cdots$	f_n

위 도수분포표에서 평균을 M, 표준편차를 S라고 하면 다음 도수분포표에서 평균과 표준편차는

계급값	$\left(1+\frac{p}{100}\right)x_1$	$\left(1+\frac{p}{100}\right)x_2$	$\cdots$	$\left(1+\frac{p}{100}\right)x_n$
도수	f_1	f_2	$\cdots$	f_n

$(\text{평균}) = \left(1+\dfrac{p}{100}\right)M$

$(\text{표준편차}) = \left(1+\dfrac{p}{100}\right)S$

답 평균과 표준편차는 각각 $\boldsymbol{p}$ %씩 증가한다.

3. $x_1, \ x_2, \ x_3, \ \cdots, \ x_n$의 평균이 M이면 $ax_1+b, \ ax_2+b, \ ax_3+b, \ \cdots, \ ax_n+b$의 평균은 $aM+b$이므로 $\dfrac{1}{2}x_1+3, \ \dfrac{1}{2}x_2+3, \ \dfrac{1}{2}x_3+3, \ \cdots, \ \dfrac{1}{2}x_n+3$의 평균은 **13** $\leftarrow$ 답

또한, $x_1, \ x_2, \ x_3, \ \cdots, \ x_n$의 표준편차가 S이면 $ax_1+b, \ ax_2+b, \ ax_3+b, \ \cdots, \ ax_n+b$의 표준편차는 $|a|S$이므로 $\dfrac{1}{2}x_1+3, \ \dfrac{1}{2}x_2+3, \ \dfrac{1}{2}x_3+3, \ \cdots, \ \dfrac{1}{2}x_n+3$의 표준편차는

$\dfrac{1}{2} \times 4 = \boldsymbol{2} \ \leftarrow$ 답

4. 편차의 합은 0이므로

$-3+x-7+3x-5+7 = 0$

$\therefore \ x=2$

사람	A	B	C	D	E	F
편차	-3	2	-7	6	-5	7

$$S^2 = \frac{(-3)^2 + 2^2 + (-7)^2 + 6^2 + (-5)^2 + 7^2}{6}$$

$$= \frac{172}{6} = \frac{86}{3} \leftarrow \boxed{답}$$

5. $\dfrac{4+x+y+5+6}{5} = 6$이므로

$$x + y = 15 \qquad \cdots \ \unicode{x24D8}$$

$$\frac{4^2 + x^2 + y^2 + 5^2 + 6^2}{5} - 6^2 = 4.4$$이므로

$$16 + x^2 + y^2 + 25 + 36 - 180 = 22$$

$$\therefore \ x^2 + y^2 = 125 \qquad \cdots \ \unicode{x24D9}$$

$\unicode{x24D8}$에서 $x^2 + y^2 + 2xy = 225$ $\qquad \cdots \ \unicode{x24DA}$

$\unicode{x24D9}$, $\unicode{x24DA}$에서 $125 + 2xy = 225$

$$\therefore \ \boldsymbol{xy = 50} \leftarrow \boxed{답}$$

6. 총도수가 $x+y+7$이고, 평균이 8이므로

$$\frac{12 + 7x + 8y + 36 + 10}{x + y + 7} = 8$$

$$7x + 8y + 58 = 8x + 8y + 56 \quad \therefore \ x = 2$$

분산이 1.2이므로

$$\frac{1}{9+y}\{(6-8)^2 \times 2 + (7-8)^2 \times 2$$

$$+ (9-8)^2 \times 4 + (10-8)^2 \times 1\}$$

$$= 1.2$$

$$\frac{8 + 2 + 4 + 4}{9 + y} = 1.2, \ \ 18 = 10.8 + 1.2y$$

$$\therefore \ y = 6 \qquad\qquad \boxed{답} \ 8$$

p. 24

1. A, B, C의 변량의 개수는 각각 50개이다.

A, B는 변량이 모두 1만큼의 간격으로 떨어져 있으므로 A, B의 표준편차는 같다. $\quad \therefore \ a = b$

C는 변량이 2만큼의 간격으로 떨어져 있으므로 A, B보다 표준편차가 더 크다.

$$\therefore \ \boldsymbol{a = b < c} \leftarrow \boxed{답}$$

2. $\dfrac{a+b+c+d+e}{5} = 6$

$$\therefore \ a + b + c + d + e = 30 \ \cdots \ \unicode{x24D8}$$

$$\frac{a^2 + b^2 + c^2 + d^2 + e^2}{5} - 36 = 12$$

$$\therefore \ a^2 + b^2 + c^2 + d^2 + e^2 = 240 \ \cdots \ \unicode{x24D9}$$

평균 : $(30 + 15 + 18) \div 7 = \boldsymbol{9} \leftarrow \boxed{답}$

분산 : $\dfrac{240 + 225 + 324}{7} - 9^2$

$$= \frac{789 - 567}{7} = \frac{\boldsymbol{222}}{\boldsymbol{7}} \leftarrow \boxed{답}$$

3. 평균 : $\dfrac{x + 2y - 5}{5} = 1$

$$\therefore \ x = 10 - 2y \ \cdots \ \unicode{x24D8}$$

분산 : $\dfrac{9 + 4 + x^2 + 2y^2}{5} - 1 = 11.6$

$$13 + x^2 + 2y^2 = 63$$

$$\therefore \ x^2 + 2y^2 = 50 \ \cdots \ \unicode{x24D9}$$

$\unicode{x24D8}$, $\unicode{x24D9}$에서

$$(10 - 2y)^2 + 2y^2 - 50 = 0$$

$$6y^2 - 40y + 50 = 0$$

$$3y^2 - 20y + 25 = 0$$

$$(y - 5)(3y - 5) = 0$$

y는 정수이므로 $\boldsymbol{y = 5} \leftarrow \boxed{답}$

$$\therefore \ \boldsymbol{x = 0} \leftarrow \boxed{답}$$

4. 남자의 총점은 180점

여자의 총점은 150점

따라서, 남녀의 평균은

$$\frac{180 + 150}{5} = \frac{330}{5} = \boldsymbol{66(점)} \leftarrow \boxed{답}$$

남자의 표준편차가 6이므로

$$\frac{a^2 + b^2 + c^2}{3} - 3600 = 36$$

$$\therefore \ a^2 + b^2 + c^2 = 10908 \ \cdots \ \unicode{x24D8}$$

여자의 표준편차가 5이므로

$$\frac{d^2 + e^2}{2} - 5625 = 25$$

$$\therefore \ d^2 + e^2 = 11300 \ \cdots \ ㉡$$

㉠, ㉡을 이용하면

$$\frac{a^2 + b^2 + c^2 + d^2 + e^2}{5} - 66^2$$

$$= \frac{22208 - 21780}{5} = \frac{428}{5}$$

따라서, 표준편차는 $\sqrt{\dfrac{428}{5}}$ (점) ← 답

5. 남, 여의 평균을 m이라고 하면,
남자 점수의 총합은 $30m$
여자 점수의 총합은 $20m$
남, 여를 합한 다음의 평균은
$(30m + 20m) \div 50 = m$
남자의 표준편차는 5점이므로

$$\frac{x_1{}^2 + x_2{}^2 + \cdots + x_{30}{}^2}{30} - m^2 = 25$$

$$\therefore \ x_1{}^2 + x_2{}^2 + \cdots + x_{30}{}^2 - 30m^2$$
$$= 750 \ \cdots \ ㉠$$

여자의 표준편차는 4점이므로,

$$\frac{y_1{}^2 + y_2{}^2 + \cdots + y_{20}{}^2}{20} - m^2 = 16$$

$$\therefore \ y_1{}^2 + y_2{}^2 + \cdots + y_{20}{}^2 - 20m^2$$
$$= 320 \ \cdots \ ㉡$$

㉠+㉡을 하면

$$x_1{}^2 + x_2{}^2 + \cdots + x_{30}{}^2 + y_1{}^2 + y_2{}^2 + \cdots$$
$$+ y_{20}{}^2 - 50m^2 = 1070 \ \cdots \ ㉢$$

㉢의 양변을 50으로 나누면,

$$\frac{x_1{}^2 + x_2{}^2 + \cdots + x_{30}{}^2}{50}$$

$$+ \frac{y_1{}^2 + y_2{}^2 + \cdots + y_{20}{}^2}{50} - m^2$$

$$= \frac{107}{5}$$

위에서 50명의 분산이 $\dfrac{107}{5}$이므로

표준편차는 $\sqrt{\dfrac{107}{5}}$ (점) ← 답

6. 10개의 자료를
$a, \ b, \ c, \ d, \ \cdots, \ j$라고 하자.

(1) $\dfrac{a+b+c+d+e+f}{6} = 3$

$$\therefore \ a+b+c+d+e+f = 18 \ \cdots \ ㉠$$

$$\frac{g+h+i+j}{4} = 8$$

$$\therefore \ g+h+i+j = 32 \ \cdots \ ㉡$$

㉠, ㉡에서

$$\frac{a+b+c+d+\cdots+j}{10} = \frac{50}{10}$$

$$= 5 \ \text{← 답}$$

(2) $\dfrac{a^2+b^2+c^2+\cdots+f^2}{6} - 3^2 = 9$

$$\therefore \ a^2+b^2+c^2+\cdots+f^2$$
$$= 108 \ \cdots \ ㉠$$

$$\frac{g^2+h^2+i^2+j^2}{4} - 8^2 = 14$$

$$\therefore \ g^2+h^2+i^2+j^2 = 312 \ \cdots \ ㉡$$

㉠+㉡하면

$$a^2+b^2+\cdots+j^2 = 420$$

따라서, 10개의 분산은

$$\frac{420}{10} - 5^2 = \textbf{17} \ \text{← 답}$$

2. 피타고라스의 정리

1. 피타고라스의 정리

p. 27

1. (1) $\triangle \text{ADH} = \dfrac{1}{2} \square \text{ACGF}$

$$= \textbf{32(cm}^2\textbf{)} \ \text{← 답}$$

(2) $\triangle \text{CEB} = \triangle \text{HEB}$

$$= \frac{1}{2} \square \text{CBKJ} = \textbf{18(cm}^2\textbf{)} \ \text{← 답}$$

(3) □ADEB
$=$□ACGF$+$□CBKJ
$=$**100(cm²)** ← 답

---

p. 28

2. □ABDE$=5\times5=25\,(\text{cm}^2)$
△ABC에서
$\overline{BC}=\sqrt{25-4}=\sqrt{21}$
$\therefore\ \triangle ABC=\sqrt{21}\times2\div2=\sqrt{21}$
따라서,
□FGHC$=25-4\sqrt{21}$ (cm²) ← 답

---

p. 29

3. □HEFG$=34\ \text{cm}^2$이므로
$\overline{HG}^2=34\ \text{cm}^2$　　$\therefore\ \overline{HG}=\sqrt{34}\ \text{cm}$
△DGH에서
$\overline{DG}=\sqrt{34-25}=\sqrt{9}=3\ (\text{cm})$
$\triangle DGH=\dfrac{1}{2}\times5\times3=\dfrac{15}{2}\ (\text{cm}^2)$
$\triangle AEH\equiv\triangle BFE\equiv\triangle CGF\equiv\triangle DHG$
이므로
$\square ABCD=\dfrac{15}{2}\times4+34$
$\qquad\quad=\textbf{64 (cm}^2\textbf{)}$ ← 답

---

p. 30

4. (1) $\overline{AC}=\sqrt{12^2-9^2}=\sqrt{63}=3\sqrt{7}$
$\overline{BC}\times\overline{AD}=\overline{AB}\times\overline{AC}$이므로
$12x=27\sqrt{7}$
$\therefore\ x=\dfrac{27\sqrt{7}}{12}=\dfrac{9\sqrt{7}}{4}\ \textbf{(cm)}$ ← 답

(2) $\overline{AB}^2=\overline{BD}\times\overline{BC}$이므로
$12^2=6\times\overline{BC},\ \ \overline{BC}=24\ \text{cm}$
$\therefore\ x=\sqrt{24^2-12^2}=\sqrt{432}$
$\qquad=\textbf{12}\sqrt{\textbf{3}}\ \textbf{(cm)}$ ← 답

---

p. 31

1. $\overline{BC}=\sqrt{13^2+6^2}=\sqrt{205}$
(1) $\overline{BL}\times\sqrt{205}=169$
$\therefore\ \overline{BL}=\dfrac{169}{\sqrt{205}}\ \text{cm}$
$\square BEML=\sqrt{205}\times\dfrac{169}{\sqrt{205}}$
$\qquad\qquad=169\,(\text{cm}^2)$
$\therefore\ \triangle ABE=\triangle LBE$
$\qquad\qquad=\textbf{84.5(cm}^2\textbf{)}$ ← 답
(2) $\overline{CL}\times\sqrt{205}=36$
$\therefore\ \overline{CL}=\dfrac{36}{\sqrt{205}}\ \text{cm}$
$\square LMDC=\sqrt{205}\times\dfrac{36}{\sqrt{205}}=36\,(\text{cm}^2)$
$\therefore\ \triangle ACD=\triangle LCD$
$\qquad\qquad=\textbf{18(cm}^2\textbf{)}$ ← 답

2. (1) $\boldsymbol{x=12,\ y=6\sqrt{3}}$
(2) $\overline{AD}=\overline{BD}=4\sqrt{2}$
$\therefore\ \boldsymbol{x=8\sqrt{2}}$ ← 답
$\overline{CD}=4\sqrt{6}$
$\boldsymbol{y=4(\sqrt{2}+\sqrt{6})}$ ← 답

3. $\overline{AB}=2k,\ \overline{AC}=3k\,(단,\ k>0)$이면,
$\overline{BC}=\sqrt{4k^2+9k^2}=\sqrt{13}k$
$\therefore\ S_1:S_2:S_3=13k^2:9k^2:4k^2$
$\qquad\qquad=\textbf{13}:\textbf{9}:\textbf{4}$ ← 답

4. 네 개의 직각삼각형 PAQ, QBR,
RCS, SDP는 모두 합동이다.
$\overline{AP}=x$라고 하면,
$\overline{AQ}=12-x$

$$4\,\triangle PAQ = \frac{2}{5}\,\square ABCD$$

$$4\,\triangle PAQ = 57.6$$

$$\therefore\ \triangle PAQ = 14.4$$

$$\therefore\ \frac{1}{2}x(12-x) = 14.4\ \text{cm}^2$$

$$x^2 - 12x + 28.8 = 0$$

$$5x^2 - 60x + 144 = 0$$

$$\therefore\ x = \frac{30 \pm \sqrt{900-720}}{5}$$

$$= \frac{30 \pm 6\sqrt{5}}{5}\ \text{(cm)}$$

따라서,

$$\overline{AP} = \frac{30 \pm 6\sqrt{5}}{5}\ \textbf{(cm)}\ \leftarrow \boxed{답}$$

5. $\overline{AB}^2 = \overline{BD} \times \overline{BC}$에서

$$100 = 6\overline{BC} \qquad \therefore\ \overline{BC} = \frac{50}{3}$$

$$\overline{AC}^2 = \frac{2500}{9} - 100 = \frac{2500-900}{9}$$

$$= \frac{1600}{9} \qquad \therefore\ \overline{AC} = \frac{40}{3}\ \leftarrow \boxed{답}$$

2. 피타고라스의 정리와 도형

p. 32

1. $x^2 + 49 = 36 + 16,\ x^2 = 3$

$$\therefore\ \boldsymbol{x = \sqrt{3}}\ \leftarrow \boxed{답}$$

p. 33

2. $\overline{AP}^2 + \overline{CP}^2 = \overline{BP}^2 + \overline{DP}^2$이므로

$$5^2 + 3^2 = 4^2 + \overline{DP}^2,\ \overline{DP}^2 = 18$$

$$\therefore\ \overline{DP} = 3\sqrt{2}\ \textbf{cm}\ \leftarrow \boxed{답}$$

p. 34

3. $\overline{BE}^2 + \overline{CD}^2 = \overline{DE}^2 + \overline{BC}^2$이므로

$$6^2 + 8^2 = 5^2 + \overline{BC}^2,\ \overline{BC}^2 = 75$$

$$\therefore\ \overline{BC} = \sqrt{75} = 5\sqrt{3}\ \textbf{(cm)}\ \leftarrow \boxed{답}$$

4. $\triangle ABE$에서 $\overline{BE}^2 = \overline{AB}^2 + \overline{AE}^2\ \cdots\ \unicode{x1F150}$

$\triangle ACD$에서 $\overline{CD}^2 = \overline{AD}^2 + \overline{AC}^2\ \cdots\ \unicode{x1F151}$

$\unicode{x1F150} + \unicode{x1F151}$하면,

$$\overline{BE}^2 + \overline{CD}^2$$
$$= \overline{AB}^2 + \overline{AE}^2 + \overline{AD}^2 + \overline{AC}^2\ \cdots\ \unicode{x1F152}$$

$\triangle ABC$에서 $\overline{BC}^2 = \overline{AB}^2 + \overline{AC}^2\ \cdots\ \unicode{x1F153}$

$\triangle ADE$에서 $\overline{DE}^2 = \overline{AD}^2 + \overline{AE}^2\ \cdots\ \unicode{x1F154}$

$\unicode{x1F153} + \unicode{x1F154}$하면,

$$\overline{BC}^2 + \overline{DE}^2$$
$$= \overline{AB}^2 + \overline{AE}^2 + \overline{AD}^2 + \overline{AC}^2\ \cdots\ \unicode{x1F155}$$

$\unicode{x1F152}$, $\unicode{x1F155}$에서 우변이 같으므로,

$$\overline{BE}^2 + \overline{CD}^2 = \overline{BC}^2 + \overline{DE}^2$$

한편, $\overline{DE} = 4$, $\overline{BC} = 8$이므로,

$$\overline{BE}^2 + \overline{CD}^2 = 8^2 + 4^2 = \textbf{80}\ \leftarrow \boxed{답}$$

p. 35

5. $P = \dfrac{1}{2} \times \pi \times 10^2 = 50\pi\ \text{(cm}^2)$

$P = Q + R$이므로

$$P + Q + R = 2P = \boldsymbol{100\pi}\ \textbf{(cm}^2)\ \leftarrow \boxed{답}$$

6. $\overline{AC} = \sqrt{10^2 - 6^2} = \sqrt{64} = 8\ \text{(cm)}$

$\therefore$ (색칠한 부분의 넓이)

$$= \triangle ABC = \frac{1}{2} \times 6 \times 8$$

$$= \textbf{24}\ \textbf{(cm}^2)\ \leftarrow \boxed{답}$$

p. 36

1. $\overline{AB}^2+\overline{DC}^2=\overline{AD}^2+\overline{BC}^2$에서
$\overline{AB}=\overline{DC}=7$이므로
$7^2+7^2=(\sqrt{17})^2+\overline{BC}^2$, $\overline{BC}^2=81$
$\therefore$ **$\overline{BC}=9$ cm** ← 답

2. $\overline{AP}^2+\overline{CP}^2=\overline{BP}^2+\overline{DP}^2$이므로
$9+36=25+\overline{DP}^2$, $\overline{DP}^2=20$
$\therefore$ **$\overline{DP}=2\sqrt{5}$ cm** ← 답

3. $\overline{BE}^2+\overline{CD}^2=\overline{DE}^2+\overline{BC}^2$이므로
$64+36=\overline{DE}^2+81$, $\overline{DE}^2=19$
$\therefore$ **$\overline{DE}=\sqrt{19}$ cm** ← 답

4. $P=\dfrac{1}{2}\times\pi\times4^2=8\pi$ (cm²)
$\therefore$ $R=P+Q=8\pi+25\pi$
$=$ **33π (cm²)** ← 답

5. (색칠한 부분)$=\triangle ABC=\dfrac{1}{2}\times8\times6$
$=$ **24 (cm²)** ← 답

3. 삼각형의 변과 각의 크기

p. 40

1. (1) $a^2>36+64$에서 $a^2>100$
$6+8>a$에서 $a<14$
$\therefore$ **$10<a<14$** ← 답
(2) $a^2<9+16$에서 $a^2<25$
a가 최대변이므로 $a\geq4$
$\therefore$ **$4\leq a<5$** ← 답

p. 41

2. $\overline{AE}=x$라 하면

$\angle EAG=\angle G$이므로, $\overline{EG}=x$
$\therefore$ $\overline{BE}=9-x$
따라서, $\triangle AEB$에서
$36+(9-x)^2=x^2$
$36+81-18x+x^2=x^2$
$18x=117$ $\therefore$ **$x=6.5$ (cm)** ← 답

p. 42

1. (1) $4+9<16$ (둔각삼각형)
(2) $16+25<49$ (둔각삼각형)
(3) $36+225<289$ (둔각삼각형)
(4) $5+5>9$ (예각삼각형)
(5) $6+8>9$ (예각삼각형)
(6) $32+18=50$ (직각삼각형)

2. x가 가장 긴 변의 길이이므로 삼각형의 결정조건에 의하여
$8<x<5+8$, $8<x<13$ … ㉠
예각삼각형의 조건에 의하여
$x^2<5^2+8^2$, $x^2<89$
$\therefore$ $0<x<\sqrt{89}$ … ㉡
㉠, ㉡의 공통 범위를 구하면
$8<x<\sqrt{89}$ ← 답

3. a가 가장 긴 변의 길이이므로 삼각형의 결정조건에 의하여
$5<a<4+5$, $5<a<9$ … ㉠
둔각삼각형의 조건에 의하여
$a^2>4^2+5^2$, $a^2>41$
$\therefore$ $a>\sqrt{41}$ … ㉡
㉠, ㉡의 공통 범위를 구하면
$\sqrt{41}<a<9$ ← 답

4. 세 변의 길이를 각각 제곱하면
$(2m)^2=4m^2$
$(m^2+1)^2=m^4+2m^2+1$
$(m^2-1)^2=m^4-2m^2+1$

$4m^2+(m^4-2m^2+1)=m^4+2m^2+1$
따라서, **직각삼각형**이다. ← 답

5. $\overline{AB}$가 가장 긴 변이므로 삼각형의 결정조건에 의하여 $6-4<x<6$
$\therefore 2<x<6$ … ㉠
둔각삼각형의 조건에 의하여
$4^2+x^2<6^2,\ x^2<20$
$\therefore 0<x<\sqrt{20}$ … ㉡
㉠, ㉡의 공통 범위를 구하면
$2<x<\sqrt{20}$ ← 답

6. △AQD를 접은 것이 △AQP이므로
$\overline{AP}=10$ cm
△ABP에서
$\overline{BP}=\sqrt{10^2-8^2}=\sqrt{36}=6$ (cm)
$\overline{PC}=10-6=4$ (cm)
$\overline{PQ}=\overline{DQ}=x$라 하면 $\overline{QC}=8-x$
△QPC에서 $x^2=4^2+(8-x)^2$
$x^2=16+64-16x+x^2,\ 16x=80$
$\therefore x=5$ cm   답 **5 cm**

p. 43

1. (1) $\overline{AC}=\sqrt{289-64}=15$
$\therefore x=\sqrt{225+400}=$ **25** ← 답
(2) 꼭짓점 A에서 $\overline{BC}$에 내린 수선의 발을 E라고 하면, $\overline{BE}=4$
△ABE에서
$\overline{AE}=\sqrt{64-16}=\sqrt{48}$
$\therefore \overline{DC}=\sqrt{48}$
△DBC에서
$x=\sqrt{100+48}=\sqrt{148}=2\sqrt{37}$ ← 답

2. $\overline{AB_1}=\sqrt{1+1}=\sqrt{2}$
$\overline{AB_2}=\sqrt{2+1}=\sqrt{3}$
$\overline{AB_3}=\sqrt{3+1}=\sqrt{4}$
$\overline{AB_4}=\sqrt{4+1}=\sqrt{5}$

$\therefore \overline{AB_5}=\sqrt{5+1}=\sqrt{6}$ ← 답

3. $\overline{OA}=\sqrt{2},\ \overline{OB}=\sqrt{3}$,
$\overline{OC}=\sqrt{4},\ \overline{OD}=\sqrt{5}$
$\therefore \overline{OE}=\sqrt{6},\ \overline{OF}=\sqrt{7}$ ← 답

4. A$=a^2$, B$=b^2$이므로,
(1) A$+$B$=a^2+b^2$
(2) A$-$B$=a^2-b^2$
(3) 2B$=2b^2$
(4) $\dfrac{1}{2}$A$=\dfrac{1}{2}a^2$

따라서, 다음의 길이 x를 한 변으로 하는 정사각형을 작도한다.

(1) 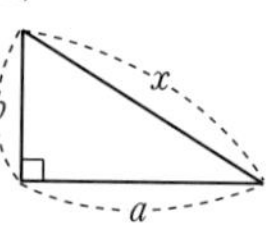 (2) 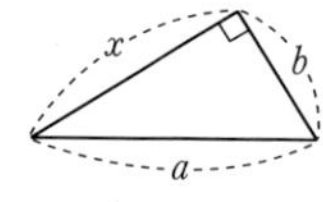

(3) 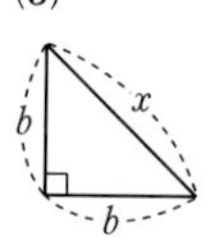 (4) 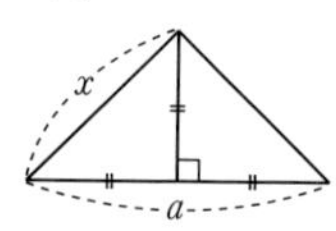

5. (1) ① 직선 l 위에 $\overline{AB}=a$인 선분 AB를 잡는다.
② 점 A에서 $\overline{AC}\perp l$되게 수선을 세운다.
③ $\overline{AC}$ 위에 $\overline{AD}=b$가 되게 점 D를 잡는다.
④ $\overline{BD}$가 구하는 선분이다.

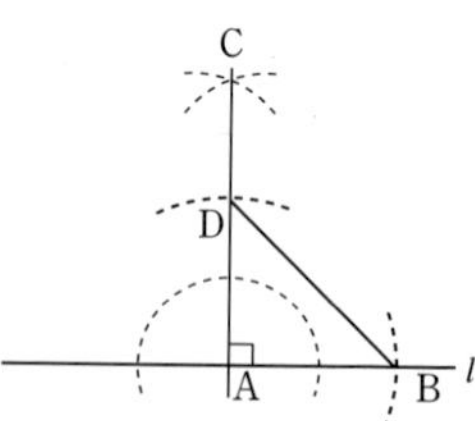

(2) ① 직선 l 위에 $\overline{AB}=a$인 선분 AB를 잡는다.

② 점 A로부터 l에 수선을 세우고 $\overline{AC}=a$인 점 C를 잡는다.

③ 정사각형 ABDC를 그리고, □ABDC의 대각선의 길이를 직선 l 위에 잡고, 이 점을 E라고 한다.

④ 직사각형 AEFC의 대각선 AF가 구하는 선분이다.

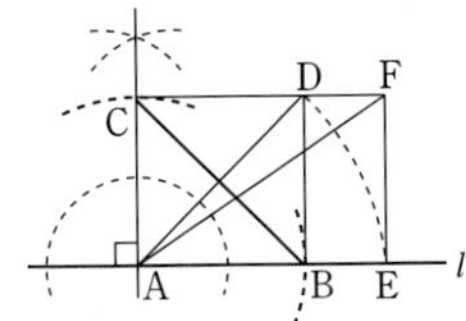

6. $\triangle ABC \equiv \triangle DEB$이므로,

$\angle ACB = \angle DBE$,

$\angle ABC = \angle DEB$,

$\angle ABC + \angle DBE = 90°$

한편 $\overline{BC} = \overline{BE} = 10$ (cm)

$\therefore \triangle CBE = 10 \times 10 \div 2$

$\qquad = 50 \text{ (cm}^2) \leftarrow$ 답

p. 44

7. $\overline{AB}^2 = \overline{BH} \times \overline{BC}$이므로

$\overline{BH} = x$이면,

$16 = x(x+6), \quad x^2 + 6x - 16 = 0$

$(x+8)(x-2) = 0 \qquad \therefore x = 2$

$\therefore \overline{AC} = \sqrt{64-16} = 4\sqrt{3} \leftarrow$ 답

8. $\overline{AC} = x$라고 하면

$\overline{AB} = \sqrt{x^2 + x^2} = x\sqrt{2}$

$(4\sqrt{3})^2 = x^2 + (x\sqrt{2})^2$

$48 = x^2 + 2x^2, \quad x^2 = 16$

$\therefore x = 4 \text{ (cm)} \leftarrow$ 답

9. $\overline{CE} = 6$ cm이므로 $\overline{ED} = 2$ cm

여기서 $\triangle EBC \infty \triangle EFD$

$\overline{DF} = x$라 하면,

$\therefore x = \dfrac{8}{3}$ cm

$\triangle ABF = \left(8 + \dfrac{8}{3}\right) \times 8 \div 2$

$\qquad = \dfrac{128}{3} \text{ (cm}^2) \leftarrow$ 답

10. $\overline{AB} = \sqrt{36+108} = 12$ (cm)

$\therefore \overline{AM} = \overline{BM} = \overline{CM} = 6$ (cm)

$\therefore \overline{CG} = 6 \times \dfrac{2}{3} = 4 \text{ (cm)} \leftarrow$ 답

11.

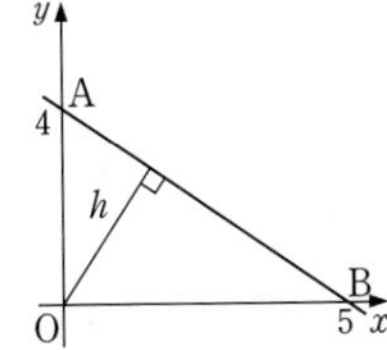

$\triangle ABO = 4 \times 5 \div 2 = 10$

$\overline{AB} = \sqrt{16+25} = \sqrt{41}$

원점에서 $\overline{AB}$에 내린 수선의 길이를 h라고 하면,

$\dfrac{\sqrt{41}\,h}{2} = 10, \quad \sqrt{41}\,h = 20$

$\therefore h = \dfrac{20}{\sqrt{41}} = \dfrac{20\sqrt{41}}{41} \leftarrow$ 답

p. 45

1. $\overline{AG}^2 = \overline{BG} \times \overline{CG}$에서 $\overline{AG} = 4$ cm

$\overline{AM} = \overline{BM} = \overline{CM} = 5$ cm

$\therefore \overline{GM} = 3$ cm

$\overline{AG}^2 = \overline{AH} \times \overline{AM}$에서 $16 = \overline{AH} \times 5$

$\therefore \overline{AH} = 3.2 \text{ cm} \leftarrow$ 답

2. $\overline{BM} = \overline{CM} = \dfrac{1}{2}\overline{BC} = 8$ cm

$\overline{MN} = \overline{CN} = \dfrac{1}{2}\overline{CM} = 4$ cm

$\overline{AC}=x$ cm라 하면

△ABC에서 $\overline{AB}^2=x^2+16^2$ … ㉠

△ANC에서 $\overline{AN}^2=x^2+4^2$ … ㉡

△ABN에서 ∠BAN=∠NAM이므로

$\overline{AB}:\overline{AN}=\overline{BM}:\overline{MN}=2:1$

$\overline{AB}=2\overline{AN}$, $\overline{AB}^2=4\overline{AN}^2$ … ㉢

㉠, ㉡, ㉢에서 $x^2+16^2=4(x^2+4^2)$

$x^2+256=4x^2+64$, $3x^2=192$

$x^2=64$ ∴ $x=8$ 답 **8 cm**

3. 두 점 O, P를 연결하면 $\overline{OQ}=10$ cm, $\overline{OP}=20$ cm이므로, ∠POQ=60°, $\overline{PQ}=10\sqrt{3}$ cm

따라서, 부채꼴 POB의 넓이는

$$20\times20\times\pi\times\frac{60}{360}=\frac{200}{3}\pi \text{ (cm}^2)$$

$\triangle POQ=10\times10\sqrt{3}\div2=50\sqrt{3}$ (cm²)

그러므로 구하는 넓이는

$$\left(\frac{200}{3}\pi-50\sqrt{3}\right) \text{ cm}^2 \leftarrow 답$$

4. $\overline{OP}$의 연장선이 호 AB와 만나는 점을 Q라고 하면,

$\overline{OQ}=10$, $\overline{OP}=\sqrt{2}x$, $\overline{PQ}=x$

∴ $(\sqrt{2}+1)x=10$

∴ $x=\dfrac{10}{\sqrt{2}+1}\times\dfrac{\sqrt{2}-1}{\sqrt{2}-1}$

$\qquad =10(\sqrt{2}-1) \leftarrow 답$

5. $\overline{BC}=\sqrt{225+64}=\sqrt{289}=17$ (cm)

$\overline{BD}=x$라고 하면, $\overline{CD}=17-x$ (cm)

∴ $15:8=x:(17-x)$

$\quad 15(17-x)=8x$

$255-15x=8x$, $23x=255$

∴ $x=\dfrac{255}{23}$ (cm)

∴ $\overline{BD}=\dfrac{255}{23}$ cm $\leftarrow$ 답

6. $\overline{BE}=x$라고 하면

$\overline{ED}=\overline{AE}=16-x$ (cm)

한편 $\overline{BD}=8$ cm이므로

△EBD에서 $(16-x)^2=x^2+64$

$256-32x+x^2=x^2+64$

$32x=192$ ∴ $x=6$ (cm)

∴ $\overline{BE}=6$ cm $\leftarrow$ 답

p. 46

7. $\overline{AI}$의 연장선이 $\overline{BC}$와 만나는 점을 D라고 하면

△ABD는 직각삼각형이므로

$\overline{AD}=\sqrt{10^2-6^2}=8$ (cm)

한편, △ABD에서

$\overline{AB}:\overline{BD}=\overline{AI}:\overline{ID}$

∴ $\overline{ID}=3$ (cm)

직각삼각형 BDI에서

$\overline{BI}=\sqrt{6^2+3^2}=3\sqrt{5}$ **(cm)** $\leftarrow$ 답

8. ∠ABP=∠CBQ이므로

∠PBQ=∠ABC=60°

또, $\overline{BP}=\overline{BQ}$이므로 △PBQ는 정삼각형이다.

∴ ∠BQP=60°, $\overline{BP}=\overline{PQ}$ … ㉠

△ABP와 △CBQ에서

$\overline{AB}=\overline{BC}$, $\overline{BP}=\overline{BQ}$,

∠ABP=∠CBQ

∴ △ABP≡△CBQ (SAS 합동)

∴ $\overline{AP}=\overline{CQ}$ … ㉡

$\overline{AP}^2=\overline{BP}^2+\overline{CP}^2$이므로

㉠, ㉡에 의하여

$\overline{CQ}^2=\overline{PQ}^2+\overline{CP}^2$ ∴ ∠CPQ=90°

∴ ∠BQP+∠CPQ=60°+90°

$\qquad\qquad =150° \leftarrow 답$

9. 꼭짓점 A에서 $\overline{BC}$에 내린 수선의 발을 D라 하고, $\overline{BP}=x$ 라고 하면

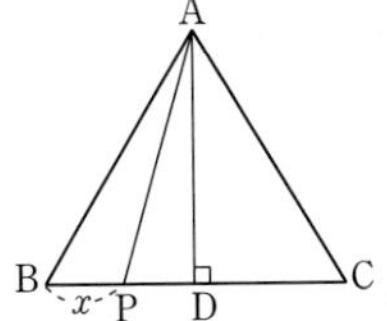

$$\overline{AP}^2=\overline{AD}^2+\overline{PD}^2$$
$$=(2\sqrt{3})^2+(2-x)^2$$
$$\therefore\ \overline{AP}^2+\overline{BP}^2=12+(4-4x+x^2)+x^2$$
$$=2x^2-4x+16$$
$$=2(x-1)^2+14\,(0\leq x\leq4)$$

따라서 $\overline{BP}=1$일 때, 구하는 최솟값은 **14** ← 답

10. △AEF는 정삼각형이므로
$$\overline{AE}=\overline{EF}=\overline{AF} \qquad \cdots\ ㉠$$
그런데 피타고라스의 정리에 의하여
$$\overline{AE}^2=5^2+x^2 \qquad \cdots\ ㉡$$
또, $\overline{BE}=\overline{DF}=x$이므로
$$\overline{EC}=\overline{FC}=5-x$$
따라서 △ECF에서
$$\overline{EF}^2=(5-x)^2+(5-x)^2 \cdots ㉢$$
㉠, ㉡, ㉢에서
$$5^2+x^2=(5-x)^2+(5-x)^2,$$
$$x^2-20x+25=0$$
$$\therefore\ x=10\pm\sqrt{10^2-25}=10\pm\sqrt{75}$$
$$=10\pm5\sqrt{3}$$
그런데 $0<x<5$이므로
$$\boldsymbol{x=10-5\sqrt{3}} \ ← 답$$

11. $ab(a-b)-(a^2-b^2)+(a-b)$
$$=ab(a-b)-(a+b)(a-b)+(a-b)$$
$$=(a-b)(ab-a-b+1)$$
$$=(a-b)(a-1)(b-1)=0$$
$a\neq1$, $b\neq1$이므로 $a=b$
따라서 주어진 삼각형은 밑면의 길이가 1이고 나머지 두 변의 길이가 a인 이등변삼각형이다.
따라서, 이 삼각형의 높이 h는

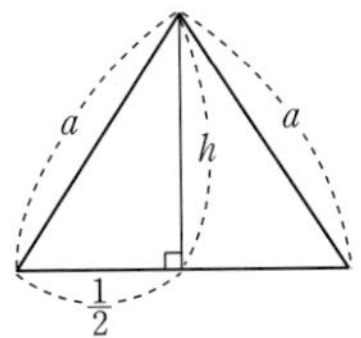

$$h=\sqrt{a^2-\left(\frac{1}{2}\right)^2}$$
이므로 삼각형의 넓이 S는
$$S=\frac{1}{2}\times1\times\sqrt{a^2-\left(\frac{1}{2}\right)^2}$$
$$=\frac{1}{4}\sqrt{4a^2-1} \ ← 답$$

12. (i) $\overline{BC}$가 가장 긴 변일 때:
삼각형의 결정조건에 의하여
$$8<\overline{BC}<8+6$$
$$\therefore\ 8<\overline{BC}<14 \cdots ㉠$$
△ABC가 예각삼각형이므로
$$\overline{BC}^2<8^2+6^2,\ \overline{BC}^2<100$$
$$\therefore\ 0<\overline{BC}<10 \cdots ㉡$$
㉠, ㉡의 공통 범위는
$$8<\overline{BC}<10 \cdots ㉮$$

(ii) $\overline{AB}$가 가장 긴 변일 때:
삼각형의 결정조건에 의하여
$$8-6<\overline{BC}<8$$
$$\therefore\ 2<\overline{BC}<8 \cdots ㉢$$
△ABC가 예각삼각형이므로
$$8^2<6^2+x^2,\ 28<x^2$$
$$\therefore\ 2\sqrt{7}<\overline{BC}<8 \cdots ㉣$$
㉢, ㉣의 공통 범위는
$$2\sqrt{7}<\overline{BC}<8 \cdots ㉯$$

(iii) $\overline{BC}=8$일 때:
$8^2<8^2+6^2$이므로 △ABC는 예각삼각형이다.
$$\therefore\ \overline{BC}=8 \cdots ㉰$$
㉮, ㉯, ㉰의 범위를 모두 쓰면
$$2\sqrt{7}<\overline{BC}<10 \ ← 답$$

Note $\overline{BC}=x$라 하면

$A=\{x \mid 8<x<10\}$

$B=\{x \mid 2\sqrt{7}<x<8\}$

$C=\{8\}$이고,

구하는 범위는 $A\cup B\cup C$이다.

p. 47

1. $\overline{MH}=x$라고 하면,

$\overline{BH}=3+x$, $\overline{CH}=3-x$

$\triangle ABH$에서 $\overline{AH}^2=49-(3+x)^2$

$\triangle ACH$에서

$\overline{AH}^2=25-(3-x)^2$

$\therefore\ 49-(3+x)^2=25-(3-x)^2$

$40-x^2-6x=16-x^2+6x$

$\therefore\ x=2$ cm

따라서, $\triangle AMH$에서

$\overline{AM}^2=\overline{AH}^2+\overline{MH}^2=24+4=28$

$\therefore\ \boldsymbol{\overline{AM}=2\sqrt{7}\ \text{cm}}$ ← 답

2. 반지름의 길이가 r인 원에 외접하는 네 개의 원의 반지름의 길이를 r'이라고 하자.

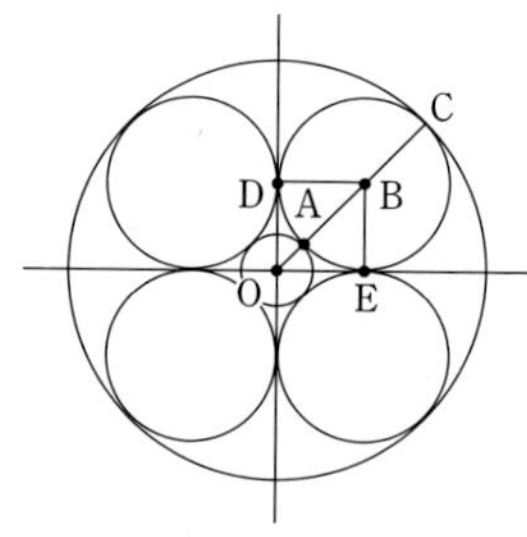

$\overline{OC}=\overline{OA}+\overline{AB}+\overline{BC}$이므로,

$R=r+2r'\quad\cdots\text{㉠}$

$\overline{OB}=\sqrt{2}\ \overline{BE}$이므로,

$r+r'=\sqrt{2}r'\quad\cdots\text{㉡}$

㉠, ㉡에서 r'을 소거하면,

$r'=\dfrac{1}{\sqrt{2}-1}r=(\sqrt{2}+1)r$

$R=r+2(\sqrt{2}+1)r$

$\therefore\ r=\dfrac{1}{2\sqrt{2}+3}R$

$=\dfrac{1+\sqrt{2}}{2\sqrt{2}+3}=\boldsymbol{\sqrt{2}-1}$ ← 답

3. $\overline{BC}=\overline{BQ}=5$ cm, $\overline{AQ}=3$ cm,

$\overline{DQ}=2$ cm

$\overline{BP}$를 접는 선으로 하여 접으면

$\overline{PC}$와 $\overline{PQ}$가 겹치므로

$\overline{PC}=\overline{PQ}=x$라고 하면

$\triangle PQD$에서 $x^2=4+(4-x)^2$

$\qquad\qquad=4+16-8x+x^2$

$8x=20\quad\therefore\ x=2.5$ cm

따라서, $\overline{PD}=1.5$ cm, $\overline{PQ}=2.5$ cm

$1.5^2=2.5\times\overline{PH}$

$\therefore\ \boldsymbol{\overline{PH}=0.9\ \text{cm}}$ ← 답

4. x초 후에 $\triangle APQ$가 정삼각형이 된다고 하면,

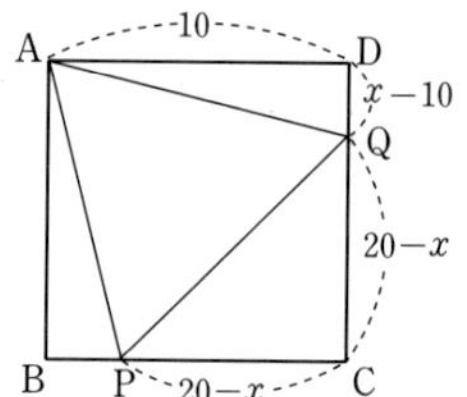

$\triangle AQD$에서 $\overline{AQ}^2=100+(x-10)^2$

$\triangle PQC$에서

$\overline{PQ}^2=(20-x)^2+(20-x)^2$

$\overline{AQ}^2=\overline{PQ}^2$이므로,

$100+(x-10)^2=(20-x)^2+(20-x)^2$

$x^2-20x+200=2x^2-80x+800$

$x^2-60x+600=0\quad\therefore\ x=30\pm10\sqrt{3}$

$10<x<20$이므로, $x=30-10\sqrt{3}$

즉, $(30-10\sqrt{3})$초 후에

$\triangle APQ$는 정삼각형이 된다.

답 $\boldsymbol{(30-10\sqrt{3})}$초 후

5. $\dfrac{1}{2}\overline{AB}\times\overline{CD}=\dfrac{1}{2}\overline{BC}\times\overline{AH}$

$\overline{AB}=5,\ \overline{BC}=6,\ \overline{AH}=4$

이므로,

$\overline{CD}=\dfrac{\overline{BC}\times\overline{AH}}{\overline{AB}}=\dfrac{6\times4}{5}=\dfrac{24}{5}\ \leftarrow$ 답

$\overline{BD}^2=\overline{BC}^2-\overline{CD}^2=6^2-\left(\dfrac{24}{5}\right)^2=\dfrac{18^2}{5^2}$

$\therefore\ \overline{BD}=\dfrac{18}{5}$

$\overline{BC}\times\overline{DE}=\overline{BD}\times\overline{CD}$

$\therefore\ \overline{DE}=\dfrac{18}{5}\times\dfrac{24}{5}\times\dfrac{1}{6}=\dfrac{72}{25}\ \leftarrow$ 답

6. $\overline{DE}^2=\left(\dfrac{72}{25}\right)^2=\dfrac{5184}{625}$

$\triangle BED\backsim\triangle BDC$이므로

$\overline{BE}:\overline{BD}=\overline{BD}:\overline{BC}$

$\therefore\ \overline{BE}=\left(\dfrac{18}{5}\right)^2\times\dfrac{1}{6}=\dfrac{54}{25}$

$\overline{EH}=\overline{BH}-\overline{BE}=3-\dfrac{54}{25}=\dfrac{21}{25}$

$\therefore\ \overline{AE}^2=\overline{AH}^2+\overline{EH}^2$

$\qquad=4^2+\left(\dfrac{21}{25}\right)^2=\dfrac{10441}{625}$

$\therefore\ \overline{DE}^2+\overline{AE}^2$

$\qquad=\dfrac{5184+10441}{625}=\dfrac{15625}{625}$

$\qquad=25=\overline{AB}^2$

$\therefore\ \mathbf{\overline{AB}^2=\overline{DE}^2+\overline{AE}^2}\ \leftarrow$ 답

Advice $\triangle BED\backsim\triangle DEC$이므로

$\qquad\overline{DE}:\overline{BE}=\overline{CE}:\overline{DE}$

$\qquad\therefore\ \overline{DE}^2=\overline{BE}\times\overline{CE}$

$\qquad\overline{AB}^2-(\overline{DE}^2+\overline{AE}^2)$

$\qquad=(\overline{AH}^2+\overline{BH}^2)$

$\qquad\quad-(\overline{BE}\times\overline{CE}+\overline{AH}^2+\overline{EH}^2)$

$\qquad=\overline{BH}^2-\overline{EH}^2-\overline{BE}\times\overline{CE}$

$\qquad=(\overline{BH}+\overline{EH})(\overline{BH}-\overline{EH})$

$\qquad\quad-\overline{BE}\times\overline{CE}$

$\qquad=(\overline{CH}+\overline{EH})\overline{BE}-\overline{BE}\times\overline{CE}$

$=\overline{CE}\times\overline{BE}-\overline{BE}\times\overline{CE}=0$

$\therefore\ \overline{AB}^2=\overline{DE}^2+\overline{AE}^2$

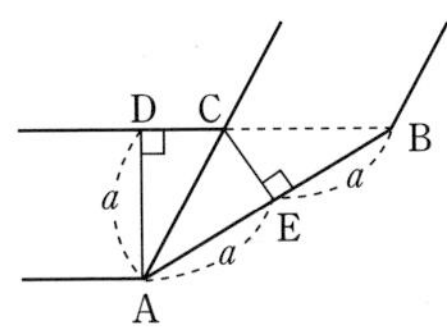

7. 점 A에서 직선 BC에 내린 수선의 발을 D, 점 C에서 $\overline{AB}$에 내린 수선의 발을 E라고 하면

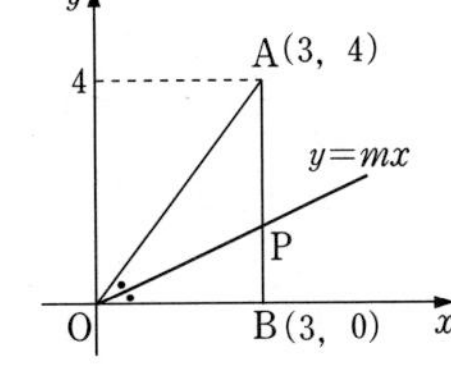

$\overline{BD}=\sqrt{(2a)^2-a^2}=\sqrt{3a^2}=\sqrt{3}\,a$

$\angle CAB=\angle CBA$

$\overline{AE}=\overline{EB}=a$

$\therefore\ \triangle ADC\equiv\triangle AEC$ (RHS 합동)

$\quad\triangle AEC\equiv\triangle BEC$ (SAS 합동)

$\quad\triangle ABD=\dfrac{1}{2}\times\overline{BD}\times\overline{AD}$

$\qquad=\dfrac{1}{2}\times\sqrt{3}\,a\times a=\dfrac{\sqrt{3}}{2}a^2$

$\therefore\ \triangle ABC=\dfrac{2}{3}\times\triangle ABD$

$\qquad=\dfrac{2}{3}\times\dfrac{\sqrt{3}}{2}a^2=\dfrac{\sqrt{3}}{3}\boldsymbol{a}^2\ \leftarrow$ 답

8. 원점을 지나고 $\angle AOB$를 이등분하는 직선을 $y=mx$라 하고, $y=mx$와 $\overline{AB}$의 교점을 P라고 하자. 직선 $y=mx$가 $\angle AOB$의 이등분선이므로

$\overline{AO}:\overline{BO}=\overline{AP}:\overline{PB}$ ······㉠

그런데 $\triangle AOB$에서 $\overline{BO}=3$, $\overline{AB}=4$
이므로 피타고라스의 정리에 의해서
$\overline{AO}=\sqrt{9+16}=5$
$\therefore\ \overline{AO}:\overline{BO}=5:3$
㉠에서 $\overline{AP}:\overline{PB}=5:3$
$\therefore\ \overline{BP}=4\times\dfrac{3}{8}=\dfrac{3}{2}$

점 P의 좌표가 $\left(3,\ \dfrac{3}{2}\right)$이므로

$m=\dfrac{1}{2}\quad\therefore\ y=\dfrac{1}{2}x$

직선 $y=\dfrac{1}{2}x$가 점 $(a,\ 3)$을 지나므로

$a=6$ ← 답

9. <그림>과 같이 $\overrightarrow{OX}$, $\overrightarrow{OY}$에 대한
점 A의 대칭점을 각각 B, C라고 하
자.

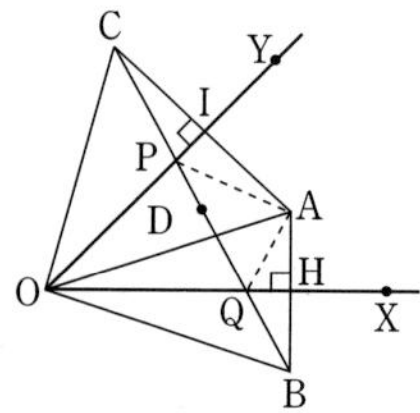

이때, $\overline{BC}$의 길이가 가장 짧은 거리
이다.
$\triangle COI\equiv\triangle AOI$ (SAS 합동)
$\therefore\ \angle COI=\angle AOI\quad\cdots\cdots㉠$
$\overline{OA}=\overline{OC}=6$
$\triangle AOH\equiv\triangle BOH$ (SAS 합동)
$\therefore\ \angle AOH=\angle BOH\quad\cdots\cdots㉡$
$\overline{OA}=\overline{OB}=6$
㉠, ㉡에서 $\angle COB=90°$
$\therefore\ \overline{BC}=\sqrt{6^2+6^2}=6\sqrt{2}$ ← 답

Advice $\overline{BC}$의 길이가 최단 거리인 이유
변 PQ 위의 한 점을 D라 하자.
  (i) $\overline{AP}+\overline{PD}$가 최소인 경우 :
     $\overline{CD}$와 $\overrightarrow{OY}$의 교점을 P로 해야

$\overline{AP}+\overline{PD}$가 최소가 된다.
이때, $\overline{AP}+\overline{PD}=\overline{CP}+\overline{PD}$
  (ii) $\overline{AQ}+\overline{QD}$가 최소인 경우
    $\overline{BD}$와 $\overrightarrow{OX}$의 교점을 Q로 해
    야 $\overline{AQ}+\overline{QD}$가 최소가 된다.
이때, $\overline{AQ}+\overline{QD}=\overline{BQ}+\overline{QD}$
그리고 점 C, P, D, Q, B가
일직선 위에 있어야 한다.
(즉, $\overline{BC}$와 $\overrightarrow{OY}$, $\overrightarrow{OX}$가 만나는
점을 P, Q로 해야 한다.)
$\overline{AP}+\overline{PQ}+\overline{AQ}$
$=\overline{AP}+\overline{PD}+\overline{DQ}+\overline{AQ}$
$=\overline{CP}+\overline{PD}+\overline{DQ}+\overline{QB}$
$=\overline{CB}$

10.

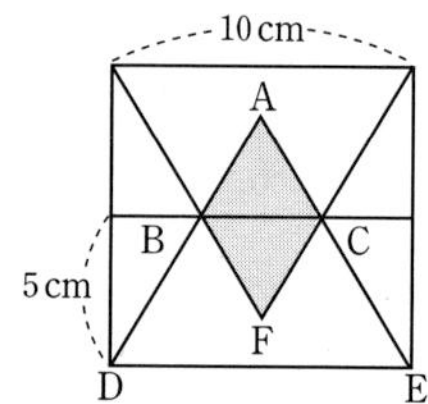

$\triangle ADE$의 높이 : $5\sqrt{3}$ cm
$\triangle ABC$의 높이 : $5(\sqrt{3}-1)$ cm
$\triangle ABC\backsim\triangle ADE$이므로
$\dfrac{\overline{BC}}{\overline{DE}}=\dfrac{(\triangle ABC의\ 높이)}{(\triangle ADE의\ 높이)}$
$\dfrac{\overline{BC}}{10}=\dfrac{5(\sqrt{3}-1)}{5\sqrt{3}}$
$\therefore\ \overline{BC}=\dfrac{10(3-\sqrt{3})}{3}$ (cm)
$\triangle ABC=\dfrac{1}{2}\times\dfrac{10(3-\sqrt{3})}{3}\times5(\sqrt{3}-1)$
$\qquad\quad=\dfrac{50(2\sqrt{3}-3)}{3}$ (cm²)
$\therefore\ \square ABFC$
$=\dfrac{100(2\sqrt{3}-3)}{3}$ **(cm²)** ← 답

11. 한 변의 길이가 $\sqrt{5}$가 되는 정사각형의 개수를 구하는 것이므로 오른쪽 그림과 같

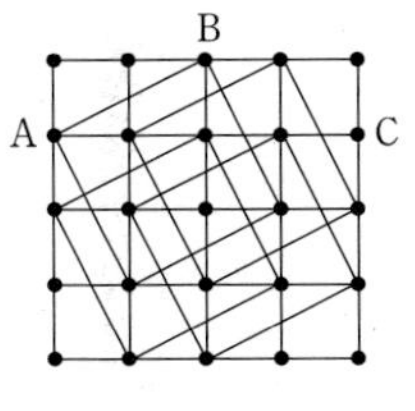

이 $\overline{\text{AB}}$를 한 변으로 하는 정사각형이 이와 같은 방향으로 4개 생기고, 또 $\overline{\text{BC}}$를 한 변으로 하는 정사각형이 이와 같은 방향으로 4개 생긴다.

따라서 구하는 정사각형의 개수는

$4 \times 2 = 8$(개) ← 답

12.

세 변의 길이	변 사이의 관계	모양
3, 4, 5	$3^2 + 4^2 = 5^2$	직각
3, 4, 6	$3^2 + 4^2 < 6^2$	둔각
3, 5, 6	$3^2 + 5^2 < 6^2$	둔각
3, 5, 7	$3^2 + 5^2 < 7^2$	둔각
3, 6, 7	$3^2 + 6^2 < 7^2$	둔각
4, 5, 6	$4^2 + 5^2 > 6^2$	예각
4, 5, 7	$4^2 + 5^2 < 7^2$	둔각
4, 6, 7	$4^2 + 6^2 > 7^2$	예각
5, 6, 7	$5^2 + 6^2 > 7^2$	예각

$\therefore a = 3, \quad b = 5$

답 8

3. 피타고라스의 정리의 활용

1. 평면도형에의 활용

p. 52

1. $\triangle \text{ABC} = \dfrac{\sqrt{3}}{4} \times 6^2 = 9\sqrt{3}$ (cm²)

$\triangle \text{DEF} = \dfrac{\sqrt{3}}{4} \times 4^2 = 4\sqrt{3}$ (cm²)

$\triangle \text{ABC} - \triangle \text{DEF} = 5\sqrt{3}$ (cm²)

따라서, 넓이가 $5\sqrt{3}$ cm²인 정삼각형의 한 변의 길이를 a라고 하면,

$\dfrac{\sqrt{3}}{4} a^2 = 5\sqrt{3}, \quad a^2 = 20$

$\therefore a = 2\sqrt{5}$ (cm)

즉, 구하는 길이는 $2\sqrt{5}$ **cm** ← 답

p. 53

2. $\triangle \text{ABC}$의 꼭짓점 A에서 변 BC에 내린 수선의 발을 H라 하고 $\overline{\text{BH}} = x$ cm라 하면,

$\overline{\text{HC}} = (15 - x)$ cm

$\triangle \text{ABH}$에서 $\overline{\text{AH}}^2 = 14^2 - x^2 \cdots$ ㉠

$\triangle \text{ACH}$에서

$\overline{\text{AH}}^2 = 13^2 - (15 - x)^2 \cdots$ ㉡

㉠, ㉡에서

$14^2 - x^2 = 13^2 - (15 - x)^2$

$196 - x^2 = 169 - (225 - 30x + x^2)$

$196 - x^2 = -56 + 30x - x^2$

$30x = 252 \qquad \therefore x = 8.4$

㉠에서 $\overline{AH}^2 = 14^2 - 8.4^2 = 11.2^2$

$\overline{AH} = 11.2\ cm$

$$\therefore\ \triangle ABC = \frac{1}{2} \times 15 \times 11.2$$
$$= 84\ (cm^2) \leftarrow \boxed{답}$$

p. 54

3. 점 E에서 $\overline{BC}$에 내린 수선의 발을 F 라고 하면,

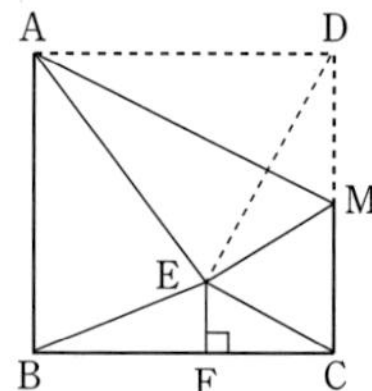

$\angle FEC = 90° - \angle FCE = \angle ECD$

$\therefore\ \triangle EFC \circ \triangle CED$

$\overline{EF} : \overline{EC} = \overline{CE} : \overline{CD}$에서

$$\overline{EF} = \left(\frac{2\sqrt{5}}{5}\right)^2 \times \frac{1}{2} = \frac{2}{5}\ (cm)$$

$$\therefore\ \triangle EBC = \frac{1}{2} \times 2 \times \frac{2}{5}$$
$$= \frac{2}{5}\ (cm^2) \leftarrow \boxed{답}$$

p. 55

4. $\overline{AB}^2 = (1-2)^2 + (-2-5)^2 = 50$

$\overline{BC}^2 = (2+1)^2 + (5-3)^2 = 13$

$\overline{AC}^2 = (1+1)^2 + (-2-3)^2 = 29$

$\therefore\ \overline{AB}^2 > \overline{BC}^2 + \overline{AC}^2$

따라서, $\triangle ABC$는 **둔각삼각형** $\leftarrow \boxed{답}$

p. 56

1. 정사각형의 한 변의 길이를 a라고 하면, $\sqrt{2}a = 8\sqrt{2}$

$\therefore\ \boldsymbol{a = 8\ cm} \leftarrow \boxed{답}$

2. 다음 그림에서 정사각형의 한 변의 길이는 $(2x+2)\ cm\ \cdots\ ㉠$

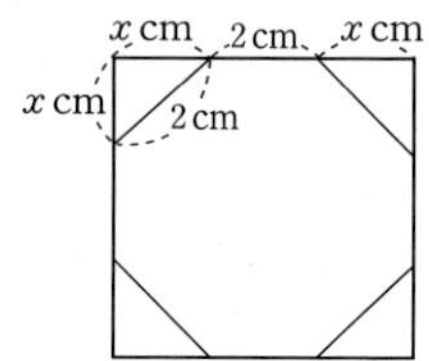

$x^2 + x^2 = 4$에서 $x = \sqrt{2}$

이것을 ㉠에 대입하면,

$2x + 2 = (2\sqrt{2}+2)\ (cm)$

따라서, 구하는 길이는

$(2\sqrt{2}+2)\ \boldsymbol{cm} \leftarrow \boxed{답}$

3. 구하는 정사각형의 한 변의 길이를 x라고 하면, 대각선의 길이가 $40\ cm$ 이므로

$x^2 + x^2 = 1600,\quad x^2 = 800$

$\therefore\ x = 20\sqrt{2}\ cm$

따라서, 구하는 길이는

$\boldsymbol{20\sqrt{2}\ cm} \leftarrow \boxed{답}$

4. $\overline{BD} = 10\ cm$이고 $\overline{AH} = \overline{CI}$

$\overline{AB} \times \overline{AD} = \overline{BD} \times \overline{AH}$

$48 = 10\overline{AH}\qquad \therefore\ \overline{AH} = 4.8\ cm$

$\overline{BH}^2 = 36 - 23.04 = 12.96$

$\therefore\ \overline{BH} = 3.6\ cm$

$\therefore\ \overline{HI} = 10 - 7.2 = \boldsymbol{2.8\ (cm)} \leftarrow \boxed{답}$

5. 정삼각형의 한 변의 길이를 a라고 하면,

$\dfrac{\sqrt{3}}{2}a = 9\qquad \therefore\ a = 6\sqrt{3}\ cm$

따라서, 구하는 정삼각형의 넓이는

$$\frac{\sqrt{3}}{4}\times(6\sqrt{3})^2=27\sqrt{3}\ (\text{cm}^2)\ \leftarrow\boxed{답}$$

6. $\overline{\text{AH}}=4\sqrt{3}$ cm이므로,

$$\triangle\text{ABC}=12\times4\sqrt{3}\div2$$
$$=24\sqrt{3}\ (\text{cm}^2)\ \leftarrow\boxed{답}$$

7. $\overline{\text{BH}}=5$ cm이므로,

$\triangle\text{ABH}$에서 $\overline{\text{AH}}=12$ cm

$$\therefore\ \triangle\text{ABC}=10\times12\div2$$
$$=60\ (\text{cm}^2)\ \leftarrow\boxed{답}$$

8. 꼭짓점 D에서 $\overline{\text{BC}}$에 내린 수선의 발을 D′이라고 하면,

$\overline{\text{CD}'}=2$ cm $\quad\therefore\ \overline{\text{BD}'}=10$ cm

한편, $\triangle\text{DCD}'$에서 $\overline{\text{DD}'}^2=96$

$\therefore\ \overline{\text{DD}'}=4\sqrt{6}$ cm

$\therefore\ x^2=100+(4\sqrt{6})^2=196$

$\therefore\ \boldsymbol{x=14}$ **cm** $\leftarrow\boxed{답}$

9. $\overline{\text{BH}}=a$라고 하면,

$a^2+x^2=289\ \cdots\ \text{㉠}$

$(28-a)^2+x^2=625\ \cdots\ \text{㉡}$

㉡$-$㉠하면,

$(28-a)^2-a^2=336$

$-56a+784=336$

$56a=448$

$\therefore\ a=8$ cm

이것을 ㉠에 대입하면,

$\boldsymbol{x=15}$ **cm** $\leftarrow\boxed{답}$

p. 57

10.

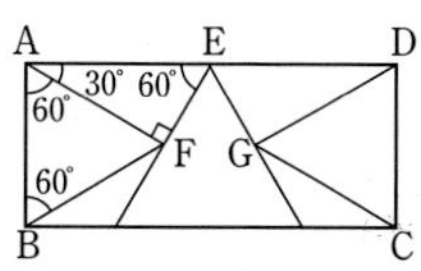

$\angle\text{FAE}=30°,\ \ \angle\text{AEF}=\angle\text{DEG}$

$\angle\text{FEG}=60°$

따라서,

$$\angle\text{AEF}=\frac{1}{2}(180°-60°)=60°$$

$\triangle\text{AEF}$에서 $\overline{\text{AE}}:\overline{\text{AF}}=2:\sqrt{3}$

$\therefore\ \overline{\text{AE}}:10=2:\sqrt{3}$

$$\therefore\ \overline{\text{AE}}=\frac{20}{\sqrt{3}}=\frac{20\sqrt{3}}{3}\ (\text{cm})$$

$$\therefore\ \overline{\text{AD}}=2\overline{\text{AE}}=\frac{40\sqrt{3}}{3}\ (\text{cm})$$

즉, 가로의 길이는 $\dfrac{\boldsymbol{40\sqrt{3}}}{\boldsymbol{3}}$ **cm** $\leftarrow\boxed{답}$

11. $\angle\text{E}+\angle\text{EAC}=\angle\text{ACB}$에서

$\angle\text{EAC}=45°-15°=30°$

$\therefore\ \angle\text{EAD}=15°$

또, $\angle\text{ADB}=\angle\text{E}+\angle\text{EAD}$
$$=15°+15°=30°$$

(1) $\triangle\text{ADB}$에서

$\overline{\text{BD}}:\overline{\text{AB}}=\sqrt{3}:1$

$\overline{\text{BD}}:2=\sqrt{3}:1$

$\therefore\ \overline{\text{BD}}=2\sqrt{3}$

또, $\overline{\text{BC}}=\overline{\text{AB}}=2$에서

$\overline{\text{DC}}=\overline{\text{BD}}-\overline{\text{BC}}=\boldsymbol{2\sqrt{3}-2}\ \leftarrow\boxed{답}$

(2) $\overline{\text{AD}}=4$

$\triangle\text{ADE}$에서 $\overline{\text{DE}}=\overline{\text{DA}}=4$

$\therefore\ \triangle\text{ADE}=4\times2\div2=\boldsymbol{4}\ \leftarrow\boxed{답}$

12. $\angle\text{POT}=60°$이므로,

부채꼴 AOT의 넓이는

$$12^2\times\pi\times\frac{60}{360}=24\pi\ (\text{cm}^2)$$

$\triangle\text{POT}$에서

$\overline{\text{PT}}=12\sqrt{3}$ cm이므로,

$\triangle\text{POT}=12\sqrt{3}\times12\div2=72\sqrt{3}\ (\text{cm}^2)$

따라서, 구하는 넓이는

$(\boldsymbol{72\sqrt{3}-24\pi})$ **cm**^{2} $\leftarrow\boxed{답}$

13. $\overline{\text{AB}}=10$ cm이므로 $\overline{\text{CD}}=4.8$ cm

$\overline{\text{AD}}^2=36-23.04=12.96$

$\therefore\ \overline{\text{AD}}=3.6$ cm

그런데 $\overline{AM}=5$ cm이므로,

$\overline{DM}=1.4$ cm

$\therefore \triangle CMD = 1.4 \times 4.8 \div 2$

$\qquad = 3.36\ (\text{cm}^2)$ ← 답

14. $\overline{AB}=a$, $\overline{AC}=2a$라고 하면,

$\overline{BC}^2 = a^2 + 4a^2 = 5a^2$

$\therefore \overline{BC} = \sqrt{5}\,a$

$a \times 2a = \sqrt{5}\,a \times \sqrt{5}$

$2a^2 = 5a \qquad \therefore a = \dfrac{5}{2}$

$\therefore \overline{AB} = \dfrac{5}{2}$ ← 답

15. $\overline{AB}^2 = (-2-2)^2 + (2-3)^2 = 17$

$\overline{CD}^2 = 1 + (x-2)^2$

$\therefore (x-2)^2 = 16,\ x-2 = \pm 4$

따라서, $x=6$ 또는 $x=-2$ ← 답

16. 점 P의 x축에 대한 대칭점을 P′이라고 하면, P′(7, −4)

점 Q의 y축에 대한 대칭점을 Q′이라고 하면, Q′(−2, 6)

한편, $\overline{AP}=\overline{AP'}$, $\overline{BQ}=\overline{BQ'}$

$\therefore \overline{PA}+\overline{AB}+\overline{BQ}$

$\quad = \overline{P'A}+\overline{AB}+\overline{BQ'}$

$\quad = \overline{P'Q'}$

$\overline{P'Q'}^2 = (7+2)^2 + (-4-6)^2$

$\qquad = 81 + 100 = 181$

$\therefore \overline{P'Q'} = \sqrt{181}$

따라서, 경과 거리는 $\sqrt{181}$ ← 답

2. 입체도형에의 활용

p. 62

1. $\overline{FD}^2 = 6^2 + 8^2 + 10^2 = 200$

$\therefore \overline{FD} = 10\sqrt{2}$ cm

$\overline{AF}^2 = 8^2 + 6^2 = 100 \qquad \therefore \overline{AF} = 10$ cm

$\triangle AFD$에서

$\overline{AF} \times \overline{AD} = \overline{AI} \times \overline{FD}$

$10 \times 10 = \overline{AI} \times 10\sqrt{2}$

$\therefore \overline{AI} = 5\sqrt{2}$ **cm** ← 답

p. 63

2. $\overline{AQ} = \overline{BP} = \dfrac{\sqrt{3}}{2} \times 8 = 4\sqrt{3}$ (cm)

$\overline{PQ} = \dfrac{1}{2}\overline{CD} = 4$ (cm)이므로,

다음 그림에서 $\overline{AH}=2$ cm

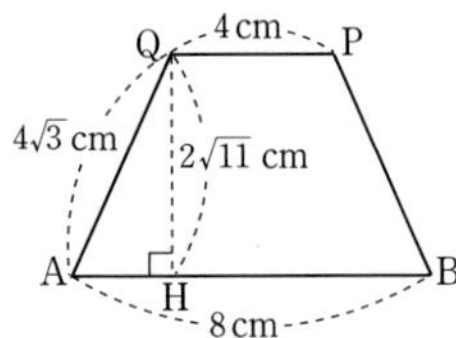

$\overline{QH}^2 = (4\sqrt{3})^2 - 2^2 = 44$

$\therefore \overline{QH} = 2\sqrt{11}$ cm

$\therefore \square ABPQ$

$\quad = \dfrac{1}{2} \times (8+4) \times 2\sqrt{11}$

$\quad = 12\sqrt{11}\ (\textbf{cm}^2)$ ← 답

p. 64

3. 밑면의 반지름의 길이를 r라고 하면,

$2\pi r = 12\pi \times \dfrac{240}{360} = 8\pi$

$\therefore r=4$ cm

모선의 길이가 6 cm, 밑면의 반지름의 길이가 4 cm인 원뿔의 높이를 h라고 하면,

$h^2 = 36 - 16 = 20$

$\therefore\ \boldsymbol{h = 2\sqrt{5}\ \text{cm}}\ \leftarrow$ 답

p. 65

4. 선이 지나간 면을 펼치면 다음과 같다.

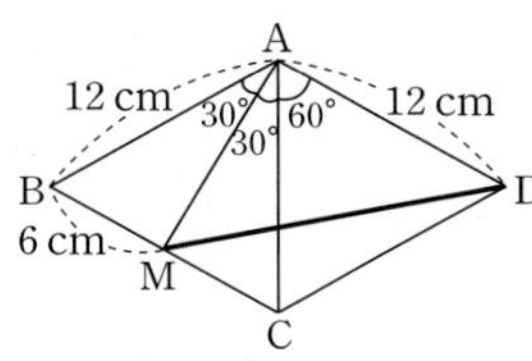

이때 최단 거리는 $\overline{\text{MD}}$의 길이이다.

$\triangle$ABM에서

$\overline{\text{AM}} = \sqrt{12^2 - 6^2} = 6\sqrt{3}\ (\text{cm})$

$\triangle$AMD에서 $\angle$DAM$=90°$이므로

$\overline{\text{MD}}^2 = (6\sqrt{3})^2 + 12^2 = 252$

$\therefore\ \overline{\textbf{MD}} = \textbf{6}\sqrt{\textbf{7}}\ \textbf{cm}\ \leftarrow$ 답

5. 선이 지나간 면을 펼치면 다음과 같다.

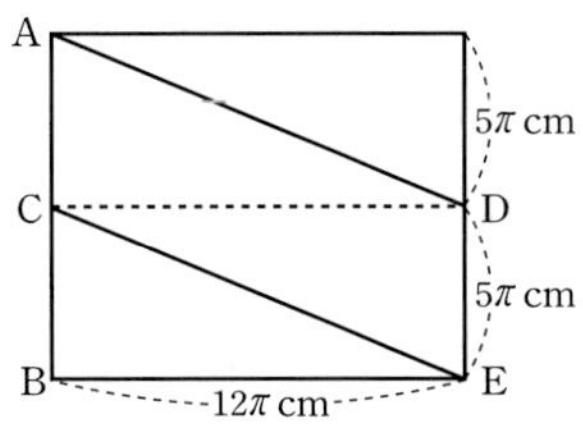

이때 최단 거리는 $\overline{\text{AD}}$와 $\overline{\text{CE}}$의 길이의 합이다.

$\overline{\text{AD}} = \sqrt{(12\pi)^2 + (5\pi)^2} = \sqrt{169\pi^2}$

$\qquad = 13\pi\ (\text{cm})$

$\therefore$ (최단 거리) $= 13\pi \times 2$

$\qquad\qquad = \textbf{26}\boldsymbol{\pi}\ \textbf{(cm)}\ \leftarrow$ 답

p. 66

1. $\overline{\text{CE}}^2 = \overline{\text{EF}}^2 + \overline{\text{FC}}^2 = 16 + 9 = 25$

$\therefore\ \overline{\text{CE}} = 5\ \text{cm}$

꼭짓점 C에서 $\overline{\text{DE}}$에 내린 수선의 발을 H라고 하면, $\overline{\text{HE}} = 2\ \text{cm}$이므로

$\overline{\text{CH}}^2 = 25 - 4 = 21\quad \therefore\ \overline{\text{CH}} = \sqrt{21}\ \text{cm}$

$\therefore\ \triangle\text{CDE} = 4 \times \sqrt{21} \div 2$

$\qquad\qquad = \textbf{2}\sqrt{\textbf{21}}\ \textbf{(cm}^2\textbf{)}\ \leftarrow$ 답

2. $\square$AMGN은 마름모이다.

$\square$AMGN의 대각선 AG의 길이는

$\overline{\text{AG}}^2 = 100 + 100 + 100 = 300$

$\therefore\ \overline{\text{AG}} = 10\sqrt{3}\ \text{cm}$

또, $\overline{\text{MN}} = \overline{\text{FH}}$이므로,

$\overline{\text{MN}}^2 = 100 + 100 = 200$

$\therefore\ \overline{\text{MN}} = 10\sqrt{2}\ \text{cm}$

$\therefore\ \square\text{AMGN} = 10\sqrt{3} \times 10\sqrt{2} \div 2$

$\qquad\qquad = \textbf{50}\sqrt{\textbf{6}}\ \textbf{(cm}^2\textbf{)}\ \leftarrow$ 답

3.

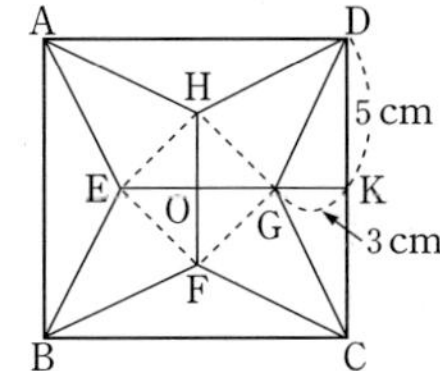

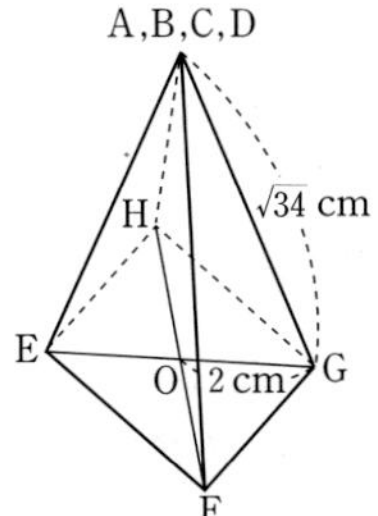

(1) $\square$EFGH는 정사각형이고,

$\overline{\text{OG}} = \dfrac{1}{2}\overline{\text{EG}}$

$\qquad = \dfrac{1}{2}(10 - 3 \times 2) = 2\ (\text{cm})$

$\triangle DGK$에서

$\overline{DG}^2 = \overline{GK}^2 + \overline{KD}^2 = 34$

$\therefore \overline{DG} = \sqrt{34}$ cm

둘째 그림의 $\triangle DOG$에서

$\overline{DO}^2 = \overline{DG}^2 - \overline{OG}^2$

$\qquad = (\sqrt{34})^2 - 4 = 30$

$\therefore \overline{DO} = \overline{AO} = \sqrt{30}$ (cm)

(2) $\overline{OG} = 2$ cm에서

$\square EFGH = 4 \times 4 \div 2 = 8$ (cm²)

$\therefore V = \dfrac{1}{3} \times 8 \times \sqrt{30}$

$\qquad = \dfrac{8\sqrt{30}}{3}$ (cm³)

답 (1) $\sqrt{30}$ **cm**　(2) $\dfrac{8\sqrt{30}}{3}$ **cm³**

4. 정육각형의 한 변은 등변이 10 cm인 직각이등변삼각형의 빗변이다.

따라서, 정육각형의 한 변을 a라고 하면,

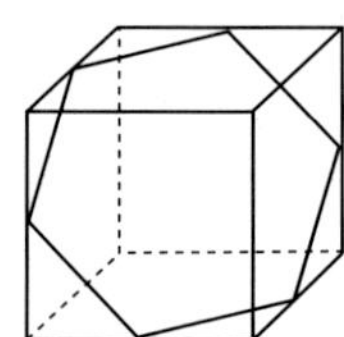

$a^2 = 100 + 100 = 200$

$\therefore a = 10\sqrt{2}$ cm

한 변의 길이가 $10\sqrt{2}$ cm인 정육각형의 넓이는

$\left\{ \dfrac{\sqrt{3}}{4} \times (10\sqrt{2})^2 \right\} \times 6$

$= \mathbf{300\sqrt{3}}$ **(cm²)** ← **답**

5. $\overline{CM} \perp \overline{AB}$이므로, $\triangle CBM$에서

$\overline{CM}^2 = 4 - 1 = 3$

$\therefore \overline{CM} = \sqrt{3}$ cm

$\overline{MN} \perp \overline{CD}$이므로 $\triangle MCN$에서

$\overline{MN}^2 = 3 - 1 = 2$

$\therefore \overline{MN} = \sqrt{2}$ **cm** ← **답**

6. (1) 한 모서리의 길이가 a인

정사면체의 높이는 $\dfrac{\sqrt{6}}{3}a$이므로

$\dfrac{\sqrt{6}}{3}a = 12$　$\therefore a = 6\sqrt{6}$ cm

(2) 한 모서리의 길이가 a인

정사면체의 부피는 $\dfrac{\sqrt{2}}{12}a^3$이므로

$V = \dfrac{\sqrt{2}}{12} \times (6\sqrt{6})^3 = 216\sqrt{3}$ (cm³)

답 (1) $\mathbf{6\sqrt{6}}$ **cm**　(2) $\mathbf{216\sqrt{3}}$ **cm³**

7. $\overline{BC}^2 = 5^2 - (7-3)^2 = 9$

$\therefore \overline{BC} = 3$ cm

$V = \pi \times 3^2 \times 7 - \dfrac{1}{3}\pi \times 3^2 \times 4$

$= \mathbf{51\pi}$ **(cm³)** ← **답**

p. 67

8. 다음 전개도에서 옆면의 중심각의 크기는

$360° \times \dfrac{3}{12} = 90°$

$\therefore \overline{AB}^2 = 5^2 + 12^2 = 169$

$\therefore \overline{AB} = 13$ cm

따라서, 최단 길이는 **13 cm** ← **답**

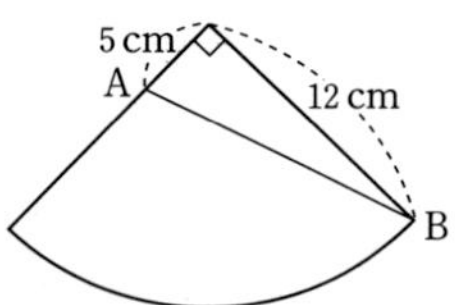

Advice 가장 짧은 끈의 길이 ➡ 우선 전개도를 그리고 생각하라 !

9. 원뿔의 모선의 길이 l은

$l^2 = (4\sqrt{2})^2 + 4 = 36$　$\therefore l = 6$ cm

원뿔의 전개도는 다음 그림과 같다.

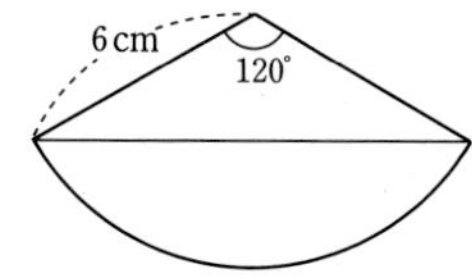

다음에서 △ABC는 정삼각형이다.

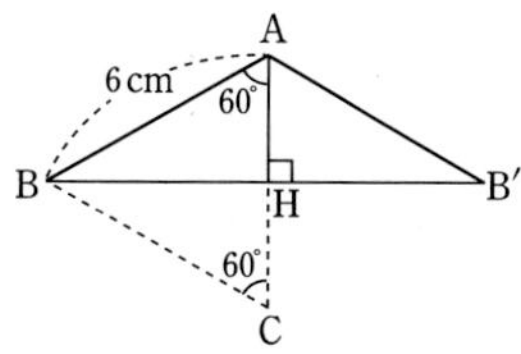

$$\overline{AH}=\frac{1}{2}\overline{AC}=3 \text{ (cm)}$$

$$\overline{BH}=\sqrt{6^2-3^2}=3\sqrt{3} \text{ (cm)}$$

$$\therefore \text{(실의 길이)}=2\times3\sqrt{3}$$

$$=6\sqrt{3} \text{ (cm)} \leftarrow 답$$

10. (1) 삼각기둥을 펼치고 생각하면,

$$\overline{AD}^2=8^2+(3+4+5)^2=208$$

$$\therefore \overline{AD}=4\sqrt{13} \text{ cm}$$

즉, 가장 짧은 거리는

$$4\sqrt{13} \text{ cm} \leftarrow 답$$

Advice $\overline{AC}=\sqrt{3^2+4^2}=5$ (cm)

(2) $3:12=\overline{BP}:8$

$$\therefore \overline{BP}=2 \text{ cm}$$

$$\therefore \overline{PE}=6 \text{ cm}$$

$$\therefore \overline{BP}:\overline{PE}=1:3 \leftarrow 답$$

11.

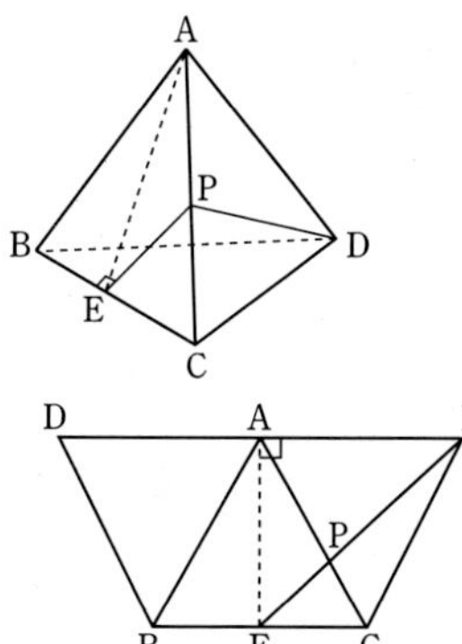

$\overline{AE}=2\sqrt{3}$ cm, $\overline{AD}=4$ cm이므로,

$$\overline{ED}^2=(2\sqrt{3})^2+16=28$$

$$\therefore \overline{ED}=2\sqrt{7} \text{ cm}$$

즉, 최단 거리는 **$2\sqrt{7}$ cm** $\leftarrow$ 답

12. $\overline{PQ}=x$라 하면,

$$\overline{AQ}=\overline{AO}-\overline{QO}=12\sqrt{2}-x$$

$$\triangle AQP \backsim \triangle ABO \text{이므로},$$

$$\frac{12\sqrt{2}-x}{x}=\frac{18}{6} \qquad \therefore x=3\sqrt{2} \text{ cm}$$

따라서, 구의 반지름의 길이는

$3\sqrt{2}$ cm $\leftarrow$ 답

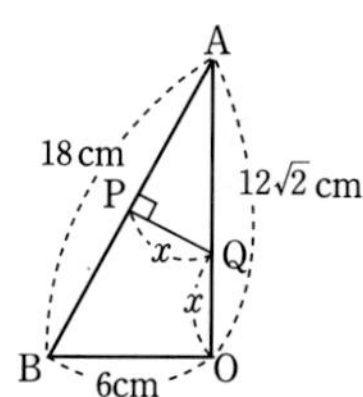

13. 원뿔의 밑면의 반지름의 길이를 r라 하면,

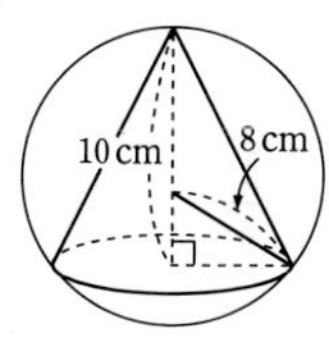

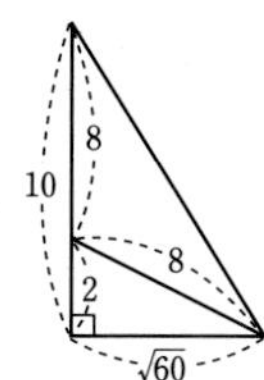

$$r=\sqrt{60}$$

$$\therefore V=\frac{1}{3}\times\pi\times(\sqrt{60})^2\times10$$

$$=200\pi \text{ (cm}^3) \leftarrow 답$$

p. 68

1. $\overline{CD}=6$ cm이므로,

$$y=6\sqrt{3} \text{ cm} \leftarrow \boxed{답}$$

$y^2=x^2+x^2$에서 $2x^2=108$

$x^2=54 \qquad \therefore \ x=3\sqrt{6} \text{ cm} \leftarrow \boxed{답}$

2. $y^2=16^2-8^2=256-64=192$

$\therefore \ y=\sqrt{192}=8\sqrt{3} \text{ (cm)} \leftarrow \boxed{답}$

$x^2=400+y^2=400+192=592$

$\therefore \ x=\sqrt{592}=4\sqrt{37} \text{ (cm)} \leftarrow \boxed{답}$

3. $x^2+3x+2=4x+22$에서

$x^2-x-20=(x-5)(x+4)=0$

$\therefore \ x=5$ 또는 $x=-4$

$x=5$일 때, $y=42$

$x=-4$일 때, $y=6$

따라서, 두 점 $(5, \ 42)$, $(-4, \ 6)$

사이의 거리를 구하면,

$$\overline{AB}^2=(5+4)^2+(42-6)^2$$
$$=81+1296=1377$$
$$\therefore \ \overline{AB}=9\sqrt{17} \leftarrow \boxed{답}$$

4. 한 변의 길이가 x인 정삼각형의 넓

이는 $\dfrac{\sqrt{3}}{4}x^2$

한 변의 길이가 $5-x$인 정삼각형의

넓이는 $\dfrac{\sqrt{3}}{4}(5-x)^2$

$$\therefore \ y=\frac{\sqrt{3}}{4}x^2+\frac{\sqrt{3}}{4}(5-x)^2$$
$$=\frac{\sqrt{3}}{4}(2x^2-10x+25)$$
$$=\frac{\sqrt{3}}{4}\left\{2\left(x-\frac{5}{2}\right)^2+\frac{25}{2}\right\}$$

즉, $x=\dfrac{5}{2}$일 때 최소이고 최솟값은

$$y=\frac{\sqrt{3}}{4}\times\frac{25}{2}=\frac{25\sqrt{3}}{8} \leftarrow \boxed{답}$$

5. $\sqrt{x^2+y^2}=\overline{OA}$

$\sqrt{(x-3)^2+(y-2)^2}=\overline{AB}$

이므로 $\overline{OA}+\overline{AB}$가 최소가 될 때는 점 A가 선분 OB 위에 있을 때이다. 따라서 구하는 최솟값은

$$\overline{OB}=\sqrt{3^2+2^2}=\sqrt{13} \leftarrow \boxed{답}$$

6. 점 M에서 $\overline{BC}$에 내린 수선의 발을 H라고 하면,

$\overline{MH}=4\sqrt{2}$ cm

$$\therefore \ \triangle MBC=8\times4\sqrt{2}\div2$$
$$=16\sqrt{2} \text{ (cm}^2) \leftarrow \boxed{답}$$

7.

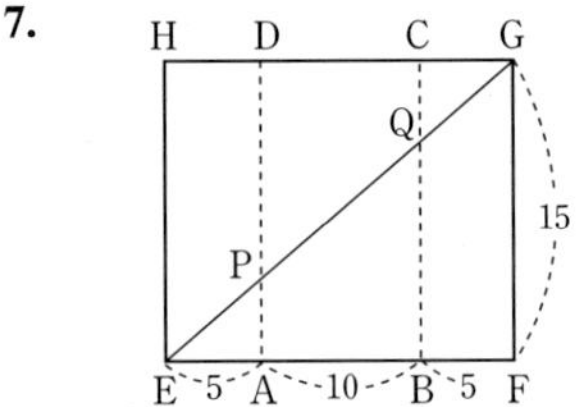

$$\therefore \ \overline{EG}=\sqrt{20^2+15^2}=\sqrt{625}=25$$

따라서, 선분 EPQG의 길이는

$$25 \leftarrow \boxed{답}$$

p. 69

8. 옆면의 전개도에서 원기둥의 밑면의 둘레의 길이인 $\overline{AA'}=x$라 하면,

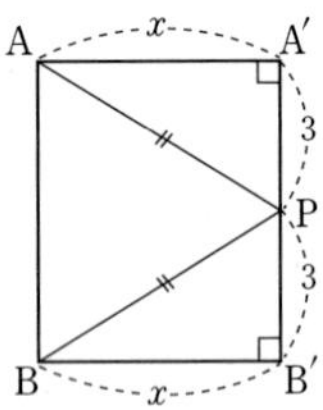

$\overline{AP}+\overline{BP}=10$

$2\sqrt{x^2+9}=10, \ \sqrt{x^2+9}=5$

$x^2=16 \qquad \therefore \ x=4 \text{ cm} \leftarrow \boxed{답}$

9. $\overline{OH} = 8 - 5 = 3$

$\triangle OBH$에서

$\overline{BH} = \sqrt{5^2 - 3^2} = 4$

$\overline{AB} = \sqrt{8^2 + 4^2} = \sqrt{80} = 4\sqrt{5}$

밑면의 둘레의 길이는 8π

따라서, 구하는 옆넓이는

$$\frac{1}{2} \times 8\pi \times 4\sqrt{5} = \boldsymbol{16\sqrt{5}\,\pi} \leftarrow 답$$

10. $\overline{EG} = \sqrt{2^2 + 2^2} = 2\sqrt{2}$

$\overline{AM} = \sqrt{2}$

$$\square AEGM = \frac{1}{2}(\sqrt{2} + 2\sqrt{2}) \times 2$$
$$= \boldsymbol{3\sqrt{2}} \leftarrow 답$$

11. 밑면의 반지름의 길이가 $2\sqrt{2}$, 높이가 4인 원뿔의 부피는

$$\frac{1}{3} \times \pi \times (2\sqrt{2})^2 \times 4 = \frac{32}{3}\pi \ \cdots \ \text{㉠}$$

밑면의 반지름의 길이가 $\sqrt{2}$, 높이가 2인 원뿔의 부피는

$$\frac{1}{3} \times \pi \times (\sqrt{2})^2 \times 2 = \frac{4}{3}\pi \ \cdots \ \text{㉡}$$

㉠, ㉡에서 구하려는 회전체의 부피는 $\dfrac{32}{3}\pi - \dfrac{4}{3}\pi = \boldsymbol{\dfrac{28}{3}\,\pi} \leftarrow 답$

12. $\overline{PE} = \dfrac{1}{2}\overline{AE} = 2 = \overline{FQ} = \overline{DR} \ \cdots \ \text{㉠}$

이때, $\overline{EQ}^2 = \overline{EF}^2 + \overline{FQ}^2 = 20$이므로

$\overline{EQ} = \sqrt{20} = 2\sqrt{5} \ \cdots \ \text{㉡}$

따라서, $\overline{PE}^2 + \overline{EQ}^2 = \overline{PQ}^2$에 ㉠, ㉡을 대입하면

$\overline{PQ}^2 = 4 + 20 = 24 \qquad \therefore \ \overline{PQ} = 2\sqrt{6}$

같은 방법으로 $\overline{PR} = \overline{RQ} = 2\sqrt{6}$

따라서, $\triangle PQR$는 정삼각형이다.

$\triangle PQR$의 한 변의 길이가 $2\sqrt{6}$이므로, 그 넓이를 S라고 하면

$$S = \frac{\sqrt{3}}{4} \times (2\sqrt{6})^2 = \boldsymbol{6\sqrt{3}} \leftarrow 답$$

p. 70

1. $\overline{AM} = \dfrac{\sqrt{3}}{2}$이고,

$\overline{AG} : \overline{GM} = 2 : 1$이므로

$$\overline{GM} = \frac{\sqrt{3}}{2} \times \frac{1}{3} = \frac{\sqrt{3}}{6}$$

또, $\overline{DG} /\!/ \overline{BM}$이므로,

$\overline{DG} : \overline{BM} = 2 : 3$

$\overline{DG} : \dfrac{1}{2} = 2 : 3 \qquad \therefore \ \overline{DG} = \dfrac{1}{3}$

$\triangle DGM$에서

$\overline{DM}^2 = \dfrac{1}{9} + \dfrac{3}{36} = \dfrac{7}{36} \qquad \therefore \ \overline{DM} = \dfrac{\sqrt{7}}{6}$

$\overline{DG} \times \overline{GM} = \overline{DM} \times \overline{GH}$에서

$$\frac{1}{3} \times \frac{\sqrt{3}}{6} = \frac{\sqrt{7}}{6} \times \overline{GH}$$

$$\therefore \ \boldsymbol{\overline{GH} = \frac{\sqrt{21}}{21}} \leftarrow 답$$

2. 정사각형의 한 변의 길이를 큰 것부터 차례로 쓰면

$$a, \ \frac{1}{\sqrt{2}}a, \ \frac{1}{2}a, \ \frac{1}{2\sqrt{2}}a, \ \frac{1}{4}a$$

색칠한 부분의 넓이를 큰 것부터 차례로 쓰면

$$a^2 - \frac{\pi}{4}a^2 = \left(1 - \frac{\pi}{4}\right)a^2$$

$$\left(\frac{a}{\sqrt{2}}\right)^2 - \frac{\pi}{4}\left(\frac{a}{\sqrt{2}}\right)^2 = \left(1 - \frac{\pi}{4}\right)\frac{a^2}{2}$$

$$\left(1 - \frac{\pi}{4}\right)\frac{a^2}{4}, \ \left(1 - \frac{\pi}{4}\right)\frac{a^2}{8}, \ \left(1 - \frac{\pi}{4}\right)\frac{a^2}{16}$$

따라서, 구하는 넓이는

$$\left(1 - \frac{\pi}{4}\right)a^2 + \left(1 - \frac{\pi}{4}\right)\frac{a^2}{2} + \left(1 - \frac{\pi}{4}\right)\frac{a^2}{4}$$

$$+ \left(1 - \frac{\pi}{4}\right)\frac{a^2}{8} + \left(1 - \frac{\pi}{4}\right)\frac{a^2}{16}$$

$$= \left(1 - \frac{\pi}{4}\right)\left(a^2 + \frac{a^2}{2} + \frac{a^2}{4} + \frac{a^2}{8} + \frac{a^2}{16}\right)$$

$$= \boldsymbol{\frac{31}{16}\left(1 - \frac{\pi}{4}\right)a^2} \leftarrow 답$$

3. 꼭짓점 A에서 $\overline{BC}$에 내린 수선의 발을 H라 하고, $\overline{BH}=x$, $\overline{AH}=y$라고 하면 $\overline{CH}=7-x$

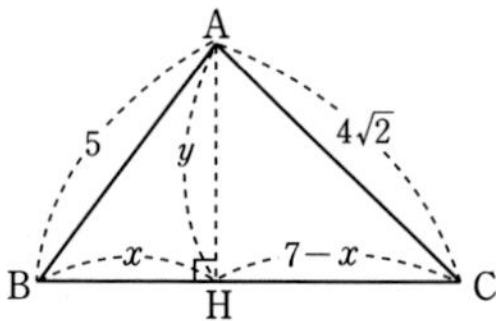

$\triangle ABH$에서 $x^2+y^2=25$ … ㉠

$\triangle ACH$에서 $(7-x)^2+y^2=32$ … ㉡

㉡-㉠을 하면

$(7-x)^2-x^2=7,\ -14x=-42$

$\therefore\ x=3$

이 값을 ㉠에 대입하면

$y^2=16\qquad \therefore\ y=4\ (\because\ y>0)$

$\therefore\ \triangle ABC=\dfrac{1}{2}\times 7\times 4=\mathbf{14}\ \leftarrow$ 답

4. $\triangle EFG$에서 $\overline{EG}=12\sqrt{2}$ cm

$\triangle OGH$에서

$\overline{QD}=\dfrac{1}{2}\overline{GH}=6$ (cm)

$\triangle OEH$에서

$\overline{PD}=\dfrac{1}{2}\overline{EH}=6$ (cm)

따라서, $\triangle PQD$에서 $\overline{PQ}=6\sqrt{2}$ cm

한편, $\triangle OGH$에서

$\overline{OG}^2=12^2+24^2=720$

$\therefore\ \overline{OG}=12\sqrt{5}$ cm

$\overline{OQ}=\overline{QG}=\overline{OP}=\overline{PE}=6\sqrt{5}$ cm

점 P에서 $\overline{EG}$에 내린 수선의 발을 R라고 하면,

$\overline{ER}=\dfrac{1}{2}(12\sqrt{2}-6\sqrt{2})=3\sqrt{2}$ (cm)

$\therefore\ \overline{PR}^2=(6\sqrt{5})^2-(3\sqrt{2})^2$
$\qquad\quad=180-18=162$

$\therefore\ \overline{PR}=9\sqrt{2}$ cm

$\therefore\ \square PEGQ=\dfrac{(12\sqrt{2}+6\sqrt{2})\times 9\sqrt{2}}{2}$
$\qquad\qquad=\mathbf{162\ (cm^2)}\ \leftarrow$ 답

5.

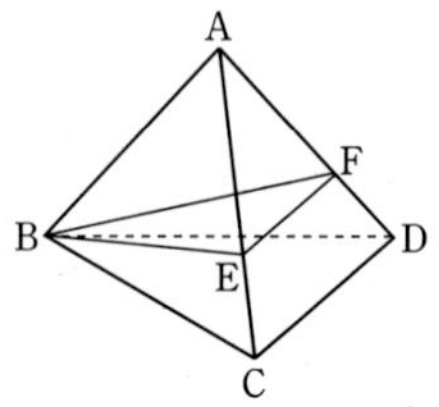

$\overline{AE}:\overline{EC}=2:1$이므로

$2:3=\overline{EF}:12\qquad \therefore\ \overline{EF}=8$ cm

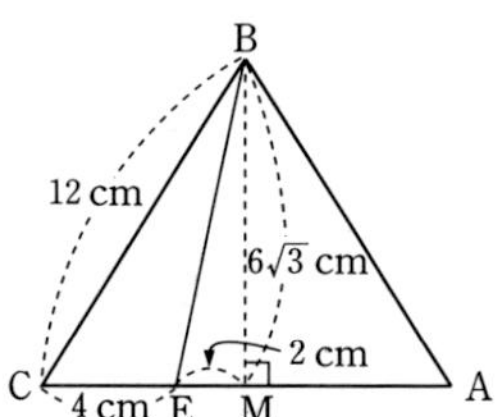

위의 그림에서

$\overline{BE}^2=\overline{EM}^2+\overline{BM}^2$
$\qquad=4+108=112$

$\therefore\ \overline{BE}=4\sqrt{7}$ cm

마찬가지로 $\overline{BF}=4\sqrt{7}$ cm

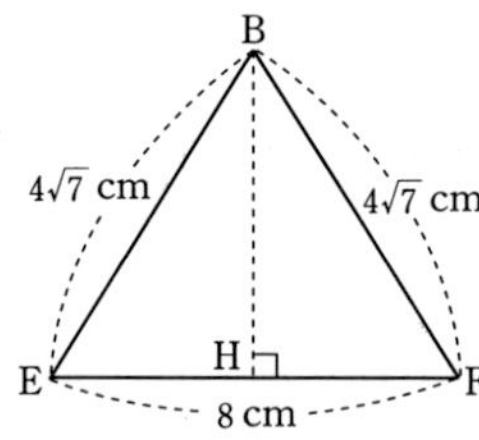

위의 그림에서

$\overline{BH}^2=(4\sqrt{7})^2-16=96$

$\therefore\ \overline{BH}=\sqrt{96}=4\sqrt{6}$ (cm)

$\therefore\ \triangle BEF=\dfrac{8\times 4\sqrt{6}}{2}$
$\qquad\qquad=\mathbf{16\sqrt{6}\ (cm^2)}\ \leftarrow$ 답

6. 한 모서리의 길이가 6 cm이므로

$\overline{AC}=\overline{AF}=\overline{FC}=6\sqrt{2}$ cm

$\triangle AFC$는 정삼각형이고, 그 넓이는

$\dfrac{\sqrt{3}}{4}\times(6\sqrt{2})^2=18\sqrt{3}$ (cm²)

$\overline{BI}=h$ cm라고 하면, $\triangle AFC$를 밑면으로 하는 사면체 B-AFC의 부피는

$\dfrac{1}{3}\times18\sqrt{3}\times h=6\sqrt{3}h$ (cm³) $\cdots$ ㉠

사면체 B-AFC에서 $\triangle ABC$를 밑면으로 생각하여 부피를 구하면

$\dfrac{1}{3}\times\triangle ABC\times\overline{BF}=\dfrac{1}{3}\times\left(6\times6\times\dfrac{1}{2}\right)\times6$

$=36$ (cm³) $\cdots$ ㉡

㉠, ㉡에서 $6\sqrt{3}h=36$

$\therefore\ h=\overline{BI}=2\sqrt{3}$ **(cm)** ← 답

p. 71

7.

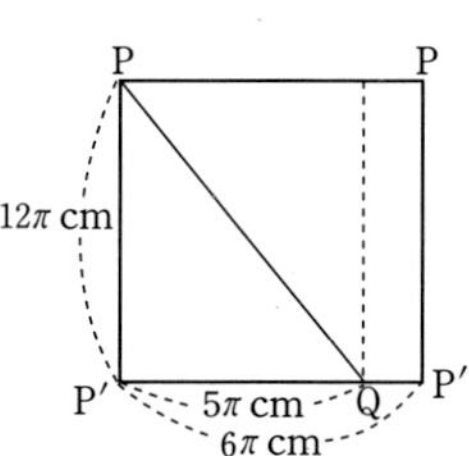

전개도에서 구하는 길이는 $\overline{PQ}$이다.

$\overline{QP'}=6\pi\times\dfrac{60}{360}=\pi$ (cm)

따라서, $\triangle PP'Q$에서

$\overline{PQ}^2=\overline{PP'}^2+\overline{P'Q}^2$

$=(12\pi)^2+(5\pi)^2=169\pi^2$

$\therefore\ \overline{PQ}=13\pi$ **cm** ← 답

8. $\overparen{BB'}=2\times\pi\times5=10\pi$ (cm)

$\overparen{AA'}=2\times\pi\times10=20\pi$ (cm)

$\overline{OB}:\overline{OA}=\overparen{BB'}:\overparen{AA'}=1:2$이므로

$\overline{OB}=20$ cm

다음과 같이 옆면의 전개도를 그리면

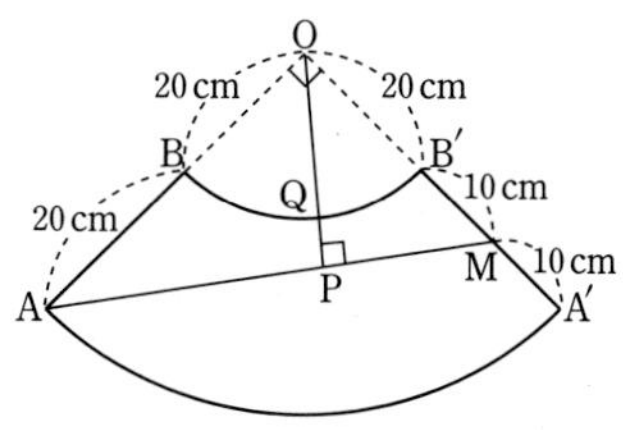

부채꼴 OAA'의 중심각의 크기는

$360°\times\dfrac{20\pi}{2\times40\pi}=90°$

따라서, $\triangle OAM$은 $\angle O=90°$인 직각삼각형이고, $\overline{OA}=40$ cm, $\overline{OM}=30$ cm이므로 $\overline{AM}^2=40^2+30^2$

$\therefore\ \overline{AM}=50$ cm

점 O에서 $\overline{AM}$에 내린 수선의 발을 P, $\overline{OP}$와 $\overparen{BB'}$의 교점을 Q라고 하면 $\triangle OAM$에서 $\overline{OA}\cdot\overline{OM}=\overline{AM}\cdot\overline{OP}$이므로 $40\times30=50\times\overline{OP}$

$\therefore\ \overline{OP}=24$ cm

따라서 구하는 최단 거리 $\overline{PQ}$는

$\overline{PQ}=\overline{OP}-\overline{OQ}=24-20$

$=4$ **(cm)** ← 답

9. 부채꼴 OAB에서

$\overparen{AB}=2\pi\times30\times\dfrac{60°}{360°}$

$=10\pi$ $\cdots$ ㉠

㉠은 원뿔에서 밑면의 원둘레의 길이이므로, 밑면의 반지름의 길이를 r라고 하면

$2\pi r=10\pi$ $\therefore\ r=5$

따라서 $x^2=30^2-5^2=875$

$\therefore\ x=\sqrt{875}=\sqrt{25\times35}=5\sqrt{35}$ ← 답

10. 구하는 부피는 다음 그림에서 색칠한 부분을 $\overline{AC}$를 축으로 1회전한 회전체의 부피의 2배이다.

$\triangle ABC$에서

$$\overline{AC}^2=6^2+(6\sqrt{3})^2=144$$
$$\overline{AC}=12, \quad \overline{AF}=\overline{CF}=6$$

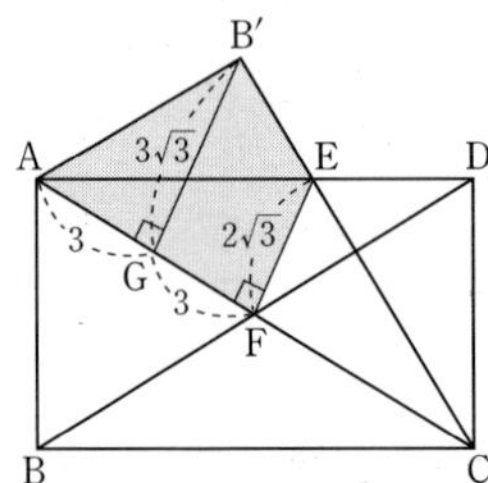

(i) $\triangle CFE \backsim \triangle CB'A$이므로
$$\overline{FE} : \overline{B'A}=\overline{CF} : \overline{CB'}=\overline{CE} : \overline{CA}$$
$$\overline{FE} : 6=6 : 6\sqrt{3}=\overline{CE} : 12$$
$$\therefore \overline{FE}=2\sqrt{3}, \quad \overline{CE}=4\sqrt{3}$$

(ii) $\triangle CEF \backsim \triangle CB'G$이므로
$$\overline{CE} : \overline{CB'}=\overline{CF} : \overline{CG}=\overline{EF} : \overline{B'G}$$
$$4\sqrt{3} : 6\sqrt{3}=6 : \overline{CG}=2\sqrt{3} : \overline{B'G}$$
$$\therefore \overline{GF}=3, \quad \overline{B'G}=3\sqrt{3}$$

(iii) $\triangle B'AG$를 회전할 때의 부피 :
$$\frac{1}{3} \times \pi \times (3\sqrt{3})^2 \times 3=27\pi \ \cdots \ \bigcirc$$

(iv) $\square B'GFE$를 회전할 때의 부피 :
$$\frac{1}{3} \times \pi \times (3\sqrt{3})^2 \times 9$$
$$-\frac{1}{3} \times \pi \times (2\sqrt{3})^2 \times 6$$
$$=81\pi-24\pi=57\pi \ \cdots \ \bigcirc$$

$\bigcirc$, $\bigcirc$에서 구하는 부피는
$$(27\pi+57\pi) \times 2=\textbf{168}\boldsymbol{\pi} \ \leftarrow \boxed{답}$$

p. 72

1.

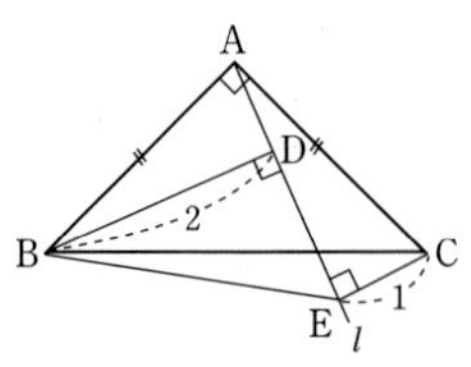

$\triangle ABD \equiv \triangle CAE$
($\because$ 직각삼각형의 합동조건)
$$\therefore \overline{AE}=2, \quad \overline{AD}=1$$
즉, $\overline{DE}=1$
따라서, $\triangle ABE$는 이등변삼각형이다.
또, $\overline{AB}=\sqrt{2^2+1^2}=\sqrt{5}$
$$\therefore \overline{\textbf{BE}}=\overline{\textbf{AB}}=\boldsymbol{\sqrt{5}} \ \leftarrow \boxed{답}$$

2. $\triangle ABC$는 정삼각형이므로,
$$\angle BAC = \angle ABC=60°$$
$$\therefore \ \angle BDA = \angle BAD=30°$$
즉, $\triangle ADC$는 직각삼각형이 된다.
$$\overline{AD}=\sqrt{16-4}=\sqrt{12}=2\sqrt{3}$$
$$\overline{AE}=\sqrt{4+4}=2\sqrt{2}$$
$\triangle FEC \backsim \triangle FAD$이므로,
$$\overline{FE} : \overline{FA}=\overline{EC} : \overline{AD}$$
$$x : (x+2\sqrt{2}) =2 : 2\sqrt{3}$$
$$2x+4\sqrt{2}=2\sqrt{3}\,x$$
$$(2-2\sqrt{3})\,x=-4\sqrt{2}$$
$$x=\frac{-4\sqrt{2}}{2-2\sqrt{3}}$$
$$\therefore \ \boldsymbol{x}=\boldsymbol{\sqrt{2}+\sqrt{6}} \ \leftarrow \boxed{답}$$

3. 빗금 부분의 넓이는 $1-\dfrac{\pi}{4}$

점이 있는 부분의 넓이는 $\triangle ABC$가 정삼각형이므로 부채꼴 BAC에서 $\triangle ABC$의 넓이를 빼면 된다.
$$\therefore \ \frac{\pi}{6}-\frac{\sqrt{3}}{4}$$

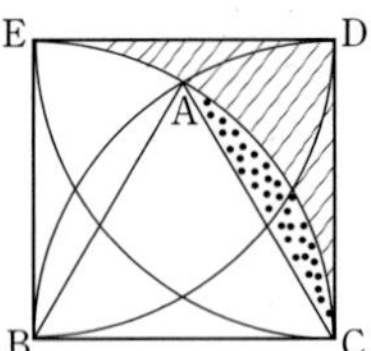

(빗금 부분의 넓이)＋(점 부분의 넓이)－(부채꼴 CAD)

$$=1-\frac{\pi}{4}+\frac{\pi}{6}-\frac{\sqrt{3}}{4}-\frac{\pi}{12}$$

$$=-\frac{\pi}{6}+1-\frac{\sqrt{3}}{4}$$

따라서, 구하는 넓이는

$$\square EBCD-4\left(-\frac{\pi}{6}+1-\frac{\sqrt{3}}{4}\right)$$

$$=1+\frac{2\pi}{3}-4+\sqrt{3}$$

$$=-3+\sqrt{3}+\frac{2}{3}\boldsymbol{\pi} \leftarrow \boxed{답}$$

4.

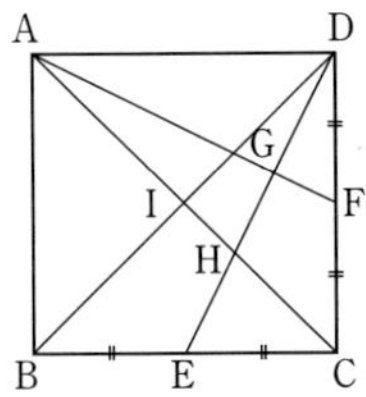

(i) 위의 그림에서
  $\triangle AFD\equiv\triangle DEC\,(SAS합동)$이므로
  $\angle DAF=\angle GDF$
  $\therefore \triangle DAF\infty\triangle GDF$
  따라서, $\angle DGF=90°$
  $\overline{AF}:\overline{DF}=\overline{DF}:\overline{FG}=\overline{DA}:\overline{GD}$
  한편 $\overline{AF}=\sqrt{2^2+1}=\sqrt{5}$, $\overline{DF}=1$
  $\therefore \sqrt{5}:1=1:\overline{FG}=2:\overline{GD}$

$$\overline{FG}=\frac{1}{\sqrt{5}},\quad \overline{GD}=\frac{2}{\sqrt{5}}$$

$$\triangle DGF=\frac{1}{2}\times\frac{1}{\sqrt{5}}\times\frac{2}{\sqrt{5}}=\frac{1}{5}$$

(ii) $\triangle DBC$에서 점 H는 무게중심이다.

$$\therefore \triangle DHC=\frac{1}{3}\triangle DBC$$

$$=\frac{1}{3}\times 2=\frac{2}{3}$$

따라서, 구하는 넓이는

$$\frac{2}{3}-\frac{1}{5}=\frac{7}{15} \leftarrow \boxed{답}$$

5. 포물선 ㉠과 직선 ㉡의 교점은
  $x^2=x+2$에서 $x=-1$ 또는 $x=2$

$\therefore A(-1,\ 1),\ B(2,\ 4)$
$\therefore \overline{AB}=\sqrt{3^2+3^2}=3\sqrt{2}$
또, 포물선 ㉠과 직선 ㉢의 교점은
$x^2=x+6$에서 $x=-2$ 또는 $x=3$
$\therefore C(-2,\ 4),\ D(3,\ 9)$
$\therefore \overline{CD}=\sqrt{5^2+5^2}=5\sqrt{2}$
두 직선 ㉡, ㉢ 사이의 거리는
점 $(0,\ 6)$과 직선 $x-y+2=0$ 사이
의 거리이므로

$$\frac{|0-6+2|}{\sqrt{1^2+(-1)^2}}=2\sqrt{2}$$

따라서 사다리꼴 CABD의 넓이는

$$\frac{1}{2}(3\sqrt{2}+5\sqrt{2})\times 2\sqrt{2}=\boldsymbol{16} \leftarrow \boxed{답}$$

Advice 점 $(x_1,\ y_1)$에서 직선
$$ax+by+c=0까지의\ 거리는$$
$$\frac{|ax_1+by_1+c|}{\sqrt{a^2+b^2}}$$

6. 정사면체의 한 면의 넓이를 S, 높이
를 h, 내접하는 구의 반지름을 r라
하자.

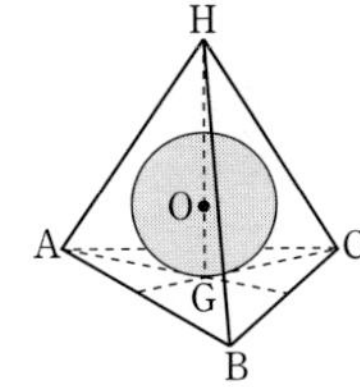

정사면체 H-ABC에 내접하는 구의 중
심을 O라고 하면, 정사면체 H-ABC의
부피는 사면체 O-ABC, O-BCH,
O-ABH, O-ACH의 부피의 합과 같
다.

$$\therefore \frac{1}{3}Sh=\frac{1}{3}Sr\times 4$$

$$\therefore r=\frac{1}{4}h \cdots ㉠$$

정삼각형 ABC에서 높이는 $\dfrac{\sqrt{3}}{2}a$이므로,

$$\overline{AG}=\dfrac{\sqrt{3}}{2}a\times\dfrac{2}{3}=\dfrac{\sqrt{3}}{3}a$$

따라서, △HAG에서

$$h=\sqrt{a^2-\left(\dfrac{\sqrt{3}}{3}a\right)^2}=\dfrac{\sqrt{6}}{3}a$$

㉠에서 $r=\dfrac{1}{4}\cdot\dfrac{\sqrt{6}}{3}a=\dfrac{\sqrt{6}}{12}\boldsymbol{a}$ ← 답

p. 73

7.

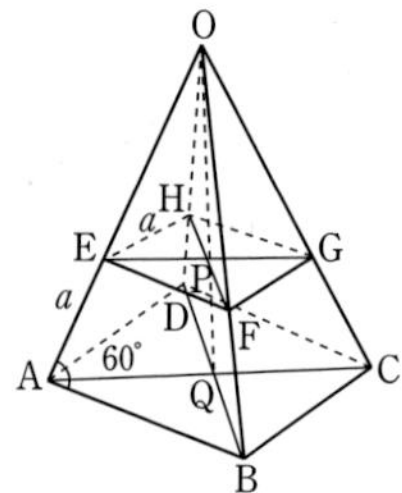

사각뿔대의 부피를 V,
큰 사각뿔의 부피를 V_1,
작은 사각뿔의 부피를 V_2,
라고 하자.

$$\therefore\ V=V_1-V_2$$

그런데 △OEF∽△OAB이므로,
(∵ △AOB는 정삼각형)

$$\overline{OE}:\overline{OA}=\overline{EF}:\overline{AB}$$
$$\overline{OA}\times\overline{EF}=(\overline{OA}-\overline{EA})\times\overline{AB}$$

$\overline{OA}=\overline{AB}=\overline{OB}=x$라 하면,

$$x\times a=(x-a)\times x$$
$$x^2-2ax=0,\ x(x-2a)=0$$
$$\therefore\ x=0\ \text{또는}\ x=2a$$
$$\therefore\ \overline{AB}=2a$$

$$V_1=\dfrac{1}{3}\times(2a\times 2a)\times\overline{OQ}$$

또, △OAQ에서

$$\overline{OQ}=\sqrt{4a^2-2a^2}=\sqrt{2}a$$
$$\therefore\ V_1=\dfrac{4\sqrt{2}}{3}a^3$$
$$V_2=\dfrac{1}{3}\times(a\times a)\times\overline{OP}$$

또, △OEP에서

$$\overline{OP}=\sqrt{a^2-\dfrac{a^2}{2}}=\dfrac{\sqrt{2}}{2}a$$
$$\therefore\ V_2=\dfrac{\sqrt{2}}{6}a^3$$
$$\therefore\ V=V_1-V_2$$
$$=\dfrac{4\sqrt{2}}{3}a^3-\dfrac{\sqrt{2}}{6}a^3$$
$$=\dfrac{7\sqrt{2}}{6}\boldsymbol{a}^3 ← \text{답}$$

8. 정사면체의 부피는 $\dfrac{\sqrt{2}}{12}a^3$이므로,

$$\dfrac{16\sqrt{2}}{3}$$

△AFG∽△ABC이므로,

$$\overline{AF}:\overline{FG}=\overline{AB}:\overline{BC}$$
$$2:\overline{FG}=4:4\quad\therefore\ \overline{FG}=2$$

△AEF와 △AEG는 각각 직각삼각형
이므로,

$$\overline{FE}=\overline{GE}=\sqrt{3}$$

따라서, △FGE의 높이는 $\sqrt{3-1}=\sqrt{2}$
사면체 A-EFG의 부피는

$$\dfrac{1}{3}\times 2\times\sqrt{2}\times\dfrac{1}{2}\times 1=\dfrac{\sqrt{2}}{3}$$

∴ (입체도형 EFG−DBC의 부피)
= (정사면체 A−BCD의 부피)
  − (사면체 A−EFG의 부피)

$$=\dfrac{16\sqrt{2}}{3}-\dfrac{\sqrt{2}}{3}=\dfrac{15\sqrt{2}}{3}$$
$$=5\sqrt{2}$$

9. 상자의 전개도는 다음과 같다.

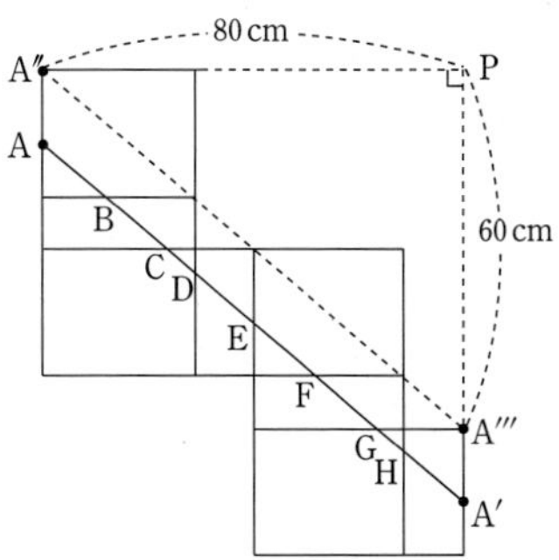

따라서 구하려는 최단 거리는 $\overline{AA'}$이다. 여기서 $\overline{AA'}$을 $\overline{A''A'''}$으로 평행이동하면, 직각삼각형 $A''PA'''$에서 $\overline{A''P}=80$ cm, $\overline{A'''P}=60$ cm이므로, 구하려는 최단 거리 $\overline{A''A'''}$은

$$\overline{A''A'''}^2 = 60^2 + 80^2$$
$$= 3600 + 6400$$
$$= 10000$$
$$\therefore \overline{A''A'''} = 100 \text{ cm} \qquad \boxed{\text{답}} \ \textbf{110 cm}$$

10. 이 도형을 펼쳤을 때 생기는 부채꼴의 중심각의 크기는

$$\frac{5\pi}{2 \times 15 \times \pi} \times 360° = 60°$$

이므로
(부채꼴의 넓이)

$$= 15^2 \times \pi \times \frac{1}{6} = \frac{75}{2}\pi \quad \cdots \ \bigcirc$$

또,
(잘린 단면(이등변삼각형)의 넓이)

$$= \frac{1}{2} \times 10 \times 10\sqrt{2} = 50\sqrt{2} \cdots \ \bigcirc$$

그리고
(밑면(반원)의 넓이)

$$= \frac{1}{2} \times 5^2 \times \pi = \frac{25}{2}\pi \quad \cdots \ \bigcirc$$

$\bigcirc + \bigcirc + \bigcirc$을 하면 구하는 겉넓이 S는

$$\mathbf{S = 50(\pi + \sqrt{2}) \ cm^2} \ \leftarrow \boxed{\text{답}}$$

11. 부채꼴 OAB의 반지름의 길이를 l cm, $\angle AOB = x°$, 밑면인 원의 반지름의 길이를 r cm라 하면

$$\pi l^2 \times \frac{x°}{360°} = \frac{4}{3}\pi$$
$$\therefore \ l^2 x = 480 \qquad \cdots \ \bigcirc$$
$$2\pi r = \frac{4}{3}\pi$$
$$\therefore \ r = \frac{2}{3} \text{ cm} \quad \cdots \ \bigcirc$$

또, 부채꼴 OAB에서 호 AB의 길이는 $2\pi r$이므로 $2\pi r = 2\pi l \times \dfrac{x}{360}$

$$\therefore \ x = \frac{360r}{l} \qquad \cdots\cdots \ \bigcirc$$

$\bigcirc$, $\bigcirc$, $\bigcirc$에서 $l = 2$ cm, $x° = 120°$, $r = \dfrac{2}{3}$ cm

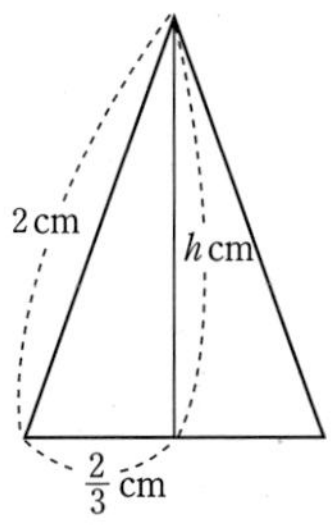

따라서, 원뿔의 높이 h는

$$h = \sqrt{2^2 - \left(\frac{2}{3}\right)^2} = \frac{4\sqrt{2}}{3} \text{ cm}$$
$$\therefore \ V = \frac{1}{3} \times \pi \times \left(\frac{2}{3}\right)^2 \times \frac{4\sqrt{2}}{3}$$
$$= \frac{16\sqrt{2}}{81}\pi \ (cm^3) \ \leftarrow \boxed{\text{답}}$$

4. 삼각비

1. 삼각비의 뜻

p. 76

1. $\overline{AC}^2 = 9 - 4 = 5$

$\therefore \overline{AC} = \sqrt{5}$

$\sin B = \dfrac{\sqrt{5}}{3}, \quad \cos B = \dfrac{2}{3},$

$\tan A = \dfrac{2}{\sqrt{5}}$

$\therefore$ 준식 $= \dfrac{\sqrt{5}-2}{3} \times \dfrac{2+\sqrt{5}}{\sqrt{5}}$

$\qquad = \dfrac{(\sqrt{5})^2 - 2^2}{3\sqrt{5}} = \dfrac{1}{3\sqrt{5}}$

$\qquad = \dfrac{\sqrt{5}}{15} \leftarrow$ 답

2. $\overline{AB}^2 = (\sqrt{3})^2 + 2^2 = 7$

$\therefore \overline{AB} = \sqrt{7}$

$\angle B = \angle ADE = x$

(1) $\sin x = \sin B = \dfrac{2}{\sqrt{7}} = \dfrac{2\sqrt{7}}{7} \leftarrow$ 답

(2) $\cos x = \cos B = \dfrac{\sqrt{3}}{\sqrt{7}} = \dfrac{\sqrt{21}}{7} \leftarrow$ 답

(3) $\tan x = \tan B = \dfrac{2}{\sqrt{3}} = \dfrac{2\sqrt{3}}{3} \leftarrow$ 답

p. 77

1. (1) $\overline{AC}^2 = 169 - 144 = 25$

$\therefore \overline{AC} = 5$

$\sin A = \dfrac{12}{13}, \quad \cos A = \dfrac{5}{13}, \quad \leftarrow$ 답

$\tan A = \dfrac{12}{5} \leftarrow$ 답

$\sin B = \dfrac{5}{13}, \quad \cos B = \dfrac{12}{13}, \quad \leftarrow$ 답

$\tan B = \dfrac{5}{12} \leftarrow$ 답

(2) $\overline{AB}^2 = 4 + 2 = 6$

$\therefore \overline{AB} = \sqrt{6}$

$\sin A = \dfrac{\sqrt{2}}{\sqrt{6}} = \dfrac{1}{\sqrt{3}} = \dfrac{\sqrt{3}}{3} \leftarrow$ 답

$\cos A = \dfrac{2}{\sqrt{6}} = \dfrac{2\sqrt{6}}{6} = \dfrac{\sqrt{6}}{3} \leftarrow$ 답

$\tan A = \dfrac{\sqrt{2}}{2} \leftarrow$ 답

$\sin B = \dfrac{\sqrt{6}}{3}, \quad \cos B = \dfrac{\sqrt{3}}{3}, \quad \leftarrow$ 답

$\tan B = \sqrt{2} \leftarrow$ 답

(3) $\overline{AC}^2 = 289 - 64 = 225$

$\therefore \overline{AC} = 15$

$\sin A = \dfrac{8}{17}, \quad \cos A = \dfrac{15}{17} \leftarrow$ 답

$\tan A = \dfrac{8}{15} \leftarrow$ 답

$\sin B = \dfrac{15}{17}, \quad \cos B = \dfrac{8}{17}, \quad \leftarrow$ 답

$\tan B = \dfrac{15}{8} \leftarrow$ 답

2. $\sin A = \dfrac{\overline{CH}}{b}, \quad \sin B = \dfrac{\overline{CH}}{a}$

$\therefore \dfrac{\sin A}{\sin B} = \dfrac{\overline{CH}}{b} \div \dfrac{\overline{CH}}{a} = \dfrac{a}{b} \leftarrow$ 답

3. $\overline{AC}^2 = 49 - 25 = 24$

$\therefore \overline{AC} = 2\sqrt{6} \text{ cm}$

$\angle B = x$이므로

$\tan x = \tan B = \dfrac{2\sqrt{6}}{5} \leftarrow$ 답

4. $\overline{BD} = 10 \text{ cm}, \quad \overline{AB} = 6 \text{ cm}, \quad \overline{AD} = 8 \text{ cm}$

$\sin x = \dfrac{4}{5}, \quad \cos x = \dfrac{3}{5}, \quad \leftarrow$ 답

$\tan x = \dfrac{4}{3} \leftarrow$ 답

5. $\overline{DC} = \overline{BC} = 2, \quad \overline{AB} = 1, \quad \overline{AC} = \sqrt{3}$

$$\overline{DB}^2 = 1^2 + (2+\sqrt{3})^2$$
$$= 1+4+3+4\sqrt{3}$$
$$= 8+4\sqrt{3}$$
$$= 8+2\sqrt{12} = (\sqrt{6}+\sqrt{2})^2$$
$$\therefore \ \overline{DB} = \sqrt{6}+\sqrt{2}$$

(1) $\sin 15° = \dfrac{1}{\sqrt{6}+\sqrt{2}} \times \dfrac{\sqrt{6}-\sqrt{2}}{\sqrt{6}-\sqrt{2}}$

$$= \dfrac{\sqrt{6}-\sqrt{2}}{4} \ \leftarrow \text{답}$$

(2) $\cos 15° = \dfrac{2+\sqrt{3}}{\sqrt{6}+\sqrt{2}} \times \dfrac{\sqrt{6}-\sqrt{2}}{\sqrt{6}-\sqrt{2}}$

$$= \dfrac{\sqrt{6}+\sqrt{2}}{4} \ \leftarrow \text{답}$$

(3) $\tan 15° = \dfrac{1}{2+\sqrt{3}} = 2-\sqrt{3} \ \leftarrow \text{답}$

(4) $\sin 75° = \dfrac{\sqrt{6}+\sqrt{2}}{4} \ \leftarrow \text{답}$

(5) $\cos 75° = \dfrac{\sqrt{6}-\sqrt{2}}{4} \ \leftarrow \text{답}$

(6) $\tan 75° = 2+\sqrt{3} \ \leftarrow \text{답}$

Advice $\quad \angle ACB = \angle BDC + \angle CBD$
$$= 15° + 15° = 30°$$
$$\angle ABC = 90° - \angle ACB$$
$$= 90° - 30° = 60°$$
$$\therefore \ \angle ABD = \angle ABC + \angle CBD$$
$$= 60° + 15° = 75°$$

2. 삼각비의 값

p. 82

1. (1) 준식 $= 1 \times \sqrt{3} + \dfrac{1}{2} \times 1$

$$= \dfrac{2\sqrt{3}+1}{2} \ \leftarrow \text{답}$$

(2) 준식 $= \dfrac{\sqrt{3}}{2} \times \dfrac{1}{\sqrt{2}} \times 1 \times 1 = \dfrac{\sqrt{6}}{4} \ \leftarrow \text{답}$

(3) 준식 $= \dfrac{1}{4} + \dfrac{1}{\sqrt{3}} \times \sqrt{3} + \dfrac{3}{4} = 2 \ \leftarrow \text{답}$

(4) 준식

$$= \left(1 - \dfrac{\sqrt{3}}{2}\right)\left(\dfrac{\sqrt{3}}{2} + 2 \times \dfrac{1}{\sqrt{2}} \times \dfrac{1}{\sqrt{2}}\right)$$

$$= \dfrac{2-\sqrt{3}}{2} \times \dfrac{2+\sqrt{3}}{2} = \dfrac{1}{4} \ \leftarrow \text{답}$$

p. 83

2. (1) $x - 10° = 60° \qquad \therefore \ \boldsymbol{x = 70°} \ \leftarrow \text{답}$
(2) $2x - 30° = 60° \qquad \therefore \ \boldsymbol{x = 45°} \ \leftarrow \text{답}$
(3) $x + 10° = 60° \qquad \therefore \ \boldsymbol{x = 50°} \ \leftarrow \text{답}$

p. 84

3. $\sin A + \sin B = \dfrac{2(1+\sqrt{3})}{4}$

$$= \dfrac{1+\sqrt{3}}{2} \ \cdots \ \text{㉠}$$

$$\sin A \times \sin B = \dfrac{\sqrt{3}}{4} \qquad \cdots \ \text{㉡}$$

㉠에서

$$\sin B = \dfrac{1+\sqrt{3}}{2} - \sin A$$

이것을 ㉡에 대입하면,

$$\sin A \left(\dfrac{1+\sqrt{3}}{2} - \sin A\right) = \dfrac{\sqrt{3}}{4}$$

$$\sin^2 A - \dfrac{1+\sqrt{3}}{2}\sin A + \dfrac{\sqrt{3}}{4} = 0$$

$$\left(\sin A - \dfrac{1}{2}\right)\left(\sin A - \dfrac{\sqrt{3}}{2}\right) = 0$$

$$\therefore \ \sin A = \dfrac{1}{2} \ \text{또는} \ \sin A = \dfrac{\sqrt{3}}{2}$$

$\sin A = \dfrac{1}{2}$일 때, $\sin B = \dfrac{\sqrt{3}}{2}$

$\sin A = \dfrac{\sqrt{3}}{2}$일 때, $\sin B = \dfrac{1}{2}$

$\sin A > \sin B$이므로

$\sin A = \dfrac{\sqrt{3}}{2}$, $\sin B = \dfrac{1}{2}$

$\therefore$ **$A = 60°$, $B = 30°$** ← 답

4. 점 O에서 $\overline{AB}$에 내린 수선의 발을 H라고 하면, $\overline{AH} = 5\sqrt{3}$

$\sin(\angle AOH) = \dfrac{\overline{AH}}{\overline{AO}} = \dfrac{5\sqrt{3}}{10} = \dfrac{\sqrt{3}}{2}$

$\therefore$ $\angle AOH = 60°$

$\therefore$ **$\angle AOB = 120°$** ← 답

p. 85

1. (1) 준식 $= \dfrac{\sqrt{3}}{2} + \dfrac{1}{2} = \dfrac{\sqrt{3}+1}{2}$ ← 답

(2) 준식 $= \dfrac{\sqrt{3}}{2} \times \sqrt{3} + 1 = \dfrac{5}{2}$ ← 답

(3) 준식 $= 2(\sin^2 45° + \tan^2 45°)$

$\qquad = 2\left(\dfrac{1}{2} + 1\right) = 3$ ← 답

(4) 준식 $= \left(1 + \dfrac{1}{\sqrt{2}} + \dfrac{1}{2}\right)$

$\qquad \times \left(1 - \dfrac{1}{\sqrt{2}} + \dfrac{1}{2}\right)$

$\qquad = \dfrac{3+\sqrt{2}}{2} \times \dfrac{3-\sqrt{2}}{2}$

$\qquad = \dfrac{7}{4}$ ← 답

2. $\tan A = \sqrt{3}$에서 $A = 60°$

$1 + \sin A = 1 + \dfrac{\sqrt{3}}{2} = \dfrac{2+\sqrt{3}}{2}$

$1 - \cos A = 1 - \dfrac{1}{2} = \dfrac{1}{2}$

$\therefore$ 준식 $= \dfrac{2}{2+\sqrt{3}} + 2$

$\qquad = \dfrac{2}{2+\sqrt{3}} \times \dfrac{2-\sqrt{3}}{2-\sqrt{3}} + 2$

$\qquad = 2(2 - \sqrt{3}) + 2$

$\qquad = 6 - 2\sqrt{3}$ ← 답

3. (1) **0.82**   (2) **0.57**   (3) **1.4**

4. (1) **29°**   (2) **31°**

(3) **75°**   (4) **0.7660**

(5) **0.4848**   (6) **0.8391**

5. 구간 $45° < x < 90°$에서 $\sin 45° = \dfrac{\sqrt{2}}{2}$이고 x의 값이 커짐에 따라 $\sin x$의 값도 커진다. $\cos 45° = \dfrac{\sqrt{2}}{2}$이고 x의 값이 커짐에 따라 $\cos x$의 값은 작아진다.

$\tan 45° = 1$이고 x의 값이 커짐에 따라 $\tan x$의 값은 한없이 커진다.

$\therefore$ **$\cos x < \sin x < \tan x$** ← 답

Advice $\sin x$, $\cos x$, $\tan x$의 대소 비교는 다음 그래프를 참고하면 편리하다.

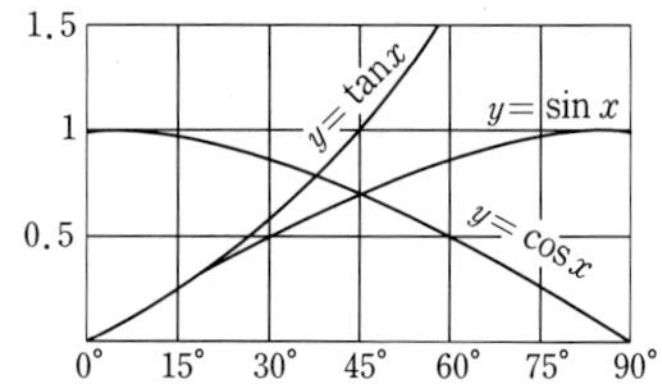

6. $0° < A < 45°$에서 $\cos A > \sin A$

$\therefore$ 준식 $= \sin A + \cos A + \cos A - \sin A$

$\qquad = 2\cos A$ ← 답

7. $\tan 60° = \dfrac{y}{x} = \sqrt{3}$ $\quad \therefore y = \sqrt{3}x \cdots$ ㉠

$\tan 30° = \dfrac{y}{4+x} = \dfrac{1}{\sqrt{3}}$

$\therefore \sqrt{3}y = 4 + x \qquad\qquad \cdots$ ㉡

㉠, ㉡에서 $3x = 4 + x$ $\therefore$ **$x = 2$** ← 답

또한, ㉠에서 **$y = 2\sqrt{3}$** ← 답

3. 삼각비 사이의 관계

p. 90

1. (1) $\cos x = \dfrac{1}{2}(1+\sin x)$ 를

$\sin^2 x + \cos^2 x = 1$ 에 대입하면,

$\sin^2 x + \dfrac{1}{4}(1+\sin x)^2 = 1$

$5\sin^2 x + 2\sin x - 3 = 0$

$(5\sin x - 3)(\sin x + 1) = 0$

$\therefore \ \boldsymbol{\sin x = \dfrac{3}{5}} \ \ (\because \ \sin x \geq 0) \ \leftarrow$ 답

(2) $\sin x = 2\cos x - 1$ 을

$\sin^2 x + \cos^2 x = 1$ 에 대입하면,

$(2\cos x - 1)^2 + \cos^2 x = 1$

$4\cos^2 x - 4\cos x + 1 + \cos^2 x = 1$

$\cos x (5\cos x - 4) = 0$

$\cos x = 0$ 또는 $5\cos x - 4 = 0$

$\cos x = 0$ 일 때는 $\sin x = -1$ 이므로 해가 될 수 없다.

$\therefore \ \boldsymbol{\cos x = \dfrac{4}{5}} \ \leftarrow$ 답

(3) $\tan x = \dfrac{\sin x}{\cos x} = \dfrac{3}{5} \times \dfrac{5}{4} = \dfrac{3}{4} \ \leftarrow$ 답

Advice (2) $2\cos x - \sin x = 1$ 에서

$\cos x = \dfrac{1}{2}(1+\sin x) \ \cdots \ \bigcirc$

$\bigcirc$ 에 $\sin x = \dfrac{3}{5}$ 을 대입하면

$\cos x = \dfrac{1}{2}\left(1+\dfrac{3}{5}\right) = \dfrac{4}{5}$

p. 91

2. (1) 준식

$= \sin^2\theta + \cos^2\theta + \sin^2\theta + \cos^2\theta$

$= 2 \ \leftarrow$ 답

(2) $\tan(A+30°)$

$= \dfrac{1}{\tan\{90° - (A+30°)\}}$

$= \dfrac{1}{\tan(60° - A)}$

$\sin(B+20°)$

$= \cos\{90° - (B+20°)\}$

$= \cos(70° - B)$

준식

$= 1 + \cos^2(70° - B) + \sin^2(70° - B)$

$= 1 + 1 = 2 \ \leftarrow$ 답

p. 92

3. (1) 준식 $= \dfrac{\sin^2 x + (1-\cos x)^2}{\sin x(1-\cos x)}$

$= \dfrac{\sin^2 x + 1 - 2\cos x + \cos^2 x}{\sin x(1-\cos x)}$

$= \dfrac{2}{\sin x} \ \leftarrow$ 답

(2) 준식

$= \cos A \times \dfrac{\sin A(1+\sin A) + \cos^2 A}{\cos A(1+\sin A)}$

$= \dfrac{\sin A + \sin^2 A + \cos^2 A}{1+\sin A}$

$= 1 \ \leftarrow$ 답

p. 93

4. (1) $\sin A + \cos A = \dfrac{5}{4} \qquad \cdots \ \bigcirc$

$$\sin A \cos A = \frac{k}{4} \qquad \cdots ⓛ$$

㉠의 양변을 제곱하면,

$$1 + 2\sin A \cos A = \frac{25}{16}$$

$$\therefore \ \sin A \cos A = \frac{9}{32} \qquad \cdots ⓒ$$

ⓛ, ⓒ에서

$$\frac{k}{4} = \frac{9}{32} \qquad \therefore \ \boldsymbol{k = \frac{9}{8}} \ \leftarrow \text{답}$$

(2) $\tan A$, $\dfrac{1}{\tan A}$ 을 두 근으로 하는 이차방정식은

$$x^2 - \left(\tan A + \frac{1}{\tan A}\right)x + 1$$
$$= 0 \qquad \cdots ㉠$$

$$\tan A + \frac{1}{\tan A}$$
$$= \frac{\sin A}{\cos A} + \frac{\cos A}{\sin A}$$
$$= \frac{\sin^2 A + \cos^2 A}{\sin A \cos A} = \frac{32}{9}$$

이것을 ㉠에 대입하면,

$$x^2 - \frac{32}{9}x + 1 = 0$$

즉, $\boldsymbol{9x^2 - 32x + 9 = 0} \ \leftarrow \text{답}$

p. 94

1. (1) $(x + 10°) + (2x - 40°) = 90°$
$3x - 30° = 90°, \ 3x = 120°$
$\therefore \ \boldsymbol{x = 40°} \ \leftarrow \text{답}$

(2) $x - 10° + x = 90°$
$\therefore \ \boldsymbol{x = 50°} \ \leftarrow \text{답}$

(3) $0.5x + 10° + 0.5x + 20° = 90°$
$\therefore \ \boldsymbol{x = 60°} \ \leftarrow \text{답}$

(4) $2x + x - 30° = 90°$
$3x = 120° \quad \therefore \ \boldsymbol{x = 40°} \ \leftarrow \text{답}$

2. $\cos A = \dfrac{12}{13}$가 되게 △ABC를 그리면,

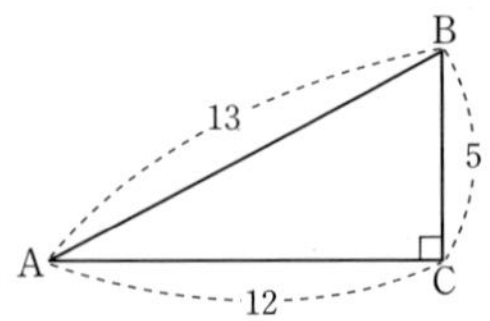

$$\therefore \ \boldsymbol{\tan A = \frac{5}{12}} \ \leftarrow \text{답}$$

3. $\tan(90° - \theta) = \dfrac{1}{\tan\theta} = 2$에서

$$\tan\theta = \frac{1}{2}$$

따라서, $\tan\theta = \dfrac{1}{2}$이 되게 △ABC를 그리면,

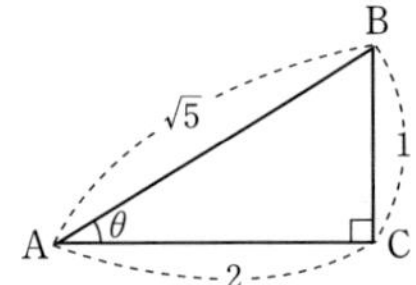

$$\therefore \ \boldsymbol{\sin\theta = \frac{\sqrt{5}}{5}}, \quad \boldsymbol{\cos\theta = \frac{2\sqrt{5}}{5}} \ \leftarrow \text{답}$$

4. $\dfrac{\sin A}{\cos A} = \dfrac{12}{5}$에서 $\boldsymbol{\tan A = \dfrac{12}{5}} \ \leftarrow \text{답}$

$$\therefore \ \boldsymbol{\sin A = \frac{12}{13}}, \quad \boldsymbol{\cos A = \frac{5}{13}} \ \leftarrow \text{답}$$

5. (1) $\tan\theta = \dfrac{1}{\sqrt{2}}$이 되게 삼각형을 그리면,

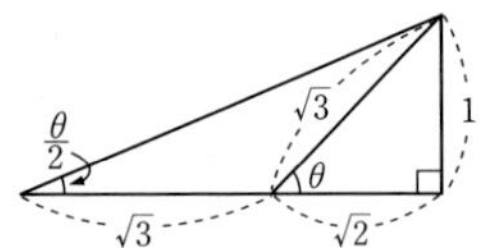

$$\therefore \ \boldsymbol{\tan\frac{\theta}{2} = \frac{1}{\sqrt{3} + \sqrt{2}} = \sqrt{3} - \sqrt{2}} \ \leftarrow \text{답}$$

(2) $\sin\theta = \dfrac{4}{5}$가 되게 △ABC를 그리면,

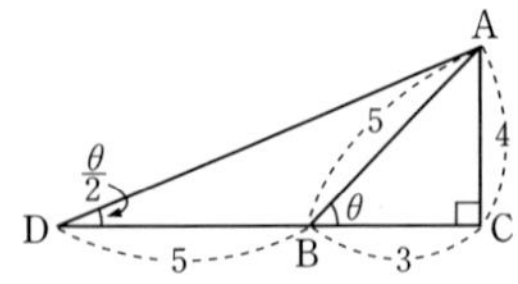

$$\overline{AD}^2 = 4^2 + (5+3)^2 = 80$$
$$\therefore \ \overline{AD} = 4\sqrt{5}$$
$$\therefore \ \sin\frac{\theta}{2} = \frac{4}{4\sqrt{5}} = \frac{\sqrt{5}}{5} \ \leftarrow \text{답}$$

6. $(\sin x - \cos x)^2 = \dfrac{1}{4}$

$$1 - 2\sin x \cos x = \frac{1}{4}$$

$$2\sin x \cos x = \frac{3}{4}$$

$$\therefore \ 8\sin x \cos x - 3 = 0 \qquad \cdots \ \text{㉠}$$

한편 $\cos x = \sin x - \dfrac{1}{2} \qquad \cdots \ \text{㉡}$

㉠, ㉡에서

$$8\sin x\left(\sin x - \frac{1}{2}\right) - 3 = 0$$

$8\sin^2 x - 4\sin x - 3 = 0$에서

$$\sin x = \frac{2 \pm \sqrt{28}}{8} = \frac{2 \pm 2\sqrt{7}}{8}$$

$$= \frac{1 \pm \sqrt{7}}{4}$$

$$\therefore \ \boldsymbol{\sin x = \frac{1+\sqrt{7}}{4}} \ \leftarrow \text{답}$$

$$(\because \ \sin x > 0)$$

7. $(\sin A - \cos A)^2 = \dfrac{1}{25}$

$$1 - 2\sin A \cos A = \frac{1}{25}$$

$$\therefore \ \sin A \cos A = \frac{12}{25}$$

$$\tan A + \frac{1}{\tan A}$$

$$= \frac{\sin A}{\cos A} + \frac{\cos A}{\sin A}$$

$$= \frac{1}{\sin A \cos A} = \frac{25}{12} \ \leftarrow \text{답}$$

8. (1) $\sin^2 x + \cos^2 x = 1$에서

$$\sin^2 x = 1 - \cos^2 x$$

$\cos x + \cos^2 x = 1$에서

$$\cos^2 x = 1 - \cos x$$

$$\therefore \ \text{준식} = \sin^2 x (1 + \sin^2 x)$$
$$= (1 - \cos^2 x)(1 + 1 - \cos^2 x)$$
$$= (1 - 1 + \cos x)(2 - 1 + \cos x)$$
$$= \cos x + \cos^2 x = 1 \ \leftarrow \text{답}$$

(2) $\sin^2 x + \sin^6 x + \sin^8 x$
$$= \sin^2 x + \sin^4 x(\sin^2 x + \sin^4 x)$$
$$= \sin^2 x + \sin^4 x = 1 \ \leftarrow \text{답}$$

p. 95

9. $(\sin x + 2\cos x)(\sin x - \cos x) = 0$

$\sin x + 2\cos x \ne 0$이므로,

$$\sin x - \cos x = 0$$

$$\therefore \ \sin x = \cos x \qquad \therefore \ \boldsymbol{x = 45°} \ \leftarrow \text{답}$$

10. $(1 - \tan x)(2 + \sqrt{3}) = 1 + \tan x$

$$2 - 2\tan x + \sqrt{3} - \sqrt{3}\tan x = 1 + \tan x$$

$$3\tan x + \sqrt{3}\tan x = 1 + \sqrt{3}$$

$$\sqrt{3}(1 + \sqrt{3})\tan x = 1 + \sqrt{3}$$

$$\therefore \ \tan x = \frac{1}{\sqrt{3}} \quad \therefore \ x = 30°$$

$$\therefore \ \boldsymbol{\sin x = \frac{1}{2}, \ \cos x = \frac{\sqrt{3}}{2}} \ \leftarrow \text{답}$$

11. $1 - a^2 = 1 - \sin^2\theta = \cos^2\theta$

$$1 + b^2 = 1 + \tan^2\theta$$

$$= \frac{\cos^2\theta + \sin^2\theta}{\cos^2\theta} = \frac{1}{\cos^2\theta}$$

$$\therefore \ \boldsymbol{(1 - a^2)(1 + b^2) = 1} \ \leftarrow \text{답}$$

12. (1) $\dfrac{1}{1 - \sin x} - \dfrac{1}{1 + \sin x}$

$$= \frac{2\sin x}{1 - \sin^2 x} = \frac{2\sin x}{\cos^2 x}$$

$$= \frac{2\sin x}{\sin x} = 2 \ \leftarrow \text{답}$$

(2) $(\text{준식}) = \left(1 - \dfrac{1}{\sin^2\theta}\right)\left(1 - \dfrac{1}{\cos^2\theta}\right)$

$$= \frac{\sin^2\theta - 1}{\sin^2\theta} \times \frac{\cos^2\theta - 1}{\cos^2\theta}$$

$$=\frac{-\cos^2\theta}{\sin^2\theta}\times\frac{-\sin^2\theta}{\cos^2\theta}$$

$$=1 \leftarrow \boxed{답}$$

13. (1) $1+\tan\theta+\dfrac{1}{\cos\theta}$

$$=1+\frac{\sin\theta}{\cos\theta}+\frac{1}{\cos\theta}$$

$$=\frac{\cos\theta+\sin\theta+1}{\cos\theta}$$

$$1+\frac{1}{\tan\theta}-\frac{1}{\sin\theta}$$

$$=1+\frac{\cos\theta}{\sin\theta}-\frac{1}{\sin\theta}$$

$$=\frac{\cos\theta+\sin\theta-1}{\sin\theta}$$

$$\therefore\ \mathrm{A}=\frac{(\cos\theta+\sin\theta)^2-1}{\sin\theta\,\cos\theta}$$

$$=\frac{1+2\sin\theta\,\cos\theta-1}{\sin\theta\,\cos\theta}$$

$$=2 \leftarrow \boxed{답}$$

(2) 좌변 $=\dfrac{\cos\theta}{1-\dfrac{\sin\theta}{\cos\theta}}+\dfrac{\sin^2\theta}{\sin\theta-\cos\theta}$

$$=\frac{\cos^2\theta}{\cos\theta-\sin\theta}-\frac{\sin^2\theta}{\cos\theta-\sin\theta}$$

$$=\sin\theta+\cos\theta$$

좌, 우변을 비교하면,

$$\mathbf{B}=\mathbf{\cos\,\theta} \leftarrow \boxed{답}$$

14. $x^2-(2\sin\theta)\,x+3\cos^2\theta=0$에서

$$(-2\sin\theta)^2-4\times3\cos^2\theta=0$$

$$4\sin^2\theta-12\cos^2\theta=0$$

$$\sin^2\theta-3\cos^2\theta=0$$

$$\sin^2\theta-3(1-\sin^2\theta)=0$$

$$4\sin^2\theta-3=0$$에서 $\sin^2\theta=\dfrac{3}{4}$

$$\therefore\ \sin\theta=\frac{\sqrt{3}}{2}\ (\because\ \sin\theta\geq0)$$

따라서, $\boldsymbol{\theta=60°} \leftarrow \boxed{답}$

15. (1) 좌변 $=(\sin^2\theta+\cos^2\theta)$

$$\times(\sin^2\theta-\cos^2\theta)$$

$$=\sin^2\theta-\cos^2\theta=1-2\cos^2\theta$$

즉, 좌변 $=$ 우변

(2) 좌변의 분모, 분자에

$1+\cos\theta$를 곱하면,

$$좌변=\frac{(1-\cos\theta)\,(1+\cos\theta)}{\sin\theta\,(1+\cos\theta)}$$

$$=\frac{1-\cos^2\theta}{\sin\theta\,(1+\cos\theta)}$$

$$=\frac{\sin^2\theta}{\sin\theta\,(1+\cos\theta)}$$

$$=\frac{\sin\theta}{1+\cos\theta}$$

즉, 좌변 $=$ 우변

(3) 좌변 $=\dfrac{\sin^2\theta-\cos^2\theta\,\sin^2\theta}{\cos^2\theta}$

$$=\frac{\sin^2\theta\,(1-\cos^2\theta)}{\cos^2\theta}$$

$$=\frac{\sin^2\theta\times\sin^2\theta}{\cos^2\theta}$$

$$=\tan^2\theta\,\sin^2\theta$$

즉, 좌변 $=$ 우변

p. 96

1. 준식 $=\dfrac{1}{2}\times\sin^2 65°+\dfrac{1}{2}\times\sin^2 25°$

$$=\frac{1}{2}(\cos^2 25°+\sin^2 25°)$$

$$=\frac{1}{2} \leftarrow \boxed{답}$$

2. $\tan 45°=1$이므로 $\tan 46°>1$

$$\cos 16°=\sin(90°-16°)=\sin 74°$$

$$\sin 74°<\sin 75°$$

$$\therefore\ \mathbf{C>B>A} \leftarrow \boxed{답}$$

3. $\overline{\mathrm{AC}}=2\,\mathrm{cm},\ \overline{\mathrm{BC}}=2\sqrt{3}\,\mathrm{cm},$

$$\overline{\mathrm{DC}}=\frac{2}{\sqrt{3}}\,\mathrm{cm}$$

$$\therefore\ \overline{\mathrm{BD}}=2\sqrt{3}-\frac{2}{\sqrt{3}}=\frac{4}{\sqrt{3}}$$

$$= \frac{4\sqrt{3}}{3} \ \textbf{(cm)} \leftarrow \boxed{답}$$

4. $\dfrac{\overline{BC}}{\sqrt{2}} = \tan 60° = \sqrt{3} \qquad \therefore \overline{BC} = \sqrt{6}$

$$\frac{\sqrt{6}}{\overline{BD}} = \cos 45° = \frac{1}{\sqrt{2}}$$

$$\therefore \ \overline{BD} = 2\sqrt{3} \leftarrow \boxed{답}$$

5. (1) $\cos^2(70° - x)$

$$= \sin^2\{90° - (70° - x)\}$$
$$= \sin^2(20° + x)$$
$$준식 = \sin^2(20° + x)$$
$$\qquad + \cos^2(20° + x)$$
$$= 1 \leftarrow \boxed{답}$$

(2) $준식 = 4\tan^2 x \cos^2 x + 4\cos^2 x - 2$

$$= 4\sin^2 x + 4\cos^2 x - 2$$
$$= 4(\sin^2 x + \cos^2 x) - 2$$
$$= 4 - 2 = 2 \leftarrow \boxed{답}$$

(3) $준식 = \tan x \cos x - \cos^2 x \sin x$

$$= \sin x - \cos^2 x \sin x$$
$$= \sin x (1 - \cos^2 x)$$
$$= \sin x \sin^2 x = \sin^3 x \leftarrow \boxed{답}$$

6. $\tan\theta = \dfrac{2}{3}$ 이면

$$\sin\theta = \frac{2}{\sqrt{13}}, \quad \cos\theta = \frac{3}{\sqrt{13}}$$

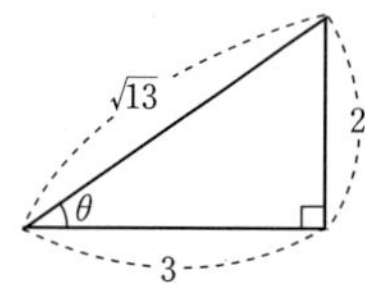

$$\cos^2\theta - \sin^2\theta = \frac{9}{13} - \frac{4}{13} = \frac{5}{13}$$

$$1 + 2\sin\theta\cos\theta = (\sin\theta + \cos\theta)^2$$
$$= \left(\frac{2}{\sqrt{13}} + \frac{3}{\sqrt{13}}\right)^2$$
$$= \left(\frac{5}{\sqrt{13}}\right)^2 = \frac{25}{13}$$

$$\therefore \ 준식 = \frac{1}{5} \leftarrow \boxed{답}$$

7. $\dfrac{6}{\overline{BC}} = \tan B = \dfrac{3}{5} \qquad \therefore \overline{BC} = 10$

$\overline{BD} = \overline{CD}$ 이므로 $\overline{CD} = 5$

$$\therefore \ \overline{AD}^2 = 25 + 36 = 61$$

$$\therefore \ \overline{AD} = \sqrt{61} \leftarrow \boxed{답}$$

p. 97

1. $준식 = |\sin\theta| + \sin\theta + \cos\theta$

$$\qquad - |\cos\theta + \sin\theta + 1|$$
$$= \sin\theta + \sin\theta + \cos\theta - \cos\theta$$
$$\qquad - \sin\theta - 1$$
$$= \sin\theta - 1 \leftarrow \boxed{답}$$

Advice $\sqrt{A^2} = |A|,$

$$\sqrt[4]{A^4} = |A|,$$
$$\sqrt[3]{A^3} = A$$

임을 알아두자.

2. $\cos\theta = \sin(90° - \theta),$

$\sin\theta = \cos(90° - \theta)$ 이므로

$$\sin(60° - \theta) = \sin\{90° - (30° + \theta)\}$$
$$= \cos(30° + \theta)$$

또, 같은 방법으로

$$\cos 75° = \cos(90° - 15°) = \sin 15°$$

$$\therefore \ 준식 = \sin^2(30° + \theta)$$
$$+ \cos^2(30° + \theta)$$
$$+ \cos^2 15° + \sin^2 15°$$
$$- (2\cos 30°) \times \tan 60°$$
$$= 1 + 1 - \left(2 \times \frac{\sqrt{3}}{2}\right) \times \sqrt{3}$$
$$= 2 - 3 = -1 \leftarrow \boxed{답}$$

3. (1) $27^{5 - 6\sin x} = (3^3)^{5 - 6\sin x}$

$$= 3^{15 - 18\sin x} \qquad \cdots ㉠$$
$$9^{4\sin x + 1} = (3^2)^{4\sin x + 1}$$
$$= 3^{8\sin x + 2} \qquad \cdots ㉡$$

㉠, ㉡에서

$$3^{15-18\sin x}=3^{8\sin x+2}$$

$$15-18\sin x=8\sin x+2$$

$$26\sin x=13 \quad \therefore \ \sin x=\frac{1}{2}$$

$$\therefore \ \boldsymbol{x=30°} \ \leftarrow \text{답}$$

(2) $\dfrac{\sqrt{3}}{2}\sin(2x-10°)=\dfrac{1}{4}\times\sqrt{3}$

$$\sin(2x-10°)=\frac{1}{2}$$

$$2x-10°=30° \quad \therefore \ \boldsymbol{x=20°} \ \leftarrow \text{답}$$

4. $2(1-\cos^2 A)+5\cos A-4=0$

$$2\cos^2 A-5\cos A+2=0$$

$$(2\cos A-1)(\cos A-2)=0$$

$\cos A-2\neq 0$이므로 $\cos A=\dfrac{1}{2}$

$$\therefore \ \boldsymbol{A=60°} \ \leftarrow \text{답}$$

5. $f(6)=\sin^6\theta+\cos^6\theta$

$$\qquad =(\sin^2\theta+\cos^2\theta)^3-3\sin^2\theta\cos^2\theta$$
$$\qquad\quad \times(\sin^2\theta+\cos^2\theta)$$
$$\qquad =1-3\sin^2\theta\cos^2\theta$$

$f(4)=\sin^4\theta+\cos^4\theta$

$$\qquad =(\sin^2\theta+\cos^2\theta)^2-2\sin^2\theta\cos^2\theta$$
$$\qquad =1-2\sin^2\theta\cos^2\theta$$

$\therefore \ 2f(6)-3f(4)+1$

$$\quad =2(1-3\sin^2\theta\cos^2\theta)$$
$$\qquad -3(1-2\sin^2\theta\cos^2\theta)+1$$
$$\quad =2-6\sin^2\theta\cos^2\theta-3$$
$$\qquad +6\sin^2\theta\cos^2\theta+1=\boldsymbol{0} \ \leftarrow \text{답}$$

6. (1) 준식의 양변을 제곱하면,

$$\sin^2\theta-2\sin\theta\cos\theta+\cos^2\theta=\frac{1}{4}$$

$$1-2\sin\theta\cos\theta=\frac{1}{4}$$

$$\therefore \ \boldsymbol{\sin\theta\cos\theta=\frac{3}{8}} \ \leftarrow \text{답}$$

(2) $(\sin\theta+\cos\theta)^2$

$$\quad =\sin^2\theta+\cos^2\theta+2\sin\theta\cos\theta$$
$$\quad =1+\frac{3}{4}=\frac{7}{4}$$

$$\therefore \ \boldsymbol{\sin\theta+\cos\theta=\frac{\sqrt{7}}{2}} \ \leftarrow \text{답}$$

(3) $\sin^3\theta-\cos^3\theta$

$$\quad =(\sin\theta-\cos\theta)^3+3\sin\theta\cos\theta$$
$$\qquad \times(\sin\theta-\cos\theta)$$
$$\quad =\left(\frac{1}{2}\right)^3+3\times\frac{3}{8}\times\frac{1}{2}$$
$$\quad =\boldsymbol{\frac{11}{16}} \ \leftarrow \text{답}$$

(4) $\sin^3\theta+\cos^3\theta$

$$\quad =(\sin\theta+\cos\theta)^3-3\sin\theta\cos\theta$$
$$\qquad \times(\sin\theta+\cos\theta)$$
$$\quad =\left(\frac{\sqrt{7}}{2}\right)^3-3\times\frac{3}{8}\times\frac{\sqrt{7}}{2}$$
$$\quad =\boldsymbol{\frac{5\sqrt{7}}{16}} \ \leftarrow \text{답}$$

(5) $\tan\theta+\dfrac{1}{\tan\theta}=\dfrac{\sin\theta}{\cos\theta}+\dfrac{\cos\theta}{\sin\theta}$

$$\qquad =\frac{\sin^2\theta+\cos^2\theta}{\sin\theta\cos\theta}$$
$$\qquad =\frac{1}{\sin\theta\cos\theta}$$
$$\qquad =\boldsymbol{\frac{8}{3}} \ \leftarrow \text{답}$$

(6) $\tan^3\theta+\dfrac{1}{\tan^3\theta}=\left(\tan\theta+\dfrac{1}{\tan\theta}\right)^3$

$$\qquad -3\tan\theta\frac{1}{\tan\theta}\times\left(\tan\theta+\frac{1}{\tan\theta}\right)$$
$$\quad =\left(\frac{8}{3}\right)^3-3\times1\times\frac{8}{3}=\boldsymbol{\frac{296}{27}} \ \leftarrow \text{답}$$

7. (1) 준식 $=\dfrac{\cos^2\theta+\sin^2\theta}{\cos^2\theta}\times(1-\sin^2\theta)$

$$\qquad =\frac{1}{\cos^2\theta}\times\cos^2\theta=\boldsymbol{1} \ \leftarrow \text{답}$$

(2) $1+\tan^2\theta=1+\dfrac{\sin^2\theta}{\cos^2\theta}$

$$\quad =\frac{\cos^2\theta+\sin^2\theta}{\cos^2\theta}=\frac{1}{\cos^2\theta}$$

$\therefore \ $준식 $=\dfrac{\sin^2\theta}{\cos^2\theta}\times\cos^2\theta$

$$\qquad =\boldsymbol{\sin^2\theta} \ \leftarrow \text{답}$$

8. $\overline{AB}=2$, $\overline{AD}=2$,

$\overline{CD}=2$이므로, $\overline{BC}=2\sqrt{5}$

$\triangle BCD=2\times2\div2=2$

한편, 점 D에서 $\overline{BC}$에 내린 수선의

길이를 h라고 하면,

$\triangle BCD=2\sqrt{5}\times h\div2=2$

$\therefore\ h=\dfrac{2}{\sqrt{5}}$

$\therefore\ \sin x=\dfrac{h}{2\sqrt{2}}=\dfrac{2}{\sqrt{5}}\times\dfrac{1}{2\sqrt{2}}$

$\qquad\ =\dfrac{1}{\sqrt{10}}=\dfrac{\sqrt{10}}{10}$ ← 답

p. 98

1.

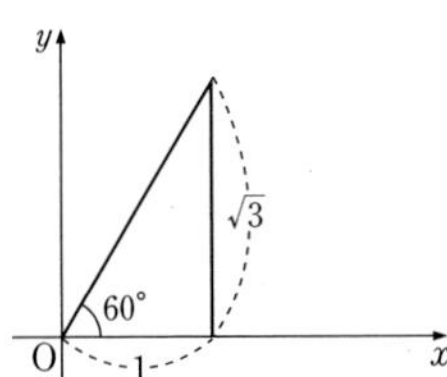

x축과 $60°$의 각을 이루면 이 직선의

기울기는 $\sqrt{3}$이다.

따라서, 기울기가 $\sqrt{3}$이고 점

$(-1,\ -4)$를 지나는 직선의 방정식은

$y=\sqrt{3}x+b$에서

$-4=-\sqrt{3}+b$

$\therefore\ b=\sqrt{3}-4$

$\therefore\ \boldsymbol{y=\sqrt{3}x+\sqrt{3}-4}$ ← 답

2. (1) $2(1-\sin^2 x)+3\sin x-3=0$

$\quad\ 2-2\sin^2 x+3\sin x-3=0$

$\quad\ 2\sin^2 x-3\sin x+1=0$

$\quad\ (2\sin x-1)(\sin x-1)=0$

$\quad\ $여기서 $x\neq90°$이므로,

$\quad\ \sin x-1\neq0$

$\therefore\ \sin x=\dfrac{1}{2}$

$\therefore\ \boldsymbol{x=30°}$ ← 답

(2) $(\cos^2 x-\sin^2 x)+(\cos x-\sin x)$

$\quad =0$

$\quad (\cos x-\sin x)(\cos x+\sin x)$

$\quad +(\cos x-\sin x)=0$

$\quad (\cos x-\sin x)(\cos x+\sin x+1)$

$\quad =0$

여기서 $\cos x>0$, $\sin x>0$ 이

므로, $\cos x+\sin x+1\neq0$

$\therefore\ \cos x-\sin x=0$, $\cos x=\sin x$

즉, $\tan x=1$ $\quad\therefore\ \boldsymbol{x=45°}$ ← 답

3. $(2x+y)+(x+y)=90°$

$\therefore\ 3x+2y=90°$ $\qquad\cdots\ ㉠$

$3x+x+y+30°=90°$

$\therefore\ 4x+y=60°$ $\qquad\cdots\ ㉡$

$㉠$, $㉡$에서

$\boldsymbol{x=6°}$, $\boldsymbol{y=36°}$ ← 답

4. $\tan\theta=1$이므로 $\theta=45°$

$\therefore\ \sin\theta=\dfrac{1}{\sqrt{2}}$, $\cos\theta=\dfrac{1}{\sqrt{2}}$

$1-\sin\theta=1-\dfrac{1}{\sqrt{2}}=\dfrac{\sqrt{2}-1}{\sqrt{2}}$

$1+\cos\theta=1+\dfrac{1}{\sqrt{2}}=\dfrac{\sqrt{2}+1}{\sqrt{2}}$

$\therefore\ \dfrac{1-\sin\theta}{1+\cos\theta}=\dfrac{\sqrt{2}-1}{\sqrt{2}+1}\times\dfrac{\sqrt{2}-1}{\sqrt{2}-1}$

$\qquad\qquad =(\sqrt{2}-1)^2$

$\sqrt{\dfrac{1-\sin\theta}{1+\cos\theta}}=\sqrt{(\sqrt{2}-1)^2}$

$\qquad\qquad =\sqrt{2}-1$ ← 답

5. $y=x^2-(2\sin\theta)x+\cos^2\theta$

$\quad =x^2-(2\sin\theta)x+\sin^2\theta-\sin^2\theta$

$\quad\ +\cos^2\theta$

$\quad =(x-\sin\theta)^2+\cos^2\theta-\sin^2\theta$

따라서, 꼭짓점의 좌표는

$(\sin\theta,\ \cos^2\theta-\sin^2\theta)$

$\therefore\ x=\sin\theta,\ y=\cos^2\theta-\sin^2\theta$

$x+y=0$이므로

$\cos^2\theta-\sin^2\theta+\sin\theta=0$

$1-\sin^2\theta-\sin^2\theta+\sin\theta=0$

$2\sin^2\theta-\sin\theta-1=0$

$(2\sin\theta+1)(\sin\theta-1)=0$

$2\sin\theta+1\neq0$이므로,

$\sin\theta=1\quad\therefore\ \boldsymbol{\theta=90°}$ ← 답

6. $\sin x=t$라고 하면 $0\leq t\leq1$

$y=t^2-2t+3$

$\quad=t^2-2t+1+2$

$\quad=(t-1)^2+2$

$t=0$이면 $y=3$

$t=1$이면 $y=2$

따라서,

최댓값은 3, 최솟값은 2 ← 답

7. $y=3\cos^2 x+2\sin x+a$

$\quad=3(1-\sin^2 x)+2\sin x+a$

$\quad=-3\sin^2 x+2\sin x+a+3$

여기서 $\sin x=t$라고 하면,

$0\leq t\leq1$

$\therefore\ y=-3t^2+2t+a+3$

$\quad=-3\left(t^2-\dfrac{2}{3}t+\dfrac{1}{9}-\dfrac{1}{9}\right)+a+3$

$\quad=-3\left(t-\dfrac{1}{3}\right)^2+a+\dfrac{10}{3}$

$t=\dfrac{1}{3}$일 때 최대이고

최댓값은 $a+\dfrac{10}{3}$

$t=1$일 때 최소이고

최솟값은 $a+2$

$a+\dfrac{10}{3}+a+2=12\quad\therefore\ \boldsymbol{a=\dfrac{10}{3}}$ ← 답

8. $x=\tan\theta+\dfrac{1}{\tan\theta}$

$\quad=\dfrac{\sin\theta}{\cos\theta}+\dfrac{\cos\theta}{\sin\theta}$

$\quad=\dfrac{\sin^2\theta+\cos^2\theta}{\sin\theta\cos\theta}$

$\quad=\dfrac{1}{\sin\theta\cos\theta}\qquad\cdots\ \text{㉠}$

$y=\sin\theta+\cos\theta$의 양변을 제곱하면,

$y^2=1+2\sin\theta\cos\theta$

$\therefore\ \sin\theta\cos\theta=\dfrac{y^2-1}{2}\qquad\cdots\ \text{㉡}$

㉡을 ㉠에 대입하면,

$x=\dfrac{2}{y^2-1}\quad\therefore\ \boldsymbol{x(y^2-1)=2}$ ← 답

5. 삼각비의 활용

1. 거리재기

p. 102

1. (1) 꼭짓점 A에서 $\overline{BC}$에 수선 AH를 내리면,

$\overline{AH}=4\sin60°=2\sqrt{3}\ \text{(cm)}$

$\overline{BH}=4\cos60°=2\ \text{(cm)}$

$\therefore\ \overline{CH}=4\ \text{cm}$

$\triangle ACH$에서

$x^2=4^2+(2\sqrt{3})^2=28$

$\therefore\ \boldsymbol{x=2\sqrt{7}\ \text{cm}}$ ← 답

(2) 꼭짓점 C에서 $\overline{AB}$에 수선 CH를 내리면,

$\overline{CH}=20\sin30°=10$

$\overline{AH}=20\cos30°=10\sqrt{3}$

$\therefore\ \overline{BH}=5\sqrt{3}$

$\triangle CBH$에서

$y^2=10^2+(5\sqrt{3})^2=175$

$\therefore\ \boldsymbol{y=5\sqrt{7}}$ ← 답

p. 103

2. $\overline{AD}=50\sin 60°=25\sqrt{3}$

$\overline{BD}=50\cos 60°=25$

$\angle BAD=30°$ 이므로

$\angle C=\angle CAD=45°$

$\therefore \overline{AD}=\overline{DC}=25\sqrt{3}$

$\therefore \overline{BC}=25+25\sqrt{3}=\mathbf{25(\sqrt{3}+1)}$ ← 답

p. 104

3. $\angle ACB=\angle CBD-\angle BAC=15°$

이므로 $\triangle ABC$는 이등변삼각형이다.

$\therefore \overline{AB}=\overline{BC}=300\ \text{m}$

$\overline{CD}=300\times\sin 30°=150\ (\text{m})$

따라서, 산의 높이는 **150 m** ← 답

p. 105

1. (1) 꼭짓점 A에서 $\overline{BC}$에 내린 수선의
발을 H라고 하면,

$\overline{AH}=x\sin 45°=\dfrac{x}{\sqrt{2}}$ $\cdots$ ㉠

$\overline{BH}=x\cos 45°=\dfrac{x}{\sqrt{2}}$ $\cdots$ ㉡

$\dfrac{\overline{AH}}{\overline{CH}}=\tan 60°=\sqrt{3}$

$\therefore \overline{AH}=\sqrt{3}\,\overline{CH}$ $\cdots$ ㉢

㉠, ㉢에서 $\overline{CH}=\dfrac{x}{\sqrt{6}}$ $\cdots$ ㉣

㉡, ㉣에서 $\dfrac{x}{\sqrt{2}}+\dfrac{x}{\sqrt{6}}=12$

$(\sqrt{3}+1)x=12\sqrt{6}$

$\therefore x=\dfrac{12\sqrt{6}}{\sqrt{3}+1}\times\dfrac{\sqrt{3}-1}{\sqrt{3}-1}$

$=\mathbf{6(3\sqrt{2}-\sqrt{6})\ (cm)}$ ← 답

(2) 꼭짓점 A에서 $\overline{BC}$의 연장선에 내
린 수선의 발을 H라고 하면,

$\overline{AH}=6\sin 60°=3\sqrt{3}\ (\text{cm})$

$\overline{BH}=6\cos 60°=3\ (\text{cm})$

$\therefore \overline{CH}=11\ \text{cm}$

$\triangle ACH$에서

$x^2=121+27=148$

$\therefore \boldsymbol{x=2\sqrt{37}\ \textbf{cm}}$ ← 답

2. $\tan(\angle CAD)=\dfrac{\overline{CD}}{\overline{AD}}=m$ $\cdots$ ㉠

$\tan(\angle CBD)=\dfrac{\overline{CD}}{a+\overline{AD}}=n$ $\cdots$ ㉡

㉠에서 $\overline{AD}=\dfrac{\overline{CD}}{m}$

㉡에서 $\overline{AD}=\dfrac{\overline{CD}}{n}-a$

$\therefore \dfrac{\overline{CD}}{m}=\dfrac{\overline{CD}}{n}-a$

$\overline{CD}\left(\dfrac{m-n}{mn}\right)=a$

$\therefore \boldsymbol{\overline{CD}=\dfrac{amn}{m-n}}$ ← 답

3. $\overline{EC}=b$라고 하면,

$\overline{AC}=\overline{BC}=a+b$

$\tan 75°=2+\sqrt{3}=\dfrac{a+b}{b}$

$\therefore a+b=b(2+\sqrt{3})$ $\cdots$ ㉠

그런데

$\overline{AD}=\overline{AC}-\overline{CD}$

$=(a+b)-\dfrac{1}{\sqrt{3}}(a+b)$

$=(a+b)\left(1-\dfrac{1}{\sqrt{3}}\right)$ (← ㉠을 대입)

$=b(2+\sqrt{3})\left(1-\dfrac{1}{\sqrt{3}}\right)$

$=b\left(1+\dfrac{1}{\sqrt{3}}\right)$

한편, ㉠에서 $a=b+b\sqrt{3}$

$$\therefore\ b=\frac{a}{\sqrt{3}+1}$$

$$\therefore\ \overline{AD}=\frac{a}{\sqrt{3}+1}\times\frac{\sqrt{3}+1}{\sqrt{3}}$$

$$=\frac{a}{\sqrt{3}}\ \leftarrow\ 답$$

4. $x+y=90°$ 이므로

$\sin x+\cos y$

$=\sin x+\cos(90°-x)$

$=\sin x+\sin x=2\sin x$

$\overline{DE}^{2}=4\times6\qquad\therefore\ \overline{DE}=2\sqrt{6}\ \text{cm}$

$\overline{CD}^{2}=6\times10\quad\therefore\ \overline{CD}=2\sqrt{15}\ \text{cm}$

△CDE에서

$$\sin x=\frac{\overline{DE}}{\overline{CD}}=\frac{2\sqrt{6}}{2\sqrt{15}}=\frac{\sqrt{10}}{5}$$

$\therefore\ \sin x+\cos y$

$$=2\sin x=2\times\frac{\sqrt{10}}{5}$$

$$=\frac{2\sqrt{10}}{5}\ \leftarrow\ 답$$

5. 꼭짓점 A에서 $\overline{BC}$에 수선 AH를 내리면,

△ABH에서 $\overline{AH}=100\sin62°\ \text{m}$

△ACH에서 $\dfrac{\overline{AH}}{\overline{AC}}=\sin74°$

$$\therefore\ \overline{AC}=\frac{\overline{AH}}{\sin74°}$$

$$=\frac{100\sin62°}{\sin74°}\ \text{(m)}\ \leftarrow\ 답$$

2. 삼각비와 넓이

p. 109

1. △ABC는 직각삼각형이므로,

$$\overline{AC}=\frac{8}{\cos30°}=\frac{16}{\sqrt{3}}\ \text{(cm)}$$

한편, 선분 PB를 그으면,

△ABP는 직각삼각형이므로,

$\overline{AP}=8\times\cos30°=4\sqrt{3}\ \text{(cm)}$

$$\therefore\ \overline{PC}=\overline{AC}-\overline{AP}=\frac{4\sqrt{3}}{3}\ \text{(cm)}$$

그런데 △PQC는 직각삼각형이므로

$$\overline{PQ}=\frac{4\sqrt{3}}{3}\times\cos30°=2\ \text{(cm)},$$

$$\overline{QC}=\frac{4\sqrt{3}}{3}\times\sin30°=\frac{2\sqrt{3}}{3}\ \text{(cm)}$$

$$\therefore\ \triangle PQC=\frac{2\sqrt{3}}{3}\ \text{cm}^{2}\ \leftarrow\ 답$$

p. 110

2. 꼭짓점 A에서 $\overline{BC}$에 수선 AH를 내리면,

$\overline{AH}=2\sqrt{2}\sin60°=\sqrt{6}$

$\overline{BH}=2\sqrt{2}\cos60°=\sqrt{2}$

$\therefore\ \overline{CH}=\sqrt{6}=\overline{AH}$

따라서, △ACH는 직각이등변삼각형이고

$\angle ACH=45°\qquad\therefore\ \angle ACD=30°$

또한, $\angle ADC=120°$

$\therefore\ \triangle ABC=(\sqrt{6}+\sqrt{2})\times\sqrt{6}\div2$

$\qquad\qquad=3+\sqrt{3}\qquad\qquad\cdots\ ㉠$

$\triangle DAC=2\times2\times\sin(180°-120°)\div2$

$\qquad\qquad=\sqrt{3}\qquad\qquad\cdots\ ㉡$

㉠, ㉡에서

$\therefore\ \square ABCD=2\sqrt{3}+3\ \leftarrow\ 답$

p. 111

1. △APC와 △CPB에서 ∠P는 공통

$\angle ACP = \angle CBP$

$\therefore \triangle APC \backsim \triangle CPB$ (AA 닮음)

$\overline{AP} : \overline{CP} = \overline{CP} : \overline{BP}$

$8 : \overline{CP} = \overline{CP} : 18$

$\overline{CP}^2 = 144, \quad \overline{CP} = 12$

$\triangle BPC = \dfrac{1}{2} \times 18 \times 12 \times \sin 30°$

$\qquad = \dfrac{1}{2} \times 18 \times 12 \times \dfrac{1}{2} = 54 \ (\text{cm}^2)$

$\therefore \triangle ABC = 54 \times \dfrac{10}{8+10} = 54 \times \dfrac{5}{9}$

$\qquad\qquad = \mathbf{30 \ (cm^2)} \ \leftarrow$ 답

2. 반원의 넓이 :

$\pi \times 6^2 \div 2 = 18\pi \ (\text{cm}^2) \qquad \cdots \ \text{㉠}$

$\triangle AOC = \dfrac{1}{2} \times 6 \times 6 \times \sin 60°$

$\qquad\quad = 9\sqrt{3} \ (\text{cm}^2) \qquad \cdots \ \text{㉡}$

(부채꼴 OBC) $= 6^2 \times \pi \times \dfrac{60}{360}$

$\qquad\qquad = 6\pi \ (\text{cm}^2) \qquad \cdots \ \text{㉢}$

㉠ $-$ (㉡ $+$ ㉢) 하면,

$18\pi - 9\sqrt{3} - 6\pi$

$= \mathbf{(12\pi - 9\sqrt{3}) \ (cm^2)} \ \leftarrow$ 답

3. 넓이의 관계에서

$\triangle ABC = \triangle ABD + \triangle BCD$

$\overline{BD} = x$라 하면,

$\dfrac{1}{2} \times 4 \times 4\sqrt{3} \times \sin(180° - 150°)$

$= \dfrac{1}{2} \times 4 \times x \times \sin 30°$

$\quad + \dfrac{1}{2} \times x \times 4\sqrt{3} \times \sin(180° - 120°)$

$8\sqrt{3} \times \dfrac{1}{2} = 2x \times \dfrac{1}{2} + 2\sqrt{3}x \times \dfrac{\sqrt{3}}{2}$

$4\sqrt{3} = x + 3x$

$\therefore \ x = \overline{BD} = \sqrt{3} \ \textbf{cm} \ \leftarrow$ 답

4. $\square EFGH = (\triangle ABF + \triangle CDH$

$\quad + \triangle GAD + \triangle EBC) - \square ABCD$

$\quad = 2\triangle ABF + 2\triangle GAD - \square ABCD$

$= 2 \times 2\sqrt{3} + 3 \times 3\sqrt{3} - 12\sqrt{3}$

$= \sqrt{3} \ \leftarrow$ 답

Advice $\quad \angle BAD = 120°$이므로

$\qquad\qquad \angle ABC = 60°$

$\qquad\qquad$ 즉, $\angle BAF = 60°$,

$\qquad\qquad \angle ABF = 30°$

$\qquad\qquad \therefore \ \angle AFB = 90°$

$\qquad\qquad \triangle ABF$는 직각삼각형이므로

$\qquad\qquad \overline{AF} = 4 \times \sin 30° = 2$

$\qquad\qquad \overline{BF} = 4 \times \cos 30° = 2\sqrt{3}$

$\qquad\qquad \therefore \ \triangle ABF = \dfrac{1}{2} \times 2 \times 2\sqrt{3}$

$\qquad\qquad\qquad = 2\sqrt{3}$

$\qquad\qquad$ 같은 방법으로 $\triangle GAD$도 직각

$\qquad\qquad$ 삼각형이다.

5. $\triangle DAB$에서 $\angle DAB = 90°$이므로

$\overline{BD}^2 = 16 + 20 = 36 \quad \therefore \ \overline{BD} = 6 \ \text{cm}$

$\square ABCD = 6 \times 9 \times \sin(180° - 120°) \div 2$

$\qquad\qquad = \dfrac{27\sqrt{3}}{2} \ \textbf{(cm}^2\textbf{)} \ \leftarrow$ 답

p. 112

1. $\tan 30° = \dfrac{x}{100 + x} = \dfrac{1}{\sqrt{3}}$

$\sqrt{3}x = 100 + x$의 양변을 제곱하면,

$(\sqrt{3}x)^2 = (100 + x)^2$

$x^2 - 100x - 5000 = 0$

$\therefore \ x = 50 \pm \sqrt{50^2 + 5000}$

$\qquad = 50 \pm \sqrt{7500} = 50 \pm 50\sqrt{3}$

$x > 0$이므로,

$\boldsymbol{x = (50 + 50\sqrt{3}) \ \text{m}} \ \leftarrow$ 답

2. 꼭짓점 A에서 $\overline{BC}$에 수선 AH를 내리면,

$\overline{AH} = \sqrt{2} \sin 45° = 1$

$\overline{\text{CH}} = \sqrt{2}\cos 45° = 1$

한편, $\triangle$ABH에서 $\overline{\text{BH}} = 2$

$\therefore\ \triangle \text{ABC} = 3 \times 1 \div 2 = \dfrac{3}{2}$

또한,

$\triangle \text{ABC} = \dfrac{1}{2} \times \sqrt{5} \times \sqrt{2} \times \sin A = \dfrac{3}{2}$

$\therefore\ \sin A = \dfrac{3}{\sqrt{10}} = \dfrac{\mathbf{3\sqrt{10}}}{\mathbf{10}}\ \leftarrow$ 답

3. $\triangle$ABD

$= \dfrac{1}{2} \times 10 \times 10 \times \sin(180° - 120°)$

$= 25\sqrt{3}$

$\triangle \text{DBC} = \dfrac{1}{2} \times 10\sqrt{3} \times 10\sqrt{3} \times \sin 60°$

$= 75\sqrt{3}$

$\therefore\ \Box \mathbf{ABCD} = \mathbf{100\sqrt{3}}\ \leftarrow$ 답

4. $\Box$ABCD $= 12 \times 16 \times \sin(180° - 150°)$

$= \mathbf{96\ (cm^2)}\ \leftarrow$ 답

5. $\overline{\text{AG}} = \sqrt{a^2 + a^2 + a^2} = \sqrt{3}\,a$

$\overline{\text{AF}} = \sqrt{a^2 + a^2} = \sqrt{2}\,a$

$\triangle$AFM에서

$\overline{\text{AM}}^2 = 2a^2 + \dfrac{a^2}{4} = \dfrac{9}{4}a^2$

$\therefore\ \overline{\text{AM}} = \dfrac{3}{2}a$

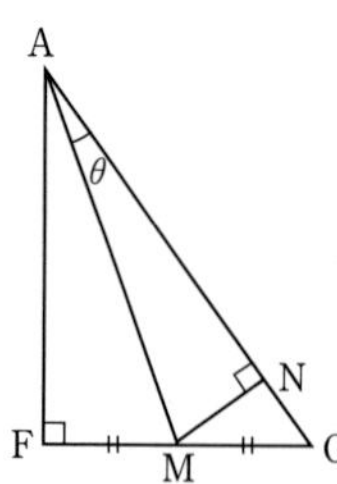

$\triangle \text{AMG} = \dfrac{1}{2} \times \dfrac{a}{2} \times \sqrt{2}\,a = \dfrac{\sqrt{2}}{4}a^2$

$\therefore\ \dfrac{1}{2} \times \sqrt{3}\,a \times \overline{\text{MN}} = \dfrac{\sqrt{2}}{4}a^2$

$\overline{\text{MN}} = \dfrac{a}{\sqrt{6}}$

$\overline{\text{AN}}^2 = \overline{\text{AM}}^2 - \overline{\text{MN}}^2$

$= \dfrac{9}{4}a^2 - \dfrac{1}{6}a^2 = \dfrac{25}{12}a^2$

$\overline{\text{AN}} = \dfrac{5a}{2\sqrt{3}}$

$\therefore\ \cos\theta = \dfrac{\dfrac{5}{2\sqrt{3}}}{\dfrac{3}{2}} = \dfrac{\mathbf{5\sqrt{3}}}{\mathbf{9}}\ \leftarrow$ 답

p. 113

1. $\triangle$ACD에서 $\overline{\text{AC}} = x\tan 60°\ \cdots$ ㉠

$\triangle$BCD에서 $\overline{\text{BC}} = x\tan 35°\ \cdots$ ㉡

$\overline{\text{AB}} = \overline{\text{AC}} - \overline{\text{BC}}$이므로,

㉠ $-$ ㉡하면,

$\overline{\text{AB}} = x\tan 60° - x\tan 35°$

$30 = (\tan 60° - \tan 35°)x$

$\therefore\ x = \dfrac{30}{\tan 60° - \tan 35°} = \dfrac{30}{1.\,0319}$

$\fallingdotseq \mathbf{29.1\ (m)}\ \leftarrow$ 답

2. (1) 꼭짓점 B에서 $\overline{\text{AC}}$에 수선 BH를 내리면,

$\overline{\text{AH}} = 10\ \text{cm}$, $\overline{\text{CH}} = 10\sqrt{3}\ \text{cm}$

$\therefore\ \overline{\text{AC}} = (10 + 10\sqrt{3})\ \text{cm}$

$\triangle$ABC

$= \dfrac{1}{2} \times 20 \times (10 + 10\sqrt{3})\sin 60°$

$= \dfrac{20(10 + 10\sqrt{3}) \times \sqrt{3}}{4}$

$= \mathbf{50(3 + \sqrt{3})\ (cm^2)}\ \leftarrow$ 답

(2) 꼭짓점 A에서 $\overline{\text{BC}}$에 수선 AH를 내리면,

$\triangle$ACH에서 $\overline{\text{AH}} = \overline{\text{CH}}$

여기서 $\overline{\text{AH}} = x$라고 하면,

$\overline{\text{BH}} = 20 - x$

$$\frac{x}{20-x}=\tan 30°=\frac{1}{\sqrt{3}}$$

$$\sqrt{3}\,x+x=20$$

$$\therefore\ x=10(\sqrt{3}-1)\,\text{cm}$$

$$\therefore\ \triangle\text{ABC}$$

$$=20\times 10(\sqrt{3}-1)\div 2$$

$$=\mathbf{100(\sqrt{3}-1)\,(cm^2)}\ \leftarrow\boxed{\text{답}}$$

3. 꼭짓점 B에서 $\overline{\text{AD}}$의 연장선에 내린 수선의 발을 H라고 하면,

$\triangle\text{BAH}$에서 $\angle\text{BAH}=60°$

$$\therefore\ \overline{\text{AH}}=10\cos 60°=5\ (\text{cm})$$

$$\overline{\text{BH}}=10\sin 60°=5\sqrt{3}\ (\text{cm})$$

$\triangle\text{BDH}$에서

$$\overline{\text{BD}}^2=19^2+(5\sqrt{3}\,)^2=361+75=436$$

$$\therefore\ \overline{\text{BD}}=2\sqrt{109}\ \text{cm}\ \leftarrow\boxed{\text{답}}$$

4. 다음 그림에서

$$\overline{\text{AD}}:\overline{\text{BE}}:\overline{\text{CF}}=2:3:4\text{이다.}$$

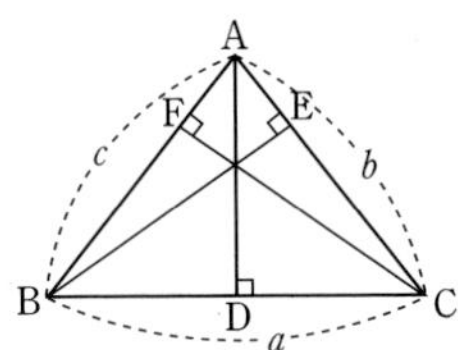

$$\triangle\text{ABC}=\frac{1}{2}\cdot a\cdot 2k$$

$$=\frac{1}{2}\cdot b\cdot 3k=\frac{1}{2}\cdot c\cdot 4k$$

$2a=3b=4c=l$이라 하면,

$$a=\frac{l}{2},\ b=\frac{l}{3},\ c=\frac{l}{4}$$

$$\sin A:\sin B:\sin C$$

$$=\frac{3k}{c}\cdot\frac{4k}{a}\cdot\frac{2k}{b}=\frac{3k}{\frac{l}{4}}\cdot\frac{4k}{\frac{l}{2}}\cdot\frac{2k}{\frac{l}{3}}$$

$$=\frac{12k}{l}\cdot\frac{8k}{l}\cdot\frac{6k}{l}$$

$$=12:8:6=\mathbf{6:4:3}\ \leftarrow\boxed{\text{답}}$$

5. 정사면체의 한 모서리의 길이를 k로 놓으면,

$$\overline{\text{AD}}=k,\ \ \overline{\text{DE}}=\frac{k}{\sqrt{3}},\ \ \overline{\text{AE}}=\frac{\sqrt{6}}{3}k$$

$$\therefore\ \cos x=\frac{\overline{\text{DE}}}{\overline{\text{AD}}}=\frac{\frac{k}{\sqrt{3}}}{k}$$

$$=\frac{1}{\sqrt{3}}=\frac{\sqrt{3}}{3}\ \leftarrow\boxed{\text{답}}$$

6. $\triangle\text{ABC}=\dfrac{a^2\sin\theta\cos\theta}{2}$ $\cdots$ ㉠

$$\triangle\text{ABC}$$

$$=\frac{1}{2}\times(ar+ar\sin\theta+ar\cos\theta)$$

$$=\frac{ar}{2}(1+\sin\theta+\cos\theta)\qquad\cdots\text{㉡}$$

㉠=㉡이므로,

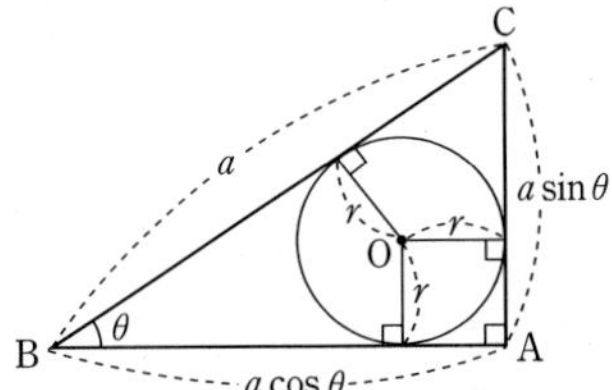

$$ar(1+\sin\theta+\cos\theta)=a^2\sin\theta\cos\theta$$

$$\therefore\ \boldsymbol{r=\frac{a\sin\theta\cos\theta}{1+\sin\theta+\cos\theta}}\ \leftarrow\boxed{\text{답}}$$

Advice 원의 접선에 관한 성질을 이용하면, $x+r=a\cos\theta$

$$y+r=a\sin\theta,\ \ x+y=a$$

$$\therefore\ r=\frac{a}{2}(\cos\theta+\sin\theta-1)$$

p. 114

7.

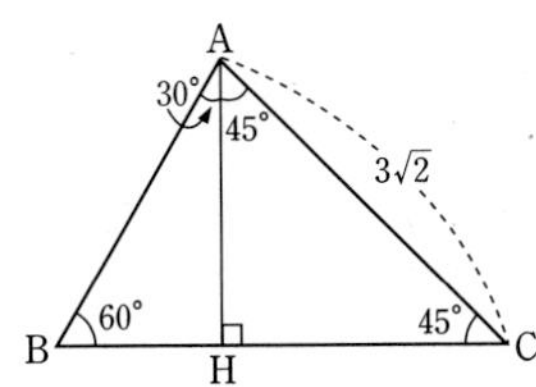

꼭짓점 A에서 $\overline{BC}$에 내린 수선의 발을 H라고 하면, $\angle BCA=45°$이므로, $\triangle AHC$는 직각이등변삼각형이다.

$\overline{AC}=3\sqrt{2}$이므로

$\overline{AH}=\overline{HC}=3 \qquad \cdots ㉠$

$\begin{aligned}\overline{BH}&=\overline{AH}\times\tan 30°\\&=3\times\frac{1}{\sqrt{3}}=\sqrt{3} \qquad \cdots ㉡\end{aligned}$

㉠, ㉡에 의하여

$\overline{BC}=\overline{BH}+\overline{HC}=3+\sqrt{3}$ ← 답

8. $\triangle BCD$에서 $\overline{DH}$의 연장선과 $\overline{BC}$의 교점을 M이라 하면 $\triangle DMC$는 직각삼각형이다.

$\therefore \overline{DM}=\overline{CD}\times\sin 60°=3\times\frac{\sqrt{3}}{2}=\frac{3\sqrt{3}}{2}$

$\overline{DH}=\frac{2}{3}\overline{DM}$이므로

$\overline{DH}=\frac{2}{3}\times\frac{3\sqrt{3}}{2}=\sqrt{3}$

직각삼각형 AHD에서 $\overline{AD}=3$

$\therefore \overline{AH}=\sqrt{\overline{AD}^2-\overline{DH}^2}=\sqrt{9-3}$
$=\sqrt{6}$ ← 답

9.

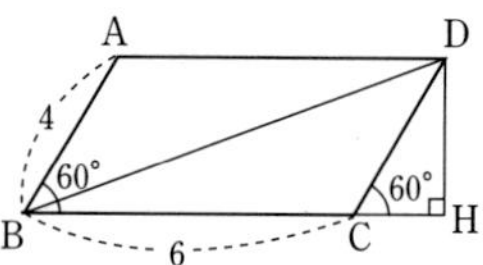

꼭짓점 D에서 $\overline{BC}$의 연장선에 내린 수선의 발을 H라 하면

$\angle DCH=60°$

$\overline{CH}=4\times\cos 60°=2$

$\overline{DH}=4\times\sin 60°=2\sqrt{3}$

직각삼각형 DBH에서

$\begin{aligned}\overline{BD}&=\sqrt{\overline{BH}^2+\overline{DH}^2}\\&=\sqrt{8^2+(2\sqrt{3})^2}=\sqrt{64+12}\\&=\sqrt{76}=2\sqrt{19}\end{aligned}$ ← 답

10.

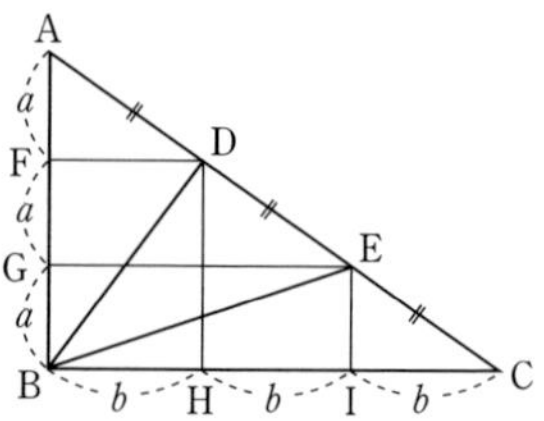

점 D, E에서 $\overline{AB}$, $\overline{BC}$에 내린 수선의 발을 차례로 F, G, H, I라 하고 $\overline{AB}=3a$, $\overline{BC}=3b$라 하면

$\triangle DBH$에서

$4a^2+b^2=\sin^2 x° \qquad \cdots ㉠$

$\triangle EBI$에서

$a^2+4b^2=\cos^2 x° \qquad \cdots ㉡$

㉠+㉡에서 $5(a^2+b^2)=\sin^2 x°+\cos^2 x°$

$\sin^2 x°+\cos^2 x°=1$이므로 $a^2+b^2=\frac{1}{5}$

$\therefore \overline{AC}=\sqrt{9(a^2+b^2)}=\sqrt{\frac{9}{5}}$

$=\frac{3\sqrt{5}}{5}$ ← 답

11.

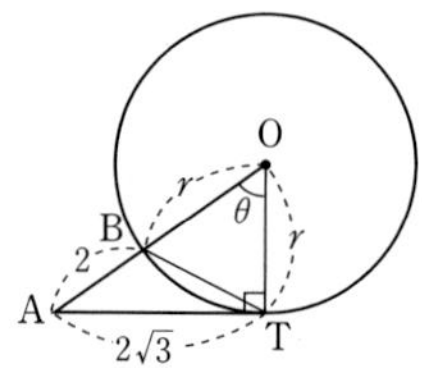

$\overline{AT}$가 원 O의 접선이므로 $\overline{AT}\perp\overline{OT}$

$\triangle OAT$에서 $\overline{OT}=\overline{OB}=r$라고 하면, $\overline{OA}^2=\overline{AT}^2+\overline{OT}^2$

$\overline{OA}=2+r$, $\overline{OT}=r$, $\overline{AT}=2\sqrt{3}$

이므로 $(2+r)^2=(2\sqrt{3})^2+r^2$

$4+4r+r^2=12+r^2$

$\therefore r=2$

$\therefore \overline{OA}=4$, $\overline{OT}=2$

$\angle AOT=\theta$라고 하면

$$\cos\theta=\frac{\overline{\text{OT}}}{\overline{\text{AO}}}=\frac{1}{2} \quad \therefore\ \theta=60°$$

따라서 $\overline{\text{OB}}=\overline{\text{OT}}$이고 $\angle\text{BOT}=60°$
이므로, $\triangle\text{BOT}$는 정삼각형이다.

$$\therefore\ \overline{\text{BT}}=2 \ \leftarrow \boxed{\text{답}}$$

12.

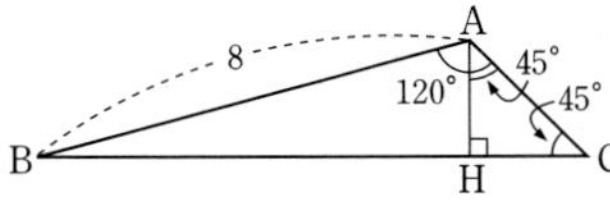

$\triangle\text{ABC}$에 사인법칙을 사용하면

$$\frac{8}{\sin 45°}=\frac{\overline{\text{BC}}}{\sin 120°}$$

$$\therefore\ \overline{\text{BC}}=\frac{8}{\sin 45°}\times\sin 120°$$

$$=\frac{8}{\frac{1}{\sqrt{2}}}\times\frac{\sqrt{3}}{2}=4\sqrt{6}$$

꼭짓점 A에서 $\overline{\text{BC}}$에 내린 수선의
발을 H라고 하면, $\triangle\text{AHC}$는 직각
이등변삼각형이다.

$\overline{\text{AH}}=\overline{\text{HC}}=x$라고 하면

$$\overline{\text{BH}}=4\sqrt{6}-x, \quad \overline{\text{AC}}=\sqrt{2}x$$

$\triangle\text{ABH}$에서

$$\overline{\text{AB}}^2=\overline{\text{BH}}^2+\overline{\text{AH}}^2$$

$$8^2=(4\sqrt{6}-x)^2+x^2$$

$$x^2-4\sqrt{6}x+16=0$$

$$\therefore\ x=2\sqrt{6}-2\sqrt{2}$$

$$\therefore\ \overline{\text{AC}}=\sqrt{2}x=4(\sqrt{3}-1) \ \leftarrow \boxed{\text{답}}$$

Advice $x=2\sqrt{6}+2\sqrt{2}$이면

$$\overline{\text{AH}}=2\sqrt{6}+2\sqrt{2},$$

$$\overline{\text{BH}}=2\sqrt{6}-2\sqrt{2}$$

그런데 $\triangle\text{ABH}$에서

$\angle\text{B}=15°$, $\angle\text{A}=75°$이므로

$\overline{\text{BH}}>\overline{\text{AH}}$이어야 한다.

따라서 $x=2\sqrt{6}+2\sqrt{2}$이면 모순
이다.

p. 115

1. $\triangle\text{DBH}$에서

$$\overline{\text{DH}}=4\sqrt{3}\sin 30°=2\sqrt{3}\ (\text{m})$$

$$\overline{\text{BH}}=4\sqrt{3}\cos 30°=4\sqrt{3}\times\frac{\sqrt{3}}{2}=6\ (\text{m})$$

$\triangle\text{ACH}$에서

$$\overline{\text{CH}}=\overline{\text{AH}}\tan 60°=(10+6)\times\sqrt{3}$$

$$=16\sqrt{3}\ (\text{m})$$

$$\therefore\ \overline{\text{CD}}=\overline{\text{CH}}-\overline{\text{DH}}$$

$$=16\sqrt{3}-2\sqrt{3}$$

$$=14\sqrt{3}\ (\text{m}) \ \leftarrow \boxed{\text{답}}$$

2. 처음 삼각형의 끼인 각의 크기가 θ
인 두 변의 길이를 a, b, 넓이를 S,
나중 삼각형의 끼인 각의 크기가 θ
인 두 변의 길이를 a', b', 넓이를 S$'$
이라 하면

$$\text{S}=\frac{1}{2}ab\sin\theta$$

$$a'=0.9a, \quad b'=1.1b$$

$$\text{S}'=\frac{1}{2}a'b'\sin\theta$$

$$=\frac{1}{2}(0.9a)\cdot(1.1b)\sin\theta$$

$$=\left(\frac{1}{2}ab\sin\theta\right)\cdot 0.99$$

$$=0.99\text{S}$$

$$\therefore\ \textbf{1\% 감소} \ \leftarrow \boxed{\text{답}}$$

3. $\sin\text{A}=\dfrac{\overline{\text{CH}}}{\overline{\text{AC}}}=\dfrac{\sqrt{3}}{2}$

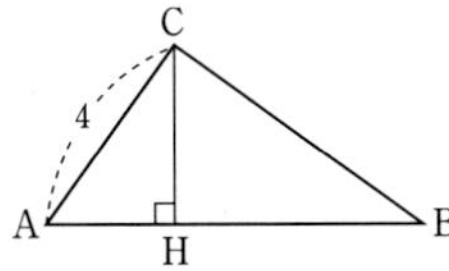

$$\therefore\ \overline{\text{CH}}=2\sqrt{3}$$

$$\sin\text{B}=\frac{\overline{\text{CH}}}{\overline{\text{BC}}}=\frac{2\sqrt{3}}{\overline{\text{BC}}}=\frac{\sqrt{3}}{3}$$

$$\therefore \ \overline{BC} = 6$$
$$\overline{AH} = \sqrt{16-12} = 2$$
$$\overline{BH} = \sqrt{36-12} = 2\sqrt{6}$$
$$\therefore \ \overline{AB} = \overline{AH} + \overline{BH} = 2 + 2\sqrt{6}$$
$$\therefore \ \triangle ABC = \frac{1}{2} \times (2 + 2\sqrt{6}) \times 2\sqrt{3}$$
$$= 2\sqrt{3} + 6\sqrt{2} \ \leftarrow \boxed{답}$$

4. $\triangle ABC = \triangle ABD + \triangle ACD$

$$\frac{1}{2} \times 6 \times 3 \times \sin 60°$$
$$= \frac{1}{2} \times 6x \sin 30° + \frac{1}{2} \times 3x \sin 30°$$
$$\frac{9}{2}\sqrt{3} = \frac{9}{4}x \qquad \therefore \ x = 2\sqrt{3}$$

또한,
$$\overline{AB} : \overline{AC} = \overline{BE} : \overline{CE} \text{이므로}$$
$$2 : 1 = (a+y) : y$$
$$\therefore \ y = a$$
$$\therefore \ \boldsymbol{x + y = 2\sqrt{3} + a} \ \leftarrow \boxed{답}$$

5.

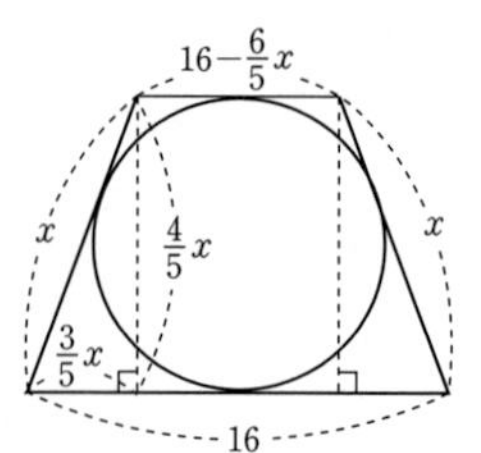

<그림>에서 밑각의 사인이 $\frac{4}{5}$이므로 높이는 $\frac{4}{5}x$

$$32 - \frac{6}{5}x = 2x$$
$$\therefore \ x = 10, \ (\text{윗변}) = 4$$

따라서, 구하는 넓이는
$$\frac{1}{2}(4+16) \cdot 8 = 80 \ \leftarrow \boxed{답}$$

6. 원과 직선 (1)

1. 원의 기본 성질

p. 120

1. 반지름의 길이를 r 라고 하면,
$\overline{AM}=6$ cm, $\overline{OM}=r-2$, $\overline{OA}=r$
∴ $r^2=36+(r-2)^2$
$r^2=36+r^2-4r+4$
$4r=40$ ∴ $r=10$ cm ← 답

p. 121

2. $\angle ODC=30°$, $\angle AOC=45°$
∴ $\angle BOD : \angle AOC=1 : 3$
한편, $\overparen{BD}=20$ cm이므로,
$\overparen{AC}=60$ cm ← 답

p. 122

1. $\overline{OA}=\overline{OP}=\overline{AP}$이므로,
$\angle AOP=60°$
∴ $\angle BOP=120°$
∴ $\overparen{BP}=20\pi\times\dfrac{1}{3}=\dfrac{20}{3}\pi$ (cm) ← 답

2. (1) $\overline{AC}=\overline{BC}$이고
$\angle ACB=90°$이므로,
$\angle CAB=45°$
$\overline{OB}=\overline{BD}=\overline{OD}$이므로,
$\angle BOD=60°$
∴ $\angle OAD=30°$
∴ $\angle CAD=45°-30°=15°$ ← 답

(2) △ECA와 △EDB에서
$\angle ACE=\angle BDE$,
$\angle AEC=\angle BED$이므로
△ECA∽△EDB
한편, $\overline{AB}=2a$라고 하면,
$\overline{AC}=\sqrt{2}a$, $\overline{BD}=a$
∴ △ECA : △EDB
$=(\sqrt{2}a)^2 : a^2=2 : 1$ ← 답

3. $\angle BOC=15°+15°=30°$
$\angle AOC=180°-30°=150°$
∴ $\overparen{AC} : \overparen{BC}=150 : 30=5 : 1$
따라서, **5배**이다. ← 답

4.

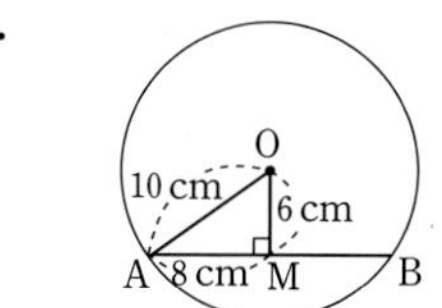

원의 중심에서 현 AB에 내린 수선의 발을 M이라 하면,
$\overline{AM}=\dfrac{1}{2}\overline{AB}=8$ (cm)
$\overline{AO}^2=8^2+6^2=100$
∴ $\overline{AO}=10$ cm
따라서, 원의 넓이는 **100π cm^2** ← 답

5. 현의 수직이등분선은 원의 중심을 지남을 이용한다.
① 주어진 호 위에 세 점 A, B, C를 잡는다.
② $\overline{AB}$, $\overline{BC}$의 수직이등분선의 교점을 O라고 한다.
이때, 점 O가 이 원의 중심이다.

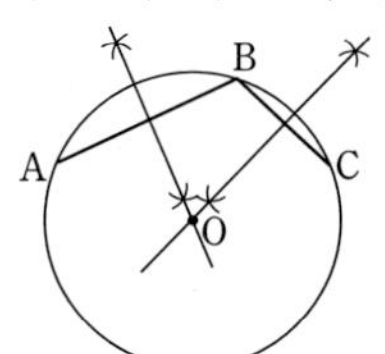

6. 점 D, E, F는 각각 $\overline{AB}$, $\overline{BC}$, $\overline{CA}$의 중점이므로,

$$\overline{DF}=\frac{1}{2}\overline{BC}=4 \text{ (cm)}$$

$$\overline{DE}=\frac{1}{2}\overline{AC}=3 \text{ (cm)}$$

$$\overline{EF}=\frac{1}{2}\overline{AB}=4 \text{ (cm)}$$

$$\therefore \ \overline{DF}+\overline{DE}+\overline{EF}=11 \text{ cm} \ \leftarrow 답$$

7. 큰 원의 반지름의 길이를 a, 작은 원의 반지름의 길이를 b라고 하면,

$$a^2\pi-b^2\pi=(a^2-b^2)\pi=64\pi$$

$$\therefore \ a^2-b^2=64$$

한편, $\overline{AM}^2=\overline{OA}^2-\overline{OM}^2$

$$=a^2-b^2=64$$

$$\therefore \ \overline{AM}=8 \text{ cm}$$

$$\therefore \ \overline{AB}=16 \text{ cm} \ \leftarrow 답$$

2. 원의 접선

p. 129

1. $\overline{CP}+\overline{PQ}+\overline{CQ}$

$$=\overline{CP}+\overline{PG}+\overline{GQ}+\overline{CQ}$$

$$=\overline{CP}+\overline{PE}+\overline{DQ}+\overline{CQ}$$

$$=\overline{CE}+\overline{CD} \ \cdots \ ㉠$$

한편, $\overline{CD}=\frac{1}{2}(9+8+7)-9=3 \text{ (cm)}$

따라서, ㉠에 의하여 △PQC의 둘레의 길이는 **6 cm** ← 답

p. 130

2. △DEC에서 $\overline{EC}=6$ cm

$\overline{BC}=\overline{AD}=x$라고 하면,

$$\overline{BE}=x-6$$

$$x+x-6=8+10, \ 2x=24$$

$$\therefore \ x=12 \text{ cm} \ \leftarrow 답$$

p. 131

3. $\overline{AE}=\overline{AF}=14$ cm

또, △ABC∽△AEF이므로,

$$10:14=8:\overline{EF}$$

$$\therefore \ \overline{EF}=11.2 \text{ cm} \ \leftarrow 답$$

p. 132

1. $90°$

2. $\overline{AB}$의 중점을 O라고 하면

$$△ABP=△OCP$$

$$\left[\begin{array}{l}\text{두 삼각형의 높이는 공통이고} \\ \overline{AB}=\overline{OC}\text{이다.}\end{array}\right]$$

또한, $\overline{OP} /\!/ \overline{AQ}$이므로

$$△OCP∽△ACQ$$

$$△OCP:△ACQ=\overline{OC}^2:\overline{AC}^2$$

$$=4^2:6^2$$

$$\therefore \ △ACQ:△ABP=9:4 \ \leftarrow 답$$

3. 원의 접선은 그 접점을 지나는 반지름에 수직이므로

$$\angle PAC=90°$$

원의 외부의 한 점에서 그 원에 그은 접선의 길이는 같으므로

$$\overline{PA}=\overline{PB}$$

$$\therefore \ \angle PAB=\angle PBA$$

$$\angle PAB=\frac{180°-34°}{2}=73°$$

$$\therefore \ \angle BAC=17° \ \leftarrow 답$$

4. $\overline{DC}=x$라 하고 꼭짓점 A에서 $\overline{BC}$에 내린 수선의 발을 E라고 하면,

$\triangle ABE$에서 $\overline{BE}=2$ cm

$\overline{AB}^2=4+x^2$　　$\therefore\ \overline{AB}=\sqrt{4+x^2}$

또, $\overline{AB}+\overline{CD}=\overline{AD}+\overline{BC}$에서

$\overline{AB}=18-x$　　$\therefore\ 18-x=\sqrt{4+x^2}$

$(18-x)^2=4+x^2$

$x^2-36x+324=4+x^2$

$\therefore\ x=\dfrac{80}{9}$ cm

$\square ABCD=(10+8)\times\dfrac{80}{9}\times\dfrac{1}{2}$

$\qquad\qquad=80\ (\text{cm}^2)$

한편, 원의 반지름의 길이는 $\dfrac{40}{9}$ cm

이므로, 구하는 넓이 S는

$S=80-\dfrac{1600}{81}\pi$

$\quad=\dfrac{6480-1600\pi}{81}\ \textbf{(cm}^2\textbf{)}\ \leftarrow$ 답

5. $\triangle ABC=\dfrac{\sqrt{3}}{4}\times6^2=9\sqrt{3}\ (\text{cm}^2)$

내접원의 반지름의 길이를 r라 하면

$\dfrac{1}{2}(6r+6r+6r)=9\sqrt{3}$

$\therefore\ r=\sqrt{3}$ cm

$\overline{CG}=x$라 하면 $\overline{AF}=3$ cm이므로

$\triangle ACF$에서

$36=9+(x+2\sqrt{3})^2$

$36=9+x^2+4\sqrt{3}x+12$

$x^2+4\sqrt{3}x-15=0$

$(x+5\sqrt{3})(x-\sqrt{3})=0$

$\therefore\ \boldsymbol{x=\sqrt{3}}\ \textbf{(cm)}\ \leftarrow$ 답

Advice $\overline{CF}=3\sqrt{3}$이므로

$\qquad\overline{CG}=3\sqrt{3}-2\sqrt{3}=\sqrt{3}$

6.

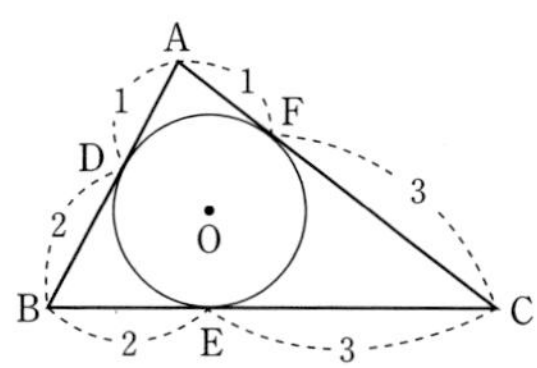

$\overline{AF}=1,\ \overline{BD}=2,\ \overline{CE}=3$

이므로,

$\overline{AB}=3,\ \overline{BC}=5,\ \overline{AC}=4$

따라서, $\triangle ABC$는 $\overline{BC}$를 빗변으로

하는 직각삼각형이다.

$\triangle ABC=3\times4\div2=6$

한편, 내접원의 반지름의 길이를 r

라 하면,

$\dfrac{3r+4r+5r}{2}=6$

$\therefore\ \boldsymbol{r=1}\ \leftarrow$ 답

p. 133

1. $\angle OAB=15°$이므로 $\angle AOC=15°$

따라서, $\overset{\frown}{AC}$의 길이는 원주의 길이의

$\dfrac{15°}{360°}=\dfrac{1}{24}$

즉, $\dfrac{1}{24}$배이다. $\leftarrow$ 답

2. $\overline{OC}$와 $\overline{DB}$의 교점을 P,

$\overline{OP}=x$라고 하면,

$\overline{PB}^2=\overline{OB}^2-\overline{OP}^2=16-x^2$

$\overline{PB}^2=\overline{BC}^2-\overline{CP}^2=9-(4-x)^2$

$\therefore\ 16-x^2=9-(4-x)^2$

$\therefore\ x=\dfrac{23}{8}$ cm

한편, $\overline{AD}\,/\!/\,\overline{OC},\ \overline{BP}=\overline{DP}$이므로,

$\overline{AD}=2\overline{OP}$

$\therefore\ \overline{AD}=2\times\dfrac{23}{8}=\dfrac{23}{4}\ \textbf{(cm)}\ \leftarrow$ 답

3. $\overline{DE}=\overline{AD}=6$ cm

$\overline{EC}=\overline{BC}=12$ cm

$\therefore\ \overline{DC}=18$ cm

한편, 점 D에서 $\overline{BC}$에 내린 수선의

발을 H라고 하면,

$\overline{CH}=6$ cm

△DCH에서
$$\overline{DH}^2=18^2-6^2=288$$
$$\therefore \overline{DH}=12\sqrt{2}\ \text{cm}$$
$$\therefore \square ABCD=(6+12)\times 12\sqrt{2}\div 2$$
$$=108\sqrt{2}\ (\text{cm}^2)\ \leftarrow \boxed{\text{답}}$$

4. $\overline{PO}^2=12^2+5^2=169$
$$\therefore \overline{PO}=13\ \text{cm}$$
$\overline{TT'}\perp\overline{PO}$이므로
$\overline{PO}$와 $\overline{TT'}$의 교점을 R라고 하면,
$$\overline{TR}=\overline{T'R}$$
△OPT에서
$$\overline{PT}\times\overline{TO}=\overline{PO}\times\overline{TR}$$
$$12\times 5=13\times\overline{TR}$$
$$\therefore \overline{TR}=\frac{60}{13}\ \text{cm}$$
$$\therefore \overline{TT'}=2\overline{TR}=\frac{120}{13}\ (\text{cm})\ \leftarrow \boxed{\text{답}}$$

5. △OAP에서
$$\overline{AP}^2=17^2-8^2=225$$
$$\therefore \overline{AP}=15\ \text{cm}$$
한편, $\overline{BP}=\overline{BR}$, $\overline{CQ}=\overline{CR}$이므로,
$$\overline{AB}+\overline{AC}+\overline{BC}$$
$$=\overline{AB}+\overline{BP}+\overline{AC}+\overline{CQ}=\overline{AP}+\overline{AQ}$$
$$=30\ (\text{cm})\ \leftarrow \boxed{\text{답}}$$

6. 두 점 P, O를 연결하면, △POB에서
$$\overline{PO}=2,\ \overline{OB}=1,\ \overline{PB}=\sqrt{3}$$
따라서, $\angle POB=60°$
한편, $△POB=\sqrt{3}\times 1\div 2=\dfrac{\sqrt{3}}{2}$
△POB 속의 부채꼴의 넓이는
$$\pi\times 1\times 1\times\frac{60}{360}=\frac{\pi}{6}$$
그러므로 △POB에서 색칠한 부분의
넓이는 $\dfrac{\sqrt{3}}{2}-\dfrac{\pi}{6}$
따라서, 구하는 넓이는
$$\left(\frac{\sqrt{3}}{2}-\frac{\pi}{6}\right)\times 2=\sqrt{3}-\frac{\pi}{3}\ \leftarrow \boxed{\text{답}}$$

p. 134

1. 정삼각형의 한 변의 길이는
$\dfrac{a}{3}$이므로 넓이는
$$\frac{\sqrt{3}}{4}\times\left(\frac{a}{3}\right)^2=\frac{\sqrt{3}}{36}a^2 \quad\cdots ㉠$$
정사각형의 한 변의 길이는
$\dfrac{a}{4}$이므로 넓이는
$$\left(\frac{a}{4}\right)^2=\frac{a^2}{16} \quad\cdots ㉡$$
정육각형을 이루는 작은 정삼각형의
한 변의 길이는 $\dfrac{a}{6}$이므로 넓이는
$$\frac{\sqrt{3}}{4}\times\left(\frac{a}{6}\right)^2\times 6=\frac{\sqrt{3}}{24}a^2 \quad\cdots\cdots ㉢$$
㉠, ㉡, ㉢에서
$$\frac{\sqrt{3}}{36}:\frac{1}{16}:\frac{\sqrt{3}}{24}=4:3\sqrt{3}:6\ \leftarrow \boxed{\text{답}}$$

2. △ABC는 직각삼각형이고 직각삼각형의 외접원의 중심은 빗변의 중점이므로 반지름의 길이는 $\dfrac{5}{2}$ cm
$$\therefore \text{구하는 넓이는 } \frac{25}{4}\pi\ \text{cm}^2\ \leftarrow \boxed{\text{답}}$$

3. (1) $\overline{CD}=2\ \text{cm}$, $\overline{BD}=\overline{BF}=3\ \text{cm}$
$\overline{AB}=\overline{AF}+\overline{BF}$에서
$$8=\overline{AF}+3 \quad \therefore \overline{AF}=5\ \text{cm}$$
$$\therefore \overline{AE}=\overline{AF}=5\ \textbf{cm}\ \leftarrow \boxed{\text{답}}$$

(2) △OBD는 $\angle OBD=30°$인 직각삼각형이다. $\quad\therefore \overline{OD}=\sqrt{3}\ \text{cm}$
$$\therefore △ABC=8\times\sqrt{3}\times\frac{1}{2}$$
$$+5\times\sqrt{3}\times\frac{1}{2}$$
$$+7\times\sqrt{3}\times\frac{1}{2}$$
$$=10\sqrt{3}\ (\text{cm}^2)\ \leftarrow \boxed{\text{답}}$$

4. $\overline{OC}$의 연장선과 $\overset{\frown}{AB}$의 교점을 D, 원 C의 반지름의 길이를 r, 원 C와 $\overline{OA}$의 접점을 E라 하면,

$\overline{OC}=\sqrt{2}\,r,\ \overline{OD}=\overline{OA}$

$(\sqrt{2}+1)\,r=10$

$\therefore\ r=10(\sqrt{2}-1)$ cm

$\triangle$CEA에서 $\overline{CE}=10(\sqrt{2}-1)$ cm,

$\overline{EA}=10(2-\sqrt{2})$ cm이므로,

$\overline{AC}=\mathbf{10(\sqrt{6}-\sqrt{3})}$ **cm** ← 답

5. $\triangle$APB$\backsim\triangle$CAB이고,

$\triangle$APB : $\triangle$CAB$=\overline{PB}^2 : \overline{AB}^2$

또, $\triangle$APB$=6$ cm²

$\overline{PB}^2=6^2+2^2=40$

$\therefore\ \triangle$ACB$=\dfrac{\overline{AB}^2}{\overline{PB}^2}\times\triangle$APB

$\qquad\qquad =\dfrac{2^2}{40}\times6=\dfrac{3}{5}$ **(cm²)** ← 답

6. (1) 점 A에서 $\overline{BC}$에 내린 수선의 발을 H라고 하면,

$\overline{AH}=\dfrac{1}{2}\overline{AC}=4$ (cm),

$\overline{CH}=4\sqrt{3}$ cm

또한, $\triangle$ABH에서

$\overline{BH}=\sqrt{25-16}=3$ (cm)

$\therefore\ \triangle$ABC$=\dfrac{1}{2}\times\overline{BC}\times\overline{AH}$

$\qquad\qquad =\dfrac{1}{2}\times(4\sqrt{3}+3)\times4$

$\qquad\qquad =\mathbf{(6+8\sqrt{3})}$ **(cm²)** ← 답

(2) 내접원의 반지름의 길이를 r라 하면,

$\triangle$ABC$=\dfrac{1}{2}\times r(\overline{AB}+\overline{BC}+\overline{CA})$

$\qquad\quad =\dfrac{r}{2}(16+4\sqrt{3})$

$\therefore\ r=\dfrac{6+8\sqrt{3}}{8+2\sqrt{3}}=\dfrac{\sqrt{3}(4+\sqrt{3})}{4+\sqrt{3}}$

$\qquad =\sqrt{3}$ **(cm)** ← 답

7. 점 O에서 $\overline{AC}$, $\overline{BC}$에 내린 수선의 발을 각각 P, Q라고 하면,

$\overline{OQ}=\overline{OP}=1$

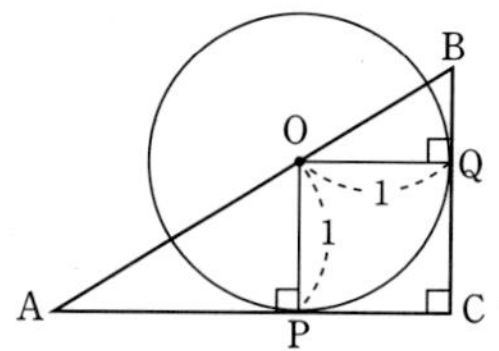

$\triangle$OAP에서 $\overline{AO}=2$

$\triangle$BOQ에서 $\overline{OB}:\overline{OQ}=2:\sqrt{3}$이므로,

$\therefore\ \overline{OB}:1=2:\sqrt{3}$

$\therefore\ \overline{OB}=\dfrac{2\sqrt{3}}{3}$

$\therefore\ \overline{AB}=2+\dfrac{2\sqrt{3}}{3}$ ← 답

p. 135

1.

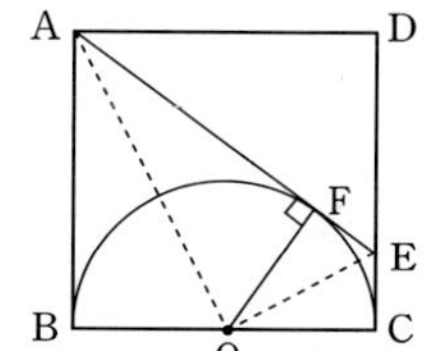

$\triangle$ABO$\equiv\triangle$AFO이므로,

$\overline{AF}=\overline{AB}=10$ cm

또한, $\triangle$FOE$\equiv\triangle$COE이므로,

$\overline{FE}=\overline{CE}=x$라고 하면,

$\overline{AE}=10+x,\ \overline{DE}=10-x$

따라서, $\triangle$EAD에서

$(10+x)^2=100+(10-x)^2$

$100+20x+x^2$

$\quad =100+100-20x+x^2$

$\therefore\ x=2.5$ cm

$\therefore\ \overline{AE}=\mathbf{12.5}$ **cm** ← 답

2. 원 O와 $\overline{AB}$, $\overline{PD}$, $\overline{AD}$와의 접점을 차례로 Q, R, S라 하고, $\overline{AB}$, $\overline{DP}$의 연장선의 교점을 T라고 하면,

$$\overline{BT}=\frac{8}{3}\,\text{cm},\quad \overline{TD}=\frac{40}{3}\,\text{cm}$$

한편, 원 O의 반지름의 길이를 r라 하면,

$$\overline{TQ}=\frac{32}{3}-r,\quad \overline{SD}=8-r,$$

$\overline{TD}=\overline{TR}+\overline{RD}$이고,

$\overline{TQ}=\overline{TR}$, $\overline{SD}=\overline{RD}$로부터

$$\frac{40}{3}=\left(\frac{32}{3}-r\right)+(8-r)$$

$$\therefore\ \boldsymbol{r=\frac{8}{3}\,\text{cm}}\ \leftarrow \boxed{답}$$

3. (1) $\overset{\frown}{CD}$는 지름이 12 cm인 원의 호이고 $\overset{\frown}{CD}$에 대한 원주각은

$$\angle CAD=30°$$

$$\therefore\ \overset{\frown}{CD}=6\times2\times\pi\times\frac{60}{360}$$

$$=\boldsymbol{2\pi}\ \textbf{(cm)}\ \leftarrow \boxed{답}$$

(2) $\angle ABC=60°$에서

$$\overset{\frown}{AC}=6\times2\pi\times\frac{120}{360}$$

$$=4\pi\ \text{(cm)}$$

따라서, 점 D는 $\overset{\frown}{AC}$의 중점이다. 또, $\overline{AD}=\overline{DB}$에서 점 D는 $\overline{AB}$의 중점이다.

한편, $\triangle ADC=\triangle DBC$이므로 색칠한 부분의 넓이는 부채꼴 DBC의 넓이와 같다.

$$\therefore\ 6^2\times\pi\times\frac{60}{360}=\boldsymbol{6\pi}\ \textbf{(cm}^2\textbf{)}\ \leftarrow \boxed{답}$$

Advice 원주각에 대해서는 다음 단원에서 다룬다. 다만, **한 호에 대한 원주각의 크기는 그 호에 대한 중심각의 크기의 반이 됨**을 알고 넘어 가자.

4. (1) $\angle BOD=90°$에서 $\angle DBO=45°$

$\angle EOC=60°$에서 $\angle ECO=60°$

$$\therefore\ \angle BAC=180°-(45°+60°)$$

$$=\boldsymbol{75°}\ \leftarrow \boxed{답}$$

(2) 반지름의 길이가 1, 중심각의 크기가 60°인 부채꼴 OCE의 넓이와 $\triangle OCE$의 넓이의 차를 구한다. 즉,

$$1^2\times\pi\times\frac{1}{6}-1\times\frac{\sqrt{3}}{2}\times\frac{1}{2}$$

$$=\left(\frac{\boldsymbol{\pi}}{6}-\frac{\sqrt{3}}{4}\right)\textbf{(cm}^2\textbf{)}\ \leftarrow \boxed{답}$$

5.

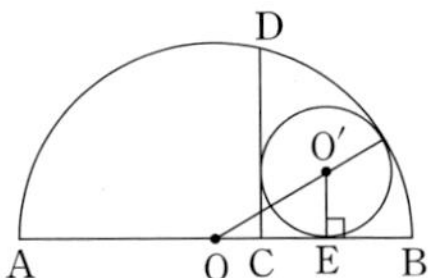

구하는 원의 반지름의 길이를 x라고 하면,

$\triangle O'OE$에서

$$\overline{OO'}=25-x,\quad \overline{O'E}=x,$$

$\overline{OE}=7+x$이므로,

$$(25-x)^2=x^2+(7+x)^2$$

$$x^2-50x+625$$

$$=x^2+x^2+14x+49$$

$$x^2+64x-576=0$$

$$(x+72)(x-8)=0$$

$$\therefore\ \boldsymbol{x=8}\ \leftarrow \boxed{답}$$

6. 1 단계

$\overset{\frown}{AB}$에 대한 원주각 :

$$\angle C=180°\times\frac{5}{5+3+4}=75°$$

$\overset{\frown}{BC}$에 대한 원주각 :

$$\angle A=180°\times\frac{3}{5+3+4}=45°$$

$\overset{\frown}{AC}$에 대한 원주각

$$\angle B=180°\times\frac{4}{5+3+4}=60°$$

△ABC는 다음과 같다.

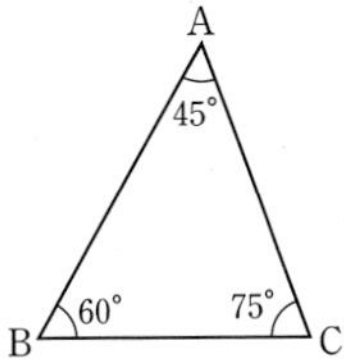

2 단계

△ABC의 외심을 O라고 하면

$$\overline{OA}=\overline{OB}=\overline{OC}$$

$$\angle OAB=\angle OBA=a$$

$$\angle OBC=\angle OCB=b$$

$$\angle OAC=\angle OCA=c$$

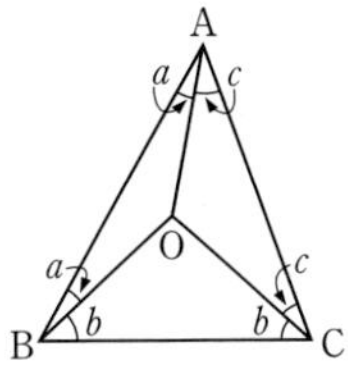

$$a+c=45° \cdots\cdots ㉠$$

$$b+c=75° \cdots\cdots ㉡$$

$$a+b=60° \cdots\cdots\cdots ㉢$$

㉠+㉡+㉢ :

$$2(a+b+c)=180°$$

$$a+b+c=90° \cdots\cdots ㉣$$

㉣－㉠ : $b=45°$

㉣－㉡ : $a=15°$

㉣－㉢ : $c=30°$

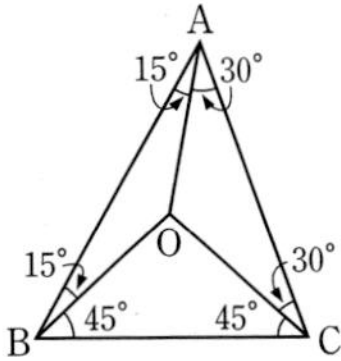

3 단계

△OAB만 떼어 생각하자.

꼭짓점 B에서 $\overline{AO}$의 연장선에 수선

BH를 내리면

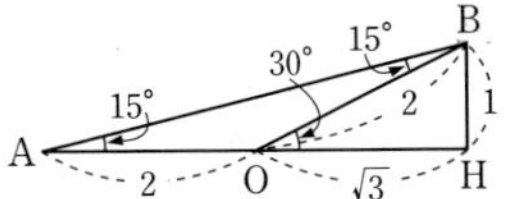

$$\overline{AB}^2=\overline{AH}^2+\overline{BH}^2$$

$$=(2+\sqrt{3})^2+1$$

$$=8+2\sqrt{12}$$

$$\overline{AB}=\sqrt{8+2\sqrt{12}}$$

$$=\sqrt{(\sqrt{6}+\sqrt{2})^2}$$

$$=\sqrt{6}+\sqrt{2} \leftarrow 답$$

p. 136

7. 점 O와 점 P가 $\overline{AB}$에 대하여 대칭이 므로 $\overline{OP}\perp\overline{AB}$

△OAB는 이등변삼각형이므로,

$\overline{OP}$와 $\overline{AB}$의 교점을 M이라고 하면

$$\overline{AM}=\overline{MB}, \quad \overline{OM}=\frac{1}{2}\overline{OP}$$

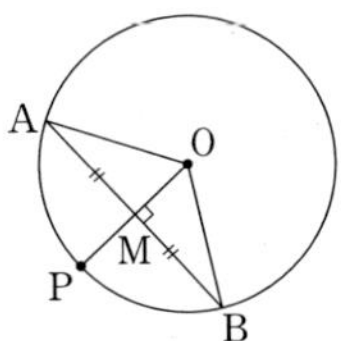

$$\overline{OA}^2=\overline{AM}^2+\overline{OM}^2=\overline{AM}^2+\left(\frac{1}{2}\overline{OP}\right)^2$$

$$\therefore \overline{AM}^2=\overline{OA}^2-\left(\frac{1}{2}\overline{OP}\right)^2$$

$$=4^2-2^2=12$$

$$\therefore \overline{AM}=2\sqrt{3}$$

$$\therefore \overline{AB}=2\overline{AM}=4\sqrt{3} \leftarrow 답$$

＜다른 풀이＞

$\overline{AB}$를 중심으로 원 O를 대칭이동시

키면 그 중심은 점 P에 오므로

$\overline{PO}=\overline{PA}=\overline{OA}$

즉, $\triangle AOP$는 정삼각형이다.

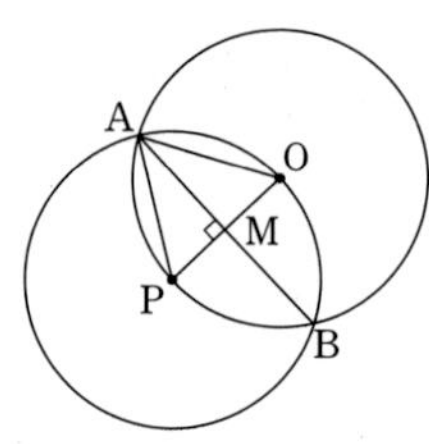

$\overline{OP}$와 $\overline{AB}$의 교점을 M이라고 하면 $\overline{AM}$은 $\overline{OP}$의 수직이등분선이므로

$\overline{AM}^2=\overline{OA}^2-\overline{OM}^2=4^2-2^2=12$

$\therefore \overline{AM}=2\sqrt{3}$ $\therefore \overline{AB}=4\sqrt{3}$

8. $a^2+a^2=4$에서

$a=\sqrt{2}$

(T_1의 넓이)

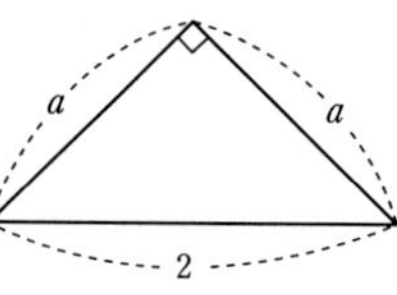

$=\dfrac{1}{2}\times\sqrt{2}\times\sqrt{2}$

$=1$

또, 원 O_2의 반지름의 길이를 r라고 하면 T_1의 넓이는

$1=\dfrac{1}{2}\times r\times(2+\sqrt{2}+\sqrt{2})$

$\therefore r=\sqrt{2}-1$

$\therefore$ (T_1의 넓이) : (T_2의 넓이)

$\qquad =1^2 : (\sqrt{2}-1)^2$

$\qquad =1 : (3-2\sqrt{2})$ ← **답**

9.

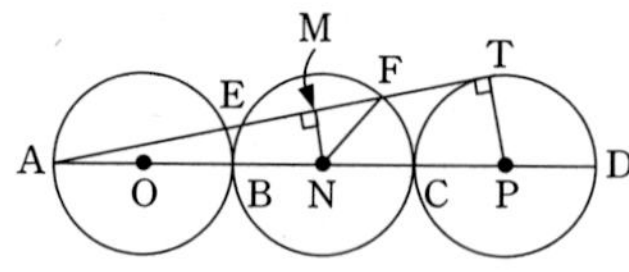

점 N에서 $\overline{AT}$에 내린 수선의 발을 M이라 하면

$\triangle AMN \backsim \triangle ATP$

이므로

$\dfrac{\overline{MN}}{\overline{AN}}=\dfrac{\overline{TP}}{\overline{AP}},\ \dfrac{\overline{MN}}{30}=\dfrac{10}{50}$

$\therefore \overline{MN}=6$

$\triangle MNF$에서 $\overline{MF}^2=10^2-6^2=64$

$\therefore \overline{MF}=8$

$\therefore \overline{EF}=2\times8=\mathbf{16}$ ← **답**

10.

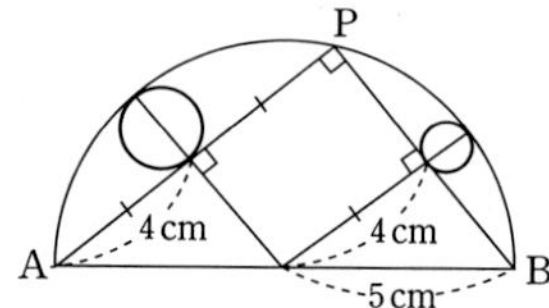

내접하고 있는 큰 원의 지름의 길이는 2 cm가 되고, 큰 반원의 반지름의 길이는 5 cm이므로 선분 AP의 길이는 8 cm가 된다.

또, 삼각형 ABP는 직각삼각형이므로

$\overline{BP}=\sqrt{10^2-8^2}=6$ (cm)

따라서, 내접하고 있는 작은 원의 지름의 길이는 1 cm이고, 이 작은 원의 넓이 S는

$S=\left(\dfrac{1}{2}\right)^2\times\pi=\dfrac{1}{4}\boldsymbol{\pi}$ **(cm²)** ← **답**

11.

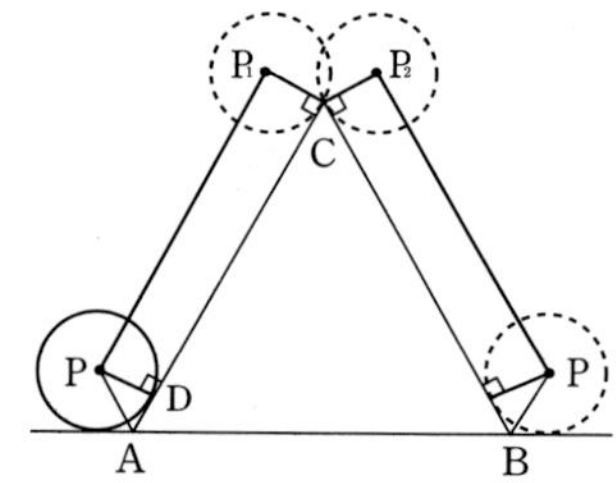

출발점에서의 점 P에서 $\overline{AC}$에 내린 수선의 발을 D라고 하면

$\angle PAD=\dfrac{\pi}{3}$이고 $\overline{PD}=1$이므로

$\overline{DA}=\dfrac{1}{\sqrt{3}}$

원이 출발점에서 꼭짓점 C에 접할 때까지 움직인 거리는

$\overline{DC}=5-\overline{DA}=5-\dfrac{1}{\sqrt{3}}$ ··· ㉠

꼭짓점 C에 접했을 때의 원의 중심 P의 위치를 P_1, 회전 후의 원의 중심 P의 위치를 P_2라고 하면

$\angle P_1CP_2=\dfrac{2}{3}\pi$

따라서, 꼭짓점 C에서 회전한 원의 중심 P의 자취의 길이는

$2\pi\times\dfrac{1}{3}=\dfrac{2}{3}\pi$ ··· ㉡

점 P_2에서 꼭짓점 B쪽으로 이동한 거리는 $\overline{CD}$와 같다.

따라서, ㉠, ㉡에서 구하는 거리는

$\left(5-\dfrac{\sqrt{3}}{3}\right)\times2+\dfrac{2}{3}\pi$

$=\boldsymbol{10+\dfrac{2}{3}(\pi-\sqrt{3})}$ ← 답

12. 직사각형의 두 변의 길이를 각각 x cm, y cm $(x>y)$라고 하면,

$2x+2y=28$

$\therefore\ x+y=14$ ··· ㉠

직사각형의 대각선의 길이는 원의 지름의 길이와 같으므로

$x^2+y^2=100$ ··· ㉡

㉠에서 $y=14-x$······㉢

㉢을 ㉡에 대입하면

$x^2+(14-x)^2=100$

$x^2-14x+48=0$

$\therefore\ x=6$ 또는 $x=8$

$x=6$일 때, $y=8$

$x=8$일 때, $y=6$

$x>y$이므로, $x=8$, $y=6$

따라서, 구하는 변의 길이는

8 cm ← 답

7. 원과 직선(2)

1. 두 원

p. 139

1. (1) $\overline{AB}=12$이므로
$\overline{O'A}^2+\overline{O'B}^2=144$에서
$\boldsymbol{\overline{O'A}=6\sqrt{2}}$ ← 답

(2) $12\times6\sqrt{3}\times\dfrac{1}{2}=\boldsymbol{36\sqrt{3}}$ ← 답

(3) $\dfrac{12^2\pi}{6}+\dfrac{(6\sqrt{2})^2\pi}{4}$
$\quad-\left\{36\sqrt{3}+\dfrac{(6\sqrt{2})^2}{2}\right\}$
$\quad=\boldsymbol{42\pi-36\sqrt{3}-36}$ ← 답

p. 140

2. $\triangle AOB$와 $\triangle AO'C$에서
$\overline{AO}=\overline{BO}$, $\overline{AO'}=\overline{CO'}$이므로,
이 두 삼각형은 이등변삼각형이다.
$\angle BAO=\angle ABO=\angle ACO'$
$\therefore\ \overline{BO}\,/\!/\,\overline{CO'}$
$6:\overline{BC}=4:(6-4)$
$\therefore\ \boldsymbol{\overline{BC}=3\ cm}$ ← 답

p. 141

1. 세 원 O, P, Q의 반지름의 길이를 각각 a, b, c라고 하면,
$(a-b)+(b+c)+(a-c)=24$
$2a=24$ $\therefore\ a=12$ cm

따라서, 원 O의 넓이는

$12 \times 12 \times \pi = \mathbf{144\pi}$ **(cm²)** ← 답

2. 두 원 O, O′의 접점 P가 중심선 OO′ 위에 있지 않다고 가정하자.

이때, 점 P의 $\overleftrightarrow{OO'}$에 대한 대칭점을 P′이라고 하면,

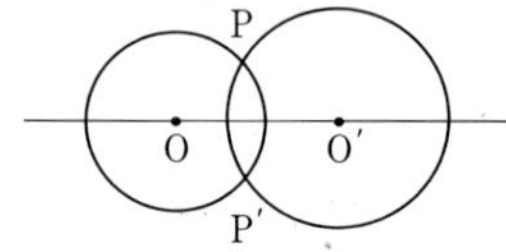

$\overline{OP'} = \overline{OP}$(원 O의 반지름)

$\overline{O'P'} = \overline{O'P}$(원 O′의 반지름)

따라서, P′은 원 O, O′ 위에 동시에 있으므로, 두 원의 공통점이 된다. 그런데 이것은 두 원이 접한다는 가정에 모순이다. 즉, 접점은 중심선 위에 있다.

3. (1) $\overline{BC}$를 a, b로 나타내어 보자.

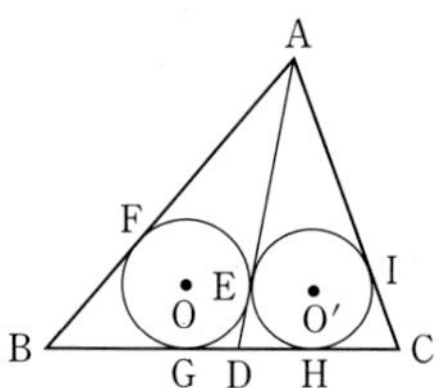

$\overline{AE} = \overline{AF} = a$이므로,

$\overline{BF} = \overline{BG} = 10 - a$

$\overline{CH} = \overline{CI} = 8 - a$

$\therefore \overline{BC} = (10 - a) + b + b + (8 - a)$

$\qquad = 9$

$\therefore \boldsymbol{a - b = 4.5}$ ← 답

(2) $\overline{BD} = 10 - a + b$

$\overline{DC} = b + 8 - a = -a + b + 8$

에서 $\overline{BD} = 5.5$, $\overline{DC} = 3.5$

$\therefore \triangle\mathbf{ABD} : \triangle\mathbf{ACD}$

$\qquad = \mathbf{11 : 7}$ ← 답

4.

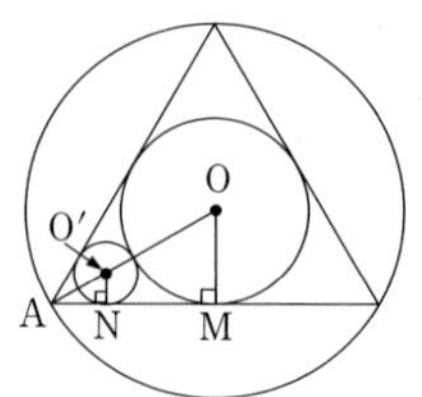

$\angle OAM = 30°$이다.

$\overline{OA} = p$, $\overline{OM} = q$, $\overline{O'N} = r$, $q = 1$이라고 하면, $\triangle OAM$의 변의 비에서

$p = 2$

$\overline{AO'} : \overline{AO} = \overline{O'N} : \overline{OM}$

$(2 - 1 - r) : 2 = r : 1$

$\therefore r = \dfrac{1}{3}$

$\therefore \boldsymbol{p : q : r = 6 : 3 : 1}$ ← 답

5.

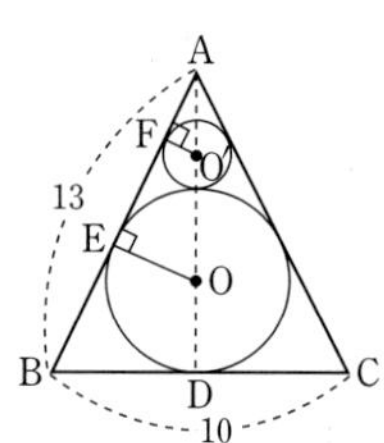

원 O와 $\overline{BC}$, $\overline{AB}$와의 접점을 각각 D, E라 하고, 원 O′과 $\overline{AB}$와의 접점을 F라고 하면,

$\overline{AD} = \sqrt{13^2 - 5^2} = 12$

여기서 $\overline{OD} = x$라고 하면,

$10 \times 12 \times \dfrac{1}{2} = 13 \times x \times \dfrac{1}{2} \times 2$

$\qquad\qquad + 10 \times x \times \dfrac{1}{2}$

$\therefore x = \dfrac{10}{3}$, $\overline{AO} = \dfrac{26}{3}$

원 O′의 반지름의 길이를 r라고 하면,

$\overline{AO'} = \dfrac{16}{3} - r$

$\triangle AO'F \backsim \triangle AOE$로부터

$\overline{AO'} : \overline{AO} = \overline{O'F} : \overline{OE}$

$$\left(\frac{16}{3}-r\right):\frac{26}{3}=r:\frac{10}{3}$$

$$\therefore\ r=\frac{40}{27}\ \leftarrow \boxed{답}$$

2. 공통접선의 길이

p. 144

1.

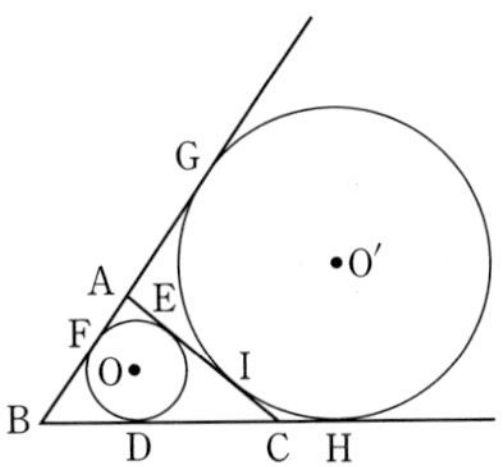

$$\overline{BG}+\overline{BH}$$
$$=\overline{BA}+\overline{AG}+\overline{BC}+\overline{CH}$$
$$=\overline{BA}+\overline{AI}+\overline{BC}+\overline{CI}$$
$$=\overline{BA}+\overline{BC}+\overline{AC}=20\ (\text{cm})$$
$$\therefore\ \overline{BG}=\overline{BH}=10\ \text{cm}$$
따라서, $\overline{CH}=\overline{CI}=2\ \text{cm}$

또한, $\overline{AE}=\dfrac{5+8+7}{2}-8=2\ (\text{cm})$

$$\therefore\ \overline{EI}=\overline{AC}-\overline{AE}-\overline{CI}$$
$$=7-2-2=\textbf{3 (cm)}\ \leftarrow \boxed{답}$$

p. 145

2. (1) $\overline{PQ}=\sqrt{4^2-(3-1)^2}$
$$=\textbf{2}\sqrt{\textbf{3}}\ \textbf{(cm)}\ \leftarrow \boxed{답}$$

(2) 두 원 O, O′의 공통내접선 RS를 긋고,

□ORSP의 대각선의 교점을 M이라고 하면

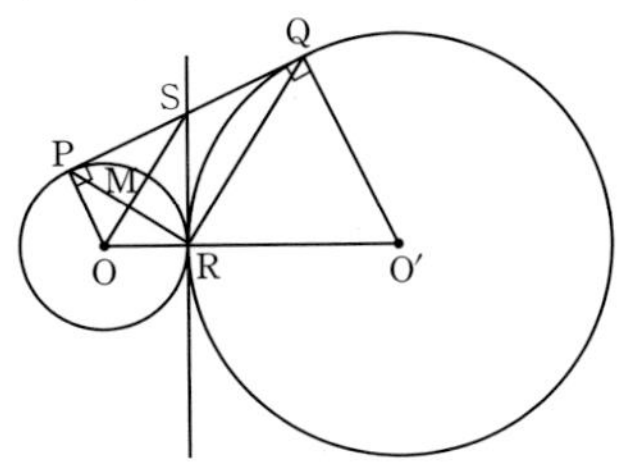

$$\overline{PS}=\overline{RS}=\overline{QS}=\sqrt{3}\ \text{cm},$$
$$\angle PRQ=90°$$
△OSP에서
$$\overline{OS}=\sqrt{1^2+(\sqrt{3})^2}=2\ (\text{cm})$$
$$\triangle OSP=\frac{1}{2}\times1\times\sqrt{3}=\frac{1}{2}\times2\times\overline{PM}$$
$$\therefore\ \overline{PM}=\frac{\sqrt{3}}{2}\ \text{cm}$$
$$\therefore\ \overline{PR}=2\times\frac{\sqrt{3}}{2}=\sqrt{3}\ (\text{cm}),$$
$$\overline{QR}=\sqrt{(2\sqrt{3})^2-(\sqrt{3})^2}=3\ (\text{cm})$$
$$\overline{RQ}=3$$
$$\therefore\ \triangle PQR=\frac{1}{2}\times\sqrt{3}\times3$$
$$=\frac{3\sqrt{3}}{2}\ \textbf{(cm}^2\textbf{)}\ \leftarrow \boxed{답}$$

p. 146

1. △BO′C에서
$$\angle BO'C=\angle BCO'=45°$$
$$\therefore\ \overline{BC}=5\ \text{cm}$$
$\overline{OA}\parallel\overline{BO'}$이므로,
$$\angle COA=\angle OCA=45°$$
$$\therefore\ \overline{AC}=3\ \text{cm}$$
$$\therefore\ \overline{AB}=\textbf{8 cm}\ \leftarrow \boxed{답}$$

2. $\sqrt{51}=\sqrt{10^2-(5+r)^2}$

$51 = 100 - (25 + 10r + r^2)$

$r^2 + 10r - 24$

$= (r + 12)(r - 2) = 0$

$\therefore \ r = 2 \ \leftarrow$ 답

3. 두 원의 반지름의 길이를 각각 r, r'

(단, $r > r'$)이라 하면,

$12^2 = 13^2 - (r - r')^2$

$(r - r')^2 = 25$

$\therefore \ r - r' = 5 \ \cdots \ ㉠$

$9^2 = 13^2 - (r + r')^2$

$(r + r')^2 = 88$

$\therefore \ r + r' = 2\sqrt{22} \ \cdots \ ㉡$

㉠+㉡에서 $r = \dfrac{5 + 2\sqrt{22}}{2}$ cm

㉡-㉠에서 $r' = \dfrac{2\sqrt{22} - 5}{2}$ cm

답 $\dfrac{5 + 2\sqrt{22}}{2}$ **cm**, $\dfrac{2\sqrt{22} - 5}{2}$ **cm**

4. $\overline{BD} = x$라고 하면,

$x : (x + 8) = 2 : 6$

$\therefore \ x = 4$ cm

△ADP에서

$\overline{AD} : \overline{AP} = 2 : 1$이므로,

$\angle PAD = 60°$인 직각삼각형이다.

$\therefore \ \overline{PD} = 6\sqrt{3}$ cm

$△ADP = 6 \times 6\sqrt{3} \div 2$

$\qquad\qquad = 18\sqrt{3} \ (\text{cm}^2)$

(부채꼴 APC) $= 6^2 \pi \times \dfrac{1}{6}$

$\qquad\qquad\qquad = 6\pi \ (\text{cm}^2)$

따라서, 구하는 넓이는

$(18\sqrt{3} - 6\pi) \ (\text{cm}^2) \ \leftarrow$ 답

5. $\overline{PQ} = x$라 하고, 점 P에서 $\overline{OC}$에 내린 수선의 발을 H라고 하면,

△PCH에서

$\overline{PC} = 6 + x$, $\overline{CH} = 6 - x$

$\therefore \ \overline{PH}^2 = (6 + x)^2 - (6 - x)^2 \ \cdots \ ㉠$

△POH에서

$\overline{PO} = 12 - x$, $\overline{OH} = x$

$\therefore \ \overline{PH}^2 = (12 - x)^2 - x^2 \qquad \cdots \ ㉡$

㉠, ㉡에서

$(6 + x)^2 - (6 - x)^2 = (12 - x)^2 - x^2$

$24x = 144 - 24x$

$\therefore \ x = 3$ cm

즉, 원 P의 반지름의 길이는

3 cm $\leftarrow$ 답

6. 정삼각형에 내접하는 세 개의 원 중 하나만 그리면 다음과 같다.

점 A에서 $\overline{BC}$에 내린 수선의 발을 H라고 하면,

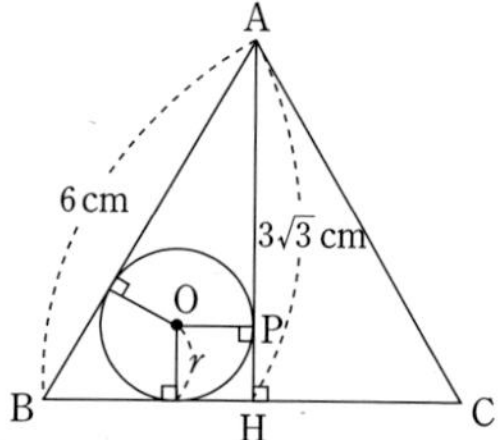

$\overline{AH} = 3\sqrt{3}$ cm, $\overline{BH} = 3$ cm

△ABH의 넓이를 생각하면,

$\dfrac{1}{2}(6r + 3r + 3\sqrt{3}r) = \dfrac{9\sqrt{3}}{2}$

$\therefore \ r = \dfrac{3\sqrt{3} - 3}{2} \ (\text{cm}) \ \leftarrow$ 답

p. 147

1. A_x, A_{x+6}의 두 점과 P를 연결하면 삼각형 $A_x A_{x+6} P$는 직각삼각형이 된다.

(단 $x = 1, \ 2, \ \cdots, \ 6$)

$\overline{A_1 P}^2 + \overline{A_7 P}^2 = \overline{A_1 A_7}^2$

$\overline{A_2 P}^2 + \overline{A_8 P}^2 = \overline{A_2 A_8}^2$

$\overline{A_3 P}^2 + \overline{A_9 P}^2 = \overline{A_3 P_9}^2$

$\vdots$

$$+) \ \overline{A_6P}^2 + \overline{A_{12}P}^2 = \overline{A_6A_{12}}^2$$

$$\overline{A_1P}^2 + \overline{A_2P}^2 + \overline{A_3P}^2 + \cdots + \overline{A_{12}P}^2$$

$$= 2^2 \times 6 = \mathbf{24} \ \leftarrow 답$$

2. $\angle AOC = x$로 놓고 2개의 부채꼴의 넓이를 x로 나타내어 보자.

$\overleftrightarrow{CD}$는 공통외접선이므로

$\angle OCD = \angle O'DC = 90°$

$\therefore \ \overline{OC} /\!/ \overline{O'D}$

$\angle BO'D = 180° - x$

(부채꼴 OAC) : (부채꼴 O'BD)

$$= 10^2\pi \times \frac{x}{360} : 3^2\pi \times \frac{180° - x}{360}$$

$$= 200 : 27$$

$\therefore \ x = \angle AOC = \mathbf{72°} \ \leftarrow 답$

3. 두 점 O, O'에서 직선 m에 내린 수선의 발을 각각 C, D라고 하면,

$\overline{CD} = \sqrt{13^2 - 5^2} = 12 \ (\text{cm})$

$\overline{CA} = \overline{AP} = \overline{AD} = \overline{PB}$

$\overline{AB} = \overline{CD}$

$\therefore \ \overline{AB} = \mathbf{12 \ cm} \ \leftarrow 답$

4. ($\triangle OAB$는 이등변삼각형이고 $\overline{BC} \perp \overline{OB}$이므로 $\angle AOB$의 크기를 구할 수 있다. 또한 $\overline{OB} /\!/ \overline{O'C}$이므로, $\angle AOB + \angle AO'C = 180°$이다.)

$\angle OBA = 90° - 36° = 54°$

$\overline{OA} = \overline{OB}$에서

$\angle AOB = 180° - 54° \times 2 = 72°$

$\overline{OB} /\!/ \overline{O'C}$이므로,

$72° + \angle AO'C = 180°$

$\therefore \ \angle AO'C = \mathbf{108°} \ \leftarrow 답$

Advice 두 원의 공통외접선과 평행선의 성질을 이용한 문제이다.

5. 세 원 O₁, O₂, O₃과 직선 l과의 접점을 각각 H₁, H₂, H₃이라 하고, $\overline{O_2H_2}$, $\overline{O_3H_3}$ 위에 각각 $\overline{O_1P} \perp \overline{O_2H_2}$, $\overline{O_2Q} \perp \overline{O_3H_3}$인 점 P, Q 를 잡으면,

$\triangle O_1PO_2 \backsim \triangle O_2QO_3$

(AA 닮음)

$\therefore \ \overline{O_1O_2} : \overline{O_2O_3} = \overline{O_2P} : \overline{O_3Q}$

$(a+b) : (b+c)$

$= (b-a) : (c-b)$

$(b+c)(b-a)$

$= (a+b)(c-b)$

$b^2 - ab + bc - ac$

$= ac - ab + bc - b^2$

$b^2 = ac \qquad \therefore \ \boldsymbol{c = \dfrac{b^2}{a}} \ \leftarrow 답$

p. 148

1.

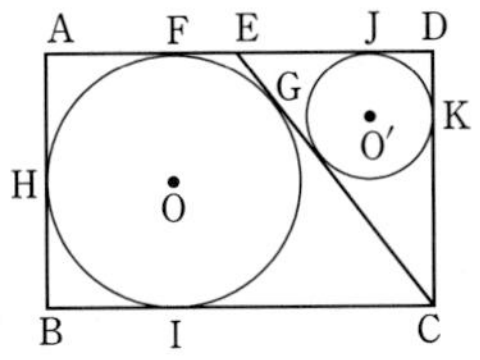

앞의 그림에서 $\overline{EF} = \overline{EG} = x$라고 하면

$\overline{AF} = \overline{AH} = 2 - x$

$\overline{BH} = \overline{BI} = 2 - x$

$\overline{CI} = \overline{CG} = 6 - (2 - x) = 4 + x$

$\overline{CD} = (2 - x) + (2 - x) = 4 - 2x$

$\triangle DEC$에서

$\overline{CE}^2 = \overline{CD}^2 + \overline{DE}^2$

$(4 + 2x)^2 = (4 - 2x)^2 + 4^2$

$16 + 16x + 4x^2 = 16 - 16x + 4x^2 + 16$

$\therefore \ x = \dfrac{1}{2} \ \text{cm}$

$\therefore \ \overline{CD} = 4 - 2x = 3 \ (\text{cm})$

또한, $\overline{JD} = \overline{KD} = y$라고 하면,

$\overline{EJ} = 4 - y$, $\overline{KC} = 3 - y$이고

$\overline{CE} = 5$이므로

$(4 - y) + (3 - y) = 5 \qquad \therefore \ y = 1$

따라서, 큰 원의 반지름의 길이는

$$\overline{AH}=2-\frac{1}{2}=\frac{3}{2} \text{ (cm)}$$

작은 원의 반지름의 길이는

$$\overline{DK}=1 \text{ cm}$$

$$\therefore \frac{3}{2}+1=\frac{5}{2} \text{ (cm)} \leftarrow 답$$

2. (1) $\angle OAD+\angle OCD=180°$에서

$$\angle AOC=180°-a$$

$$\therefore \ \angle APC=90°-\frac{a}{2} \leftarrow 답$$

또, $\angle BO'C=a$

$$\therefore \ \angle BQC=\frac{a}{2} \leftarrow 답$$

(2) $\angle ACB=90°$이므로, $\overline{AB}$의 중점 D는 A, B, C를 지나는 원의 중심이다.

$$\therefore \overline{AB}^2=3^2+2^2=13$$

$$\therefore \overline{AB}=\sqrt{13}$$

$$\therefore \overline{AD}=\frac{\sqrt{13}}{2} \leftarrow 답$$

3.

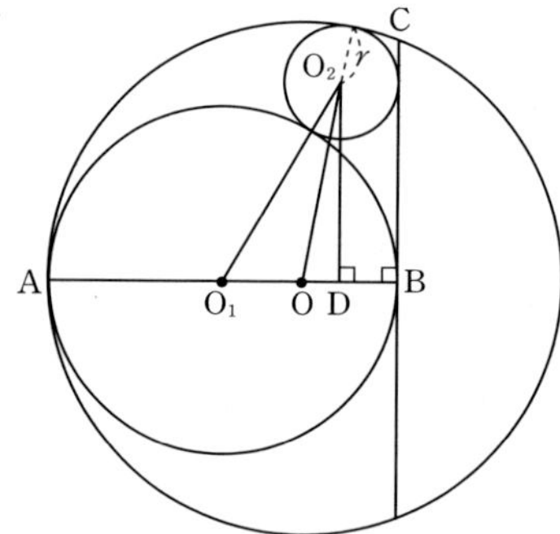

(1) $\overline{AB}=4$, $\overline{AO}=3$이므로 $\overline{OB}=1$

$\angle OBC=90°$, $\overline{OC}=3$

△COB에서

$$\overline{BC}=\sqrt{3^2-1^2}=\sqrt{8}=2\sqrt{2} \leftarrow 답$$

(2) 점 O_2에서 $\overline{AB}$에 내린 수선의 발을 D라고 하면

$$\overline{OD}=\overline{OB}-\overline{DB}=1-r$$

$$\overline{O_2O}=3-r$$

△O_2OD에서

$$\overline{O_2D}^2=(3-r)^2-(1-r)^2 \qquad \cdots ㉠$$

$$\overline{O_1D}=2-r, \ \overline{O_1O_2}=2+r$$

△O_2O_1D에서

$$\overline{O_2D}^2=(2+r)^2-(2-r)^2 \qquad \cdots ㉡$$

㉠, ㉡에서

$$(3-r)^2-(1-r)^2=(2+r)^2-(2-r)^2$$

$$-4r+8=8r$$

$$\therefore r=\frac{2}{3} \leftarrow 답$$

4. 정사각형과 원과의 교점의 개수를 n이라고 하자.

· 원 P가 정사각형의 꼭짓점 A, B를 지날 때, $n=2$이다.

· 원 P가 정사각형의 변 AB에 접할 때, $n=3$이다.

· 그림에서 원이 어두운 부분을 지날 때, $n=4$이다.

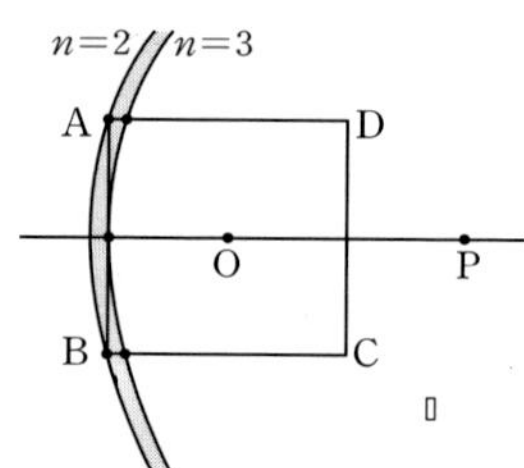

① $n=3$일 때 r의 값:

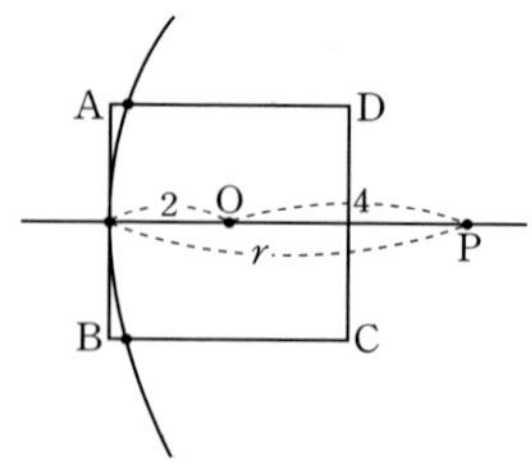

위 그림에서 $r=2+4=6$ $\qquad \cdots ㉠$

② $n=2$일 때 r의 값 :

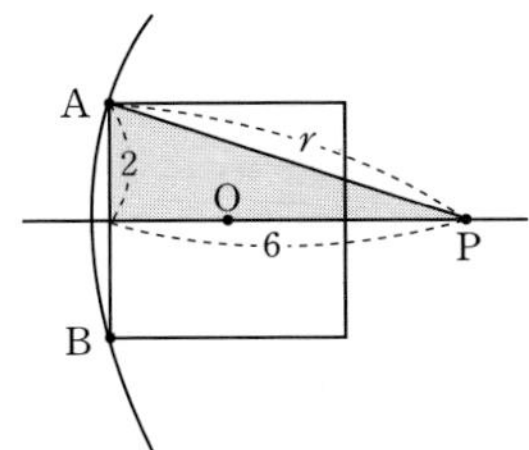

위 그림에서
$$r=\sqrt{2^2+6^2}=\sqrt{40}=2\sqrt{10} \qquad \cdots \text{ⓛ}$$
㉠, ⓛ에서 $n=4$일 때 r의 범위는
$$6<r<2\sqrt{10} \leftarrow \boxed{\text{답}}$$

5. 큰 원의 반지름의 길이를 $3r$, 작은 원의 반지름의 길이를 $2r$라고 하면,

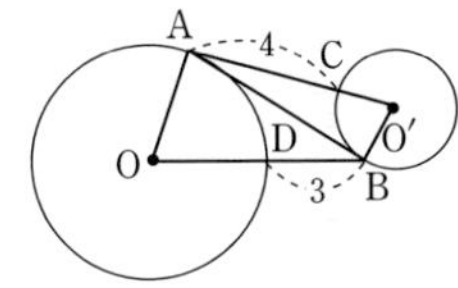

△ABO, △ABO′은 직각삼각형이므로
$$\overline{AB}^2=\overline{OB}^2-\overline{OA}^2$$
$$=(3+3r)^2-(3r)^2$$
$$=9+18r$$
$$\overline{AB}^2=\overline{O'A}^2-\overline{O'B}^2$$
$$=(4+2r)^2-(2r)^2=16+16r$$
$$\therefore 9+18r=16+16r$$
$$\therefore 2r=7$$
즉, 작은 원의 반지름의 길이는 **7**이다. ← $\boxed{\text{답}}$

p. 149

1. $\overline{AD}$, $\overline{BC}$의 교점을 P라고 하면, $\overline{AD}\perp\overline{BC}$이므로,
$$△ADB \backsim △ABP$$

$$\therefore \angle DBP=\angle BAP=a$$
한편, 접선 AB와 원 I와의 접점을 Q라고 하면,
$$△IBQ\equiv△IBP$$
$$\therefore \angle IBQ=\angle IBP=b$$
여기서
$$\angle IBD=\angle BID=a+b$$
$$\therefore \overline{BD}=\overline{ID}=\boldsymbol{r-d} \leftarrow \boxed{\text{답}}$$

2. 세 종류의 원 중에서
가장 큰 원의 둘레의 길이 : 12π cm
둘째로 큰 원의 둘레의 길이 : 6π cm
따라서, 둘째로 큰 두 원의 둘레의 길이는 12π cm
다음 그림에서 가장 작은 원의 반지름의 길이를 r라고 하면,

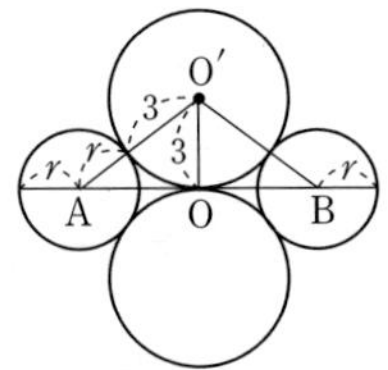

△O′AO에서 $\overline{AO'}=r+3$, $\overline{OO'}=3$
$$\therefore \overline{AO}^2=(r+3)^2-9=r^2+6r$$
같은 방법으로, $\overline{BO}^2=r^2+6r$
한편, 가장 큰 원의 지름이 12 cm이므로
$$r+\sqrt{r^2+6r}+\sqrt{r^2+6r}+r=12$$
$$\therefore \sqrt{r^2+6r}=6-r \ \cdots \text{㉠}$$
㉠의 양변을 제곱하면,
$$r^2+6r=r^2-12r+36$$
$$\therefore r=2 \text{ (cm)}$$
따라서, 가장 작은 원의 둘레의 길이는 4π cm
즉, 가장 작은 두 원의 둘레의 길이는 8π cm
$$\therefore 12\pi+12\pi+8\pi=\boldsymbol{32\pi \text{ (cm)}} \leftarrow \boxed{\text{답}}$$

3. (1) $\overline{AD}=\overline{CD}$에서 $\angle AOD=\angle COD$

$\triangle AOC$는 이등변삼각형이므로, $\overline{OP}$는 $\angle AOC$의 이등분선이다.

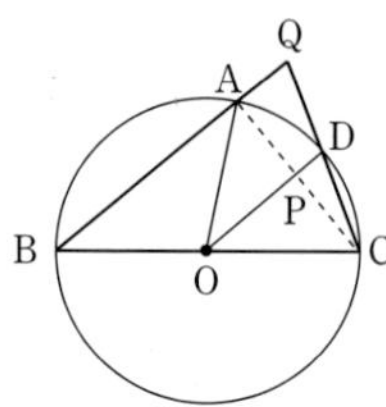

$\therefore \ \overline{PO}\perp\overline{AC}$

따라서, $\overline{CP}\perp\overline{OD}$

$\therefore \ \overline{PC}^2=\overline{OC}^2-\overline{OP}^2=\overline{CD}^2-\overline{PD}^2$

$\overline{OP}=x$라고 하면,

$5^2-x^2=3^2-(5-x)^2$

$\therefore \ x=4.1 \ \mathrm{cm}$

즉, $\overline{OP}=4.1 \ \mathbf{cm}$ ← 답

(2) $\overline{OP}\perp\overline{AC}$, $\overline{BA}\perp\overline{AC}$에서

$\overline{BA}/\!/\overline{OP}$

점 O는 $\overline{BC}$의 중점이므로 중점연결 정리에서

$\overline{AB}=2\overline{OP}=\mathbf{8.2 \ (cm)}$ ← 답

(3) $\triangle BCQ$에서 점 O는 $\overline{BC}$의 중점이고, $\overline{BQ}/\!/\overline{OD}$이므로, 중점연결 정리에서

$\overline{BQ}=2\overline{OD}=2\times5=10 \ (\mathrm{cm})$

$\therefore \ \overline{AQ}=\overline{BQ}-\overline{AB}$

$\qquad =10-8.2=\mathbf{1.8 \ (cm)}$ ← 답

4. (1) 꼭짓점 C로부터 $\overline{AB}$에 수선 CH를 내리면, $\triangle CBH$의 내각은 $60°,\ 30°,\ 90°$ $\quad \therefore \ \overline{BH}=5$

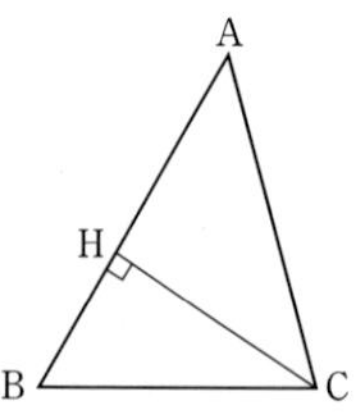

또한 $\triangle CHA$는 직각이등변삼각형이므로,

$\overline{AH}=\overline{CH}=5\sqrt{3}$

$\overline{AH}:\overline{AC}=1:\sqrt{2}$

이므로,

$\overline{AC}=5\sqrt{3}\times\sqrt{2}=\mathbf{5\sqrt{6}}$ ← 답

(2) $\overline{AB}=5+5\sqrt{3}=5(\sqrt{3}+1)$

$\overline{CH}=5\sqrt{3}$

$\therefore \ \triangle ABC=5(\sqrt{3}+1)\times5\sqrt{3}\div2$

$\qquad =\dfrac{75+25\sqrt{3}}{2}$ ← 답

(3) $\triangle ABC=\dfrac{1}{2}r(10+5\sqrt{6}+5+5\sqrt{3})$

$\qquad =\dfrac{75+25\sqrt{3}}{2}$

$\therefore \ \dfrac{1}{r}=\dfrac{2+\sqrt{6}-\sqrt{2}}{10}$ ← 답

5. 두 원의 접점을 T라고 하면,

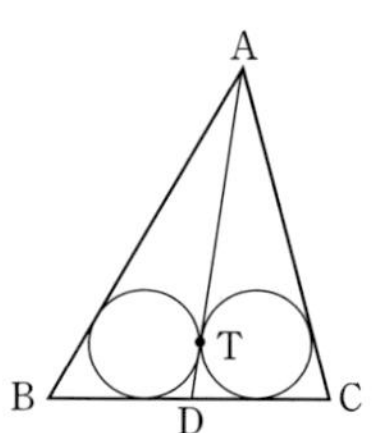

$\triangle ABD$에서 $\overline{AT}=\dfrac{1}{2}(9+\overline{AD}-\overline{BD})$

$\triangle ACD$에서 $\overline{AT}=\dfrac{1}{2}(8+\overline{AD}-\overline{CD})$

$\therefore \ 9+\overline{AD}-\overline{BD}=8+\overline{AD}-\overline{CD}$

$\overline{BD}-\overline{CD}=1$

또, $\overline{BD}+\overline{CD}=7$ $\quad \therefore \ \mathbf{\overline{BD}=4}$ ← 답

p. 150

6. 원 O'의 반지름의 길이를 r라 하고,

O'에서 선분 OA에 내린 수선의 발을 H라고 하면

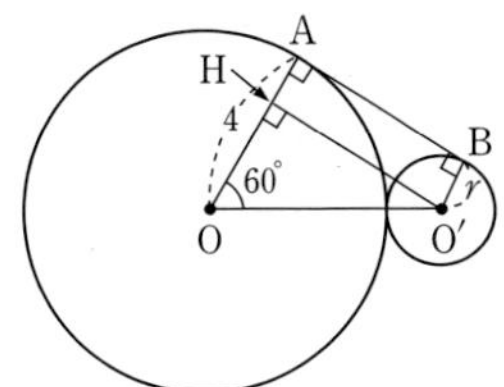

$\overline{OH}=4-r, \quad \overline{OO'}=4+r \quad \cdots \; ㉠$

또, $\angle AOO'=60°$이므로

$$\overline{OH}=\overline{OO'}\times\frac{1}{2} \qquad \cdots \; ㉡$$

㉠과 ㉡에서

$$4-r=(4+r)\times\frac{1}{2}$$

$$\therefore \; r=\frac{4}{3} \; \leftarrow \text{답}$$

7.

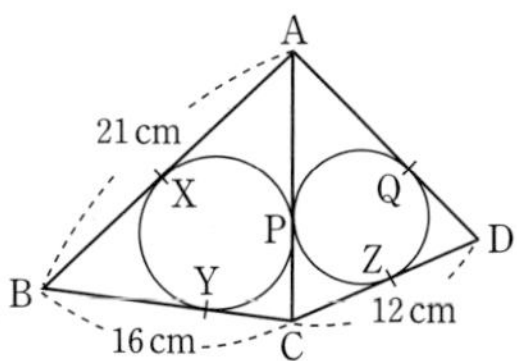

위의 그림에서 $\overline{AX}=\overline{AP}=\overline{AQ}$

$$\overline{BX}=\overline{BY}$$
$$\overline{CY}=\overline{CP}=\overline{CZ}$$
$$\overline{DQ}=\overline{DZ}$$

이므로 □ABCD에서

$$\overline{AB}+\overline{CD}=\overline{BC}+\overline{AD}$$

$$\therefore \; \overline{AD}=(21+12)-16=17 \; (\text{cm})$$

같은 방법으로 □ADEF에서

$$\overline{AD}+\overline{EF}=\overline{DE}+\overline{AF}$$

$$\therefore \; \overline{AF}=(17+4)-8$$
$$=13 \; (\textbf{cm}) \; \leftarrow \text{답}$$

8.

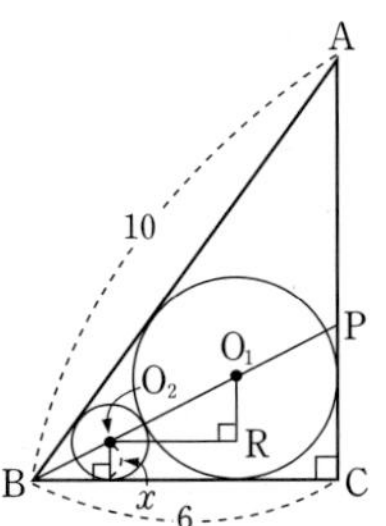

$$\overline{AC}^2=\overline{AB}^2-\overline{BC}^2=10^2-6^2=8^2$$

원 O_1의 반지름의 길이를 r라고 하면

$$\frac{1}{2}(6+8+10)\,r=\frac{1}{2}\cdot 6 \cdot 8$$

$$\therefore \; r=2$$

원 O_1의 중심과 점 B를 지나는 직선이 $\overline{AC}$와 만나는 점을 P라고 하면 $\overline{BP}$는 $\angle B$의 이등분선이므로

$$\overline{BC}:\overline{AB}=\overline{CP}:\overline{AP},$$
$$6:10=\overline{CP}:(8-\overline{CP})$$
$$\overline{CP}=3 \qquad \therefore \; \overline{BP}=\sqrt{6^2+3^2}=3\sqrt{5}$$

원 O_2의 반지름의 길이를 x라고 하면, $\triangle BPC\backsim\triangle O_2O_1R$이므로

$$(2+x):(2-x)=\sqrt{5}:1$$

$$\therefore \; x=3-\sqrt{5} \; \leftarrow \text{답}$$

9.

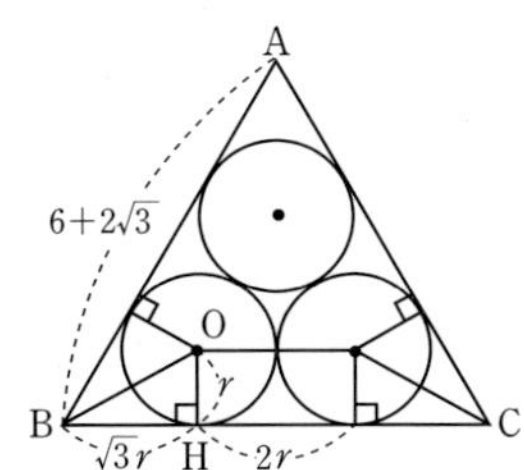

한 원의 반지름의 길이를 r로 놓으면, 외접하는 두 원의 중심 사이의 거리는 $2r$이다.

$\overline{AB}$와 $\overline{BC}$에 접하는 원의 중심을 O라고 하면

$$\angle OBC=30°, \quad \overline{OB}=2r$$

또, 점 O에서 $\overline{BC}$에 내린 수선의 발을 H라고 하면 $\overline{OH} \times \sqrt{3} = \overline{BH}$에서

$$\overline{BH} = \sqrt{3}\,r$$

$$\therefore \ \overline{BC} = 2\overline{BH} + 2r = 2\sqrt{3}\,r + 2r$$

$$= 2(\sqrt{3}+1)\,r$$

$$\therefore \ r = \frac{\overline{BC}}{2(\sqrt{3}+1)} = \frac{6+2\sqrt{3}}{2(\sqrt{3}+1)} = \sqrt{3}$$

$$\therefore \ (\text{세 원의 넓이의 합}) = 3 \times \pi(\sqrt{3})^2$$

$$= 9\pi \ \leftarrow \boxed{답}$$

10. 세 개의 원의 중심을 각각 O_1, O_2, O_3이라 하고, 이 세 원에 동시에 접하는 원

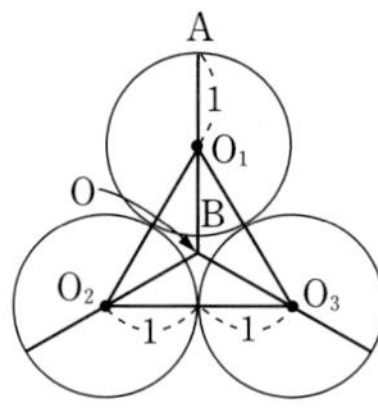

의 중심을 O라고 하면, <그림>에서 $\overline{OA}$와 $\overline{OB}$의 길이가 구하는 원의 반지름의 길이이다.

$\triangle O_1 O_2 O_3$은 한 변의 길이가 2 cm인 정삼각형이고, $\overline{OO_1} = \overline{OO_2} = \overline{OO_3}$이므로 점 O는 $\triangle O_1 O_2 O_3$의 외심이고 무게중심이다.

$$\overline{OO_1} = \sqrt{3} \times \frac{2}{3} = \frac{2\sqrt{3}}{3}$$

$$\overline{OA} = \overline{OO_1} + \overline{O_1 A} = \frac{2\sqrt{3}}{3} + 1 = \frac{2\sqrt{3}+3}{3}$$

$$\overline{OB} = \overline{OO_1} - \overline{O_1 B} = \frac{2\sqrt{3}}{3} - 1 = \frac{2\sqrt{3}-3}{3}$$

$$\boxed{답} \ \frac{2\sqrt{3}+3}{3} \text{ cm}, \ \frac{2\sqrt{3}-3}{3} \text{ cm}$$

---

8. 원주각

1. 원주각

p. 154

1. (1) 두 점 O, D를 연결하면,

$$\angle COD = 2\angle CAD = 34°$$

$2\widehat{CD} = \widehat{DE}$에서 $\widehat{CE} = 3\widehat{CD}$

$$\therefore \ \angle COE = 34° \times 3 = 102° \ \leftarrow \boxed{답}$$

(2) $2\widehat{CD} = \widehat{DE}$에서

$$\angle DOE = 68°$$

$$\therefore \ \angle B = 34°$$

$\angle COE = \angle B + \angle OFB$에서

$$\angle OFB = 102° - 34°$$

$$= 68° \ \leftarrow \boxed{답}$$

p. 155

2. (1) $\widehat{AD} = \widehat{AC} = \pi a$, $\widehat{AB} = \dfrac{3}{2}\pi a$

$$\therefore \ \widehat{AD} : \widehat{AB} = 2 : 3$$

$$\therefore \ \widehat{AD} : \widehat{DB} = 2 : 1$$

$\widehat{BD}$의 중심각의 크기는 $60°$

$\therefore \ \widehat{BD}$의 원주각의 크기는 $30°$

$\triangle ACE$는 직각삼각형이므로

$$\angle ACE = 90° - 30° = 60° \ \leftarrow \boxed{답}$$

(2) $\triangle ABD$는 세 변의 길이의 비가 $2 : 1 : \sqrt{3}$인 직각삼각형이므로 점 D에서 $\overline{BC}$에 수선 DH를 내리면, $\angle B = 60°$

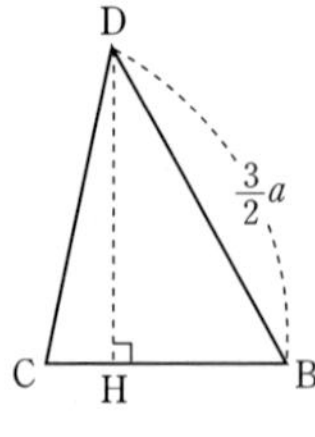

$\overline{DH} = \dfrac{3}{2}a \times \dfrac{\sqrt{3}}{2} = \dfrac{3\sqrt{3}}{4}a$

또, $\overline{BH} = \dfrac{3}{2}a \times \dfrac{1}{2} = \dfrac{3}{4}a$

$\therefore \overline{CH} = \dfrac{1}{4}a$

$\therefore \overline{CD}^2 = \left(\dfrac{3\sqrt{3}}{4}a\right)^2 + \left(\dfrac{1}{4}a\right)^2 = \dfrac{7}{4}a^2$

$\therefore \overline{CD} = \dfrac{\sqrt{7}}{2}a$ ← 답

p. 156

3. (1) $\angle PQR = \angle PAB + \angle RCB$
$= 40° + 20° = 60°$ ← 답

(2) $\angle PBQ = \angle PBC + \angle CBQ$
$= \angle PAC + \angle CBQ$
$= 40° + 30° = 70°$

$\angle QCR = \angle QCA + \angle RCA$
$= \angle QBA + \angle RCA$
$= 30° + 20° = 50°$

$\angle RCP = \angle RCB + \angle PCB$
$= \angle RCB + \angle PAB$
$= 20° + 40° = 60°$

$\therefore \overarc{PQ} : \overarc{QR} : \overarc{RP}$
$= 7 : 5 : 6$ ← 답

p. 157

1. (1) 두 점 A, D를 연결하면,
$\angle CBD = \angle CAD$
$\therefore \angle x = 90° - 59° = 31°$ ← 답

(2) $\angle CBD = \angle CAD$
$= 90° - 58° = 32°$
$\therefore \angle x = \angle ABD$
$= 42° + 32° = 74°$ ← 답

(3) $\angle ABD = \angle ACD = 40°$
$\therefore \angle x = \angle BCD - \angle ACD$
$= 90° - 40° = 50°$ ← 답

2. (1) $\angle BAC = \angle BDC$
$\therefore \angle x = \angle ECD + \angle EDC$
$= 50° + 30° = 80°$ ← 답

(2) $\angle ABC = 40°$, $\overline{AC} = \overline{EF}$에서
$\angle D = 40°$
$\overline{DE} = \overline{DF}$에서 $\angle F = 70°$
다음 그림에서
$\angle a = 150° - 70° = 80°$
$\angle b = 180° - (40° + a) = 60°$

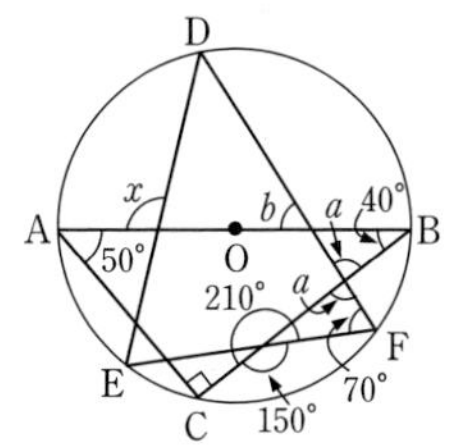

$\therefore \angle x = 40° + b = 100°$ ← 답

(3) $\angle ADO = 50°$
$\angle ADB = 30°$
$\angle OBD = \angle ODB$
$\therefore \angle x = 50° - 30° = 20°$ ← 답

3. (1) 두 점 A, D를 연결하면,
$\angle DAO = \angle ADO = \angle y$
$\therefore \angle x + \angle y = \angle ACB$

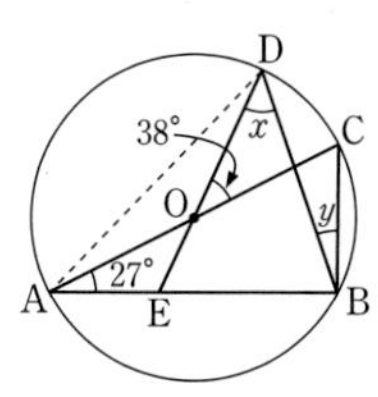

$\angle ACB = 180° - (27° + 90°) = 63°$
$\angle x + \angle y = 63°$, $2\angle y = 38°$
$\therefore \angle x = 44°$, $\angle y = 19°$ ← 답

(2) $\angle x = (360° - 130°) \div 2 = 115°$ ← 답

(3) $\angle APB = \angle OAP + \angle OBP = 110°$

$\therefore \ \angle x = 360° - 110° \times 2$

$= 140°$ ← 답

Advice (3) 두 점 P, O를 연결하면

△AOP는 이등변삼각형이므로

$\angle OAP = \angle OPA$

또, △BOP도 이등변삼각형이므로

$\angle OBP = \angle OPB$

$\therefore \ \angle APB = \angle OPA + \angle OPB$

$= \angle OAP + \angle OBP$

4. (1) 두 점 B, D를 연결하면

$\angle AOD = 136°$

$\angle ABD = \angle AOD \div 2 = 68°$

$\therefore \ \angle x = 68° + 38° = \mathbf{106°}$ ← 답

(2) △BOC는 이등변삼각형이므로,

$\angle BOC = 180° - 41° \times 2 = 98°$

$\therefore \ \angle x = \angle BAC + \angle CAD$

$= 98° \div 2 + 23° = \mathbf{72°}$ ← 답

(3) $\overarc{BC}$에 대한 원주각으로,

$\angle BAC = \frac{1}{2} \angle BOC = 32°$

△ABD에서

$\angle BAD + \angle ABD = \angle BDC$

$\therefore \ \boldsymbol{\angle x = 53°}$ ← 답

5. $\overarc{AC} : \overarc{BD} = 1 : 3$이므로,

$\angle D : \angle A = 1 : 3$

$\therefore \ \angle A = 3 \angle x$

$\angle x + 3 \angle x = 48°$

$\therefore \ \boldsymbol{\angle x = 12°}$ ← 답

6. $\overline{AB}$는 지름이므로 $\angle ADB = 90°$

또한, $\overline{OC} /\!/ \overline{BD}$에서 $\angle AEO = 90°$

$\therefore \ \angle COB = \angle EAO + \angle AEO$

$= 24° + 90° = 114°$

$\angle OCA + \angle OAC = \angle COB$

또, $\overline{OA} = \overline{OC}$에서

$\angle OCA = \angle OAC$

$\therefore \ \angle OCA = 114° \div 2 = \mathbf{57°}$ ← 답

p. 158

7. $\overarc{BC}$의 중심각의 크기가 120°이므로,

$\overarc{BC} = \frac{3}{2} \times 2 \times \pi \times \frac{120}{360}$

$= \boldsymbol{\pi \ (cm)}$ ← 답

8. $\angle MBA = \angle MAB,$

$\angle ABN = \angle CAN$

$\angle MBN + \angle MAN = 180°$

$2 \angle MBN + 52° = 180°$

$\therefore \ \boldsymbol{\angle MBN = 64°}$ ← 답

9. $\angle AOB = 180° - 54° = 126°$

$\angle ADB = 126° \div 2 = 63°$

$\overarc{AB}$ 위에 한 점 R를 잡으면,

$\angle ARB = 180° - 63° = 117°$

$\overarc{ADB} = 3\overarc{DC}$에서

$\angle DAC = 39°$

$\therefore \ \angle AQB = \angle ADB + \angle DAC$

$= \mathbf{102°}$ ← 답

10. $\overarc{AC} = \frac{2}{3} \overarc{AB}$에서 $\overarc{AC}$에 대한 중심각의 크기는

$\angle AOC = \frac{2}{3} \times 180° = 120°$

$\therefore \ \angle ABC = 120° \div 2 = \mathbf{60°}$ ← 답

11. $\angle BAC = \angle BDC$

$\angle BAC + 40° = \angle ACD$

$\angle ACD + \angle BAC = 80°$

$\therefore \ \angle BAC + 40° = 80° - \angle BAC$

답 (1) **20°** (2) **60°**

12. 두 점 A, O를 연결하면,

$\angle PAO = 90°$

△AOB에서 $\angle OAB = \angle ABO = 30°$

$\therefore\ \angle PAB = 120°$

한편, $\triangle PAO$에서

$\angle PAO = 90°,\ \angle AOP = 60°$

이므로,

$\angle APO = 30°\quad\therefore\ \angle APQ = 15°$

$\therefore\ \angle x = 180° - (120° + 15°)$

$\qquad = 45°\ \leftarrow$ 답

13. $\angle BOC = 60°$이므로,

$\triangle BOC$는 정삼각형이다.

$\therefore\ \angle COD = \angle CDO = 30°$

$\angle BOE = 180° - (60° + 30°) = 90°$

(1) $\angle BAE = \dfrac{1}{2}\angle BOE = 45°\ \leftarrow$ 답

(2) $\angle CAF = \dfrac{1}{2}\angle COF = 15°\ \leftarrow$ 답

2. 원과 사각형

p. 162

1. $\overline{AB}\ /\!/\ \overline{DC}$이므로,

$\angle ABD = \angle BDC = \angle x$

$\overparen{AB} = 2\overparen{DC}$이므로

$\angle DBC = \dfrac{1}{2}\angle ADB = 38°$

$\therefore\ (\angle x + 38°) + (\angle x + 76°) = 180°$

$\therefore\ \angle x = 33°\ \leftarrow$ 답

p. 163

2. $\angle ABD = \angle ACD = 62°$

$\overline{AC}\ /\!/\ \overline{ED}$에서 $\angle EDF = 62°$

또, $\angle ABD = \angle DEF = 62°$

$\therefore\ \angle DFE = 180° - 62° \times 2$

$\qquad = 56°\ \leftarrow$ 답

3. $\square ACEB, \square ABFD$는 원에 내접하므로

$\angle ACE = \angle ABF = \angle PDF = 65°$

$\triangle PDF$에서

$\angle DFB = \angle PDF + \angle DPF$

$\qquad = 65° + 40° = 105°\ \leftarrow$ 답

p. 164

1. (1) $68°$

(2) $\angle ABC = 180° - 130° = 50°$

$\angle OBA = 20°$

$\therefore\ \angle x = \angle OBC$

$\qquad = 50° - 20° = 30°\ \leftarrow$ 답

(3) $\angle ECB = 78°$

$\therefore\ \angle x = 180° - (32° + 78°)$

$\qquad = 70°\ \leftarrow$ 답

2. $\angle A + \angle C = 180°$이므로

$k + 3k = 180°\quad\therefore\ k = 45°$

$\angle C = 3k = 135°\ \leftarrow$ 답

$\angle B = 2k = 90°$

$\therefore\ \angle D = 180° - 90° = 90°\ \leftarrow$ 답

3. $\angle BCD = 180° - 50° = 130°$

$\angle DCM = 180° - (65° + 15°) = 100°$

$\therefore\ \angle MCB = \angle ADM = 30°$

$\therefore\ \angle x = 180° - (50° + 30°)$

$\qquad = 100°\ \leftarrow$ 답

$\angle y = 180° - (30° + 65°) = 85°\ \leftarrow$ 답

4. $\angle EAC + 130° = 180°$

$\angle EAC = \angle ECA$

$\therefore\ \angle x = 50°\ \leftarrow$ 답

$\angle y = \angle x \times 2 = 100°\ \leftarrow$ 답

5. 두 점 A, C를 연결하면,

$\angle ACB = 90°$

$\angle CAB = 180° - (20° + 90°) = 70°$

$\angle CAB + \angle CDB = 180°$

$\therefore\ \angle CDB = 180° - 70° = 110°\ \leftarrow$ 답

6. $\angle BOC = 2\angle BAC = 80°$

$\therefore \ \angle OBC = (180° - 80°) \div 2 = 50°$

$\angle ABC = 25° + 50° = 75°$

$\therefore \ \angle x = 180° - 75° = \mathbf{105°} \ \leftarrow$ 답

p. 165

7. $\angle BAD = \angle x$라고 하면,

$\angle ABC = \angle BEC + \angle BCE$

$\angle ADC = \angle DCF + \angle CFD$

$\therefore \ \angle ABC + \angle ADC = 180°$

$(56° + \angle x) + (32° + \angle x) = 180°$

$\angle x = 46°$

$\therefore \ \angle \mathbf{BAD} = \mathbf{46°} \ \leftarrow$ 답

$\therefore \ \angle ADC = \angle CFD + \angle DCF$

$\qquad = 32° + 46° = \mathbf{78°} \ \leftarrow$ 답

8. $\angle ABC + \angle ADC = 180°$

$\angle ADC = 40° + 18° + 20° = 78°$

$\therefore \ \angle x = 180° - 78° = \mathbf{102°} \ \leftarrow$ 답

Advice

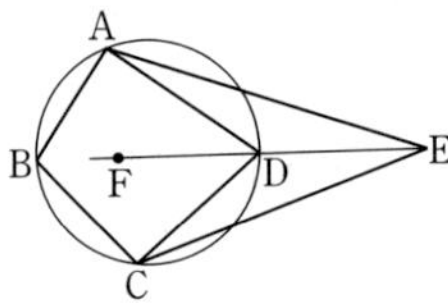

두 점 D, E를 연결하고 선분 DE의 연장선 위의 한 점을 F라 하면

△ADE에서

$\angle ADF = \angle AED + \angle DAE$

△CED에서

$\angle CDF = \angle CED + \angle DCE$

$\therefore \ \angle ADC = \angle ADF = \angle CDF$

$\quad = (\angle AED + \angle DAE)$

$\qquad + (\angle CED + \angle DCE)$

$\quad = \angle AEC + \angle DAE + \angle DCE$

9. $\angle ABC = a$라고 하면,

$\angle QDC = a$

$\angle PCQ = 40° + a$

$(40° + a) + a + 30° = 180°$

$\therefore \ a = 55°$

$\angle x = 360° - 2a = \mathbf{250°} \ \leftarrow$ 답

$\angle y = 180° - a = \mathbf{125°} \ \leftarrow$ 답

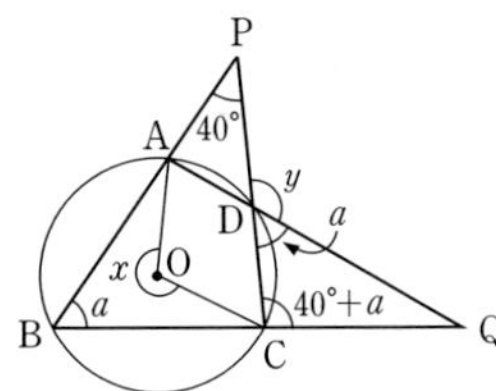

10. (1) $\angle ACB = 52°$, $\overline{CE} = \overline{CD}$

$\therefore \ \angle CDE = \dfrac{180° - 52°}{2}$

$\qquad = \mathbf{64°} \ \leftarrow$ 답

(2) □CEOD는 원에 내접하므로,

$\angle DOE = 180° - 52°$

$\qquad = \mathbf{128°} \ \leftarrow$ 답

11. (1) △BCF와 △DCE에서

$\angle CBD = \angle CDB$

$\therefore \ \overline{BC} = \overline{DC} \qquad \cdots$ ㉠

$\overline{BD}$는 지름이므로,

$\angle BCD = 90°$

$\therefore \ \angle BCF = \angle DCE \qquad \cdots$ ㉡

$\angle CBA = \angle ADF$

$\qquad = \angle CDE$에서

$\angle CBF = \angle CDE \qquad \cdots$ ㉢

㉠, ㉡, ㉢에서

△BCF≡△DCE (ASA 합동)

(2) $\angle ABC = \angle ABD + \angle DBC$

$\qquad = 18° + 45° = 63°$

$\angle ABC = \angle CDE$

$\angle CED = 90° - \angle CDE$

$\qquad = 90° - 63° = \mathbf{27°} \ \leftarrow$ 답

12. (1) $\angle BAD = 180° - 70° = \textbf{110°}$ ← 답

(2) $\triangle ABE$는 이등변삼각형이므로,

$\angle AEB = \angle ABE = 20°$

$\therefore \ \angle BAE = 140°$

$\angle BAD = 110°$이므로,

$\angle DAE = 30°$

$\triangle ADE$는 이등변삼각형이므로,

$\angle AED = \dfrac{180° - 30°}{2} = 75°$

$\therefore \ \angle FED = \angle AED - \angle AEF$
$= 75° - 20° = \textbf{55°}$

3. 접선과 현이 이루는 각

p. 168

1. (1) $\angle BCP = 180° - (90° + 63°) = 27°$

$27° + \angle x = 63°$

$\therefore \ \angle \boldsymbol{x} = \textbf{36°}$ ← 답

(2) $\angle BAC = 50°$

$\angle ABC = (180° - 50°) \div 2 = 65°$

$\therefore \ \angle \boldsymbol{x} = \textbf{65°}, \ \angle \boldsymbol{y} = \textbf{50°}$ ← 답

p. 169

2. 점 A와 점 B, 점 B와 점 D를 연결하면,

$\overline{PA} = \overline{PB}$

$\therefore \ \angle PBA = \angle PAB = \angle ADB$
$= (180° - 42°) \div 2 = 69°$

$\overset{\frown}{ADB}$의 원주각은

$180° - 69° = 111°$

$\therefore \ \angle CBD = 111° \div 3 = 37°$

$\therefore \ \angle AEB = \angle ADB + \angle CBD$
$= \textbf{106°}$ ← 답

p. 170

1. $\angle ACB = 90°$에서 $\angle CAB = 62°$

$\therefore \ \angle CDA = \angle CAB - \angle ACD$
$= 62° - 28° = \textbf{34°}$ ← 답

2. $\angle ACB = 32°, \ \angle ABC = 64°$

$\therefore \ \angle \textbf{CAB} = \textbf{84°}$ ← 답

3. $\angle TAB = \angle ACB = 30°$

$\therefore \ \angle AOB = 60°$

$\overset{\frown}{AB} = 10 \times 2 \times \pi \times \dfrac{60}{360}$

$= \dfrac{10}{3} \boldsymbol{\pi} \ \textbf{(cm)}$ ← 답

4. 두 점 C, Q를 연결하면,

$\angle BQC = 90°$

$\angle AQC = \angle CBQ = \angle x$라 하면,

$24° + \angle x + 90° + \angle x = 180°$

$\therefore \ \angle \boldsymbol{x} = \textbf{33°}$ ← 답

5. $\angle CAQ = \angle CBA$

$\overline{BD} \,/\!/\, \overline{PQ}$에서 $\angle CBD = 35°$

$\triangle ABD$는 직각이등변삼각형이므로

$\angle ABD = 45°$

$\therefore \ \angle CAQ = \angle CBA$
$= 35° + 45° = \textbf{80°}$ ← 답

6. $\angle BDC = 90°$이므로,

$\angle x = \angle BDC - \angle ADB$
$= 90° - \angle ACB = \textbf{62°}$ ← 답

$\triangle DAH$에서

$\angle ADH = \angle ACB = 28°$

$\therefore \ \angle HAD = 90° - 28° = 62°$

또한,

$\angle HAB = \angle ACB = 28°$

$\therefore \ \angle y = \angle BAD = 62° - 28°$
$= \textbf{34°}$ ← 답

p. 171

7. $\angle x = 35°$, $\angle y = 27°$

8. $\angle BAC = 35°$
△EDA는 이등변삼각형으로
$\angle ADE = \angle BAC = 35°$
$\therefore \angle x = \angle ADC - \angle ADE$
$= 90° - 35° = 55°$ ← 답
$\overline{EF} /\!/ \overline{BC}$이므로
$\angle AFE = \angle ABC = \angle ACY = 60°$
△AFE에서
$\angle y = \angle AFE - \angle EDF$
$= 60° - 35° = 25°$ ← 답

9. $\angle ADE = \angle BDE = \angle z$
$\angle CAD = \angle ABD = \angle y$라고 하면,
△ABD에서
$2\angle y + 2\angle z + 50° = 180°$
$\therefore \angle y + \angle z = 65°$
△BED에서
$\angle x = \angle y + \angle z = 65°$ ← 답

10. △O′CT와 △O′CD에서
$\overline{O'T} = \overline{O'D}$
$\overline{O'C}$는 공통
$\angle O'CT = \angle O'CD = 90°$
$\therefore$ △O′CT≡△O′CD (RHS 합동)
$\therefore \overline{TC} = \overline{CD}$, $\angle O'CT = 90°$
따라서, $\overline{EC}$는 $\overline{TD}$의 수직이등분선
이다. 또한, △ETD는 이등변삼각형
$\angle DTB = \angle DET = a$
$\therefore \angle O'ED = \dfrac{1}{2}\angle DET = \dfrac{a}{2}$ ← 답

11. △ACD∽△BAD이므로,
△ACD : △BAD $= \overline{CD}^2 : \overline{AD}^2$
$= 4 : 9$
△ABC = △ABD − △ACD
따라서, 세 삼각형의 넓이의 비는
$5 : 4 : 9$ ← 답

12. (1) $\angle CAD = 45°$, $\angle CAB = 30°$
$\therefore \angle BAD = \angle CAD + \angle CAB$
$= 75°$ ← 답

(2) $1^2 \times \pi \times \dfrac{1}{4} - 1 \times 1 \times \dfrac{1}{2}$
$= \left(\dfrac{\pi}{4} - \dfrac{1}{2}\right)$ (cm²) ← 답

p. 172

1. $\angle AOB = 140°$,
$\angle ACB = 70°$이고,
$\overline{AB} = \overline{BC}$이므로
$\angle CAB = \angle ACB = 70°$
$\angle CAO = \angle CAB - \angle OAB$
$= 70° - 20° = 50°$ ← 답

2. (1) $\angle CAB = 45°$
$\angle DAB = 90° \times \dfrac{3}{5} = 54°$
$\therefore \angle CAD = 99°$ ← 답

(2) $\angle ACD = 90° \times \dfrac{2}{5} = 36°$
$\overparen{AD} = \overparen{DE}$이므로
$\angle DCE = \angle ACD = 36°$
$\angle ACB = 90°$
$\therefore \angle BCE = 18°$ ← 답

3. (1) $\angle C = \angle DAP$이므로,
△CBP∽△ADP (AA 닮음)
$\therefore (\overline{PD} + \overline{CD}) : \overline{PA} = \overline{PB} : \overline{PD}$
$(5 + \overline{CD}) : 6 = 10 : 5$
$\therefore \overline{CD} = 7$ ← 답

(2) △CBP : △ADP $= 2^2 : 1 = 4 : 1$
$\therefore \square ABCD : \triangle ADP = (4-1) : 1$
$= 3 : 1$ ← 답

4. (1) $\angle ABP = \angle PCD = 70°$
$\therefore \angle APB = 57°$ ← 답

(2) $\angle ACB = \angle EDP = 90°$

□PCED는 원에 내접하므로,
$\angle EPC = \angle EDC = \angle ABC$
$\qquad = 90° - 53° = \mathbf{37°}$ ← 답

5. $\angle BAC = \angle CBT = 12°$
$\angle ADP = \angle ACB = 90° - 12° = 78°$
$\angle DAP = \angle CBP = 78° - 12° = 66°$
$\therefore \ \angle APD = 180° - (78° + 66°)$
$\qquad = \mathbf{36°}$ ← 답

p. 173

1. (1) $\overset{\frown}{CE} = \dfrac{5}{2}\overset{\frown}{CD}$,

$\quad \angle COD = 40°$에서

$\quad \angle COE = \dfrac{5}{2} \times 40° = \mathbf{100°}$ ← 답

(2) $\angle OFB = \angle COE - \angle DBE$

$\qquad = 100° - \dfrac{3}{2} \times 20°$

$\qquad = \mathbf{70°}$ ← 답

2. $\angle CDA = \angle ABC$이므로 네 점 A, B, D, C는 동일 원주 위에 있다.
$\therefore \ \angle DAC = \angle DBC = 21°$
$\angle BAD = \angle BCD$
$\overline{PQ} /\!/ \overline{DC}$에서
$\angle BCD = 180° - (76° + 62°)$
$\qquad = 42°$
$\therefore \ \angle BAC = 21° + 42° = \mathbf{63°}$ ← 답

3. $\angle FDA = \angle ABC = 60°$,
$\triangle ADF$에서
$\angle BAC = 60°$이므로
$60° + \angle x = 60° + 32°$
$\therefore \ \angle \boldsymbol{x} = \mathbf{32°}$ ← 답
$\triangle ACE$에서 $\angle x + \angle y = 60°$
$\therefore \ \angle \boldsymbol{y} = \mathbf{28°}$ ← 답
$\triangle PBC$에서

$\angle PBC = \angle DAC = \angle x$
$\therefore \ \angle z = 180° - (60° + \angle x)$
$\therefore \ \angle \boldsymbol{z} = \mathbf{88°}$ ← 답

4. $\angle PAQ = \angle a$라고 하면,
$\angle a + \angle x + 108° = 180°$
$\therefore \ \angle a = 72° - \angle x$
$\angle a > 0$이므로 $\angle x < 72°$
$\overline{PQ} < \overline{PA}$이므로,
$\angle PQA > \angle PAQ$
$108° - \angle a > \angle a, \ \angle a < 54°$
$\therefore \ 72° - \angle x < 54°$
$\therefore \ \mathbf{18°} < \angle \boldsymbol{x} < \mathbf{72°}$ ← 답

5. $\angle BAF = \angle AEB$이고
$\overset{\frown}{AB} = \overset{\frown}{BC} = \overset{\frown}{CD} = \overset{\frown}{DE}$이므로
$\angle BAF = \angle CAB$
$\qquad = \angle DAC = \angle EAD$
$\therefore \ \angle EAF = 18° \times 4 = 72°$
$\angle AEB = \angle BEC = \angle CED$
$\therefore \ \angle AEF = 18° \times 3 = 54°$
$\angle AFD = 180° - (72° + 54°)$
$\qquad = \mathbf{54°}$ ← 답

p. 174

6. $\angle BOC = 100°$이므로 $\angle BAC = 50°$이고
$x° + y° + \angle BAC = 100°$
$\therefore \ x + y = 100 - 50 = \mathbf{50}$ ← 답

7.

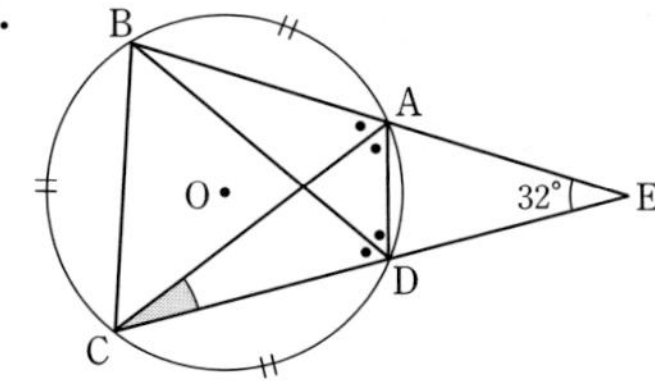

$\triangle ADE$에서 $\angle E = 32°$이므로
$\angle EBC + \angle ECB = 180° - 32° = 148°$

□ABCD가 원에 내접하므로

$\angle BAD + \angle CDA = 360° - 148°$
$= 212°$

$\overset{\frown}{AB} = \overset{\frown}{BC} = \overset{\frown}{CD}$이므로

$\angle BAC = \angle BDC = \angle BDA = \angle CAD$
$= \dfrac{1}{4} \times 212° = 53°$

$\therefore \ \angle ACD = 180° - 3 \times 53°$
$= \mathbf{21°} \ \leftarrow$ 답

8. 점 B와 B′을 연결하면
△ABB′은 이등변삼각형이다.

$\angle ABB' = \dfrac{1}{2}(180° - 50°) = 65°$

사각형 ABB′C′은 원에 내접하므로

$\angle ABB' + \angle C' = 180°$

$\angle C' = 115°$

$\therefore \ \angle C = \angle C' = \mathbf{115°} \ \leftarrow$ 답

9.

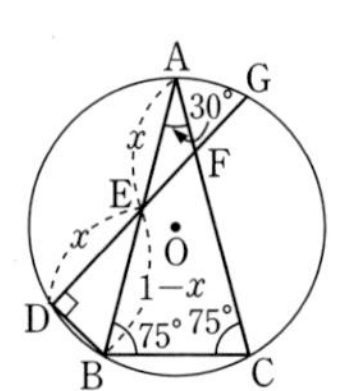

$\overset{\frown}{AB}$의 원주각의 크기는 75°이고, $\overset{\frown}{DB}$
는 원주의 길이의 $\dfrac{1}{12}$이므로

($\overset{\frown}{AD}$의 중심각)
$= (\overset{\frown}{AB}$의 중심각$) - (\overset{\frown}{DB}$의 중심각$)$
$= 150° - 30° = 120°$

$\therefore \ \angle EBD = 60°$

또,
($\overset{\frown}{BG}$의 중심각) $= (\overset{\frown}{AG}$의 중심각$)$
$+ (\overset{\frown}{AB}$의 중심각$)$
$= 30° + 150° = 180°$

$\therefore \ \angle EDB = \angle GAE = 90°$

△EDB와 △EAG에서
$\overline{DB} = \overline{AG}, \ \angle EDB = \angle EAG$

$\angle EBD = \angle EGA$

$\therefore \ \triangle EDB \equiv \triangle EAG$ (ASA 합동)

$\overline{AE} = \overline{DE} = x$라 하면

$\overline{EB} = 1 - x$

$\therefore \ (1 - x) : x = 2 : \sqrt{3}$

$\therefore \ \boldsymbol{x = 2\sqrt{3} - 3} \ \leftarrow$ 답

10. △ABH와 △CBP에서 ∠B는 공통
$\angle BAH = \angle PCB$

$\left(\begin{array}{l} \angle A + \angle PHC = 180°$이므로 \\ □APHC는 원에 내접한다. \\ $\overset{\frown}{PH}$에 대한 원주각으로 \\ $\angle BAH = \angle PCB$ \end{array} \right)$

$\therefore \ \triangle ABH \backsim \triangle CBP$ (AA 닮음)

$\overline{AP} = \dfrac{1}{2}\overline{AB} = 1$

$\overline{CP} = \sqrt{\overline{AC}^2 + \overline{AP}^2}$
$= \sqrt{(2\sqrt{2})^2 + 1} = 3$

$\overline{AH} : \overline{AB} = \overline{CP} : \overline{CB}$에서

$\overline{AH} : 2 = 3 : 2\sqrt{3}$

$\therefore \ \boldsymbol{\overline{AH} = \sqrt{3}} \ \leftarrow$ 답

11. $\triangle CBP = \dfrac{1}{2}\triangle ABC$

$= \dfrac{1}{2}\left(\dfrac{1}{2} \times 2 \times 2\sqrt{2} \right) = \sqrt{2}$

$\triangle ABH : \triangle CBP = 2^2 : (2\sqrt{3})^2 = 1 : 3$

$\triangle ABH = \dfrac{1}{3}\triangle CBP = \dfrac{\sqrt{2}}{3} \ \leftarrow$ 답

p. 175

1. 두 점 B, C를 연결하고,
$\angle BCP = \angle x, \ \angle CBP = \angle y$라고 하면,
$\angle x + \angle y = \angle a$
$\angle BOD = 2\angle x,$
$\overset{\frown}{AC} = \overset{\frown}{DE}$에서

$\angle DOE = 2\angle y$

$\therefore \ \angle BOE = 2\angle x + 2\angle y$

$\qquad = 2(\angle x + \angle y)$

$\qquad = 2\angle a \ \leftarrow$ 답

2. $\angle BOC = 360° \times \dfrac{3}{5+3+4} = 90°$

$\angle AOC = 360° \times \dfrac{4}{5+3+4} = 120°$

직각이등변삼각형 OBC에서

$\overline{BC} = \sqrt{2}\ \overline{OB} = \sqrt{2}\,r$

이등변삼각형 OAC에서

$\overline{AC} = \sqrt{3}\,r$

$\angle BAC = \dfrac{1}{2}\angle BOC = 45°$

$\therefore \ \overline{AD} = \dfrac{1}{\sqrt{2}}\ \overline{AC} = \dfrac{\sqrt{3}}{\sqrt{2}}\,r = \dfrac{\sqrt{6}}{2}\,r$

$\angle ABC = \dfrac{1}{2}\angle AOC = 60°$

$\therefore \ \overline{BD} = \dfrac{1}{2}\ \overline{BC} = \dfrac{\sqrt{2}}{2}\,r$

따라서,

$\overline{AB} = \overline{AD} + \overline{BD} = \dfrac{\sqrt{6}+\sqrt{2}}{2}\,r \ \leftarrow$ 답

3. $\triangle OBD$에서 $\overline{OB} = \overline{OD}$이므로,

$\angle COD = 30°$

$\triangle COD$에서 $\overline{CO} = \overline{DO}$이므로,

$\angle CDO = 30°, \ \angle DCO = 120°$

$\overline{OD} = 6\ \text{cm},$

$\overline{CO} : \overline{OD} = 1 : \sqrt{3}$

$\therefore \ \overline{CO} : 6 = 1 : \sqrt{3}$

$\overline{CO} = \dfrac{6}{\sqrt{3}} = 2\sqrt{3}$

따라서, 원 C의 넓이는

$(2\sqrt{3})^2\pi = \boldsymbol{12\pi}\ \textbf{(cm}^2\textbf{)} \ \leftarrow$ 답

4. (1) $\angle POA = \angle x$라고 하면,

$\angle POQ = \angle OPA = \angle OAP = 2\angle x$

$\therefore \ \angle x = 180° \div 5 = 36°$

$\therefore \ \boldsymbol{\angle POQ = 72°} \ \leftarrow$ 답

또한, $\angle AOQ = 3\angle x$이므로,

$\angle RPQ = \angle QBO$

$\qquad = \dfrac{3}{2}\angle x = \boldsymbol{54°} \ \leftarrow$ 답

(2) $\angle QOB = 180° - \angle AOQ$

$\qquad = 180° - 36° \times 3 = 72°$

$\therefore \ \widehat{BQ} = 10\pi \times \dfrac{72}{360}$

$\qquad = \boldsymbol{2\pi}\ \textbf{(cm)} \ \leftarrow$ 답

5. (1) $\angle FHE + \angle FCE = 180°$이므로

□CFHE는 원에 내접한다.

$\therefore \ \angle EHC = \angle EFC = \boldsymbol{45°} \ \leftarrow$ 답

(2) $\angle ABE = \angle EHF$이므로,

□ABEH는 원에 내접한다.

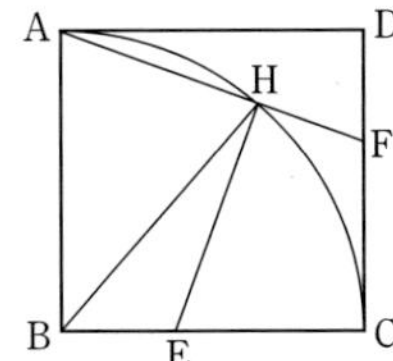

$\triangle ABE \equiv \triangle ADF$ (SAS 합동)

이므로

$\angle BAH = \angle HEC = \angle AFD$

$\qquad = \angle AEB = \angle BHA$

$\overline{AB} = \overline{BH}$이므로 점 H는 꼭짓점 B를 중심으로 하고, $\overline{AB}$를 반지름으로 하는 원의 둘레를 움직인다.

$\therefore \ 2a \times \pi \times \dfrac{90}{360} = \dfrac{\boldsymbol{a\pi}}{\boldsymbol{2}} \ \leftarrow$ 답

p. 176

6. $\triangle ABP : \triangle BCP = 4 : 1$

또, $\angle C$는 공통이고

$\angle CAP = \angle CPB$이므로,

$\triangle$ACP$\backsim$$\triangle$PCB (AA 닮음)

$\therefore \overline{AP}^2 : \overline{PB}^2 = \triangle$ACP $: \triangle$PCB

$\qquad = \overline{AC} : \overline{BC}$

$\qquad = (4+1) : 1 = 5 : 1$

$\therefore \overline{AP} : \overline{PB} = \sqrt{5} : 1$

또한, $\overline{AP} : \overline{AB} = \sqrt{5} : \sqrt{6}$

$\angle$APB$=\angle$AHP$=90°$

$\angle$ABP$=\angle$APH에서

$\triangle$ABP$\backsim$$\triangle$APH (AA 닮음)

$\triangle$ABP $: \triangle$APH$=\overline{AB}^2 : \overline{AP}^2$

$\qquad = 6 : 5$

$\triangle$ACH$=\triangle$APH$+\triangle$ABP$+\triangle$BCP

$\triangle$ABP $: \triangle$ACH

$= \triangle$ABP $: \left(\dfrac{5}{6}+1+\dfrac{1}{4}\right)\triangle$ABP

$= 1 : \dfrac{25}{12}$

$\therefore \triangle \mathbf{ABP} : \triangle \mathbf{ACH} = \mathbf{12 : 25} \leftarrow$ 답

7. $\angle$BDA$=\angle$AEC

$\qquad =\angle$BAC$=90°$

$\therefore \angle$DAB$=\angle$ECA

또한, $\angle$DAB$=\angle$ACB

$\therefore \triangle$ABD$\backsim$$\triangle$CAE$\backsim$$\triangle$CBA

$\qquad\qquad\qquad$ (AA 닮음)

$\overline{AB}=6, \ \overline{AC}=8, \ \overline{BC}=10$

$\overline{DA} : \overline{AC} = \overline{AB} : \overline{BC}$에서

$\overline{DA}=4.8$

$\overline{AE} : \overline{AB} = \overline{AC} : \overline{BC}$에서

$\overline{AE}=4.8$

$\therefore \overline{BF}=\overline{DE}=\overline{DA}+\overline{AE}=\mathbf{9.6} \leftarrow$ 답

8. $\triangle$ABC에서

$\angle$ACB$=\angle$TAB$=72°$

$\triangle$ABC에서

$\angle$ABC$=180°-(83°+72°)=25°$

$\triangle$ADC$\backsim$$\triangle$AFE이므로,

$\angle$AEF$=\angle$ACD$=72°$

□ABGE에서

$\angle$AEF$=\angle$ABG$=\angle$ABC$+\angle$CBG

$72°=25°+\angle$CBG

$\therefore \angle \mathbf{CBG}=\mathbf{47°} \leftarrow$ 답

9. (1) $\angle y = \angle$TAB

$36°+\angle y+90°+\angle y=180°$

$\therefore \angle \boldsymbol{y} = \mathbf{27°} \leftarrow$ 답

$\angle$BAD$=\angle$ADE$-\angle$ABD

$\qquad =78°-(36°+27°)=15°$

$\therefore \angle x = \angle$TAD$=\mathbf{42°} \leftarrow$ 답

(2) $\angle$DAE$=60°$

$\overparen{AE} : \overparen{ED} : \overparen{DA}$

$=78 : 60 : 42$

$=\mathbf{13 : 10 : 7} \leftarrow$ 답

10. (1) $\angle$ACT$=\angle$ATP$=60°$

$\angle$AET$=\angle$ACT$+\angle$BTC

$\qquad =\mathbf{105°} \leftarrow$ 답

(2) $\angle$ABT$=60°$에서

$\overline{AB}=5, \ \overline{A'B'}=2$

$\triangle$ABE $: \triangle$A'B'E'$=5^2 : 2^2$

$\therefore \triangle$ABE$=\dfrac{25}{4}\triangle$A'B'E'

$\triangle$A'B'E' $: \triangle$C'E'B'$=\sqrt{3} : 2$

$\triangle$A'B'E'$=\dfrac{\sqrt{3}}{2}\triangle$C'E'B'

$\therefore \triangle$ABE$=\dfrac{25\sqrt{3}}{8}\triangle$C'E'B'

$\therefore \triangle \mathbf{ABE} : \triangle \mathbf{C'E'B'}$

$\qquad =\mathbf{25\sqrt{3} : 8} \leftarrow$ 답

Advice

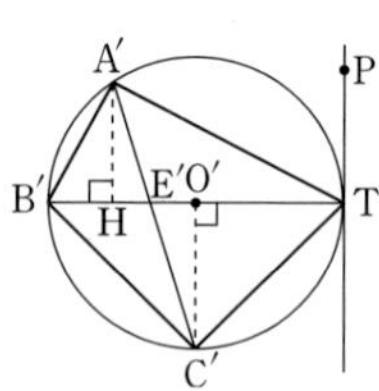

$\triangle$A'B'E' $: \triangle$C'E'B'의 값을 알

아보자.

점 A'에서 $\overline{B'T}$에 내린 수선의

발을 H라고 하면

$\angle A'B'E' = \angle A'TP = 60°$

$\overline{A'B'} = 2$이므로

$\overline{A'H} = 2 \sin 60° = \sqrt{3}$

$\angle C'B'O = \angle B'TC' = 45°$

이므로 점 C'에서

$\overline{B'T}$에 내린 수선의 발은 O이고

$\overline{C'O} = 2$

$\therefore \triangle A'B'E' : \triangle C'E'B'$

$= \overline{A'H} : \overline{C'O} = \sqrt{3} : 2$

9. 원과 비례

1. 원과 비례

p. 179

1. (1) $\triangle ABD$와 $\triangle AEC$에서

$\overparen{AB}$에 대한 원주각으로

$\angle ADB = \angle ACE$

$\angle ABD = \angle AEC = 90°$

$\therefore \triangle ABD \backsim \triangle AEC$ (AA 닮음)

$\overline{AB} : \overline{AE} = \overline{AD} : \overline{AC}$

$\overline{AE} = \sqrt{6^2 - 2^2} = 4\sqrt{2}$ (cm)

$\therefore \overline{AD} = 6\sqrt{2}$ cm

따라서, 원의 넓이는

$\pi(3\sqrt{2})^2 = \mathbf{18\pi}$ **(cm²)** ← 답

(2) $\overline{AB}$의 중점을 M이라고 하면

$\overline{OM}$이 구하는 거리가 된다.

$\triangle OAM$은 직각삼각형이므로

$\overline{OM}^2 = (3\sqrt{2})^2 - 4^2 = 2$

$\therefore \overline{OM} = \sqrt{2}$ **cm** ← 답

p. 180

2. $\overline{OD} = x$라고 하면,

$\overline{CP} = \dfrac{x}{2}, \quad \overline{DP} = \dfrac{3}{2}x$

$\therefore \dfrac{x}{2} \times \dfrac{3}{2}x = 6 \times 8$

$\dfrac{3}{4}x^2 = 48 \qquad \therefore x = \mathbf{8}$ **cm** ← 답

p. 181

3. $\overline{OB} = x$라고 하면,

$\overline{PA} = 10 - x, \quad \overline{PB} = 10 + x$

$(10 - x)(10 + x) = 7 \times (7 + 5)$

$100 - x^2 = 84, \quad x^2 = 16$

$\therefore x = \mathbf{4}$ **cm** ← 답

p. 182

1. $\triangle ACP \backsim \triangle DBP$

$\therefore 5 : x = \overline{CP} : 4 \cdots$ ㉠

여기서 $\overline{CP} = 3$이므로 ㉠에서

$x = \dfrac{\mathbf{20}}{\mathbf{3}}$ ← 답

2. $\triangle ATC \backsim \triangle BTD$이므로,

$12 : 6 = \overline{CT} : 4$

$\therefore \overline{CT} = \mathbf{8}$ **cm** ← 답

3. $4 \times 4 = \overline{AH} \times 8$에서 $\overline{AH} = \mathbf{2}$ **cm** ← 답

4. $\overline{CD}$의 연장선이 원주와 만나는 점을 E라 하고 이 원의 반지름의 길이를 r라 하면,

$12 \times 12 = 8 \times (2r - 8)$

$144 = 16r - 64 \qquad \therefore r = 13$

따라서, 이 원의 넓이는 $\mathbf{169\pi}$ ← 답

5. ∠AFC＝∠ADC＝90°이므로
네 점 A, F, D, C는 동일한 원주 위에 있다.
∴ $5 \times (5+7) = 6 \times (6+\overline{CD})$
$60 = 36 + 6\overline{CD}$
∴ **$\overline{CD} = 4$ cm** ← 답

6. $\overline{AB} = x$ cm, $\overline{PC} = a$ cm라고 하면,
$x + 3 + a + 4 = 10$에서
$a = 3 - x$ … ㉠
$3(3+x) = a(a+4)$
$\qquad = (3-x)(7-x)$
$9 + 3x = 21 - 10x + x^2$
$x^2 - 13x + 12$
$= (x-1)(x-12) = 0$
㉠에서 $0 < x < 3$이므로 $x = 1$
즉, **$\overline{AB} = 1$ cm** ← 답

2. 할선과 접선

p. 184

1. $\overline{AO} = \overline{OB} = \overline{OT} = x$라 하면,
$\overline{PT}^2 = \overline{PA} \cdot \overline{PB}$에서
$36 = 2(2x+2)$ ∴ $x = 8$

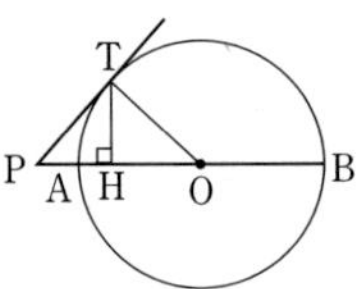

점 T에서 $\overline{AB}$에 수선 TH를 내리면,
$\triangle PTO = \dfrac{1}{2} \times \overline{PT} \times \overline{TO} = \dfrac{1}{2}\overline{PO} \times \overline{TH}$
∴ $6 \times 8 = 10 \times \overline{TH}$
∴ $\overline{TH} = 4.8$
즉, 점 T로부터 $\overline{AB}$까지의 거리는
4.8 ← 답

p. 185

2. ∠ABC＝∠C＝∠Q
따라서, $\overline{AB}$는 △PBQ의 외접원의 접선이다.
∴ $\overline{AB}^2 = \overline{AP} \cdot \overline{AQ} = 100$ ← 답

p. 186

1. $\overline{BR} = \overline{RA} = 4$이므로,
$(4\sqrt{3})^2 = x(x+8)$
$x^2 + 8x - 48 = 0$
$(x+12)(x-4) = 0$
∴ **$x = 4$** ← 답

2. $\overline{OB} = 4$ cm이므로,
$\overline{PB} = 10$ cm
∴ $36 = \overline{PA} \times 10$
∴ **$\overline{PA} = 3.6$ cm** ← 답

3. $\overline{AE}^2 = \overline{EF} \cdot \overline{ED}$에서
$36 = 3 \times \overline{ED}$
∴ $\overline{ED} = 12$ cm
$\overline{BF} = 7$ cm
∴ $\overline{BC} \times 8 = 2 \times 7$
즉, **$\overline{BC} = 1.75$ cm** ← 답

4. ∠ADC＝∠MAC이므로
$\overrightarrow{AM}$은 △ACD의 외접원의 접선이다.
∴ $\overline{AM}^2 = 4(4+12) = 64$
∴ **$\overline{AM} = 8$ cm** ← 답

5.

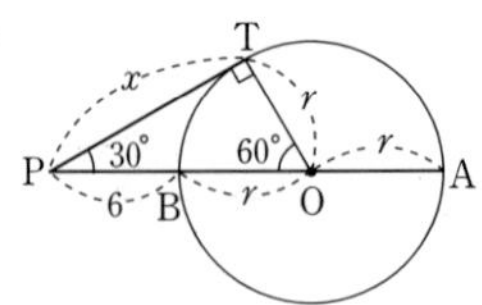

$x^2 = 6(6+2r)$ … ㉠
△PTO에서 ∠P＝30°이므로,

$r : x = 1 : \sqrt{3}$　　$\therefore\ x = \sqrt{3}\,r$

이것을 ㉠에 대입하면,

$(\sqrt{3}\,r)^2 = 36 + 12r$

$r^2 - 4r - 12 = (r-6)(r+2) = 0$

$\therefore\ r = 6$

따라서, $\overline{\mathrm{PT}} = x = \mathbf{6\sqrt{3}}$ ← 답

6. $\overline{\mathrm{TQ}} \cdot \overline{\mathrm{QC}} = \overline{\mathrm{AQ}} \cdot \overline{\mathrm{QB}}$에서

$6 \times 2 = 4\overline{\mathrm{AQ}}$　　$\therefore\ \overline{\mathrm{AQ}} = 3 \text{ cm}$

$\overline{\mathrm{PA}} = x \text{ cm}$라고 하면,

$\overline{\mathrm{PT}}^2 = \overline{\mathrm{PA}} \cdot \overline{\mathrm{PB}} = x(x+3+4)$

$60 = x^2 + 7x$

$x^2 + 7x - 60 = 0$

$(x-5)(x+12) = 0$　　$\therefore\ x = 5$

따라서, $\overline{\mathbf{PA}} = \mathbf{5\ cm}$ ← 답

p. 187

1. $4 \times 16 = \overline{\mathrm{PC}} \times 8$에서 $\overline{\mathbf{PC}} = \mathbf{8\ cm}$ ← 답

2. 큰 원의 반지름의 길이를 a라고 하면,

$\overline{\mathrm{DO}} = a - 4, \quad \overline{\mathrm{OE}} = a - 6,$

$\overline{\mathrm{AO}} = a$　　$\therefore\ (a-4)^2 = a(a-6)$

$a^2 - 8a + 16 = a^2 - 6a$　　$\therefore\ a = 8$

$\therefore\ \overline{\mathrm{OE}} = 2$

작은 원의 반지름의 길이를 b라고 하면, $2b + 6 = 16$　　$\therefore\ b = 5$

따라서,

$\overline{\mathrm{OO'}} = \overline{\mathrm{O'E}} - \overline{\mathrm{OE}} = 5 - 2 = \mathbf{3}$ ← 답

3. $\triangle \mathrm{TPB} \backsim \triangle \mathrm{TBA}$에서

$\overline{\mathrm{PB}} : \overline{\mathrm{BA}} = \overline{\mathrm{TP}} : \overline{\mathrm{TB}}$

$\overline{\mathrm{BP}}^2 = 3^2 - x^2$

$\overline{\mathrm{TP}} \cdot \overline{\mathrm{BA}} = \overline{\mathrm{TB}} \cdot \overline{\mathrm{PB}}$에서

$x \times 4 = 3 \times \sqrt{9 - x^2}$

$16x^2 = 9(9 - x^2)$

$\therefore\ \boldsymbol{x = \dfrac{9}{5}\ \mathbf{cm}}$ ← 답

Advice　$\overline{\mathrm{AB}} = 4 \text{ cm}$이므로

$\overline{\mathrm{TA}} = \sqrt{4^2 + 3^2} = 5 \text{ (cm)}$

$\overline{\mathrm{TB}}^2 = \overline{\mathrm{TP}} \cdot \overline{\mathrm{TA}}$에서

$3^2 = \overline{\mathrm{TP}} \times 5$

$\therefore\ \overline{\mathrm{TP}} = \dfrac{9}{5} \text{ cm}$

4. $\triangle \mathrm{TPA} \backsim \triangle \mathrm{BPT}$ (AA 닮음)

$\therefore\ 3 : x = 4 : \overline{\mathrm{PT}} \cdots$ ㉠

한편, $\overline{\mathrm{PT}}^2 = 4 \times (4+5) = 36$

$\therefore\ \overline{\mathrm{PT}} = 6 \text{ cm}$

따라서, ㉠에서 $4x = 18$

$\therefore\ \boldsymbol{x = 4.5\ \mathbf{cm}}$ ← 답

5. $\overline{\mathrm{QA}} \cdot \overline{\mathrm{QB}} = \overline{\mathrm{QC}} \cdot \overline{\mathrm{QD}}$에서

$80 = 4 \times \overline{\mathrm{QC}}$　　$\therefore\ \overline{\mathrm{QC}} = 20$

$\overline{\mathrm{PT}}^2 = \overline{\mathrm{PC}} \cdot \overline{\mathrm{PD}}$에서

$256 = (x - 20)(x + 4)$

$256 = x^2 - 16x - 80$

$x^2 - 16x - 336 = 0$

$(x - 28)(x + 12) = 0$

$\therefore\ \boldsymbol{x = 28}$ ← 답

p. 188

1. $\angle \mathrm{ACB} = \angle \mathrm{AQC}$이므로

$\overleftrightarrow{\mathrm{AC}}$는 $\triangle \mathrm{CPQ}$의 외접원의 접선이다.

$\overline{\mathrm{AC}}^2 = \overline{\mathrm{AP}} \cdot \overline{\mathrm{AQ}}$에서

$\overline{\mathrm{AC}}^2 = 5 \times (5+4) = 45$

$\therefore\ \overline{\mathrm{AC}} = 3\sqrt{5}$

$\therefore\ \overline{\mathrm{AB}} = \overline{\mathrm{AC}} = 3\sqrt{5}$ ← 답

Advice　$\angle \mathrm{ABC} = \angle \mathrm{ACB}$

$\angle \mathrm{ABC} = \angle \mathrm{AQC}$

$\therefore\ \angle \mathrm{ACB} = \angle \mathrm{AQC}$

$\angle \mathrm{A}$는 공통

$\therefore\ \triangle \mathrm{APC} \backsim \triangle \mathrm{ACQ}$ (AA 닮음)

$\therefore\ \overline{\mathrm{AC}} : \overline{\mathrm{AP}} = \overline{\mathrm{AQ}} : \overline{\mathrm{AC}}$

$$\overline{AC}^2=5\times(5+4)=45$$
$$\therefore\ \overline{AC}=3\sqrt{5}$$
$$\overline{AC}=\overline{AB}\text{이므로 } \overline{AB}=3\sqrt{5}$$

2. $\overline{PC}^2=4\times(4+5)$에서 $\overline{PC}=6$ cm

점 B에서 $\overline{PC}$의 연장선에 내린 수선
의 발을 H라고 하면,

$$\overline{BH}=4.5\ \text{cm}$$
$$\triangle PBC=6\times4.5\div2=13.5\ (\text{cm}^2)$$
$$\triangle ABC : \triangle APC=5 : 4\text{이므로}$$
$$\triangle ABC=13.5\times\frac{5}{9}=\textbf{7.5 (cm}^2\textbf{)}\ \leftarrow\text{답}$$

Advice $\triangle APC=\dfrac{1}{2}\times\overline{AP}\times\overline{PC}\times\sin30°$

$$=\frac{1}{2}\times4\times6\times\frac{1}{2}=6$$
$$\therefore\ \triangle ABC=\triangle PBC-\triangle APC$$
$$=7.5\ (\text{cm}^2)$$

3. $\triangle DAO\backsim\triangle OAC$이므로,

$$8 : 12=\overline{AD} : 12\qquad\therefore\ \overline{AD}=8$$
$$\overline{AO}^2=\overline{AD}\cdot\overline{AC}\text{에서}$$
$$144=8(8+\overline{CD})$$
$$18=8+\overline{CD}\qquad\therefore\ \textbf{CD}=\textbf{10}\ \leftarrow\text{답}$$

4. $\angle ATB=90°$이므로,

$$\overline{TB}^2=64-16=48\qquad\therefore\ \overline{TB}=\sqrt{48}$$
$$\angle P=\angle B\text{이므로}$$
$$\overline{PT}=\overline{TB}=\sqrt{48}$$
$$\overline{PT}^2=\overline{PA}\cdot\overline{PB}\text{에서}$$
$$\overline{PA}=x\text{라 하면,}$$
$$48=x(x+8)$$
$$x^2+8x-48=0$$
$$(x+12)(x-4)=0$$
$$\therefore\ \overline{PA}=x=4\ \leftarrow\text{답}$$

Advice $\angle ATP=\angle TBA$이고

$$\angle TBA=\angle APT\text{이므로}$$
$$\angle APT=\angle ATP$$
$$\therefore\ \overline{PA}=\overline{AT}=4$$

5. $\angle AEB=90°$이므로,

$$\overline{BE}=\overline{EC}=6\ \text{cm}$$
$$6\times(6+6)=\overline{CD}\times16$$
$$\therefore\ \overline{CD}=4.5\ \text{cm}$$
$$\text{따라서, } \overline{AD}=\textbf{11.5 cm}\ \leftarrow\text{답}$$

6. $\angle PTA=\angle ABT$이고

$$\angle ABT+\angle A=90°,$$
$$\angle AEH+\angle A=90°$$
$$\text{또, } \angle AEH=\angle PET$$
$$\therefore\ \angle PTA=\angle PET$$
$$\therefore\ \overline{PE}=\overline{PT}$$
$$\text{그런데 } \overline{CH}=\overline{DH}\text{이고,}$$
$$\overline{PT}^2=\overline{PD}\cdot\overline{PC}\text{이므로,}$$
$$\overline{PT}^2=4\times16=64\qquad\therefore\ \overline{PT}=8\ \text{cm}$$
$$\overline{PE}=\overline{PT}=8\ \text{cm이므로,}$$
$$\textbf{DE}=\textbf{4 cm}\ \leftarrow\text{답}$$

p. 189

7. $\triangle AED$와 $\triangle ADB$에서

$$\overline{ED}\,/\!/\,\overline{TA}\text{이므로}$$
$$\angle EAT=\angle AED\ (\text{엇각})$$
$$\angle EAT=\angle ADB$$
$$\qquad\qquad(\text{접선과 현이 이루는 각})$$
$$\therefore\ \angle AED=\angle ADB$$
$$\text{또, } \angle BAD\text{가 공통이므로}$$
$$\triangle AED\backsim\triangle ADB\ (\text{AA 닮음})$$
$$\therefore\ \overline{AE} : \overline{AD}=\overline{AD} : \overline{AB}$$
$$\overline{AD}^2=\overline{AB}\cdot\overline{AE}=3\cdot(3+6)$$
$$\therefore\ \textbf{AD}=\textbf{3}\sqrt{\textbf{3}}\ \leftarrow\text{답}$$

8.

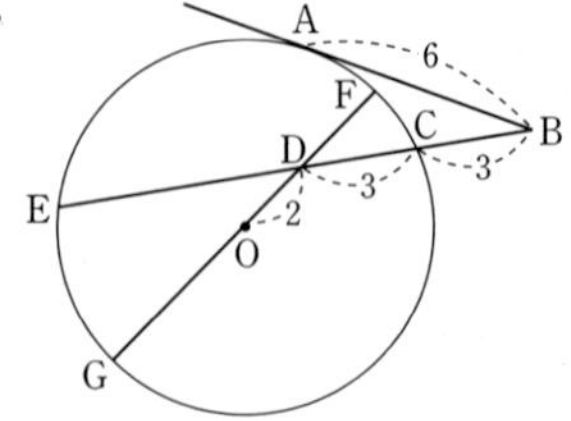

원 O와 $\overline{DB}$의 연장선과의 교점을 E,
점 D를 지나는 지름을 $\overline{FG}$라고 하자.
$\overline{BC}\cdot\overline{BE}=\overline{AB}^2$이므로
$3(\overline{DE}+6)=6^2$　∴ $\overline{DE}=6$
원 O의 반지름의 길이를 r라고 하면
$\overline{DE}\cdot\overline{DC}=\overline{DF}\cdot\overline{DG}$
이므로
$6\times3=(r-2)(r+2),\ 18=r^2-4$
∴ $r=\sqrt{22}$ ← 답

9. $\overline{PA}\cdot\overline{PB}=\overline{PT}^2$이므로
$4\times9=\overline{PT}^2$　∴ $\overline{PT}=6$
$\triangle PTC\backsim\triangle PBD$이므로
$\overline{PT}:\overline{TC}=\overline{PB}:\overline{BD}$
$6:3=9:\overline{BD}$
∴ $\overline{BD}=\dfrac{9}{2}$ ← 답

10.

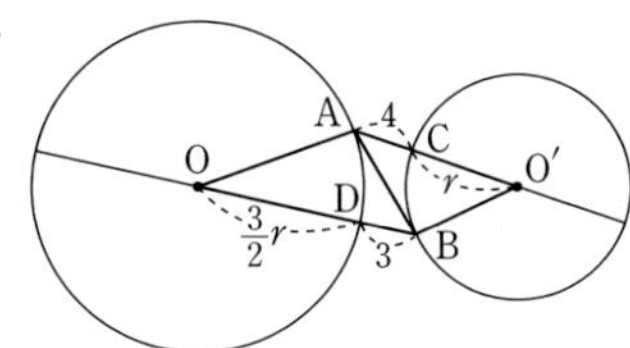

원 O′의 반지름의 길이를 r라 하면,
원 O의 반지름의 길이는 $\dfrac{3}{2}r$이다.
점 B는 원 O′의 접점이므로
$\overline{AB}^2=4(4+2r)$　　… ㉠
또, 점 A는 원 O의 접점이므로
$\overline{AB}^2=3\left(3+2\times\dfrac{3}{2}r\right)$ … ㉡
㉠, ㉡에서
$4(4+2r)=3(3+3r)$
∴ $r=7$ ← 답

11. $\triangle OAB$에서 $\overline{OA}=\overline{OB}$이므로
$\angle OAB=\angle OBA$ … ㉠
$\triangle O′AC$에서 $\overline{O′A}=\overline{O′C}$이므로
$\angle O′AC=\angle O′CA$ … ㉡

㉠과 ㉡에서
$\angle OBA=\angle O′CA$이므로
$\overline{OB}\,/\!/\,\overline{O′C}$
∴ $\overline{AO}:\overline{OO′}=\overline{AB}:\overline{BC}$
∴ $\overline{BC}=\dfrac{21}{4}$ cm

한편, 점 C에서 원 O에 그은 한 접
선의 접점을 P라고 하면
$\overline{CP}^2=\overline{CB}\cdot\overline{CA}=\dfrac{21}{4}\cdot\left(\dfrac{21}{4}+7\right)$
∴ $\overline{CP}=\dfrac{7\sqrt{21}}{4}$ cm ← 답

p. 190

1. $\triangle CBD\backsim\triangle ACD$이므로,
$\overline{AD}:\overline{CD}=\overline{CD}:\overline{BD}$
$\overline{AD}:3=3:5$　∴ $\overline{AD}=1.8$ cm
$\triangle ACD$는 직각삼각형이고,
$\overline{AE},\ \overline{CE}$는 접선이므로,
$\overline{AE}=\overline{CE}=\overline{DE}$
또한, $\overline{AC}^2=\overline{DC}^2-\overline{AD}^2=\dfrac{144}{25}$
∴ $\overline{AC}=\dfrac{12}{5}$ cm
$\triangle AED=\dfrac{1}{2}\triangle ACD$
$=\dfrac{1}{2}\times\overline{AD}\times\overline{AC}\times\dfrac{1}{2}$
$=\dfrac{27}{25}$ (cm²) ← 답

2. $\overline{PT}=a$라고 하면,
$\overline{PT}^2=\overline{PA}\cdot\overline{PB}$에서
$\overline{PT}^2=\sqrt{5}\times4\sqrt{5}=20$
$\overline{PT}>0$이므로 $\overline{PT}=2\sqrt{5}$
$\triangle PAT\backsim\triangle PTB$에서
∴ $\overline{PA}:\overline{AT}=\overline{PT}:\overline{BT}$

$\sqrt{5} : \overline{AT} = 2\sqrt{5} : \overline{BT}$

$\overline{BT} = 2\overline{AT}$

$\overline{AT} = x$일 때, $\overline{BT} = 2x$

$\triangle ABT$에서 $\angle ATB = 90°$이므로,

$(3\sqrt{5})^2 = x^2 + (2x)^2$

$45 = 5x^2, \quad x^2 = 9$

$\therefore \ \boldsymbol{x = 3 \ cm} \ \leftarrow$ 답

3. $\overline{AB} = a$라 놓으면,

$\overline{AQ} \cdot \overline{AP} = \overline{AC} \cdot \overline{AE}$

$\qquad = 2a \cdot 4a = 8a^2$

$\overline{AP} \cdot \overline{AR} = \overline{AD} \cdot \overline{AF}$

$\qquad = 3a \cdot 5a = 15a^2$

$\therefore \ \overline{AQ} : \overline{AR}$

$\quad = \overline{AQ} \cdot \overline{AP} : \overline{AR} \cdot \overline{AP}$

$\quad = 8a^2 : 15a^2 = \boldsymbol{8 : 15} \ \leftarrow$ 답

4. $\overparen{AB} = 4\overparen{AD}$이므로,

$\angle AOD = 45°$

$\overparen{AB} = 2\overparen{AC}$이므로,

$\angle ABC = 45°$

$\therefore \ \triangle POD \backsim \triangle PBC$ (AA 닮음)

$\overline{AP} = x$라고 하면,

$\overline{BC} = 4\sqrt{2} \ cm$

$\overline{PO} : \overline{PB} = \overline{DO} : \overline{CB}$이므로,

$(x+4) : (x+8) = 4 : 4\sqrt{2}$

$\therefore \ \boldsymbol{\overline{AP} = x = 4\sqrt{2} \ cm} \ \leftarrow$ 답

5.

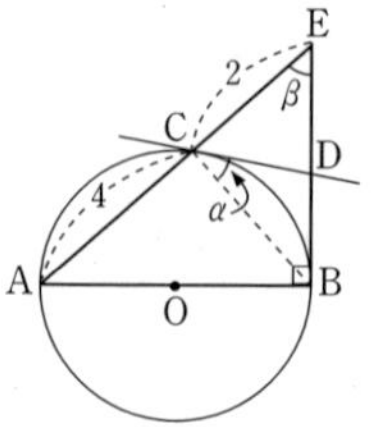

$\overline{BE}^2 = \overline{EA} \cdot \overline{EC} = 2 \times 6$

$\therefore \ \overline{BE} = 2\sqrt{3}$

또, $\angle ACB = 90°$이므로,

$\angle ECB = 90°, \quad \overline{DC} = \overline{DB}$

$\angle DCB = \alpha = \angle DBC,$

$\angle CED = \beta$라 하면,

$\triangle CBE$에서 $\alpha + \beta = 90°$

$\angle DCE = \angle DEC = \beta$

$\overline{CD} = \overline{ED}$

$\therefore \ \boldsymbol{\overline{CD} = \overline{DE} = \overline{BD} = \sqrt{3}} \ \leftarrow$ 답

6. (1) $\overline{CD}, \ \overline{CB}$는 접선이므로

$\overline{CD} = \overline{CB} = 2 \ \cdots \ ㉠$

$\triangle ABC$에서 $\overline{AB}^2 = 40$

$\therefore \ \overline{AB} = 2\sqrt{10} \ (cm)$

$\triangle ADE$와 $\triangle ABD$에서

$\angle ADE = \angle ABD$

$\therefore \ \triangle ADE \backsim \triangle ABD$ (AA 닮음)

또한 $\overline{AD} : \overline{AB} = 2 : \sqrt{10}$

$\therefore \ \triangle AED : \triangle ADB = 4 : 10$

$\qquad\qquad\qquad = \boldsymbol{2 : 5} \ \leftarrow$ 답

(2) ㉠에서 □OBCD는 정사각형이므로 원 O의 반지름의 길이는 $2 \ cm$이다. 따라서

$2^2 - 2^2 \pi \times \dfrac{1}{4} = \boldsymbol{(4 - \pi) \ (cm^2)} \ \leftarrow$ 답

헤드 투 헤드(실력) 수학

1993년 2월 27일 초판 발행
2011년 1월 20일 3차 개정 1쇄 발행

- 편저자 / 오 명 식
- 발행인 / 김광신
- 주 소 / 서울 양천구 수명 4 길 8
- 전 화 / (02)2607-4482
        (02)2693-7772
- FAX / (02)2699-0409
- 등 록 / 1997. 1. 24(03-963)